Berechnung mechanischer Schwingungen

Von

Dipl. Ing., Dr. techn. Fritz Söchting

tit. a. o. Professor an der Technischen Hochschule Wien

Mit 140 Textabbildungen

Springer-Verlag Wien GmbH

1951

ISBN 978-3-662-24459-3 ISBN 978-3-662-26603-8 (eBook)
DOI 10.1007/978-3-662-26603-8

Ursprünglich erschienen bei Springer-Verlag in Vienna 1951.
Softcover reprint of the hardcover 1st edition 1951

Vorwort

Es ist eine wohlbekannte Tatsache, daß durch Fehlschläge und anfängliche Mißerfolge bei der Ausarbeitung eines Konstruktionsgedankens neue Wege der Forschung gefunden werden und damit der Fortschritt der Technik gefördert wird. Ein Beispiel für diese Tatsache ist die Entwicklung der Schwingungstechnik. Anfänglich vermied man sorgfältig vibrierende Konstruktionsteile und heute werden solche mit Absicht verwendet. Wenn man von einzelnen Ausnahmen absieht, so interessierte sich um die Jahrhundertwende kein Techniker für die dynamischen Beanspruchungen in den einzelnen Konstruktionsteilen und dies mit Recht. Wegen der nicht genauen Kenntnis der vorhandenen Kräfte, der Beanspruchungen, waren die einzelnen Bauteile der Maschinen so starr konstruiert, daß die Schwingungsausschläge klein blieben und keine Schwingungsschäden auftraten. Durch die Vergrößerung der Maschinenleistungen, durch den Wettbewerb der einzelnen Firmen und die damit bedingte Einsparung an Werkstoff wurden die Abmessungen so knapp gehalten, daß störende Schwingungen auftraten und Schwingungsschäden festzustellen waren. Dies hatte zur Folge, daß die Berechnung der auftretenden Schwingungsausschläge und der Resonanzfrequenzen für den Techniker eine wichtige Aufgabe wurde. Daher war der Leitgedanke bei der Abfassung des Manuskriptes dieses Buches — das aus Vorlesungen, die von mir an der Technischen Hochschule in Wien gehalten werden, entstanden ist — den Studierenden, welche sich mit Schwingungsfragen befassen wollen, einen Einblick in jene Probleme zu vermitteln, die bei technischen Untersuchungen auftreten, um ihnen eine selbständige Weiterarbeit zu ermöglichen und den praktisch tätigen Ingenieuren ein Hilfsmittel für ihre Untersuchungen zu geben. Nach diesem Gesichtspunkte erfolgte die Stoffauswahl.

Zu Dank bin ich allen jenen verpflichtet, welche mich bei der Abfassung dieses Buches unterstützten. So vor allem meinen Lehrern an der Technischen Hochschule in Wien, Herrn Prof. Dr. techn. h. c. Dr. *F. Jung* und Herrn Prof. Dr. techn. *A. Lechner*, welche die Mühe auf sich nahmen, das Manuskript durchzusehen und mir viele wertvolle Anregungen gaben. Dank habe ich zu sagen für die Überlassung von Unterlagen zu Abbildungen, welche allerdings durch einen Bombenangriff zerstört wurden, der Deutschen Schiff- und Maschinenbau A.G., Lehmann & Michels und Carl Schenk; für die Durchsicht der Korrektur Herrn Dr. techn. Dipl.-Ing. *A. Slibar* und für die eines Teiles derselben Herrn Dr. techn. Dipl.-Ing. *J. Majer*.

Wien, im März 1951.

Fritz Söchting

Berichtigungen

S. 45, in der Unterschrift zu Abb. 25 lies: $\ddot{x} + (\lambda - 2\,h^2 \cos 2\,t)\,x = 0$ statt $\ddot{x} + (+\,2\,h^2 \cos 2\,t)\,x = 0$.

S. 85, Zeile 5 von unten lies: $\xi = \frac{m_2}{c}\,\ddot{x}_2 =$ statt $\xi = \frac{m_2}{c}\,\ddot{x}_2 \mp$.

S. 87, Zeile 11 von oben lies: Gl. (67b) statt Gl. (67c).

S. 119, Zeile 7 von oben lies: $\sum P \sin k\,t\,\delta q_s \sin \frac{s\,\pi\,a}{l}$ statt $\sum P\,\delta q_s \sin \frac{s\,\pi\,c}{l}\,a$.

S. 119, Zeile 9 von oben lies: $P \sin \frac{s\,\pi\,a}{l} \sin k\,t$ statt $P \sin \frac{s\,\pi\,c}{l} \sin k\,t$.

S. 147, in Abb. 62 lies: $d\varphi$ statt $d\varphi_2$.

S. 168, in Gl. (212a), (212b) und (213) ist H_x und H_y zu vertauschen.

S. 168, Zeile 3 von unten lies: $\tau_{xz} = \tau_{yz} = 0$ statt $\tau_{xz} = \tau_{xy} = 0$.

S. 204, Zeile 3 von oben lies: $\int\limits_0^r$ statt $\int\limits_0^h$.

S. 239, Zeile 3 von oben lies: $\varkappa^{-1}\,c_{n-1,\,n}$ statt $\varkappa\,c_{n-1,\,n}$.

S. 251, Zeile 7 und 9 von oben lies: $\pi\,n_k$ statt n_k.

S. 270, Zeile 8 von unten lies:

$$\omega = \sqrt{g\,\frac{\Sigma\,m_i\,(f_{11i} + \varkappa\,f_{21i}) + \Sigma\,m_i\,(f_{12i} + \varkappa\,f_{22i})}{\Sigma\,m_i\,(f_{11i} + f_{21i})\,(f_{11i} + \varkappa\,f_{21i}) + \Sigma\,m_i\,(f_{12i} + f_{22i})\,(f_{12i} + \varkappa\,f_{22i})}}$$

Inhaltsverzeichnis

I. Grundlagen

II. Schwingungen des Einmassensystems

IV. Schwingungen elastischer Körper

V. Schwingungen mechanischer Systeme

I. Grundlagen

1. Grundbegriffe

Die Erfahrung lehrt, daß feste Körper, besonders aber Punkte elastischer Körper, Bewegungen ausführen können, bei denen sich charakteristische Bewegungsmerkmale wie Geschwindigkeit und Beschleunigung nach bestimmten Zeiten dauernd wiederholen. Einen solchen Bewegungsvorgang nennt man eine Schwingung. Nach der Art des Bezugssystems bezüglich dessen die Bewegung festgestellt wird, ist eine Einteilung der Schwingungen möglich. So können Schwingungen um die Gleichgewichts- oder Ruhelage auftreten. Bewegt sich ein Körper, so können Abweichungen von einer mittleren Bewegung z. B. gleichförmigen Bewegung auftreten; diese Bewegung bezeichnet man als Schwingung um einen Bewegungszustand.

Beispiele für die Schwingung um eine Gleichgewichtslage sind die Schwingungen des Pendels und der Unruhe der Uhr, während die Schwingungen, welche die Massen eines Reglers vollführen Schwingungen um einen *Bewegungszustand* darstellen. Unter all den Schwingungsbewegungen ist jene von besonderer Bedeutung, bei der der zeitliche Verlauf durch ein Sinus- bzw. Kosinusgesetz beschrieben wird. Für die also gilt

$$x = r \sin (k t + \vartheta) \qquad (1)$$

oder auch

$$x = r \cos (k t + \vartheta_1). \qquad (1\,a)$$

Gl. (1) ist dieselbe wie Gl. (1 a), was leicht einzusehen ist, indem man für $\vartheta_1 = \vartheta - \pi/2$ setzt, dann geht Gl. (1 a) in Gl. (1) über.

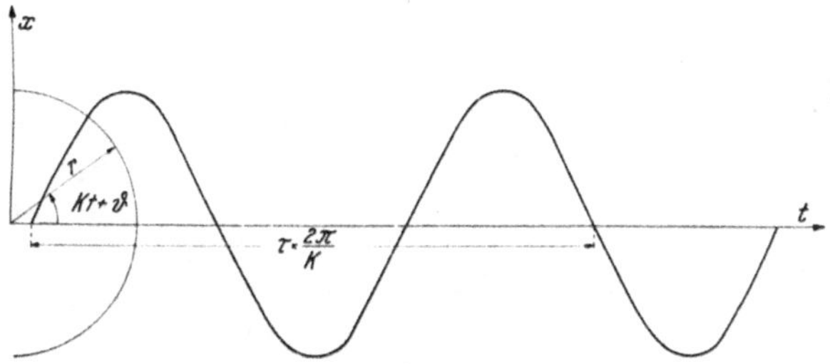

Abb. 1. Zeit-Wegdiagramm der Sinus-, bzw. Kosinusschwingung

Alle Aussagen, welche man über die Sinusschwingung machen kann, gelten daher sinngemäß ebenfalls für die Kosinusschwingungen. Die Bewegung, welche durch Gl. (1), bzw. (1 a) beschrieben wird, nennt man eine harmonische Bewegung, bzw. eine harmonische Schwingung. In Gl. (1) bezeichnet x den Ausschlag, k die Kreisfrequenz und r die Amplitude der Schwingung. Als Phase bezeichnet man den Ausdruck $k t + \vartheta$. Aus Abb. 1 und Gl. (1) ist zu ersehen, daß die Schwingungsausschläge nach einer Zeitdifferenz von $T = (2\pi/k)$ immer die gleiche Größe haben. Die Zeit T heißt die Schwingungsdauer. Die Zahl der Schwingung je Zeiteinheit ist die Frequenz f.

$$f = \frac{1}{T}.$$

Die Frequenz wird in Schwingungen je Sekunde gemessen und die Einheit nennt man ein Hertz (Hz). Zwischen Frequenz und Kreisfrequenz besteht die Beziehung

$$f = \frac{k}{2\pi}.$$

2. *Darstellung der Schwingungen*[1]

Hat man die harmonische Schwingung $x = r \sin(k t + \vartheta)$ gegeben, so ist die erste Frage, die man zu lösen hat, die nach der Darstellung des Bewegungsverlaufes. Eine der gebräuchlichsten ist die in einem Zeit-Weg-Diagramm, wie dies Abb. 1 zeigt. Nun ist

$$x = r \sin(k t + \vartheta) = r \cos\vartheta \sin k t + r \sin\vartheta \cos k t = A \sin k t + B \cos k t$$

und damit erhält man zugleich die Darstellung der Summierung einer Sinus- und Kosinusschwingung, bzw. die Zerlegung einer Schwingungsbewegung in Sinus- und Kosinusschwingung.

Eine andere ist die von der Elektrotechnik übernommene komplexe Darstellungsweise; indem man den Ausschlag als Realteil einer komplexen Größe auffaßt, welche man in die Gaußsche Zahlenebene einträgt, s. Abb. 2. Es ist

$$r_1 = x + i y = r e^{i(k t + \vartheta)} = r [i \sin(k t + \vartheta) + \cos(k t + \vartheta)]. \qquad (2)$$

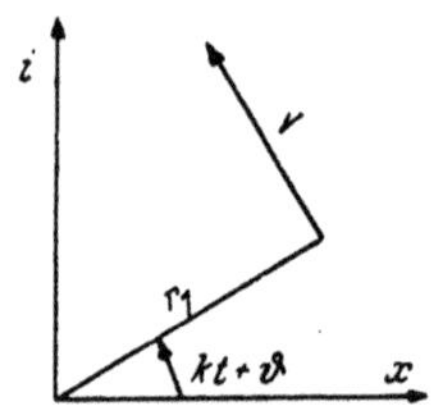

Abb. 2

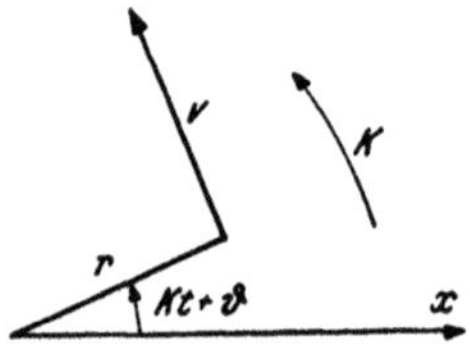

Abb. 3

Rotiert nun r mit konstanter Winkelgeschwindigkeit k, so ist der jeweilige Realteil der zur Zeit t zugehörige Schwingungsausschlag. Eine andere Darstellungsart, welche auf den ersten Blick mit der komplexen identisch erscheint, ist die vektorielle. Man denkt sich den Vektor r mit konstanter Winkelgeschwindigkeit k drehend, dann gibt die Projektion auf eine feste Gerade den jeweiligen Schwingungsausschlag an, s. Abb. 3. Da man die harmonische Bewegung

[1] Möller, H. G.: Behandlung von Schwingungsaufgaben mit komplexen Amplituden und mit Vektoren. Leipzig: 1928.

durch Projektion der Kreisbewegung auf eine Gerade erhalten kann, so ist die Richtigkeit dieser Ermittlung der Ausschläge einzusehen. Die Zeit wird bei den zuletzt genannten Darstellungsarten durch den Winkel $\varphi = k\,t + \vartheta$ bestimmt.

3. *Ermittlung der Geschwindigkeit und Beschleunigung bei der harmonischen Schwingung*

Die Geschwindigkeit wird durch Differentiation des Weges nach der Zeit erhalten und je nach der Darstellungsart erhält man folgende Beziehung:

a) Ist der Ausschlag x gegeben durch

$$x = A \sin k\,t + B \cos k\,t = r \sin (k\,t + \vartheta),$$

dann erhält man für die Geschwindigkeit v

$$v = \dot{x} = \frac{dx}{dt} = A\,k \cos k\,t - B\,k \sin k\,t = r\,k \cos (k\,t + \vartheta). \qquad (3)$$

In dieser Gleichung bedeutet der Punkt über x die einmalige Differentiation nach der Zeit. Es soll auch weiterhin dieses Symbol für die Ableitung nach der Zeit verwendet werden, wobei die Zahl der Punkte die Zahl der Differentiationen angibt.

Für die Beschleunigung $\ddot{x}$ erhält man

$$\ddot{x} = -A\,k^2 \sin k\,t - B\,k^2 \cos k\,t = -r\,k^2 \sin (k\,t + \vartheta) = -k^2\,x. \qquad (4)$$

b) In der komplexen Darstellungsart gilt für die Geschwindigkeit, s. Abb. 2,

$$\begin{aligned} v &= r\,i\,k\,e^{i(k\,t+\vartheta)} = r\,i\,k\,[i \sin (k\,t + \vartheta) + \cos (k\,t + \vartheta)] = \\ &= r\,k\,[-\sin (k\,t + \vartheta) + i \cos (k\,t + \vartheta)] \end{aligned} \qquad (3\text{ a})$$

Vergleicht man Gl. (3 a) mit Gl. (2), so sieht man, wenn man von dem Faktor k absieht, daß der frühere Realteil zum imaginären und der frühere Imaginärteil zum negativen Realteil geworden ist. Das heißt, daß man den Ausschlagvektor im Sinne der positiven Drehung um einen rechten Winkel verdrehen muß, um die Richtung der Geschwindigkeit zu erhalten

Wendet man das für die Geschwindigkeit Erhaltene auf die Beschleunigung an, so wird

$$\ddot{x} = i\,k\,(i\,k\,r\,e^{i(k\,t+\vartheta)}) = -k^2\,r\,e^{i(k\,t+\vartheta)} = -k^2\,x. \qquad (4\text{ a})$$

Es hat also der Beschleunigungsvektor die Richtung des negativen Ausschlagsvektors.

c) Die Darstellung mit Hilfe der Vektorrechnung ergibt (Winkelgeschwindigkeit ist k), s. Abb. 3, daß der Geschwindigkeitsvektor senkrecht auf dem des Ausschlages steht

$$\overline{v} = \underline{\overline{r}}\,k. \qquad (3\text{ b})$$

In dieser Gleichung bedeutet das Unterstreichen, daß der Vektor um einen rechten Winkel im Sinne der Drehung verdreht wurde. Für die Beschleunigung $\overline{b}$ erhält man sinngemäß

$$\overline{b} = -k^2\,\overline{r}. \qquad (4\text{ b})$$

4. Zusammensetzung von Schwingungen[1]

Beachtet man die Schwingungen eines Punktes, so sind zufolge der Bewegungsmöglichkeiten (Freiheitsgrade) desselben verschiedene Schwingungsarten zu unterscheiden. Die Schwingung kann in einer Geraden, in einer Ebene oder im Raume erfolgen. Man spricht dementsprechend von einem geradlinigen, ebenen, bzw. räumlichen Schwingungszustand. Der ebene, bzw. der räumliche kann zugleich mit dem geradlinigen Schwingungszustand behandelt werden. Man zerlegt die Bewegung in Komponenten und erhält auf diese Weise mehrere geradlinige Schwingungszustände. Um die resultierende Bewegung zu erhalten, müssen die Teilbewegungen zusammengesetzt werden. Die Bahnen, welche der Massenpunkt beschreibt, werden Lissajousche Figuren genannt.

Setzt man einen geradlinigen Schwingungszustand voraus und führt ein Punkt zwei übereinandergelagerte Bewegungen x_1 und x_2 aus, dann ist, wenn außerdem noch vorausgesetzt sein soll, daß beide Frequenzen gleich groß sind,

$$x_1 = r_1 \sin(k t + \vartheta_1), \qquad x_2 = r_2 \sin(k t + \vartheta_2).$$

Durch Summierung der beiden Teilbewegungen erhält man die resultierende Bewegung

$$x = x_1 + x_2 = r_1 \sin(k t + \vartheta_1) + r_2 \sin(k t + \vartheta_2) = r \sin(k t + \vartheta) =$$
$$= a \sin k t + b \cos k t.$$

Dabei ist

$$a = r_1 \cos \vartheta_1 + r_2 \cos \vartheta_2, \qquad b = r_1 \sin \vartheta_1 + r_2 \sin \vartheta_2$$

und

$$r = \sqrt{a^2 + b^2}, \qquad \operatorname{tg} \vartheta = \frac{b}{a}.$$

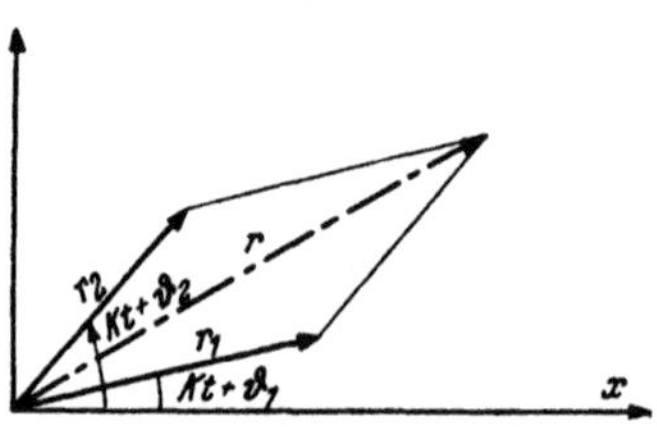

Abb. 4. Zusammensetzung zweier Schwingungen mit gleicher Kreisfrequenz

Man erhält wieder eine einfache harmonische Bewegung mit der gleichen Frequenz der beiden Teilbewegungen und daraus die einfache Regel, daß man nur die zugehörigen Koeffizienten der Sinus-, bzw. Kosinusglieder gleicher Phase zu summieren braucht um die Amplitude der resultierenden Sinus-, bzw. Kosinusschwingung zu erhalten. Dieses Ergebnis wird auf besonders einfache Weise mit Hilfe der vektoriellen Darstellung der Schwingung erhalten. In Abb. 4 sind die Vektoren r_1 und r_2 in richtiger Phase eingezeichnet, wobei zu bemerken ist, daß beide die gleiche Frequenz k haben, dann ist auch der Winkel zwischen beiden Vektoren konstant. Die geometrische

[1] Melde, F.: Die Lehre von den Schwingungskurven, S. 10. Leipzig: 1864. — Walther A., H. J. Dreyer, H. Estenfeld: Ein Gerät zur Überlagerung von Sinuslinien, Zeitschr. f. Instrumentenkunde, Bd. 59, 1939, S. 162.

Addition ergibt den resultierenden konstanten Ausschlagvektor r. Auf diese Weise erhält man einen Vektor, der mit konstanter Winkelgeschwindigkeit sich dreht und dessen Größe zeitlich unverändert ist, daher ist auch die Schwingungsdauer der entstehenden Schwingung konstant. Haben die beiden Teilbewegungen

$$x_1 = r_1 \sin(k_1 t + \vartheta_1), \qquad x_2 = r_2 \sin(k_2 t + \vartheta_2)$$

nicht die gleiche Frequenz, so kann man auf vektoriellem Wege rasch den jeweiligen resultierenden Vektor r erhalten. Nach Abb. 5 ist

$$r^2 = r_1^2 + r_2^2 + 2\, r_1 r_2 \cos[(k_2 - k_1)\, t + (\vartheta_2 - \vartheta_1)]. \tag{5}$$

Führt man nun die mittlere Winkelgeschwindigkeit k ein und bezeichnet man mit δ die Abweichung von derselben, so ist

$$k_1 = k + \delta, \qquad k = \frac{1}{2}(k_1 + k_2),$$

$$k_2 = k - \delta, \qquad \delta = \frac{1}{2}(k_1 - k_2)$$

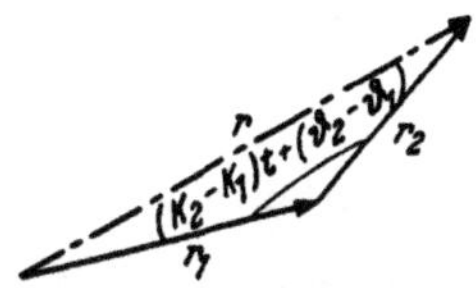

Abb. 5. Zusammensetzung zweier Schwingungen mit ungleicher Kreisfrequenz

und damit wird Gl. (5)

$$r^2 = r_1^2 + r_2^2 + 2\, r_1 r_2 \cos[2\, \delta\, t + (\vartheta_1 - \vartheta_2)]. \tag{6}$$

Die so erhaltene Größtamplitude r ist also keine Konstante mehr und man erhält bei Zusammensetzung von Schwingungen mit ungleichen Frequenzen einen von der Zeit abhängigen Ausschlagvektor.

Diesen Bewegungsverlauf, den man bei Zusammensetzung von Schwingungen ungleicher Frequenz erhält, nennt man Schwebung. Die Zeit τ', welche verstreicht, damit die Amplitude wieder den

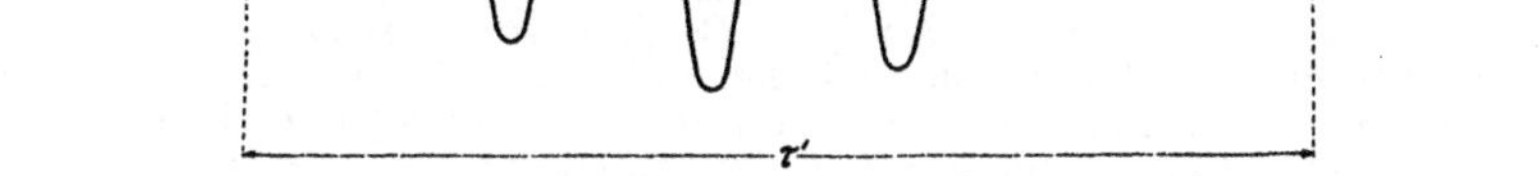

Abb. 6. Zusammensetzung zweier Sinusschwingungen $x = A \sin 6\,\omega\,(t + \vartheta) + A \sin 5\,\omega\,(t + \vartheta)$

gleichen Wert annimmt, bezeichnet man als Schwebungsdauer und sie bestimmt sich aus Gl. (6) zu

$$2\,\delta\,\tau' = 2\,\pi, \qquad \tau' = \frac{\pi}{\delta} = \frac{2\,\pi}{k_1 - k_2}.$$

Wie das Zeitwegschaubild einer solchen Bewegung aussieht, zeigt Abb. 6.

Bisher wurde die Zusammensetzung von nur zwei Schwingungen gleicher, bzw. ungleicher Frequenz behandelt. Bei den entstehenden Bewegungen ist es ohne weiteres möglich, daß nicht zwei, sondern mehrere, ja unendlich viele solcher Sinusschwingungen auftreten. Man erhält also die Darstellung der Bewegung mit Hilfe einer Fourierreihe. In vielen Fällen hat man aber nicht nur die Zusammensetzung einzelner Sinusglieder vorzunehmen, sondern man hat aus einem gegebenen periodischen Diagramm die einzelnen „Harmonischen" (das sind die verschiedenen Sinusglieder) herauszufinden. Diesen Vorgang bezeichnet man als harmonische Analyse. Um diese durchzuführen, wurden mehrere Verfahren entwickelt.[1]

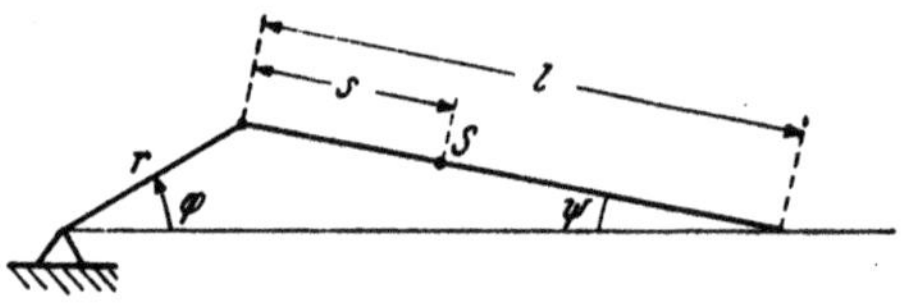

Abb. 7. Schubkurbelgetriebe

a) Beispiel. Als Beispiel sei das Schubkurbelgetriebe (s. Abb. 7) behandelt, es soll die Kolbenbewegung durch die einzelnen Harmonischen dargestellt werden. Es sei vorausgesetzt, daß sich die Kurbel mit konstanter Winkelgeschwindigkeit k drehe, also $\varphi = k\,t$, dann ist bei $\lambda = r/l$

$$x = r\cos\varphi + l\cos\psi = r\cos k\,t + l\sqrt{1 - \lambda^2\sin^2 k\,t},$$

nun bestimmt sich[2]

$$\begin{aligned}\sqrt{1-\lambda^2\sin^2 k\,t} &= 1 - \frac{\lambda^2}{4} - \frac{3}{64}\lambda^4 - \frac{5}{256}\lambda^6 \cdots + \\ &+ \cos 2\,k\,t\left(\frac{\lambda^2}{4} + \frac{\lambda^4}{16} + \frac{15}{512}\lambda^6 \cdots\right) \\ &+ \cos 4\,k\,t\left(\frac{\lambda^4}{64} + \frac{3}{256}\lambda^6 \cdots\right) \\ &+ \cos 6\,k\,t\left(\frac{\lambda^6}{512}\cdots\right) \\ &\cdots\cdots\cdots\cdots\cdots\cdots\end{aligned}$$

[1] Hort, W.: Technische Schwingungslehre. Berlin: 1922. — Runge, C., H. König: Vorlesungen über numerisches Rechnen. Berlin: 1924. — Sanden, H. v.: Praktische Analyse. Berlin-Leipzig: 1927. — Lense, J.: Reihenentwicklung der mathematischen Physik. Berlin-Leipzig: 1936. — Runge, F., C. Emde: Rechnungsformular zur Zerlegung einer empirisch gegebenen Funktion in Sinuswellen. Braunschweig. — Schrutka, L. v., K. Pichelmayer: Eine neue Methode der Analyse von Wechselstrom-Kurven. E.T.Z. 1912, S. 129. — Zipperer, L.: Tafeln zur harmonischen Analyse. Berlin: 1926. — Koehler, K., A. Walther: Fouriersche Analyse von Funktionen mit Sprüngen und Ecken und ähnlichen Besonderheiten. Archiv für Elektrotechnik, Bd. 25, 1931, S. 747. — Hußmann, A.: Rechnerische Verfahren zur harmonischen Analyse und Synthese. Berlin: 1938. — Stumpff, K.: Tafeln und Aufgaben zur harmonischen Analyse und Periodogrammrechnung. Berlin: 1939.

[2] Lorenz, H.: Dynamik der Kurbelgetriebe mit besonderer Berücksichtigung der Schiffsmaschinen, S. 10. Leipzig: 1901.

Nun ist λ das Verhältnis des Kurbelradius r zur Schubstange l ein echter Bruch, somit kann man höhere Potenzen von λ entsprechend der verlangten Rechengenauigkeit vernachlässigen und für x erhält man

$$x = b_0 + b_1 \cos k t + b_2 \cos 2 k t + b_4 \cos 4 k t + \ldots,$$

die Darstellung durch eine Fouriersche Reihe. Aus dieser Reihe ist zu ersehen, daß die Frequenzen der einzelnen Harmonischen als kleinsten gemeinschaftlichen Faktor die Winkelgeschwindigkeit k haben. Man bezeichnet nun die Sinus-, bzw. Kosinusschwingung, deren Frequenz k ist, als die Grundschwingung und die anderen als die Oberschwingungen. Um von den einzelnen Gliedern der Oberschwingung leichter sprechen zu können, führt man den Begriff der Ordnung der Schwingung ein. Ist die Frequenz der Oberschwingung ein ganzzahliges Vielfaches der Grundschwingung, so erhält man eine „harmonische" Oberschwingung. Die Ordnungszahl der harmonischen Oberschwingung ist jene Zahl, mit der man die Frequenz der Grundschwingung multiplizieren muß um die der Oberschwingung zu erhalten. Wendet man den Begriff der Oberschwingung auf das obige Beispiel an, so sieht man, daß keine Oberschwingungen von ungerader Ordnung auftreten.

Die Ordnung des konstanten Gliedes bezeichnet man dementsprechend sinngemäß als nullte.

b) Lissajousche Kurven.[1] Kann ein Punkt Bewegungen nach zwei verschiedenen Richtungen mit ungleicher Frequenz ausführen, wie dies z. B. bei den Biegeschwingungen eines rechteckigen Stabes entsprechend den beiden Hauptträgheitsachsenrichtungen der Fall ist, so beobachtet man unter Umständen ganz sonderbare Bahnkurven. Diese Bahnen kann man so finden, daß man jede Schwingung in einer der Hauptträgheitsachsenrichtung für sich untersucht. Dann kann man, nachdem in jedem Zeitpunkt sowohl das x als auch das y gegeben sind, die Bahnkurve ermitteln, da sie in parametrischer Darstellung gegeben ist. Wie diese Kurven aussehen können s. Melde und Abb. 8.

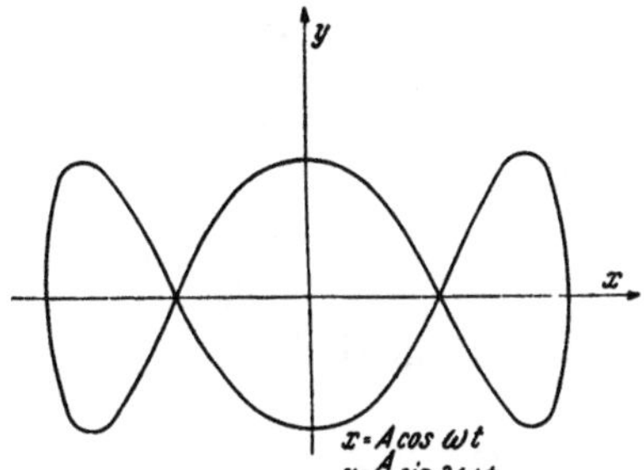

Abb. 8. Lissajou-Kurve

5. *Mechanische Grundlagen*

Mit Hilfe des Newtonschen Grundgesetzes kann man immer die Bewegungsgleichungen auffinden. Nach dem Schwerpunktsatz sind die resultierenden Kraft- und Massenbeschleunigungsvektoren ein-

[1] Melde, F. a. a. O., S. 20.

ander gleich und zufolge des Momentensatzes ist der resultierende Kraftmomentenvektor gleich der Summe der Vektoren der einzelnen Massenbeschleunigungsmomente. Beachten muß man nur, daß diese Gleichungen keine skalaren Gleichungen sind, die nur über die Zahlengrößen etwas aussagen, sondern vektorielle Gleichungen, bei der die Richtungen der einzelnen Größen einen wesentlichen Einfluß haben.

In manchen Fällen ist die Anwendung der Lagrangeschen Gleichungen[1] von Vorteil. Diese kann man auf folgende Weise erhalten. Bezeichnen q_i die unabhängigen Koordinaten eines Körpersystems (allgemein sind so viele vorhanden, als Freiheitsgrade vorhanden sind), so bedeuten dann die $\dot{q}_i$ die Koordinatengeschwindigkeiten. Die kinetische Energie L

$$L = L(q_i, \dot{q}_i) \quad i = 1, 2 \ldots n$$

ist eine homogene quadratische Funktion der Koordinatengeschwindigkeiten und kann außerdem noch von den Koordinaten selbst abhängen. Nun ist nach dem Eulerschen Satze über quadratische Funktionen

$$L = \frac{1}{2} \sum \frac{\partial L}{\partial \dot{q}_i} \dot{q}_i .$$

In dieser Gleichung ist $\partial L / \partial \dot{q}_i$ eine Komponente der verallgemeinerten Bewegungsgröße. Man kann nun die virtuelle Arbeit derselben bestimmen. Setzt man voraus, daß Differentiations- und Variationszeichen vertauschbar sind, so kommt die zeitliche Änderung der virtuellen Arbeit der Bewegungsgrößen gleich der doppelten variierten kinetischen Energie. Für das orthogonale Koordinatensystem ist diese Beziehung wohl bekannt, denn für den Punkt ist $m\dot{x}$ die eine Komponente der Bewegungsgröße und

$$\frac{d}{dt} m \dot{x}\, \delta x = m \ddot{x}\, \delta x + m \dot{x}\, \delta \dot{x} ,$$

wobei bekanntlich

$$\ddot{x}\, dx = \dot{x}\, d\dot{x} ,$$

also wird

$$\frac{d}{dt} m \dot{x}\, \delta x = 2 m \dot{x}\, \delta \dot{x} = m\, \delta \dot{x}^2 = 2\, \delta L_1 .$$

Man kann nun von den einzelnen verallgemeinerten Bewegungsgrößen die orthogonalen Komponenten bilden und dann ist leicht einzusehen, daß die eben erwähnte Beziehung auch für die verallgemeinerte Bewegungsgröße gelten muß. Also

$$\frac{d}{dt} \sum \frac{\partial L}{\partial \dot{q}_i} \delta q_i = 2\, \delta L .$$

---

[1] Lagrange, J. L.: Analytische Mechanik, S. 482. Berlin: 1887. — Lechner, A.: Enzyklopädie der Mechanik, S. 253. Wien: 1922.

Ist Q_i die generalisierte Kraft und wendet man den Arbeitssatz an, so erhält man

$$\delta L = \delta A, \quad \text{also} \ \frac{d}{dt} \sum \frac{\partial L}{\partial \dot{q}_i} \delta q_i - \delta L = \sum Q_i \, \delta q_i.$$

Andererseits erhält man für δL, wenn man beachtet, daß die kinetische Energie eine Funktion der Koordinaten und der Koordinatengeschwindigkeit ist

$$\delta L = \sum \frac{\partial L}{\partial q_i} \delta q_i + \sum \frac{\partial L}{\partial \dot{q}_i} \delta \dot{q}_i.$$

Setzt man nun voraus, daß

$$\frac{d}{dt} \delta q_i = \delta \dot{q}_i$$

ist, dann wird

$$\frac{d}{dt} \sum \frac{\partial L}{\partial \dot{q}_i} \delta q_i = \sum \left(\frac{\partial L}{\partial \dot{q}_i}\right)^{\cdot} \delta q_i + \sum \left(\frac{\partial L}{\partial \dot{q}_i}\right) \delta \dot{q}_i$$

und damit durch Einsetzen in die Arbeitsgleichung

$$\sum \left(\frac{\partial L}{\partial \dot{q}_i}\right)^{\cdot} \delta q_i - \sum \left(\frac{\partial L}{\partial q_i}\right) \delta q_i = \sum Q_i \, \delta q_i.$$

Wird vorausgesetzt, daß die einzelnen Koordinaten q_i voneinander unabhängig sind, dann kann zwischen denselben kein funktioneller Zusammenhang bestehen. Dadurch ist aber auch eine Gleichung zwischen den einzelnen Koordinatenvariationen unmöglich und die soeben ermittelte Gleichung kann nur bestehen, wenn die mit der i-ten Koordinatenvariation multiplizierten Glieder einander gleichkommen. Damit erhält man

$$\frac{d}{dt} \left(\frac{\partial L}{\partial \dot{q}_i}\right) - \frac{\partial L}{\partial q_i} = Q_i, \tag{7}$$

die Lagrangeschen Gleichungen.

Wie schon hervorgehoben, ist die kinetische Energie eine quadratische Funktion der Koordinatengeschwindigkeiten, es gilt also

$$L = \frac{1}{2} \sum \sum a_{ik} \, \dot{q}_i \, \dot{q}_k.$$

Bei besonderer Wahl der Koordinaten kann man nun erreichen, daß die Glieder $a_{ik} \, \dot{q}_i \, \dot{q}_k$, mit i ungleich k in dem Ausdruck für die kinetische Energie nicht mehr enthalten sind. Dann ist $a_{ik} = 0$ für $i \neq k$ und man erhält

$$L = \frac{1}{2} \sum a_i \, \dot{q}_i^2. \tag{8}$$

Diese besonderen Koordinaten heißen Hauptkoordinaten[1].

---

[1] Routh, E. J.: Die Dynamik der Systeme starrer Körper, Bd. 1, S. 415. Leipzig: 1898.

a) Beispiele. *α) Untersuchung des Kurbelgetriebes.* Bedeuten M_2 die Masse, J_s das Trägheitsmoment der Schubstange um ihren Schwerpunkt, M_3 die Masse der hin- und hergehenden Teile und J_1 das Trägheitsmoment der rotierenden Teile, dann gilt für die kinetische Energie

$$L = \frac{1}{2} J_1 \dot{\varphi}^2 + \frac{1}{2} M_2 v_s^2 + \frac{1}{2} J_s \dot{\psi}^2 + \frac{1}{2} M_3 v_3^2,$$

wenn $\dot{\varphi}$ die Winkelgeschwindigkeit der Kurbel, $\dot{\psi}$ die der Schubstange, v_s die Geschwindigkeit des Schwerpunktes der Schubstange und v_3 die der hin- und hergehenden Teile ist. Nach Unterdrückung einiger Zwischenrechnungen erhält man

$$L = \frac{1}{2}\left[J_1 + M_2\left(\frac{r^2}{2} + \frac{r^4 s^2}{8 l^4} + \frac{(l-s)^2 r^2}{2 l^2}\right) + M_3\left(\frac{r^2}{2} + \frac{r^4}{4 l^2}\right) + \right.$$
$$\left. + \frac{J_s}{2}\frac{r^2}{l^2}\right]\dot{\varphi}^2 + \frac{1}{2}\left(M_2 \frac{r^3 s}{2 l^2} + M_3 \frac{r^3}{2 l}\right)\dot{\varphi}^2 \cos\varphi + \frac{1}{2}\left\{M_2\left[\frac{(l-s)^2 r^2}{2 l^2} - \frac{r^2}{2}\right] - \right.$$
$$\left. - M_3 \frac{r^2}{2} + J_s \frac{r^2}{2 l^2}\right\}\dot{\varphi}^2 \cos 2\varphi - \frac{1}{2}\left(M_2 \frac{r^3 s}{2 l^2} + M_3 \frac{r^3}{2 l}\right)\dot{\varphi}^2 \cos 3\varphi -$$
$$- \frac{1}{2}\left(M_2 \frac{r^4 s^2}{4 l^4} + M_3 \frac{r^4}{4 l^2}\right)\dot{\varphi}^2 \cos 4\varphi$$

und damit die kinetische Energie als Funktion des Kurbelwinkels und der Winkelgeschwindigkeit. Die Anwendung der Lagrangeschen Gleichung ergibt, wenn man für das Verhältnis des Kurbelradius zur Schubstangenlänge λ setzt

$$\frac{d}{dt}\left(\frac{\partial L}{\partial \dot{\varphi}}\right) - \frac{\partial L}{\partial \varphi} = \left\{J_1 + \frac{M_2}{2}\left[r^2 + (l-s)^2 \lambda^2\right] + \frac{M_3 r^2}{2}\right\}\ddot{\varphi} +$$
$$+ \left\{\frac{M_3}{2}\lambda r^2 \cos\varphi - \frac{1}{2}\left\{M_2\left[r^2 - (l-s)^2\lambda^2\right] + M_3 r^2\right\}\cos 2\varphi - \right.$$
$$\left. - \frac{M_3 \lambda r^2}{2}\cos 3\varphi\right\}\ddot{\varphi} + \frac{1}{2}\left\{-\frac{M_3 \lambda r^2}{2}\sin\varphi + \right.$$
$$\left. + \left\{M_2\left[r^2 - (l-s)^2\lambda^2\right] + M_3 r^2\right\}\sin 2\varphi + \frac{3}{2} M_3 \lambda r^2 \sin 3\varphi\right\}\dot{\varphi}^2 = Q. \tag{9}$$

In dieser Gleichung wurden alle Glieder mit λ^2 oder höheren Potenzen von λ vernachlässigt. Die verallgemeinerte Kraft Q kommt in diesem Falle dem Tangentialdrehkraftmoment gleich. Das mit dem Quadrat der Winkelgeschwindigkeit multiplizierte Glied entspricht der sogenannten Massendrehkraft.

β) Ermittlung der Schwingungsgleichung mit Hilfe der Lagrangeschen Gleichungen. Für die kinetische Energie gilt die Gl. (8). Es ist nun nötig, die verallgemeinerte Kraft Q_i zu bestimmen. Diese kann man am einfachsten mit Hilfe der Arbeit, bzw. des Potentials ermitteln. Bei Verwendung von Hauptkoordinaten gilt für die Arbeit elastischer Kräfte, weil diese eine quadratische Funktion der Koordinaten ist

$$A = -\frac{1}{2}\sum c_i q_i^2. \tag{10}$$

Zufolge $Q_i = \partial A/\partial q_i$ erhält man als Bewegungsgleichungen, wenn man Gl. (8) in Gl. (7) einsetzt

$$a_i \ddot{q}_i + \frac{1}{2}\frac{\partial a_i}{\partial q_i}\dot{q}_i^2 + c_i q_i = 0, \qquad i = 1, 2 \ldots n. \tag{11}$$

Diese integriert ergibt das Bewegungsgesetz.

Nach der Art der Koeffizienten der Gl. (11) kann man nun die entstehende Bewegung, bzw. Schwingung einteilen in

die harmonische Bewegung, wenn die Koeffizienten konstant sind;
die quasiharmonischen, wenn sie Funktionen der Zeit sind;
pseudoharmonische Schwingungen, wenn sie vom Ort abhängen.

b) Arbeitsverhältnisse. Wenn auch aus der Newtonschen Beziehung die Differentialgleichung für die Bewegung aufzustellen ist, so kann man mitunter die Größe der Ausschläge einfach mit Hilfe des Arbeitssatzes erhalten; dazu ist die Kenntnis der Arbeit einer periodischen Kraft nötig. Gegeben sei

$$P = P_0 \sin k t$$

und der Ausschlag

$$x = C \sin(k t + \vartheta).$$

Mit ϑ bezeichnet man die Phasenverschiebung des Ausschlages gegenüber der Kraft. Dann bestimmt sich die Arbeit A, welche zwischen der Zeit $t_0 = 0$ und t geleistet wird

$$A = \int_0^t P\,dx = \int_0^t P_0 \sin k t\, C\, k \cos(k t + \vartheta)\, dt =$$

$$= C\,P_0\left(\frac{\sin^2 k t}{2} - \frac{k t}{2}\sin\vartheta + \frac{\sin\vartheta}{4}\sin 2 k t.\right)$$

Ist die Phasenverschiebung Null, dann wird die Gesamtarbeit für die ganze Schwingungsperiode (zwischen $t_0 = 0$ und $k t = 2\pi$) ebenfalls Null. Von Interesse ist in diesem Fall die Arbeit, welche vom Durchgang durch die Ruhelage bis zum Größtausschlag, also bei einer Viertelschwingung geleistet wird. Diese bestimmt sich zu

$$A = \frac{1}{2} C\,P_0.$$

Bei der Phasenverschiebung ϑ ist die Arbeit, welche während einer ganzen Schwingung, also zwischen den Zeiten $t_0 = 0$ und $k t = 2\pi$ geleistet wird von Wichtigkeit. Diese bestimmt sich zu

$$A = \pi C P_0 \sin \vartheta = \pi F$$

und diese Arbeit kommt der π-fachen Fläche gleich, welche durch den Kraftvektor und den Ausschlagvektor bestimmt ist, s. Abb. 9.

Abb. 9. Phasendifferenz zwischen der erregenden Kraft und dem Ausschlag

c) Methode der kleinen Schwingungen.[1] Bei der Methode der kleinen Schwingungen setzt man voraus, daß die auftretenden Bewegungsänderungen gegenüber der mittleren Bewegung verhältnismäßig klein sind. Die mittlere Bewegung q_{io} erhält man als Teillösung aus der Differentialgleichung der Bewegung. Es gilt also

$$q_i = q_{io} + \varepsilon_i.$$

Damit wird nach Gl. (11)

$$a_i (\ddot{q}_{io} + \ddot{\varepsilon}_i) + \frac{1}{2} \frac{\partial a_i}{\partial q_{io}} (\dot{q}_{io} + \dot{\varepsilon}_i)^2 + c_i (q_{io} + \varepsilon_i) = 0.$$

Da ε, die sogenannte Pulsation, eine kleine Größe ist, so kann man die quadratischen Glieder vernachlässigen und man erhält

$$a_i (\ddot{q}_{io} + \ddot{\varepsilon}_i) + \frac{1}{2} \frac{\partial a_i}{\partial q_i} (\dot{q}_{io}^2 + 2 \dot{q}_{io} \dot{\varepsilon}_i) + c_i (q_{io} + \varepsilon_i) = 0, \qquad (12)$$

lineare Differentialgleichungen, deren Lösung im II. Abschn. behandelt wird. Die durch q_{io} beschriebene mittlere Bewegung nennt man auch die Grundbewegung.

Wie diese Methode zu handhaben ist, soll im Fall des Kurbelgetriebes gezeigt werden. Man setzt

$$\varphi = k t + \varepsilon.$$

In dieser Gleichung entspricht k der mittleren Winkelgeschwindigkeit und ε der Pulsation. Als Bewegungsgleichung gilt wieder Gl. (9). Beachtet man, daß ε, $\dot{\varepsilon}$ und $\ddot{\varepsilon}$ kleine Größen sind, so sind Produkte dieser Größen vernachlässigbar. Auf diese Weise erhält man

$$\left\{J_1 + \frac{M_2}{2} [r^2 + (l-s)^2 \lambda^2] + \frac{M_3 r^2}{2}\right\} \ddot{\varepsilon} + \left\{\frac{M_3}{2} \lambda r^2 \cos k t - \right.$$

$$\left. - \frac{1}{2} \{M_2 [r^2 - (l-s)^2 \lambda^2] + M_3 r^2\} \cos 2 k t - \frac{M_3}{2} \lambda r^2 \cos 3 k t\right\} \ddot{\varepsilon} +$$

$$+ \left\{- \frac{M_3}{2} \lambda r^2 \sin k t + M_2 [r^2 - (l-s)^2 \lambda^2 + M_3 r^2] \sin 2 k t + \right.$$

$$\left. + \frac{3}{2} M_3 \lambda r^2 \sin 3 k t\right\} k \dot{\varepsilon} + \frac{1}{2} \left\{- \frac{M_3}{2} \lambda r^2 k^2 \cos k t + \left[M_2 [r^2 - \right.\right.$$

[1] Lagrange, J. L., a. a. O., S. 285. — Routh, E. J., a. a. O., Bd. 2, S. 81. — Heun, K.: Die kinetischen Probleme der wissenschaftlichen Technik, Jahresber. d. Deutsch. Math. Ver., Bd. 9, 1901, S. 67.

$$-(l-s)^2\,\lambda^2] + M_3 r^2\Big]\,2\,k^2\cos 2\,k\,t + \frac{9\,k^2}{2}\,M_3\,\lambda\,r^2\cos 3\,k\,t\Big\}\,\varepsilon +$$

$$+\frac{1}{2}\Big\{-\frac{M_3}{2}\,\lambda\,r^2\sin k\,t + \{M_2\,[r^2-(l-s)^2\,\lambda^2] + M_3\,r^2\}\sin 2\,k\,t +$$

$$+\frac{3}{2}\,M_3\,\lambda\,r^2\sin 3\,k\,t\Big\}\,k^2 = Q. \tag{13}$$

II. Schwingungen des Einmassensystems

1. *Freie Schwingungen*

a) Ungedämpfte Schwingungen.[1] Hängt die Masse m (s. Abb. 10), an einer Feder, welche aus ihrem spannungslosen Zustand herausgebracht worden ist und dann freigelassen wird, so führt diese Schwingungen aus. Bedeuten x_1 die Entfernung aus dem spannungslosen Zustand, c die Federkonstante (darunter versteht man die Ableitung der Federkraft nach dem Wege; im Kraft-Wegschaubild der sogenannten Federkennlinie gibt sie die Neigung der Kurventangente an), so gilt bei lotrechter Bewegungsrichtung

$$m\,b = m\,\ddot{x}_1 = m\,g - c\,x_1. \tag{14}$$

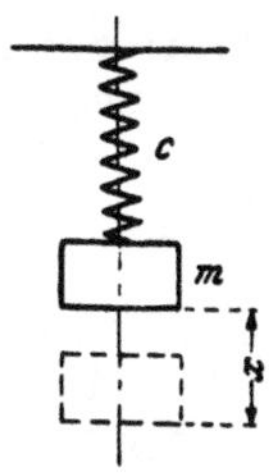

Abb. 10. Schema des Einmassensystems

In den meisten Fällen mag man die „Federkonstante" in Gl. (14) als Konstante annehmen, unter Umständen ist man bei genauer Behandlung der Aufgaben gezwungen die Abhängigkeit der „Federkonstante" vom Ausschlag zu berücksichtigen. So z. B. erfordert die genaue Behandlung der Pendelschwingungen die Berücksichtigung der Abhängigkeit des Rückstellmomentes vom Sinus des Ausschlages. Gl. (14) kann man auch schreiben

$$m\,\ddot{x}_1 + c\left(x_1 - \frac{m\,g}{c}\right) = 0. \tag{14 a}$$

Führt man eine Koordinatentransformation durch, indem man

$$x = x_1 - \frac{m\,g}{c}$$

setzt, so sieht man, daß für

$$x = x_0 = f = \frac{m\,g}{c}, \qquad c = \frac{m\,g}{f} \tag{15}$$

[1] Föppl, A.: Vorlesungen über Technische Mechanik, Bd. 4, 4. Aufl., S. 27. Leipzig und Berlin: 1914.

x_1 gleich Null wird. Man erhält damit die Verschiebung f bei Gleichgewicht. Führt man diesen umgeformten Wert in die Differentialgleichung (14 a) ein, so erhält man

$$m\ddot{x} + c\,x = 0. \tag{16}$$

Man erhält also eine homogene lineare Differentialgleichung mit konstanten Koeffizienten. Eine solche wird durch den Ansatz

$$x = r\,e^{\lambda} \tag{17}$$

befriedigt. Setzt man Gl. (17) in Gl. (16) ein, so ergibt diese, da die Beschleunigung durch zweimalige Differentiation erhalten wird und nach Gl. (4 a) $\lambda^2 x$ gleichkommt

$$m\,\lambda^2 x + c\,x = 0. \tag{18}$$

Aus dieser Gleichung fällt x heraus und man erhält bei Berücksichtigung von Gl. (15)

$$\lambda = \pm i\sqrt{\frac{c}{m}} = \pm i\,\omega, \quad \omega = \sqrt{\frac{c}{m}} = \sqrt{\frac{g}{f}} \tag{19}$$

den Wert der Kreisfrequenz ω der Eigenschwingung. Für die Ausschläge erhält man mit Hilfe von Gl. (17)

$$x_1 - \frac{g\,m}{c} = x = A\sin\omega t + B\cos\omega t = C\sin(\omega t + \vartheta). \tag{20}$$

Man sieht, daß die Frequenz der entstehenden Bewegung nur von der Masse und der Federkonstanten abhängt. ω ist von der Größe der Erdbeschleunigung vollkommen unabhängig, da die Eigenschwingungszahl von der Massenanordnung allein abhängt. Um die Werte der Konstanten der Gl. (20) zu erhalten, muß man die gegebenen Anfangsbedingungen — Anfangswerte — berücksichtigen. Zur Zeit $t_0 = 0$, sei der Ausschlag x_0 und die Anfangsgeschwindigkeit v_0 gegeben. Damit wird $B = x_0$ und $A = v_0/\omega$,

$$C = \sqrt{x_0^2 + \frac{v_0^2}{\omega^2}} \quad \text{und} \quad \operatorname{tg}\vartheta = \frac{x_0\,\omega}{v_0}$$

und man erhält als Bewegungsgesetz

$$x = \frac{v_0}{\omega}\sin\omega t + x_0\cos\omega t. \tag{20 a}$$

Aus Gl. (19) ist zu ersehen, daß die Eigenschwingung in einer einfachen Beziehung zu statischen Verschiebung steht. Kennt man diese, so kennt man auch die Eigenschwingungszahl. In Tab. 1 ist für verschiedene Massenanordnungen die statische Verschiebung und die Eigenschwingungszahl angegeben.

Um diese Tabelle zu benützen, muß man nur auf die Dimensionen achten. Alle Größen müssen mittels des gleichen Maßsystems gemessen werden. Man muß für alle Größen entweder das kgmsek- oder das kgdmsek- oder das kgcmsek-System anwenden und muß achten, daß man für verschiedene Größen nicht verschiedene Maßsysteme verwendet. So z. B. hat man für die Erdbeschleunigung

im kgmsek -System $g = 9{,}81\ \text{m sek}^{-2}$,
im kgdmsek-System $g = 98{,}1\ \text{dm sek}^{-2}$,
im kgcmsek-System $g = 981\ \text{cm sek}^{-2}$

oder bei Verwendung des englischen Maßsystems $g = 386$ inch sek^{-2} einzusetzen. Ist z. B. die Durchfederung durch eine gesonderte statische Rechnung bekannt und in cm angegeben, so muß man in Formel (19) für g den Wert 981 cm sek^{-2} einsetzen.

Wird mit dem nicht zugehörigen Wert von g gerechnet, so erhält man natürlich falsche Ergebnisse.

b) Gedämpfte Schwingungen. Im Falle der ungedämpften Schwingung bleiben die Schwingungen, wenn sie einmal erregt werden, dauernd bestehen. Die Erfahrung lehrt aber, daß beim Fehlen erregender Kräfte, was bisher vorausgesetzt wurde, die Schwingungen nicht dauernd bestehen bleiben, sie klingen ab und der Körper kommt zur Ruhe. Dies rührt davon her, daß Bewegungswiderstände auftreten; man sagt dann, die Schwingung sei gedämpft. Je nach dem Widerstandsgesetz unterscheidet man die verschiedenen Dämpfungsarten und damit die Schwingungen. Ist trockene Reibung vorhanden, so ist die Größe der Reibungskraft konstant und hängt nur insofern von der Geschwindigkeit ab, als sie zur jeweiligen Bewegungsrichtung entgegengesetzt gerichtet ist. In diesem Falle spricht man von der konstanten Dämpfung und dementsprechend bezeichnet man die Schwingung als Schwingung mit konstanter Dämpfung oder Reibungsschwingung.

Ist Flüssigkeitsreibung vorhanden, so ist die Reibungskraft ebenfalls der Bewegungsrichtung entgegengesetzt gerichtet und hängt linear von der Geschwindigkeit ab. Man bezeichnet diese Dämpfung als lineare Dämpfung und die Bewegung als geschwindigkeitsgedämpft.

Bei Bewegung von Körpern im widerstehenden Mittel bei großer Geschwindigkeit ist die Dämpfung nicht mehr linear, sondern hängt von der Geschwindigkeit durch ein Potenzgesetz ab. Es ist jedoch in vielen Fällen möglich, insbesonders wenn die Schwingungsausschläge klein sind, diesen Fall auf den Fall der linearen Geschwindigkeitsdämpfung zurückzuführen. Ist der Widerstand gegeben durch

$$R = k v^n , \tag{21}$$

worin k eine von den gegebenen Abmessungen und dem widerstehenden Mittel abhängige Konstante ist, so kann man bei kleinen Geschwindigkeitsänderungen die Methode der kleinen Schwingungen anwenden. Die Geschwindigkeit der Grundbewegung sei v_0 und $\dot{\varepsilon}$ die der Grundbewegung überlagerte Zusatzbewegung, dann ist

$$v = v_0 + \dot{\varepsilon} .$$

Setzt man diesen Wert in Gl. (21) ein, so wird bei Entwicklung in eine Reihe

$$R = k v^n = k (v_0 + \dot{\varepsilon})^n = k v_0^n + k n v_0^{n-1} \dot{\varepsilon} + \ldots .$$

Da die Zusatzbewegung nur von kleinerer Größenordnung ist, so kann man die Reihe nach dem zweiten Gliede abbrechen und man erhält

$$R = k\,(v_0^n + n\,v_0^{n-1}\,\dot{\varepsilon}),$$

eine lineare Abhängigkeit des Widerstandes von der Geschwindigkeit der Zusatzbewegung.

α) *Schwingung mit konstanter Dämpfung*[1]. Bei trockener Reibung hat die Reibungskraft die konstante Größe h und die entgegengesetzte Richtung wie die Geschwindigkeit. Ist das Vorzeichen der Geschwindigkeit $\operatorname{sign} \dot{x}$ so gilt

$$R = -h \operatorname{sign} \dot{x}.$$

Ist die Federkennlinie linear, so gilt dann die Bewegungsgleichung

$$m\,\ddot{x} = -c\,x - R = -c\,x - h \operatorname{sign} \dot{x}$$

oder anders geschrieben

$$m\,\ddot{x} + c\,x + h \operatorname{sign} \dot{x} = 0. \tag{22}$$

Die Gl. (22) hat die gleiche Form wie Gl. (14a). In einem ist sie jedoch wesentlich verschieden, denn bei der ungedämpften Schwingung gilt die Differentialgleichung (14a) für die ganze Dauer der Bewegung, während bei der Reibungsschwingung zufolge der Abhängigkeit der Reibungskraft vom Vorzeichen der Geschwindigkeit ($\operatorname{sign} \dot{x}$ ändert bei jeder Geschwindigkeitsrichtungsänderung sein Vorzeichen), nach jeder Bewegungsumkehr eine neue Differentialgleichung gilt. Die Lösung der Gl. (22) lautet gemäß Gl. (20)

$$x = \mp \frac{h}{c} + A \sin \omega t + B \cos \omega t. \tag{23}$$

Setzt man Gl. (23) in Gl. (22) ein, so erhält man für die Frequenz der Reibungsschwingung

$$\omega = \sqrt{\frac{c}{m}},$$

somit den gleichen Wert wie bei der ungedämpften Schwingung. Beide Frequenzen sind gleich groß und von der Größe der Reibungskraft unabhängig.

Da die Differentialgleichung nur von Bewegungsumkehr zu Bewegungsumkehr gilt, so haben die Konstanten A und B für die ganze Dauer der Bewegung nicht den gleichen Wert, sondern sind nach jeder Bewegungsumkehr von neuem zu bestimmen, wobei die entsprechenden Werte der Geschwindigkeit und des Ausschlages am Ende der vorhergehenden Periode die Anfangswerte der nachfolgenden sind. Ist bei $t_0 = 0$, $x = x_0$ und $\dot{x}_0 = 0$, so ist bei Bewegungsbeginn die Reibungskraft positiv, da die Anfangsgeschwindigkeit von x_0 zum Ursprung gerichtet ist (die Geschwindigkeit

[1] Lorenz, H.: Lehrbuch der Technischen Physik, Bd. I, 1. Teil, Mechanik ebener Gebilde, 2. Aufl., S. 135. Berlin: 1924.

ist also negativ) und in Gl. (23) hat man das positive Zeichen zu nehmen. Damit wird für die erste Periode

$$x_0 = B_1 + \frac{h}{c}, \qquad B_1 = x_0 - \frac{h}{c}, \qquad A_1 = 0.$$

Für die Geschwindigkeit erhält man Gl. (3). Damit tritt bei $\omega t_1 = \pi$ der Vorzeichenwechsel der Geschwindigkeit ein. Am Ende dieser Halbperiode ist

$$x_1 = -B_1 + \frac{h}{c} = -x_0 + 2\frac{h}{c}, \qquad \dot{x}_1 = 0.$$

Wie schon hervorgehoben, sind diese Werte als neue Anfangswerte anzusehen, wobei in Gl. (23) zufolge der Richtungsänderung der Reibungskraft das negative Zeichen zu stehen kommt.

Bei $\omega t_1 = 2\pi$ wird nach früheren Überlegungen

$$x_1 = -x_0 + 2\frac{h}{c} = +B_2 - \frac{h}{c}, \qquad B_2 = -\left(x_0 - \frac{3h}{c}\right), \qquad A_2 = 0.$$

Man erhält also für die nächste Halbperiode eine Kosinuslinie. Dies ist das gleiche Zeitweggesetz wie früher, nur nehmen die Größtausschläge nach jeder Bewegungsumkehr um den gleichen Betrag $2\,h/c$ ab und die Mittellinien der Kosinuslinien sind daher jeweils um den Betrag $\pm h/c$ von der Nullinie des Ausschlages verschoben. Das Zeit-Wegschaubild zeigt Abb. 11. Zu beachten hat man: Wenn der Ausschlag bei Bewegungsumkehr einmal kleiner als $|h/c|$ wird, dann ist die Federkraft kleiner als die Reibungskraft und es erfolgt keine Bewegung, man sagt, die Schwingung bleibt stecken. Nach Gl. (23)

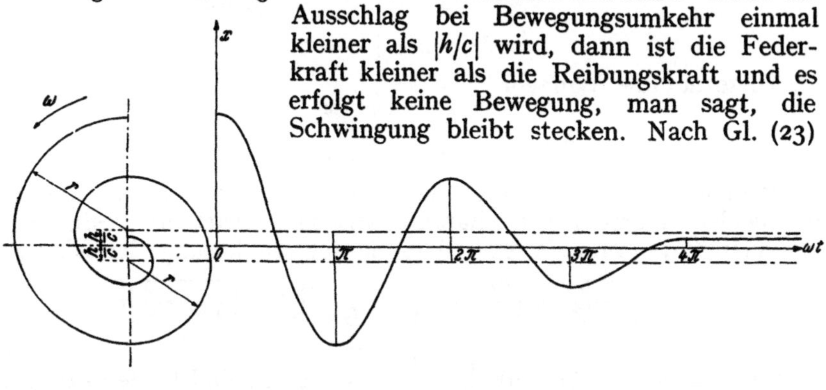

Abb. 11. Gedämpfte Schwingung (Dämpfungskraft ist konstant)

$$x = \mp \frac{h}{c} + A \sin \omega t + B \cos \omega t$$

ist zu ersehen, daß die Größtausschläge immer nach der gleichen Zeitdifferenz erreicht werden. Man kann also bei Meßinstrumenten trotz konstanter Reibung die Reibungsschwingung als Zeitbestimmungsmittel verwenden. Hervorzuheben ist nochmals, daß die konstante Reibungskraft auf die Eigenschwingungszahl keinen Einfluß hat.

β) Schwingung mit linearer Geschwindigkeitsdämpfung[1]. Wie schon hervorgehoben, hängt die Größe der Dämpfungskraft bei der Schwingung mit linearer Geschwindigkeitsdämpfung linear von der Geschwindigkeit ab und ist ihr dauernd entgegengesetzt gerichtet.

$$R = \beta \dot{x}.$$

Damit erhält man als Bewegungsgleichung

$$m \ddot{x} = -c x - \beta \dot{x} \quad \text{oder} \quad m \ddot{x} + \beta \dot{x} + c x = 0. \tag{24}$$

Auf den Einfluß des Eigengewichtes wurde keine Rücksicht genommen; denn zufolge einer einfachen Koordinatentransformation ist dieser Einfluß, welcher nur in der Verlagerung der Mittellinie der Schwingung besteht, leicht zu eliminieren. Gl. (24) ist eine homogene lineare Differentialgleichung mit konstanten Koeffizienten. Es gilt also wieder Gl. (17). Die zur Gl. (24) zugehörige charakteristische Gleichung lautet

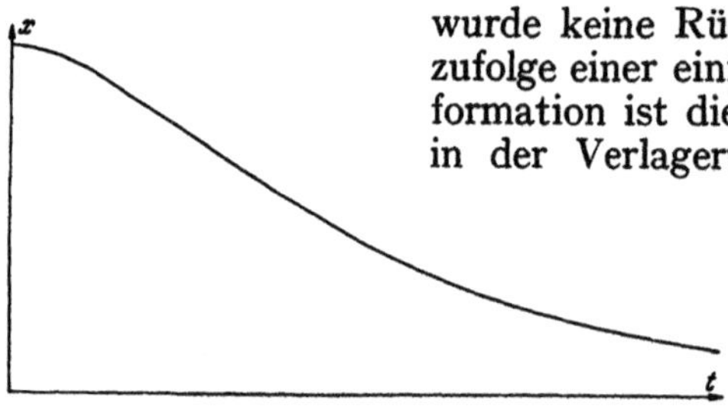

Abb. 12. Zeit-Wegdiagramm der Bewegung mit linearer Geschwindigkeitsdämpfung, wenn $\frac{\beta^2}{4m^2} > \frac{c}{m}$ ist.

$$m \lambda^2 + \beta \lambda + c = 0.$$

Diese hat die Wurzeln

$$\lambda_{12} = -\frac{\beta}{2m} \pm \sqrt{\frac{\beta^2}{4m^2} - \frac{c}{m}}.$$

Weil unter dem Wurzelzeichen eine Differenz steht, so können die beiden Wurzeln der charakteristischen Gleichung reell, oder imaginär sein. Sind sie reell, dann lautet die Lösung der Gl. (24)

$$x = A e^{-\left[\frac{\beta}{2m} + \sqrt{\frac{\beta^2}{4m^2} - \frac{c}{m}}\right]t} + B e^{-\left[\frac{\beta}{2m} - \sqrt{\frac{\beta^2}{4m^2} - \frac{c}{m}}\right]t}.$$

Da $\frac{\beta}{2m}$ sicher größer als $\sqrt{\frac{\beta^2}{4m^2} - \frac{c}{m}}$ ist, so sind beide Potenzen von e negativ und daher nehmen die Ausschläge im Laufe der Zeit immer mehr und mehr ab (s. Abb. 12) und kommen erst nach unendlich langer Zeit zur Ruhe. Bei diesen Werten von c, m und β ist keine periodische Bewegung vorhanden.

Ist $\frac{\beta^2}{4m^2} = \frac{c}{m}$, so hat die charakteristische Gleichung eine Doppelwurzel und daher lautet die Lösung von Gl. (24)

[1] Lorenz, H., a. a. O. S. 139.

$$x = (A + B\,t)\,e^{-\frac{\beta}{2m}t}.$$

Weil nun $e^{-\frac{\beta}{2m}t}$ rascher als t wächst, so nimmt der Ausschlag ebenfalls dauernd mit der Zeit ab und man erhält einen Bewegungsverlauf, welchen man eine aperiodische Schwingung nennt.

Der weitaus wichtigste Fall ist der, daß $\frac{c}{m}$ größer als $\frac{\beta^2}{4m^2}$ ist, dann werden die Wurzeln der charakteristischen Gleichung imaginär. Setzt man

$$\omega = \sqrt{\frac{c}{m} - \frac{\beta^2}{4m^2}}, \tag{25}$$

so erhält man als Lösung von Gl. (24)

$$x = A_1 e^{-\frac{\beta}{2m}t} e^{i\omega t} + B_1 e^{-\frac{\beta}{2m}t} e^{-i\omega t}$$

oder

$$x = e^{-\frac{\beta}{2m}t}(A \sin\omega t + B\cos\omega t) = e^{-\frac{\beta}{2m}t}\, C \sin(\omega t + \vartheta). \tag{26}$$

Man erhält also eine Schwingungsbewegung, deren Größtausschläge mit der Zeit asymptotisch abnehmen, s. Abb. 13. Wie man aus Gl. (26) ersieht, erfolgt der Durchgang durch die Ruhelage immer nach gleichen Zeitdifferenzen, die linear gedämpfte Schwingung kann also ebenfalls zur Zeitmessung verwendet werden.

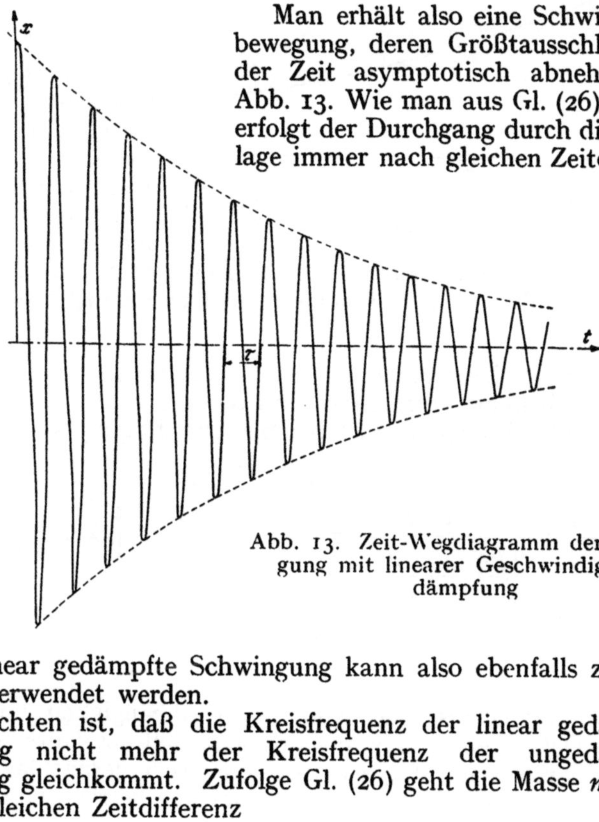

Abb. 13. Zeit-Wegdiagramm der Schwingung mit linearer Geschwindigkeitsdämpfung

Zu beachten ist, daß die Kreisfrequenz der linear gedämpften Schwingung nicht mehr der Kreisfrequenz der ungedämpften Schwingung gleichkommt. Zufolge Gl. (26) geht die Masse m immer nach der gleichen Zeitdifferenz

$$\omega \tau_1 = \pi, \quad \tau_1 = \frac{\pi}{\omega} = \frac{\pi}{\sqrt{\frac{c}{m} - \frac{\beta^2}{4 m^2}}}$$

durch die Ruhelage. τ_1 ist die Zeit für eine Halbschwingung und $\tau = 2 \tau_1$ die Schwingungsdauer der gedämpften Bewegung. Ist x der Ausschlag zur Zeit t und x_1 der zur Zeit $t + \tau$, so ist das Verhältnis der beiden Ausschläge von Interesse. Dieses bestimmt sich zu

$$\frac{x}{x_1} = \frac{e^{-\frac{\beta}{2m} t}\, C \sin(\omega t + \vartheta)}{e^{-\frac{\beta}{2m}(t + \tau)}\, C \sin(\omega t + 2\pi + \vartheta)} = e^{\frac{\beta \pi}{m \omega}}$$

und ist für den ganzen Bewegungsverlauf konstant und auch von der Wahl des Anfangsausschlages unabhängig. Der natürliche Logarithmus des Verhältnisses x/x_1, die Größe

$$\Lambda = \frac{\beta \pi}{m \omega} = \frac{\beta \tau}{2 m}$$

heißt das logarithmische Dekrement. Die Abhängigkeit der Amplitudenabnahme vom logarithmischen Dekrement zeigt Abb. 14. Aus dieser Abbildung ist zu ersehen, daß trotz kleinem logarithmischen Dekrement und damit kleiner Dämpfungszahl, die Schwingungsausschläge im Laufe der Zeit rasch abnehmen.

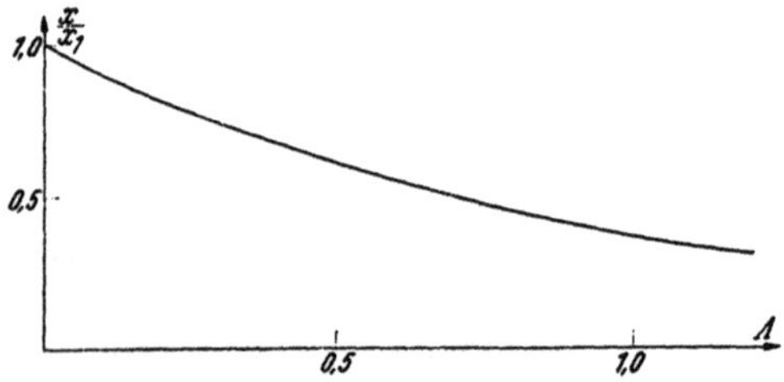

Abb. 14. Abhängigkeit der Amplitudenabnahme x/x_1 vom logarithmischen Dekrement Λ

Wie schon hervorgehoben, ist die Schwingungszahl des ungedämpften Systems verschieden von der des gedämpften. Das Verhältnis beider Frequenzen ist bei Berücksichtigung von Gl. (25)

$$\frac{\omega_{unged}}{\omega_{ged}} = \frac{\sqrt{\frac{c}{m}}}{\sqrt{\frac{c}{m} - \frac{\beta^2}{4 m^2}}} = \frac{\sqrt{\omega^2 + \frac{\beta^2}{4 m^2}}}{\omega} = \sqrt{1 + \frac{\beta^2}{4 m^2 \omega^2}} =$$

$$= \sqrt{1 + \frac{\Lambda^2}{4 \pi^2}}.$$

Dieses Verhältnis zeigt Abb. 15 in Abhängigkeit vom logarithmischen Dekrement. Man sieht daraus, daß der Unterschied bei Λ bis 0,25 kleiner als 1‰ ist, also praktisch vernachlässigt werden kann, obwohl die Abnahme der Ausschläge beträchtlich ist.

c) Anharmonische Schwingungen. Bisher wurde vorausgesetzt, daß die Federkraft verhältnisgleich dem Ausschlag sei. Dies sei nicht mehr vorausgesetzt, die Federkraft soll durch ein bekanntes, jedoch sonst beliebiges Gesetz $f(x)$, in Abhängigkeit vom Ausschlag gegeben sein. Dann ergibt die Anwendung des Arbeitssatzes, welcher besagt, daß die geleistete Arbeit der Änderung der kinetischen Energie gleichkommt,

$$A = L - L_0, \quad \text{bzw.}$$

$$L = L_0 + A,$$

somit

$$\frac{1}{2} m v^2 = \text{konst.} + \int f(x)\, dx$$

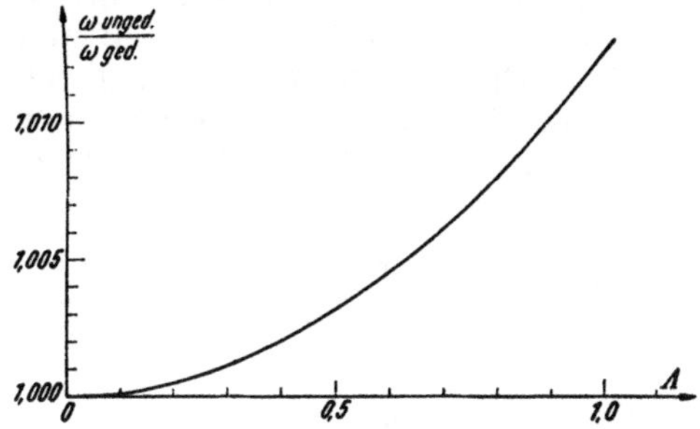

Abb. 15. Abhängigkeit des Verhältnisses der Kreisfrequenzen der gedämpften und der ungedämpften Schwingung vom logarithmischen Dekrement Λ

und

$$\frac{dx}{dt} = v = \sqrt{\frac{2}{m}\left[\text{konst.} + \int f(x)\, dx\right]}.$$

Nun hat man durch eine neuerliche Integration die Abhängigkeit des Ausschlages von der Zeit zu bestimmen. Das Integral, welches man auf diese Weise erhält, läßt sich in den meisten Fällen nicht durch einfache (elementare) Funktionen darstellen. Aus diesem Grunde wurden Näherungsverfahren entwickelt, über diese soll später berichtet werden.

2. *Ungedämpfte erzwungene Schwingungen*

Bisher wurde vorausgesetzt, daß außer der Federkraft, wenn man von den Reibungskräften absieht, keine äußere Kraft wirkt. Eine konstante Kraft bewirkt lediglich eine Verlagerung der Nulllage und braucht aus diesem Grunde nicht besonders berücksichtigt werden. Nun sind aber konstante Kräfte in der Technik äußerst selten anzutreffen und die periodisch veränderlichen sind die wichtigsten. Die Schwingungen, welche durch solche zeitlich veränderliche Kräfte hervorgerufen — erregt — werden, nennt man erzwungene Schwingungen.

a) Das Kraftgesetz ist durch eine beliebige Funktion $R(t)$ in Abhängigkeit von der Zeit gegeben[1]. In diesem Falle lautet

[1] Duffing, G.: Erzwungene Schwingungen bei veränderlicher Eigenfrequenz und ihre technische Bedeutung, S. 10. Braunschweig: 1918.

unsere Differentialgleichung für die Bewegung

$$m \ddot{x} + c x = R(t). \tag{27}$$

Vergleicht man Gl. (27) mit Gl. (16), so sieht man, daß sich die beiden durch das Glied $R(t)$ unterscheiden, welches das Störungsglied heißt und die homogene zur inhomogenen Differentialgleichung macht. Die Lösung von Gl. (27) kann mit Hilfe der Methode der Variation der Konstanten erhalten werden. Man sucht zuerst die Lösung der homogenen Differentialgleichung, diese ist Gl. (20).

$$x = A \sin \omega t + B \cos \omega t. \tag{20}$$

Differentiiert man Gl. (20), wobei man die Koeffizienten A und B von der Zeit abhängig ansieht, so erhält man

$$\dot{x} = \omega (A \cos \omega t - B \sin \omega t) + \dot{A} \sin \omega t + \dot{B} \cos \omega t.$$

Macht man den Ansatz

$$\dot{A} \sin \omega t + \dot{B} \cos \omega t = 0, \tag{28 a}$$

so kann man die zweite Ableitung ermitteln

$$\ddot{x} = -\omega^2 (A \sin \omega t + B \cos \omega t) + \omega (\dot{A} \cos \omega t - \dot{B} \sin \omega t). \tag{28 b}$$

Nun setzt man die Gleichungen (28 b) und (20) in Gl. (27) ein und berücksichtigt noch die Bestimmungsgleichung (19) für die Eigenschwingungszahl. Dadurch erhält man

$$+ m \omega (\dot{A} \cos \omega t - \dot{B} \sin \omega t) = R(t). \tag{27 a}$$

Aus Gl. (28 a) und Gl. (27 a) bestimmt sich

$$m \omega \dot{A} = R(t) \cos \omega t, \qquad m \omega \dot{B} = -R(t) \sin \omega t.$$

Damit wird

$$A = \frac{1}{m \omega} \int_{t_0}^{t} R(t) \cos \omega t \, dt, \qquad B = -\frac{1}{m \omega} \int_{t_0}^{t} R(t) \sin \omega t \, dt$$

Setzt man diese Werte in Gl. (20) ein, so erhält man die Lösung der inhomogenen Gleichung

$$x = \frac{1}{m \omega} \left[\sin \omega t \int_{t_0}^{t} R(t) \cos \omega t \, dt - \cos \omega t \int_{t_0}^{t} R(t) \sin \omega t \, dt \right].$$

Durch Änderung der Integrationsvariabeln kann man diese Gleichung auch schreiben

$$x = \frac{1}{m \omega} \int_{t_0}^{t} R(\xi) \sin \omega (t - \xi) \, d\xi,$$

Bei diesem Integral ist die Zeit unter dem Integralzeichen eine konstante Größe. Fügt man die Lösung der homogenen Gleichung hinzu, so erhält man für die Abhängigkeit des Ausschlages von der Zeit

$$x = C \sin(\omega t + \vartheta) + \frac{1}{m\,\omega} \int_{t_0}^{t} R(\xi) \sin \omega (t - \xi)\, d\xi. \qquad (29)$$

Nun hat man das geltende Zeitgesetz für die Kraft in dieses Integral einzusetzen, die Integration durchzuführen, um das Ergebnis zu erhalten.

b) Die Kraft ist konstant und mit der Geschwindigkeit gleichgerichtet. Wäre die Kraft P jeweils der Geschwindigkeit entgegengesetzt gerichtet, so wäre dies die Reibungsschwingung. Man braucht also nur das Vorzeichen der Reibungskraft umkehren, um die Lösung dieser Aufgabe zu erhalten, damit kehrt sich aber in den Gl. (22) und (23) das Vorzeichen von h um und wenn man statt h den Wert P setzt, erhält man die Lösung

$$x = \pm \frac{P}{c} + A \sin \omega t + B \cos \omega t.$$

Um die Werte der Konstanten A und B zu erhalten, hat man sinngemäß die auf S. 17 gemachten Überlegungen anzustellen. Wie ein Zeit-Wegschaubild dieser Schwingung aussieht, zeigt Abb. 16. Man erhält also mit jeder Bewegungsumkehr wachsende Ausschläge.

Wirkt die Kraft regelmäßig nur zeitweise

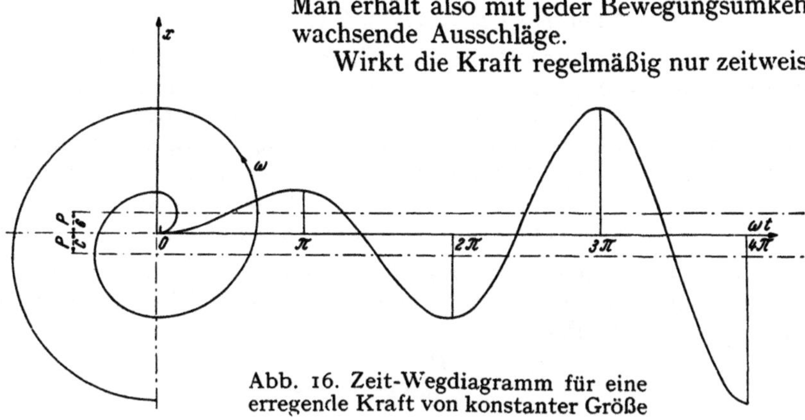

Abb. 16. Zeit-Wegdiagramm für eine erregende Kraft von konstanter Größe

und ist sie dabei der Geschwindigkeit gleichgerichtet, so ist nach den bisherigen Ausführungen ohne weiteres einzusehen, daß dann große Ausschläge auftreten können. Dieses Ergebnis ist für die Festsetzung der Schlagzahlen von Hammerwerken von Wichtigkeit.

c) Das Kraftgesetz ist sinusförmig. Der weitaus wichtigste Fall ist der, wenn das Kraftgesetz die Form $P \sin k\,t$ hat, das heißt, wenn die erregende Kraft sinusförmig ist. Um das Zeitweggesetz zu finden, könnte man für $R(\xi)$ in Gl. (29) die Größe $P \sin k\,\xi$ einsetzen und durch Integration den Ausschlag ermitteln. Es sollen aber jetzt auf einem anderen Weg die Ausschlagverhältnisse gefunden werden. Es ist

$$m \ddot{x} + c x = P \sin k t. \tag{30}$$

Dann kann man Gl. (30) zweimal nach der Zeit differentiieren, damit erhält man

$$m x^{IV} + c \ddot{x} = -P k^2 \sin k t. \tag{30 a}$$

Mit Hilfe von Gl. (30 a) ist das Störungsglied aus Gl. (30) eliminierbar und man erhält

$$m x^{IV} + (k^2 m + c) \ddot{x} + c k^2 x = 0$$

oder wegen Gl. (19)

$$x^{IV} + (k^2 + \omega^2) \ddot{x} + \omega^2 k^2 x = 0 \tag{31}$$

eine homogene lineare Differentialgleichung mit konstanten Koeffizienten. Diese hat wieder Gl. (17) zur Lösung und man erhält als charakteristische Gleichung

$$\lambda^4 + (k^2 + \omega^2) \lambda^2 + \omega^2 k^2 = (\lambda^2 + k^2)(\lambda^2 + \omega^2) = 0 \tag{32}$$

mit den Wurzeln

$$x_{1,2} = \pm i \omega, \qquad \lambda_{3,4} = \pm i k$$

und somit lautet die Lösung von Gl. (31)

$$x = A \sin \omega t + B \cos \omega t + C \sin k t + D \cos k t.$$

Man erhält auf diese Weise eine Gleichung mit vier Konstanten, während entsprechend den beiden Anfangswerten x_0 und $\dot{x}_0$ zur Zeit $t_0 = 0$, nur zwei Gleichungen zur Konstantenbestimmung vorhanden sind. Die nötigen anderen Gleichungen ergeben sich mit Hilfe von Gl. (30), indem man den Wert von x in Gl. (30) einsetzt. Berücksichtigt man Gl. (16) und Gl. (19), so erhält man

$$C (c - m k^2) \sin k t + D (c - m k^2) \cos k t = P \sin k t.$$

Da diese Gleichung zu jedem Zeitpunkt erfüllt sein muß, so müssen die mit Sinus, bzw. die mit Kosinus multiplizierten Glieder einander gleich sein, damit erhält man

$$C = \frac{P}{c - m k^2}, \qquad D = 0$$

und die Lösung von Gl. (30) wird[1]

$$x = A \sin \omega t + B \cos \omega t + \frac{P}{c - m k^2} \sin k t. \tag{33}$$

In Gl. (33) bezeichnet man die beiden ersten Glieder, als von der Eigenschwingung herrührend, als die Eigenschwingung und das letzte Glied, von der erzwungenen stammend, als die erzwungene Schwingung, auch erregende Schwingung. Ist nun zur Zeit $t_0 = 0$, $x_0 = 0$, $\dot{x}_0 = 0$, beginnt also nun die Bewegung vom Ruhezustand aus, so wird

[1] Lorenz, H., a. a. O. S. 147.

$$A = -\frac{k}{\omega}\frac{P}{c - m k^2}, \qquad B = 0$$

und man sieht, daß die „Eigenschwingung" auch durch die „erzwungene Schwingung" verursacht wird. Damit erhält man

$$x = \frac{P}{c - m k^2}\left(\sin k t - \frac{k}{\omega}\sin \omega t\right).$$

Es ist nun $\frac{P}{c - m k^2}$ (s. Abb. 17) ein Maß für den Schwingungsausschlag. Wichtig ist besonders der Fall, wenn $k = \omega$, also $c - m k^2 = 0$. Man erhält dann für den Ausschlag die unbestimmte Form unendlich mal Null. Bestimmt man deren Wert, so erhält man die Abhängigkeit des Ausschlages von der Zeit. Diese könnte man auch durch Verwendung von Gl. (29) erhalten. Mit Hilfe von Gl. (32) bekommt man jedoch sofort die Lösung. Bei $k = \omega$, stimmt die Eigenfrequenz mit der Erregerfrequenz überein, es ist also[1]

$$m\ddot{x} + c x = P \sin \omega t, \tag{34}$$

diesen Fall bezeichnet man auch als Resonanz und man erhält aus Gl. (32)

$$\lambda_{1,2} = +i\omega, \qquad \lambda_{3,4} = -i\omega,$$

also Doppelwurzeln und x bestimmt sich damit zu

$$x = (A + C t)\sin \omega t + (B + D t)\cos \omega t.$$

Setzt man diesen Wert in Gl. (34) ein, so ist wegen Gl. (16), Gl. (19) und Gl. (20)

$$m\ddot{x} + c x = 2 C m \omega \cos \omega t - 2 D m \omega \sin \omega t = P \sin \omega t.$$

Daraus wird nach früheren Überlegungen

$$C = 0, \qquad D = -\frac{P}{2 m \omega}.$$

Ist nun bei Bewegungsbeginn die Masse in Ruhe, also $t_0 = 0$, $x_0 = 0$, $\dot{x}_0 = 0$, so erhält man

$$A = \frac{P}{2 m \omega^2}, \qquad B = 0$$

und das Zeitweggesetz lautet dann

$$x = \frac{P}{2 m \omega^2}\sin \omega t - \frac{P t}{2 m \omega}\cos \omega t. \tag{35}$$

Aus Gl. (35) ist zu ersehen, daß die Größtamplitude bei Resonanz, also beim Zusammenfallen von Erregerfrequenz und Eigenfrequenz dauernd mit der Zeit wächst, um nach unendlich langer Zeit unendlich groß zu werden. Da unendlich große Ausschläge unmöglich sind, jeder Konstruktionsteil brechen würde so ersieht man daraus, daß der

[1] Söchting, F.: Schwingungsausschläge bei Resonanz, Anzeiger d. Akad. d. Wissensch. Bd. 69, S. 251. Wien: 1932.

Resonanzfall unbedingt zu vermeiden ist. Aus diesem Grunde bezeichnet man diese Erregerfrequenz als „Kritische".

Kümmert man sich nicht um den zeitlichen Verlauf der Schwingung, sondern nur um den Größtwert der Erregeramplitude $\frac{P}{c - m k^2}$ (s. Abb. 17), so sieht man, daß bei sehr großen Erregerfrequenzen die Ausschläge sehr klein werden. Die Erregerfrequenzen, welche kleiner als die Resonanzfrequenz sind, bezeichnet man als unterkritische, diejenigen, welche größer sind als überkritische.

Gl. (35) kann verwendet werden um ein Konstruktionsprinzip des Dampfturbinenbaues zu erklären. Bei schnellaufenden Turbinen, also solchen mit hohen Drehzahlen (z. B. den Lavalturbinen) wird die Turbinenwelle so dimensioniert, daß die Eigenschwingungszahl unter der Betriebsdrehzahl zu liegen kommt, — überkritische Verhältnisse, — während bei langsam laufenden Maschinen die Eigenschwingungszahl der Welle stets größer als die Betriebsdrehzahl ist, damit liegen unterkritische Verhältnisse vor. Nimmt man an, daß die erregende Kraft der Masse verhältnisgleich ist, $P = m\,p$, dann wird der für die Größtbeanspruchung maßgebende Wert

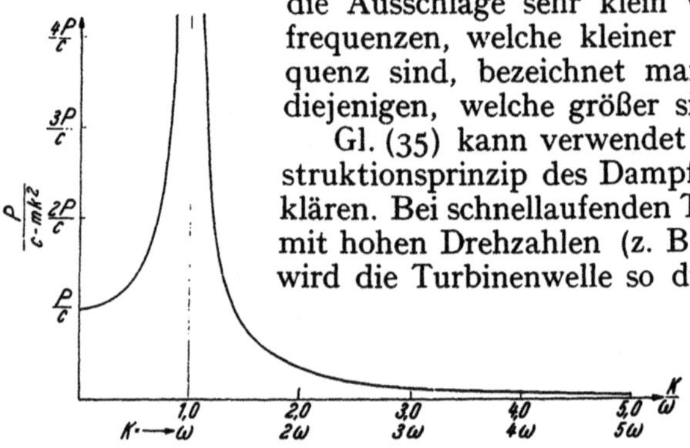

Abb. 17. Erzwungene Schwingungsausschläge in Abhängigkeit von der Erregerfrequenz k. Ist k größer als ω, so werden die Amplituden negativ. Dieser Abbildung sind nur die Absolutwerte der Ausschläge zu entnehmen.

$$\frac{P}{2\,m\,\omega}\,t = \frac{p}{2\,\omega}\,t,$$

bei gegebenem t umso größer, je kleiner die Eigenschwingungszahl ist. Da die Beanspruchung vom Ausschlag abhängig ist, so bestimmt die zulässige Beanspruchung der Welle die größte zulässige Amplitude und dadurch das Verhältnis $\frac{p\,t}{2\,\omega}$. Vergleicht man eine langsamlaufende mit einer schnellaufenden Maschine, so sieht man, daß bei gleichem $\frac{p\,t}{2\,\omega}$ das Verhältnis gelten muß

$$t_1 : \omega_1 = t_2 : \omega_2 .$$

Es muß also, wenn keine Störungen zufolge Wellenschwingungen auftreten sollen, die Eigenschwingungszahl von Maschinen mit großer Leistung und kleiner Drehzahl rascher durchlaufen werden, als bei Maschinen von kleiner Leistung und großer Drehzahl.

Bisher wurde nur der Fall behandelt, daß eine einzige erregende sinusförmige Kraft wirkt. Wie vorher ausgeführt wurde, kann man aber jede periodische Funktion mit mehr oder größerer Annäherung durch eine Fourrierreihe ersetzen. Diese sei durch

$$\sum_{i=1}^{n} P_i \sin(i\,k\,t + \delta_i)$$

gegeben. Damit erhält man als Differentialgleichung für die Bewegung

$$m\,\ddot{x} + c\,x = \sum_{i=1}^{n} P_i \sin(i\,k\,t + \delta_i) \qquad (36)$$

Da diese Differentialgleichung wieder eine lineare, inhomogene mit konstanten Koeffizienten ist, so gilt bekanntermaßen dafür, daß die Summe der partikularen Lösungen der Differentialgleichung, (das ist die Überlagerung (Superposition) der einzelnen Schwingungen) ebenfalls eine Lösung ist. Die Lösung der Gl. (36) lautet daher durch sinngemäße Anwendung der Gl. (33)

$$x = A \sin \omega\,t + B \cos \omega\,t + \sum_{i=1}^{n} \frac{P}{c - m\,i^2\,k^2} \sin(i\,k\,t + \delta_i). \qquad (37)$$

Resonanz und damit unendlich große Ausschläge treten auf, wenn

$$c - m\,i^2\,k^2 = 0 \quad \text{oder} \quad i\,k = \omega = \sqrt{\frac{c}{m}}$$

die Eigenfrequenz einem ganzzahligen Vielfachen der Grundschwingung der Erregerfrequenz gleichkommt.

3. Gedämpfte erzwungene Schwingungen

a) Erzwungene Reibungsschwingungen. Wenn auf ein schwingungsfähiges System von einem Freiheitsgrad außer der von der Geschwindigkeit unabhängigen Reibungskraft noch eine erregende sinusförmige Kraft wirkt, so gilt die Differentialgleichung[1]

$$m\,\ddot{x} + c\,x \pm h = P \sin k\,t. \qquad (38)$$

Setzt man

$$x_1 = x \pm \frac{h}{c} \quad \text{oder} \quad x = x_1 \mp \frac{h}{c},$$

so erhält man

$$m\,\ddot{x}_1 + c\,x_1 = P \sin k\,t.$$

Dabei ist zu beachten, daß diese Gleichung nur solange gilt, als sich das Vorzeichen von h nicht ändert. Also von Bewegungsumkehr

[1] Eckolt, W.: Über erzwungene Reibungsschwingungen, Zeitschr. f. Techn. Physik, Bd. 7, 1926, S. 226. — Söchting, F., a. a. O. — Siegfried, W.: Erzwungene Schwingung bei trockener Reibung und periodischer Störungskraft, Dissertation. Zürich: 1926.

zu Bewegungsumkehr. Diese Gleichung hat die gleiche Form wie Gl. (30). Daher wird die Lösung von Gl. (30) für Gl. (38) sinngemäß zu verwenden sein. Man erhält als Lösung

$$x = \mp \frac{h}{c} + C \sin(\omega t + \vartheta) + \frac{P}{c - m k^2} \sin k t, \tag{39}$$

wenn $\omega = \sqrt{c/m}$ und $k \neq \omega$. Die Werte der Konstanten in Gl. (39) gelten zufolge Gl. (38) nur von Bewegungsumkehr zu Bewegungsumkehr und sind dann jedesmal von neuem zu bestimmen. Bezeichnet man mit dem Zeiger 1 die Werte der Konstanten der vorhergehenden Periode und mit 2 die der folgenden, so ist, wenn die Bewegungsumkehr zur Zeit τ erfolgt

$$x_{max} = \mp \frac{h}{c} + C_1 \sin(\omega \tau + \vartheta_1) + \frac{P}{c - m k^2} \sin k \tau =$$

$$= \pm \frac{h}{c} + C_2 \sin(\omega \tau + \vartheta_2) + \frac{P}{c - m k^2} \sin k \tau,$$

daraus folgt

$$C_2 \sin(\omega \tau + \vartheta_2) = \mp 2 \frac{h}{c} + C_1 \sin(\omega \tau + \vartheta_1). \tag{40 a}$$

Da bei Bewegungsumkehr die Geschwindigkeit Null wird, so ist

$$\dot{x} = 0 = C_1 \omega \cos(\omega \tau + \vartheta_1) + \frac{P k}{c - m k^2} \cos k \tau =$$

$$= C_2 \omega \cos(\omega \tau + \vartheta_2) + \frac{P k}{c - m k^2} \cos k t$$

und daraus folgt, daß

$$C_2 \cos(\omega \tau + \vartheta_2) = C_1 \cos(\omega \tau + \vartheta_1). \tag{40 b}$$

Um die Werte der Konstanten zu erhalten, hat man langwierige Rechnungen durchzuführen, man muß sich aus der Bedingung $\dot{x} = 0$ die Zeit bestimmen, bei welcher die Geschwindigkeit die Richtung ändert, um dann die für die folgende Periode geltenden Werte der Konstanten aus Gl. (40 a) und Gl. (40 b) zu ermitteln. Dagegen ist die graphische Konstruktion (s. Abb. 18) sehr einfach.[1] Nach Gl. (40 b) ändert sich bei Bewegungsumkehr die eine Projektion des Ausschlagsvektors überhaupt nicht, während nach Gl. (40 a) die andere um $\mp 2\,h/c$ größer wird. Der Mittelpunkt für die Eigenschwingung im Vektordiagramm vor Bewegungsumkehr war O_1, der für die nächste Periode O_2 ist um den Betrag $\mp 2\,h/c$ von O_1 entfernt. Die für

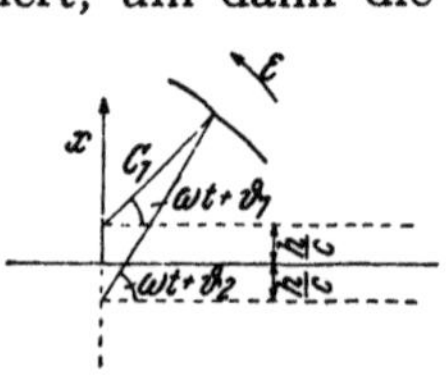

Abb. 18. Darstellung der Bewegungsverhältnisse der „Eigenschwingung" bei Bewegungsumkehr

[1] Söchting, F.: Eine einfache Methode zum Aufzeichnen der Schwingungsbilder bei Reibungsschwingungen, Zeitschr. d. Österr. Ing.- u. Arch.-Vereins, Bd. 85, 1933, S. 94.

die nächste Periode geltenden Werte C_2 und ϑ_2 werden gefunden, indem man O_2 mit dem zur Bewegungsumkehr zugehörigen Punkte a der Eigenschwingungszahl verbindet. Will man für ein gegebenes Beispiel (s. Abb. 19) das Zeitwegschaubild entwerfen, so muß man zuerst die Zeit τ_0 für den Bewegungsbeginn bestimmen. Bewegungsbeginn tritt ein, wenn die Summe aus erregender und Federkraft gleichkommt der Reibungskraft. Ist zum Beispiel bei $t_0 = 0$, $x_0 = 0$, $\dot{x}_0 = 0$ sowie $\ddot{x}_0 = 0$, so erhält man aus Gl. (38)

$$h = P \sin k \tau_0.$$

Damit ist der Bewegungsbeginn bestimmt. Nun ist nach der graphischen Methode durch Überlagerung der beiden Sinusschwingungen einfach der Bewegungsverlauf zu ermitteln, wie es in

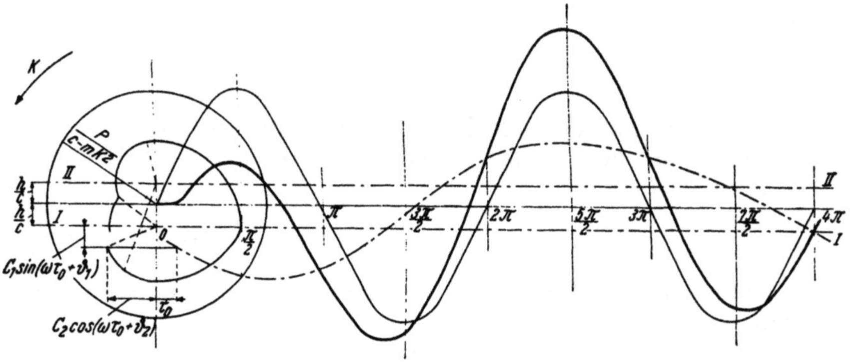

Abb. 19. Zeit-Wegdiagramm der erzwungenen Reibungsschwingung. Die stark ausgezogene Linie ist die resultierende Bewegung, die schwach ausgezogene ist die „erzwungene Schwingung" und die strichpunktierte die „Eigenschwingung"

Abb. 19 durchgeführt worden ist. Den Zeitpunkt für die Bewegungsumkehr erhält man, indem man die horizontale Tangente an die Zeitwegkurve aufsucht.

Daß der Bewegungsverlauf bei der Reibungsschwingung wesentlich von der Größe der Reibungskraft abhängt, ist verständlich. Es ist einleuchtend, daß bei besonderen Werten der einzelnen Größen die Masse während bestimmter Zeitintervalle in Ruhe bleibt[1], die Schwingung „steckenbleibt". Ein anderer Sonderfall ist der, daß bei jeder Bewegungsumkehr die Schwingungsausschläge, vom Vorzeichen abgesehen, gleich groß sind.

Wichtig ist die Frage, wie groß bei Resonanz die Ausschläge werden können und wie groß die Resonanzfrequenz ist. Nach Gl. (39) erhält man die zu einer beliebigen Frequenz k zugehörigen Aus-

[1] Den Hartog, J. P.: Forced Vibration with Combined Viscous and Coulomb Damping, Verh. d. int. Kongr. f. techn. Mechanik, S. 181. Stockholm 1930.

schläge, indem man zur Lösung der ungedämpften Schwingung $\mp h/c$ hinzufügt. Daher erhält man für den Resonanzfall[1], das ist, wenn $k = \omega = \sqrt{\frac{c}{m}}$

$$x = \mp \frac{h}{c} + A \sin \omega t + B \cos \omega t - \frac{P t}{2 m \omega} \cos \omega t. \tag{41}$$

Zu untersuchen ist nun, wie groß die Schwingungsausschläge werden können. Ist $x_0 = -h/c$, $\dot{x}_0 = 0$, so beginnt die Bewegung bei $t_0 = 0$ und man erhält für

$$\dot{x} = A \omega \cos \omega t - B \omega \sin \omega t + \frac{P t}{2 m} \sin \omega t - \frac{P}{2 m \omega} \cos \omega t \tag{41 a}$$

und damit

$$A = \frac{P}{2 m \omega}, \quad B = 0.$$

Die Masse kommt nach der Zeit t_1 zur Ruhe und diese bestimmt sich mit Hilfe der soeben gefundenen Werte der Konstanten und Gl. (41 a) zu

$$t_1 = \frac{\pi}{\omega}.$$

Der zugehörige Ausschlag x_1 bestimmt sich aus Gl. (41) und man erhält

$$x_1 = -\frac{h}{c} + \frac{P \pi}{2 m \omega^2} = -\frac{h}{c} + \frac{P \pi}{2 c}. \tag{41 b}$$

Es sind nun zwei Bewegungsfälle möglich, je nachdem ob bei Bewegungsumkehr die Summe aus erregender und Federkraft kleiner als die Reibungskraft ist, — dann tritt nämlich ein Bewegungsstillstand ein, die Schwingung bleibt stecken, — oder sie ist größer als die Reibungskraft, dann wird ein Steckenbleiben vermieden. Dies ist der Fall, wenn

$$x_1 = -x_0 = \frac{h}{c}.$$

Jene erregende Kraft P, welche ein Steckenbleiben verhindert, bestimmt sich zufolge Gl. (41 b) zu

$$P_k = \frac{4}{\pi} h.$$

Wird die Schwingung von einem Gleichgewichtszustand aus erregt, so wird bei jeder erregenden Kraft kleiner als P_k, die Schwingung stecken bleiben und der größtmögliche Schwingungsausschlag wird nicht größer werden als $\pm x_0$. Beim Grenzfall $P = P_k$ schwingt

[1] Söchting, F., a. a. O.

die Masse ohne Stillstand zwischen $\pm x_0$. Für jedes P größer als P_k werden jedoch die Größtausschläge von Bewegungsumkehr zu Bewegungsumkehr immer größer, um schließlich unendlich groß zu werden. Aus dieser Betrachtung sieht man, daß auch bei der Reibungsschwingung sehr große Schwingungsausschläge entstehen können und daß die Frequenz der erzwungenen Reibungsschwingung mit der der ungedämpften erzwungenen, bzw. der freien Schwingung zusammenfällt. Die konstante Dämpfung hat wohl einen Einfluß auf die Größe der Ausschläge, jedoch keinen auf die Resonanzfrequenz.

Nun ist noch die Frage zu klären, ob zufolge der Reibungsdämpfung das sogenannte Glied der Eigenschwingung zu Ruhe kommen kann. Es sei vorerst angenommen, daß die Anfangswerte so gegeben seien, daß in Gl. (39) C und ϑ Null sind, dann ist für diese Periode

$$x = -\frac{h}{c} + \frac{P}{c - m k^2} \sin k t$$

und

$$\dot{x} = \frac{P k}{c - m k^2} \cos k t.$$

Der Zeitpunkt der Bewegungsumkehr bestimmt sich zu $k \tau = \pi/2$, $\tau = \pi/(2 k)$, dann tritt aber ein Vorzeichenwechsel der Reibungskraft und damit des konstanten Gliedes in Gl. (39) ein und für den Größtausschlag gilt dann

$$x_{max} = -\frac{h}{c} + \frac{P}{c - m k^2} = +\frac{h}{c} + C \sin(\omega \tau + \vartheta) + \frac{P}{c - m k^2}.$$

Aus dieser Gleichung ist zu ersehen, daß die Ausschläge der Eigenschwingung nicht dauernd Null bleiben, waren sie Null, so werden sie durch die Reibungsdämpfung erst hervorgerufen.

b) Lineare Geschwindigkeitsdämpfung. Der technisch wichtigste Fall ist der, daß die Dämpfungskraft verhältnisgleich der Geschwindigkeit ist, denn wenn auch nach dem Coulombschen Gesetz bei Berührung fester Körper die Reibungskraft von der Geschwindigkeit unabhängig ist, so kommen doch nur selten feste Körper direkt ohne Schmierung miteinander in Berührung. Bei Schmierung ist jedoch eine mehr oder minder starke Flüssigkeitsschicht zwischen den bewegten Teilen vorhanden und es gilt dann die Stokes-Naviersche Gleichung, derzufolge die Bewegungswiderstände von der Geschwindigkeit abhängen. Bei kleinen Schwingungsausschlägen und dementsprechend kleinen Geschwindigkeiten kann man gemäß S. 16 die Dämpfungskraft linear von der Geschwindigkeit abhängig ansehen. Dann gilt die Bewegungsgleichung[1]

$$m \ddot{x} + \beta \dot{x} + c x = P \sin k t. \tag{42}$$

Gl. (42) läßt sich nach der früher angewandten Methode (s. S. 24) auf die Gleichung zurückführen

[1] Lorenz, H., a. a. O. S. 152.

$$m x^{IV} + \beta \dddot{x} + (k^2 m + c) \ddot{x} + \beta k^2 \dot{x} + c k^2 x = 0.$$

Dann lautet die zugehörige charakteristische Gleichung

$$m \lambda^4 + \beta \lambda^3 + (c + m k^2) \lambda^2 + \beta k^2 \lambda + c k^2 =$$
$$= (\lambda^2 + k^2)(m \lambda^2 + \beta \lambda + c) = 0$$

und daher die Lösung

$$x = e^{-\frac{\beta}{2m} t} (A \sin \omega_1 t + B \cos \omega_1 t) + A_1 \sin k t + B_1 \cos k t.$$

Diese Gleichung hätte auch sofort hingeschrieben werden können, denn zur Lösung der homogenen Gleichung die partikulare Lösung zugefügt, ergibt ebenfalls die Lösung. Die Werte der Konstanten A_1 und B_1 bestimmen sich durch Einsetzen dieser Gleichung in Gl. (42) zu

$$A_1 = \frac{c - m k^2}{(c - m k^2)^2 + \beta^2 k^2} P, \quad B_1 = - \frac{\beta k}{(c - m k^2)^2 + \beta^2 k^2} P.$$

Betrachtet man den Dauerzustand, (das ist die Schwingung nach sehr langer Zeit), so sieht man, daß die Eigenschwingung verschwindet und nur die von der erzwungenen Schwingung herrührenden Glieder übrigbleiben. Man erhält also für den Dauerzustand

$$x = \frac{(c - m k^2) P}{(c - m k^2)^2 + \beta^2 k^2} \sin k t - \frac{\beta k P}{(c - m k^2)^2 + \beta^2 k^2} \cos k t =$$
$$= \frac{P}{\sqrt{(c - m k^2)^2 + \beta^2 k^2}} \sin (k t + \vartheta) =$$
$$= \frac{P}{m \sqrt{(\omega_0^2 + k^2)^2 + \frac{\beta^2 k^2}{m^2}}} \sin (k t + \vartheta) \tag{43}$$

mit $\operatorname{tg} \vartheta = - \frac{\beta k}{c - m k^2}$ und $\omega_0 = \sqrt{\frac{c}{m}}$.

Aus Gl. (43) ist zu ersehen, daß erregende Kraft und Ausschlag nicht in der gleichen Phase schwingen, daß eine Phasendifferenz vorhanden ist, außerdem kann der Nenner als Wurzel aus der Summe zweier Quadrate nie Null werden und daher der Ausschlag nie unendlich groß werden. Gl. (43) beschreibt also für jede Frequenz den Verlauf der Bewegung, dies folgt auch daraus, daß die charakteristische Gleichung keine Doppelwurzeln besitzen kann. Um den größtmöglichen Größtausschlag zu erhalten, muß man zuerst die Resonanzfrequenz ermitteln. Man bildet also

$$\frac{d}{dk} \frac{P}{\sqrt{(c - m k^2)^2 + \beta^2 k^2}} = - \frac{1}{2} \frac{-2 (c - m k^2) 2 m k + 2 \beta^2 k}{(c - m k^2)^2 + \beta^2 k^2} P = 0.$$

Damit bestimmt sich die Resonanzfrequenz zu

$$\omega_k = \sqrt{\frac{c}{m} - \frac{\beta^2}{2 m^2}}. \tag{44}$$

Vergleicht man Gl. (44) mit Gl. (25), so sieht man, daß die Resonanzfrequenz nicht mit der der Eigenschwingung ω_1 und auch nicht mit der der ungedämpften freien Schwingung ω_0 zusammenfällt. Ist die Dämpfung jedoch klein, so gilt sinngemäß das für die Eigenschwingungszahl der gedämpften Schwingung (s. S. 20) Gesagte und man erhält für die kritische Frequenz jene der ungedämpften Schwingung, die ist

$$\omega_k = \omega_0 = \sqrt{\frac{c}{m}}.$$

Bei Resonanz erhält man für die Phasenverschiebung

$$\operatorname{tg} \vartheta = -\frac{\sqrt{4\,c\,m - 2\,\beta^2}}{\beta}.$$

Setzt man wieder kleine Werte für die Dämpfungszahl β voraus, so erhält man für $\operatorname{tg} \vartheta$ sehr große Werte und für ϑ angenähert $-\pi/2$, das heißt der Kraftvektor und der Ausschlagsvektor stehen bei Resonanz aufeinander senkrecht und der Ausschlagsvektor eilt dem Kraftvektor nach.

Setzt man Gl. (44) in Gl. (43) ein und berücksichtigt man die Bestimmungsgleichung (25) für die Eigenschwingungszahl der freien gedämpften Schwingung, so erhält man für das Ausschlagsverhältnis bei Resonanz

$$x = \frac{P}{\sqrt{\beta^2\left(\frac{c}{m} - \frac{\beta^2}{4\,m^2}\right)}} \sin(\omega_k t + \vartheta) \doteq \frac{P}{\beta\,\omega} \sin(\omega_k t + \vartheta).$$

Sind die vorhin gemachten Voraussetzungen zulässig, so erhält man

$$x = \frac{P}{\beta\,\omega_0} \cos \omega_0 t.$$

Für die verschiedenen Dämpfungsverhältnisse ist der Wert

$$\frac{1}{\sqrt{\left(1 - \frac{k^2}{\omega_0^2}\right)^2 + \left(\frac{\beta}{m}\right)^2 \frac{k^2}{\omega_0^2}}}$$

in Abb. 20 in Abhängigkeit von k/ω_0 dargestellt.

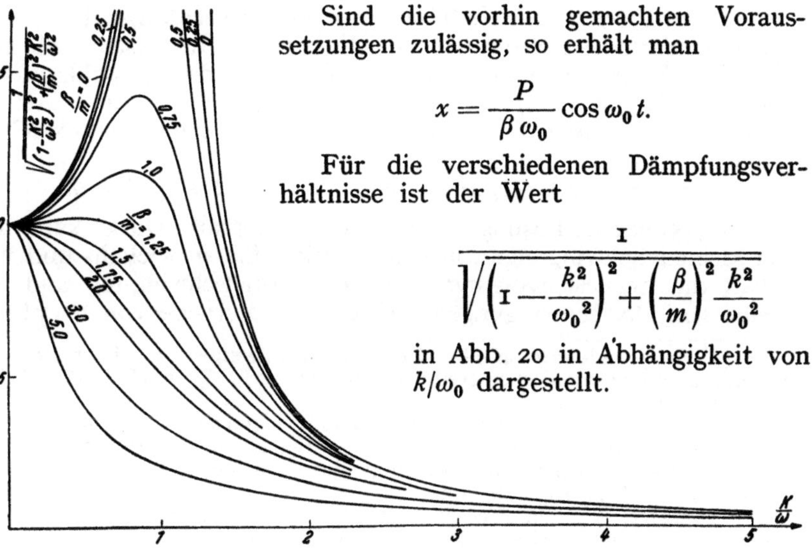

Abb. 20. Darstellung der Größe $\frac{1}{\sqrt{(1 - k^2/\omega_0^2)^2 + (\beta/m)^2 k^2/\omega_0^2}}$ in Abhängigkeit von k/ω_0 für verschiedene Dämpfungsverhältnisse.

4. Anharmonische Schwingungen[1]

Bisher wurde vorausgesetzt, daß die Federkraft linear abhängig vom Ausschlag ist, das heißt, daß die Federkonstante c von der Zeit und vom Ausschlag unabhängig ist. Zufolge der Gültigkeit des Hookeschen Gesetzes ist diese Annahme für kleine Schwingungen berechtigt, werden jedoch Schwingungen untersucht, bei denen die Beanspruchungen über die Proportionalitätsgrenze anwachsen, so ist diese Voraussetzung nicht mehr zulässig. Besondere Konstruktionen bedingen aber auch, trotzdem die Schwingungsausschläge klein sind und die Beanspruchungen noch innerhalb der Proportionalitätsgrenze liegen, eine nichtlineare Federkennlinie[2]. Ein allgemein bekanntes Beispiel ist die Schwingung des mathematischen Pendels, bei dem das rücktreibende Kraftmoment vom Sinus des Ausschlages abhängt. Ein anderes Beispiel, bei welchem die Rückstellkraft dem Ausschlag nicht verhältnisgleich ist, ist die Schwingung der gespannten Saite mit einer Einzelmasse (s. Abb. 21).

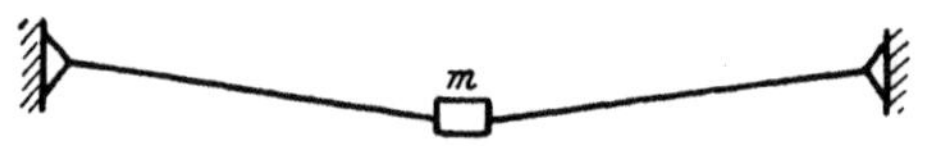

Abb. 21. Gespannte Saite mit Einzelmasse

Bei nichtlinearer Federkennlinie kann man den genauen Bewegungsverlauf nur bei bestimmter Abhängigkeit der Federkraft von der Verschiebung ermitteln[3]. Aus diesem Grunde wurden Näherungsverfahren angegeben, welche rasch die Eigenschwingungszahlen auffinden lassen.

a) Die Rückstellkraft hängt nur vom Ausschlag ab. *α) Die Federkennlinie ist symmetrisch zum Nullpunkt*[4]. In diesem Fall kann die Federkraft nur von ungeraden Potenzen des Ausschlages abhängen. Es ist $F(x) = -c\,x - c_3\,x^3 - \ldots$ und dann lautet die Bewegungsgleichung, wenn nur die zwei ersten Glieder berücksichtigt werden

$$m\ddot{x} = -c\,x - c_3\,x^3 \quad \text{oder} \quad m\ddot{x} + c\,x + c_3\,x^3 = 0. \tag{45}$$

Gl. (45) hat als Lösung ein elliptisches Integral[5]. Dieses kann man bei kleinen Schwingungen in eine Fourierreihe entwickeln und man erhält die freie Schwingung durch die Grundschwingung und eine Reihe von Oberschwingungen. Mittels der Methode von Rayleigh

---

[1] Über pseudoharmonische Reibungsschwingungen s. Tiemann R.: Kinetik pseudoharmonischer Reibungsschwingungen, Z. a. M. u. M. Bd. 9, 1929, S. 110.

[2] Wichert, A.: Theorie der Schüttelschwingungen, Forschungsarb. auf dem Gebiete d. Ing.-Wesens, H. 266, S. 13. Berlin: 1924. Slibar, A.: Freie und erzwungene nichtlineare Schwingungen von Mehrmassensystemen Öst. Ing.-Archiv, Bd. 4, 1950, S. 398.

[3] Gemant, A.: On Free Vibration with Non-Linear Elasticity, Philosophical Magazine, Series 7, Bd. 24, 1937, S. 272.

[4] Rayleigh, Strutt J. W. Baron: Die Theorie des Schalles, Bd. 1, S. 89. Braunschweig: 1879.

[5] Klotter, K.: Über die freien Bewegungen einfacher Schwinger mit gerader Federkennlinie, Ing.-Archiv, Bd. 7, 1936, S. 87.

kann man bei kleinen Schwingungen die Grund- und Oberschwingungen aus der Differentialgleichung (45) sofort ermitteln. Man vernachlässigt zuerst das kubische Glied, somit erhält man als erste Annäherung

$$x = A \sin \omega_0 t$$

mit $\omega_0 = \sqrt{c/m}$. Gemäß dieser Annäherung ist wegen

$$\sin^3 \omega_0 t = \frac{3 \sin \omega_0 t - \sin 3 \omega_0 t}{4}, \tag{46}$$

$$c_3 x^3 = c_3 A^3 \sin^3 \omega_0 t = c_3 A^3 \frac{3 \sin \omega_0 t - \sin 3 \omega_0 t}{4}.$$

Damit erhält man

$$m \ddot{x} + c x = - c_3 x^3 = - c_3 A^3 \frac{3 \sin \omega_0 t - \sin 3 \omega_0 t}{4}. \tag{45 a}$$

Die Lösung von Gl. (45 a) ergibt gemäß Gl. (35) sehr große Ausschläge, dies steht jedoch mit der Voraussetzung, daß nur kleine Schwingungen auftreten sollen, im Widerspruch. Es muß demnach auch die Frequenz der Grundschwingung durch das kubische Glied beeinflußt werden. Die Kreisfrequenz ω muß ungleich ω_0 sein. Setzt man nun $x = A \sin \omega t$, so wird

$$m \ddot{x} + c x = - \frac{3 c_3 A^3}{4} \sin \omega t + \frac{c_3 A^3}{4} \sin 3 \omega t. \tag{45 b}$$

Die Lösung ist durch Gl. (37) gegeben und man erhält

$$x = A \sin \omega t + \frac{c_3 A^3}{4 (c - 9 m \omega^2)} \sin 3 \omega t. \tag{47}$$

In dieser Gleichung entspricht das erste Glied der Eigenschwingung. Setzt man nun Gl. (47) in Gl. (45) ein und vergleicht man die Glieder, welche mit $\sin \omega t$ multipliziert sind, so erhält man die Bedingungsgleichung für die Eigenfrequenz. Damit wird

$$- m A \omega^2 + c A = - \frac{3 c_3}{4} A^3.$$

Daraus bestimmt sich die Eigenfrequenz

$$\omega = \sqrt{\frac{c}{m} + \frac{3 c_3 A^2}{4}} \tag{48}$$

als vom Ausschlag abhängig.

Als Beispiel, wie dieses Ergebnis an einem praktischen Fall anzuwenden ist, sei das mathematische Pendel behandelt. Für dieses gilt die Bewegungsgleichung

$$\ddot{x} + \frac{g}{l} \sin x = 0.$$

In unserem Fall bedeutet jetzt das x einen Winkel im Bogenmaß. Nun kann man $\sin x$ in eine Reihe entwickeln und man erhält

$$\sin x = x - \frac{x^3}{3!} + \frac{x^5}{5!} + \cdots.$$

Berücksichtigt man nur zwei Glieder der Reihe für $\sin x$, so lautet dann die Differentialgleichung

$$\ddot{x} + \frac{g}{l}\left(x - \frac{x^3}{6}\right) = 0.$$

Setzt man die entsprechenden Werte der Konstanten c und c_3 in die Gl. (48) ein, so erhält man für die Kreisfrequenz der entstehenden Bewegung

$$\omega = \sqrt{\frac{g}{l}\left(1 - \frac{A^2}{8}\right)}.$$

Daraus bestimmt sich die Schwingungsdauer, wenn man bekannte Rechenvorteile benützt und voraussetzt, daß die Amplitude A eine kleine Größe ist

$$T = 2\pi\sqrt{\frac{l}{g}}\left(1 + \frac{A^2}{16}\right).$$

Dieses Ergebnis steht in Übereinstimmung mit der genauen Formel für die Schwingungsdauer eines mathematischen Pendels, denn es ist

$$T = 2\pi\sqrt{\frac{l}{g}}\left(1 + \frac{1}{4}\sin^2\frac{\alpha}{2} + \frac{9}{64}\sin^4\frac{\alpha}{2} + \ldots\right).$$

Setzt man darin die Reihe für $\sin x$ ein und berücksichtigt nur quadratische Glieder von x, so wird

$$T = 2\pi\sqrt{\frac{l}{g}}\left(1 + \frac{\alpha^2}{16}\right).$$

β) *Die Federkennlinie ist unsymmetrisch zum Ursprung.* In diesem Fall enthält das Federgesetz nicht nur ungerade, sondern auch gerade Glieder und im einfachsten Fall lautet es $F(x) = -c\,x - c_2\,x^2$. Die Bewegungsgleichung

$$m\ddot{x} + c\,x + c_2\,x^2 = 0 \tag{49}$$

führt ebenfalls auf elliptische[1] Integrale. Für kleine Schwingungen kann man ebenfalls die Rayleighsche Methode anwenden und erhält auf dem gleichen Wege wie für die symmetrische Kennlinie[2]

$$x = A\sin\omega t - \frac{c_2 A^2}{2c} - \frac{c_2 A^2}{6c}\cos 2\omega t$$

mit $\omega = \sqrt{c/m}$. Will man die Annäherung verbessern, so setzt man die so erhaltene erste Näherung in die Differentialgleichung (49) ein, damit erhält man die vierte Oberschwingung und eine Verbesserung des Wertes der Eigenfrequenz. Dieser bestimmt sich zu

[1] Weigand, A.: Die Berechnung freier nichtlinearer Schwingung mit Hilfe der elliptischen Funktionen, Forschung, Bd. 12, 1941, S. 274.

[2] Rayleigh, a. a. O., Bd. 1, S. 86.

$$\omega = \sqrt{\frac{c}{m} + \frac{5\, c_2 A^2}{6\, c}}.$$

γ) *Methode von Duffing für die erzwungene Schwingung.* Duffing erhält ebenfalls die Lösung durch sukzessive Näherung, jedoch auf einem anderen Weg. Vorausgesetzt sei, daß die zur Ruhelage wirkende Kraft durch die Federkraft $f(x)$ und eine harmonische erregende Kraft gegeben sei. Er geht dabei von der dynamischen Grundgleichung

$$m\ddot{x} = P \sin k t - f(x) \tag{50}$$

aus. Diese Gleichung muß dauernd erfüllt sein. Ist x in Abhängigkeit von der Zeit bekannt, so kann man dann die zweite Ableitung und durch Integration wieder den Ausschlag bestimmen. Dies müßte normalerweise eine Identität ergeben. Nun kennt man aber die genaue Abhängigkeit nicht, sondern nur eine angenäherte Lösung. Mit dem Verfahren von Duffing[1] ist es nun möglich, die erste Annäherung zu verbessern. Dies sei im Falle der symmetrischen Kennlinie gezeigt. Es gilt

$$m\ddot{x} = P \sin k t - c\, x - c_3\, x^3.$$

Nun macht man als erste Annäherung den Ansatz

$$x = A \sin k t.$$

Die Glieder der Eigenschwingung werden vernachlässigt, da der Dauerzustand betrachtet werden soll und kleine sonst vernachlässigbare Dämpfungskräfte die Eigenschwingung unterdrücken. Mit diesem Ansatz erhält man wegen Gl. (46)

$$m\ddot{x} = \left(P - c A - \frac{3}{4} c_3 A^3\right) \sin k t + \frac{c_3 A^3}{4} \sin 3 k t$$

und damit als zweite Näherung durch zweimalige Integration

$$x = -\frac{1}{m k^2}\left(P - c A - \frac{3}{4} c_3 A^3\right) \sin k t - \frac{c_3 A^3}{36\, m k^2} \sin 3 k t.$$

Setzt man die zweite Näherungslösung gleich der ersten und vernachlässigt das Glied mit $\sin 3 k t$, so erhält man eine Bestimmungsgleichung für die Amplitude A

$$-\frac{1}{m k^2}\left(P - c A - \frac{3}{4} c_3 A^3\right) = A. \tag{51}$$

Damit läßt sich ein reeller Wert der Amplitude ermitteln. Die nächste Näherung findet man, indem man das Verfahren wiederholt. Doch kann man sich in den meisten Fällen mit der ersten Näherung begnügen. Ist keine erregende Kraft vorhanden, so kann Gl. (51) zur Bestimmung der Eigenfrequenz verwendet werden. Man erhält auf diese Weise den gleichen Wert wie nach dem Verfahren von Rayleigh.

[1] Duffing, G., a. a. O. S. 39.

δ) *Andere Verfahren.* Im folgenden sei ein Verfahren angegeben[1], welches rasch den Zusammenhang zwischen Erregerfrequenz und Ausschlag ermitteln läßt und das man sinngemäß auch auf gedämpfte Schwingungen anwenden kann[2]. Gegeben seien die gleichen Voraussetzungen wie vorher und damit wieder Gl. (50)

$$m\,\ddot{x} = P \sin k\,t - f(x). \tag{50}$$

Nun wird die gleiche Voraussetzung für den Ausschlag gemacht

$$x = A \sin k\,t.$$

Es genügt dieser Ansatz sicher bei Bewegungsbeginn, er soll aber auch bei Bewegungsumkehr erfüllt sein, damit wird

$$-m\,A\,k^2 = P - f(A)$$

und

$$f(A) = P + m\,A\,k^2. \tag{52}$$

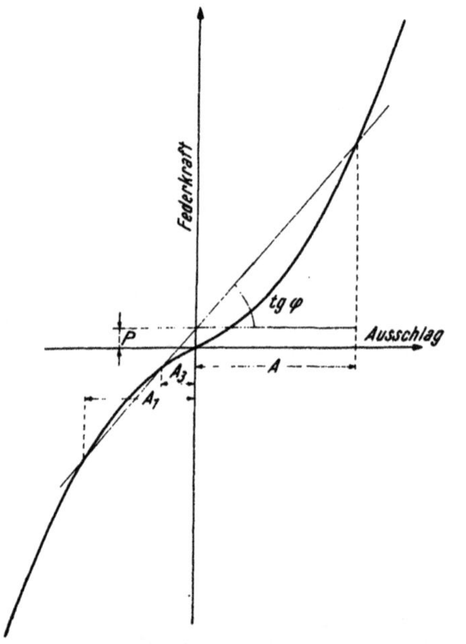

Abb. 22. Näherungsweise Ermittlung der Schwingungsausschläge eines Schwingers mit nichtlinearer Federkennlinie

Zufolge Gl. (52) kann man rasch die Abhängigkeit des Ausschlages von der Erregerfrequenz ermitteln. Gegeben sei wieder die Federkennlinie (s. Abb. 22), dann trägt man die Entfernung P auf der Abszisse auf und zieht von dem so erhaltenen Punkt eine Gerade unter dem Neigungswinkel $\operatorname{tg}\varphi = m\,k^2$. Dann erfüllt die Ordinate des so erhaltenen Schnittpunktes die Gl. (52). Auf diese Weise wurde zu der Kennlinie nach Abb. 22 die Abhängigkeit des Ausschlages von der Kraft und von der Frequenz ermittelt. Man sieht (s. Abb. 23), daß bei einer Frequenz und einer bestimmten erregenden Kraft drei verschiedene Ausschläge möglich sind. Von diesen Ausschlägen sind zwei stabil und einer instabil. Dies kann man auf folgende Weise begründen. Vergrößert man die erregende Kraft, so muß bei stabilen Verhältnissen auch der Ausschlag bei gleicher Frequenz größer werden. Diese Bedingung ist bei dem kleinsten und dem

[1] Bethenod, J.: Sur le Transformateur à Resonance, Eclairage Electrique, Bd. 53, 1907, S. 289. — Wichert, A., a. a. O. S. 38. — Rüdenberg, R.: Einige unharmonische Schwingungsformen mit großer Amplitude, Z. a. M. M. Bd. 3, 1923, S. 454.

[2] Lehr, E.: Schwingungstechnik, Bd. 2, S. 358. Berlin: 1934.

größten Ausschlag nach Abb. 23 erfüllt. Bei dem mittleren Wert entspricht jedoch einer vergrößerten Kraft ein verkleinerter Ausschlag, dieser Wert des Ausschlages ist also instabil.

ε) *Mittelwertverfahren.* Bei obigem Verfahren wurde darauf geachtet, daß die Randwerte der Schwingungskurve durch die Näherung erfüllt werden. Ein anderes davon unabhängiges Rechenverfahren läßt sich sofort angeben, wenn man nicht auf die Randwerte, sondern auf die Mittelwerte achtet. Bildet man

$$\int_0^{x_{max}} m \ddot{x}\, dx = \int_0^{x_{max}} P \sin k t\, dx - \int_0^{x_{max}} f(x)\, dx,$$

so stellt die linke Seite die Differenz der kinetischen Energie $L - L_0$, die rechte die geleistete Arbeit der Kräfte dar, ist doch diese Gleichung nichts anderes als der Arbeitssatz. Jetzt wird genau der gleiche Näherungsansatz

$$x = A \sin k t, \quad \text{bzw.} \quad dx = A k \cos k t\, dt$$

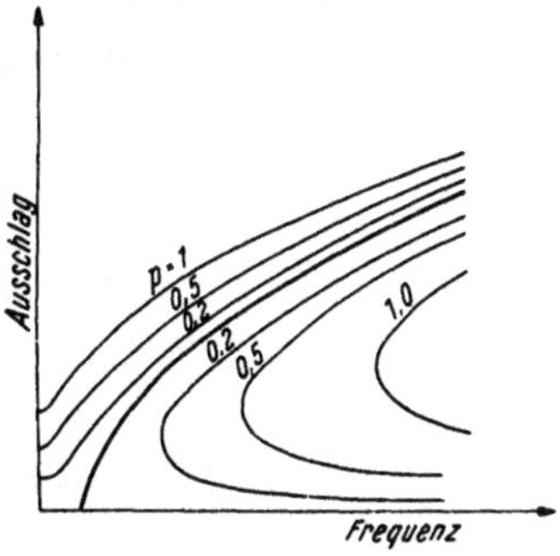

Abb. 23. Abhängigkeit des Ausschlages von erregender Kraft und Erregerfrequenz eines Schwingers mit der Federkennlinie nach Abb. 22

gemacht. Damit wird zwischen den Grenzen Null und x_{max}, entsprechend den Zeiten Null und $k t = \pi/2$

$$L - L_0 = -\frac{1}{2} m A^2 k^2$$

und

$$\int_0^{x_{max}} P \sin k t\, dx = \int_0^{A} P \sin k t\, A k \cos k t\, dt = \frac{1}{2} P A.$$

Da das Integral

$$\int_0^{x_{max}} f(x)\, dx = \int_0^{A} f(x)\, dx$$

ohne weiteres rechnerisch oder graphisch zu ermitteln ist, erhält man

$$P A + m A^2 k^2 - 2 \int_0^{A} f(x)\, dx = 0 \tag{53}$$

und damit eine Bedingungsgleichung für A, welche man analytisch oder graphisch lösen kann.

ζ) *Beispiel.* Ermittlung der Schwingungsverhältnisse einer Feder mit symmetrischer Kennlinie $c x + c_3 x^3$.

Die Differentialgleichung lautet für diesen Fall

$$m\ddot{x} + c\,x + c_3\,x^3 = P\sin k\,t$$

und damit erhält man gemäß Gl. (52) nach der ersten Methode

$$c\,A + c_3\,A^3 = P + m\,A\,k^2$$

und damit ist A berechenbar. Ist nun P gleich Null, so wird diese Gleichung zur Bestimmungsgleichung für die Eigenfrequenz ω und man erhält

$$\omega = \sqrt{\frac{c}{m} + \frac{c_3}{m}\,A^2},$$

also bei positivem c_3 einen etwas höheren Wert als nach Rayleigh. Wendet man das Mittelwertsverfahren an, so erhält man nach Gl. (53)

$$P\,A + m\,A^2\,k^2 - 2\int\limits_0^A (c\,x + c_3\,x^3)\,dx = 0,$$

damit

$$P + m\,A\,k^2 - c\,A - \frac{1}{2}\,c_3\,A^3 = 0$$

und für den Sonderfall P gleich Null erhält man

$$\omega = \sqrt{\frac{c}{m} + \frac{c_3}{2\,m}\,A^2},$$

einen etwas zu kleinen Wert. Legt man den nach Rayleigh ermittelten Wert als genauen Wert der Untersuchung zugrunde, so sieht man, daß der absolute Betrag der Abweichung in beiden Fällen $\frac{c_3\,A^2}{4\,m}$ der gleiche ist.

Für die unsymmetrische Kennlinie erhält man für ω nach δ)

$$\omega = \sqrt{\frac{c}{m} + \frac{c_2}{m}\,A}$$

und nach der zweiten Methode

$$\omega = \sqrt{\frac{c}{m} + \frac{2\,c_2}{3\,m}\,A}.$$

η) *Kombinationsschwingungen*[1]. Bisher war als erregende Kraft nur eine einzige sinusförmige Kraft gegeben. Es ist nun der Fall zu behandeln, wenn eine Summe von zwei sinusförmigen Kräften gegeben ist. Es ist z. B. bei einer zum Ursprung unsymmetrischen Federkraft (andere Federkennlinien sind nach der gleichen Methode zu behandeln)

[1] Helmholtz, H.: Die Lehre von den Tonempfindungen, S. 646. Braunschweig: 1913.

$$m\ddot{x} + c\,x + c_2\,x^2 = P_1'\sin k_1 t + P_2'\sin(k_2 t + \vartheta). \tag{54}$$

Helmholtz stellt die Lösung durch die Näherung

$$x = \eta\,x_1 + \eta^2 x_2 + \eta^3 x_3 + \ldots$$

dar. Dabei sind $x_1, x_2, x_3, \ldots$ noch zu bestimmende Funktionen der Zeit und η eine beliebige willkürliche Konstante. Setzt man noch

$$P_1' = \eta\,P_1 \quad \text{und} \quad P_2' = \eta\,P_2,$$

so kann man diese Werte in Gl. (54) einsetzen und Glieder gleicher Potenzen der willkürlichen Konstanten η zusammenfassen. Da dieser Wert η vollkommen beliebig ist, so müssen die mit gleicher Potenz von η multiplizierten Glieder einzeln für sich gleich Null werden und man erhält

$$m\,\ddot{x}_1 + c\,x_1 = P_1\sin k_1 t + P_2\sin(k_2 t + \vartheta),$$
$$m\,\ddot{x}_2 + c\,x_2 = -c_2\,x_1^2,$$
$$m\,\ddot{x}_3 + c\,x_3 = -2\,c_2\,x_1\,x_2.$$

Daraus wird bei Unterdrückung einiger Zwischenrechnungen

$$x_1 = \frac{P_1}{c - m\,k_1^2}\sin k_1 t + \frac{P_2}{c - m\,k_2^2}\sin(k_2 t + \vartheta),$$

$$x_2 = -\frac{c_2}{2c}\left[\frac{P_1^2}{(c - m\,k_1^2)^2} + \frac{P_2^2}{(c - m\,k_2^2)^2}\right] -$$
$$- \frac{c_2\,P_1^2}{2\,(c - m\,k_1^2)^2\,(c - 4\,m\,k_1^2)}\cos 2\,k_1 t +$$
$$+ \frac{c_2\,P_2^2}{2\,(c - m\,k_2^2)^2\,(c - 4\,m\,k_2^2)}\cos 2\,(k_2 t + \vartheta) -$$
$$- \frac{c_2\,P_1\,P_2}{(c - m\,k_1^2)\,(c - m\,k_2^2)\,[c - m\,(k_1 - k_2)^2]}\cos[(k_1 - k_2)\,t - \vartheta] +$$
$$+ \frac{c_2\,P_1\,P_2}{(c - m\,k_1^2)\,(c - m\,k_2^2)\,[c - m\,(k_1 + k_2)^2]}\cos[(k_1 + k_2)\,t + \vartheta].$$

Man sieht aus diesem Beispiel, daß das einfache Superpositionsgesetz bei der gekrümmten Federkennlinie nicht mehr gilt und daß außer den Erregerfrequenzen k_1 und k_2 noch die Frequenzen $2\,k_1$, $2\,k_2$, $k_1 + k_2$, $k_1 - k_2$ auftreten. Wird die Reihe nicht nach dem zweiten Gliede abgebrochen, so erhält man noch Glieder mit Frequenzen $i\,k_1 \pm j\,k_2$, wobei i und j beliebige ganze Zahlen sind.

ϑ) *Die Dämpfungskraft ist als nichtlineare Funktion $f(\dot{x})$ der Geschwindigkeit gegeben.* Bisher wurden im Falle der Geschwindigkeitsdämpfung nur kleine Geschwindigkeitsänderungen angenommen, dann läßt sich die Aufgabe auf den Fall der linearen Geschwindigkeitsdämpfung zurückführen.

Ist nichtlineare Geschwindigkeitsdämpfung vorhanden, so wird diese nach L. S. Jacobsen[1] durch eine lineare mit einem gleichwertigen Dämpfungsfaktor β_m derart ersetzt, daß die Dämpfungsarbeiten der wirkenden und der Ersatzdämpfung während einer Viertelschwingung gleich groß sind. Außerdem wird noch angenommen, daß die Bewegung wenig von einer harmonischen verschieden ist. Es gilt also

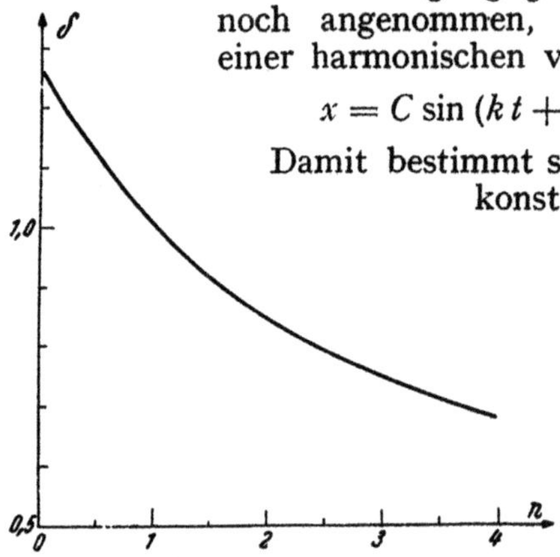

Abb. 24. Gleichwertige Dämpfungskonstante nach Jacobsen in Abhängigkeit von n

$$x = C \sin(k t + \vartheta), \quad \dot{x} = C k \cos(k t + \vartheta).$$

Damit bestimmt sich die gleichwertige Dämpfungskonstante β_m aus der Bedingung

$$\int\limits_{kt=0}^{\frac{\pi}{2}} \beta_m \dot{x}\, dx = \int\limits_{kt=0}^{\frac{\pi}{2}} f(\dot{x})\, dx.$$

Nun sei das Dämpfungsgesetz gegeben durch

$$f(x) = \beta \dot{x}^n.$$

Bezeichnet man mit $\Gamma(z)$ die Gammafunktion, so wird

$$\int\limits_{kt=0}^{\frac{\pi}{2}} f(\dot{x})\, dx = \beta \int\limits_{kt=0}^{\frac{\pi}{2}} C^{n+1} k^{n+1} \cos^{n+1}(k t + \vartheta)\, dt =$$

$$= \beta C^{n+1} k^n \frac{\pi}{2^{n+2}} \frac{\Gamma(2+n)}{\left[\Gamma\left(\frac{3+n}{2}\right)\right]^2}.$$

und es gilt

$$\beta_m \int\limits_{kt=0}^{\pi/2} \dot{x}\, dx = \beta_m \int\limits_{kt=0}^{\pi/2} C^2 k^2 \cos^2(k t + \vartheta)\, dt = \frac{\pi}{4} C^2 k \beta_m.$$

Daraus bestimmt sich die gleichwertige Dämpfungskonstante

$$\beta_m = \frac{\beta C^{n-1} k^{n-1} \Gamma(2+n)}{2^n \left[\Gamma\left(\frac{3+n}{2}\right)\right]^2} = \beta \delta C^{n-1} k^{n-1}.$$

Der Wert von δ hängt nur von der Größe von n ab und kann aus der Abb. 24 entnommen werden.

[1] Jacobsen, L. S.: Steady Forced Vibration as Influenced by Damping, Trans. of the Amer. Soc. of. Mech. Eng., Bd. 52, 1930, APM 52—15. — Krudewig, J.: Über Dämpfung und Anfachung mechanischer Schwingungssysteme, Dissertation, S. 27. Berlin: 1934. — Klotter, K.: Einführung in die Technische Schwingungslehre, S. 171. Berlin: 1938.

Die weitere Rechnung wird durchgeführt, indem man die soeben ermittelte gleichwertige Dämpfungskonstante in Gl. (43) einsetzt. Berücksichtigt man noch die Annahme über den Bewegungsverlauf, so erhält man

$$x = \frac{P}{\sqrt{(c - m k^2)^2 + \beta^2 \delta^2 C^{2(n-1)} k^{2n}}} \sin(k t + \vartheta) = C \sin(k t + \vartheta)$$

und damit

$$\frac{P}{\sqrt{(c - m k^2)^2 + \beta^2 \delta^2 C^{2(n-1)} k^{2n}}} = C,$$

als Bedingungsgleichung für den Größtausschlag C.

b) Die Rückstellkraft hängt auch von der Zeit ab. Bei Bewegung eines Pendels im Beschleunigungsfeld[1] sowie beim Lokomotivstangenantrieb[2] ist die Rückstellkraft, bei den dann entstehenden Schwingungen nicht nur vom Ausschlage allein, sondern auch noch von der Zeit abhängig. Wird nun die Abhängigkeit vom Ausschlag als linear angenommen, so erhält man für die freie ungedämpfte Schwingung im allgemeinen eine Gleichung von der Form[3]

$$m \ddot{x} + [c + f(t)]\, x = 0. \tag{55}$$

Diese Gleichung ist in x linear und wenn zwei partikulare Lösungen x_1, x_2 bekannt sind, von denen jede für sich die Gl. (55) befriedigt, so genügt auch deren Summe $x_1 + x_2$ der Gl. (55)[4]. Denn da

$$m \ddot{x}_1 + [c + f(t)]\, x_1 = 0$$

und

$$m \ddot{x}_2 + [c + f(t)]\, x_2 = 0,$$

so ist auch

$$m(\ddot{x}_1 + \ddot{x}_2) + [c + f(t)]\,(x_1 + x_2) = 0.$$

Dividiert man nun Gl. (55) durch m, so erhält man

$$\ddot{x} + [\lambda + \Phi(t)]\, x = 0. \tag{56}$$

Am wichtigsten ist der Fall, wenn $\Phi(t)$ eine periodische Funktion mit der Periode 2π ist, dann nennt man sie eine Hillsche Differentialgleichung[5]. Ist z. B. $\Phi(t)$ gegeben durch

---

[1] Hirsch, P.: Das Pendel mit oszillierenden Aufhängepunkt Z. a. M. M. Bd. 10, 1930, S. 41. — Klotter, K.: Stabilisierung und Labilisierung durch Schwingungen, Forschung, Bd. 12, 1941, S. 209. — Cremer, L.: Untersuchung über Energiebilanz und Phasenlage bei nichtperiodischen linearen Systemen an Hand der periodisch geschwenkten Rollbahn, Forschung, Bd. 12, 1941, S. 226.

[2] Wichert, A., a. a. O. S. 54. — Meissner, E.: a. a. O.

[3] Über die Lösung der erzwungenen Schwingung s. Meissner, E.: Über Schüttelschwingungen in Systemen mit periodisch veränderlicher Elastizität, Schweiz. Bauzeitung, Bd. 72, 1918, S. 95. — Parkus, H.: Beanspruchungen und Schwingungen von Pleuelstangen, Öst. Ing.-Archiv Bd. 3, 1949, S. 222.

[4] Meissner, E.: a. a. O.

[5] Strutt, M. J. O.: Lamésche-Mathieusche und verwandte Funktionen in Physik und Technik, Berlin: 1932, S. 12.

$$\Phi(t) = \gamma \sum a_m e^{imt}, \quad m = \pm 1, \pm 2, \pm 3, \ldots,$$

so wird damit

$$\ddot{x} + \left[\lambda + \gamma \sum a_m e^{imt}\right] x = 0$$

Als Lösungsmethode ist von Hill die folgende angegeben worden[1]. Man setzt

$$x = e^{\mu t} \sum_{m=-\infty}^{m=\infty} b_m e^{imt}, \quad m = \pm 1, \pm 2, \pm 3, \ldots$$

in die Differentialgleichung (56) ein und da die Glieder mit e^{imt} für jedes m einander identisch gleichkommen müssen, so erhält man die Bestimmungsgleichungen für die Koeffizienten b_m. Es wird

$$b_n [(\mu + i n)^2 + \lambda] + \gamma \sum_{m=-\infty}^{m=\infty} b_{n-m} a_m = 0, \quad \begin{array}{l} n = 0, \pm 1, \pm 2, \ldots \\ m = \pm 1, \pm 2, \pm 3, \ldots \end{array}$$

Man erhält auf diese Weise unendlich viele homogene lineare Gleichungen. Soll eine Lösung möglich sein, so muß die Koeffizientendeterminante, welche man aus den Koeffizienten dieser Gleichung bildet, verschwinden. Es muß also gelten

$$\Delta(\mu, \lambda, \gamma) = 0.$$

Damit wird eine Bedingungsgleichung für μ erhalten, mit deren Hilfe man dann die Verhältnisse der Werte der Koeffizienten b_n ermitteln kann. Vereinfacht wird die Rechnung, wenn man zuerst $\mu = 0$ setzt, damit die Determinante $\Delta(0, \lambda, \gamma)$ ermittelt und dann μ aus der Gleichung

$$\sin^2 \pi i \mu = \Delta(0, \lambda, \gamma) \sin^2 \pi \sqrt{\lambda}$$

berechnet.

Erhält man periodische Lösungen und vergleicht man die Absolutwerte der Amplituden nach einer Periode, so können diese immer größer werden — die Lösung ist instabil oder labil —, die Schwingungsausschläge nehmen sehr große Werte an, oder sie werden immer kleiner, man erhält stabile Lösungen, die Schwingungsausschläge bleiben immer endlich.

Eine besondere Form der Gl. (56) wurde von Mathieu[2] behandelt. Er setzte $\Phi(t) = -2 h^2 \cos 2 t$ und erhielt dadurch

$$x + (\lambda - 2 h^2 \cos 2 t)\, x = 0.$$

Für diese Gleichung wurden von Strutt die stabilen und die labilen Gebiete ermittelt (s. Abb. 25)[3]. In dieser Abbildung (die abhängigen

---

[1] Strutt, M. J. O.: a. a. O. S. 21.
[2] Strutt, M. J. O., a. a. O. S. 23.
[3] Strutt, M. J. O.: Beugung einer ebenen Welle an einem Spalt von endlicher Breite, Z. f. Physik, Bd. 69, 1931, S. 59 und Strutt, a. a. O. S. 24.

Variablen sind λ und h) sind die stabilen Gebiete schraffiert dargestellt. Die labilen nehmen den Ausgang von $h = 0$ und $\lambda = m^2$ und dieser Punkt ist ein Doppelpunkt.

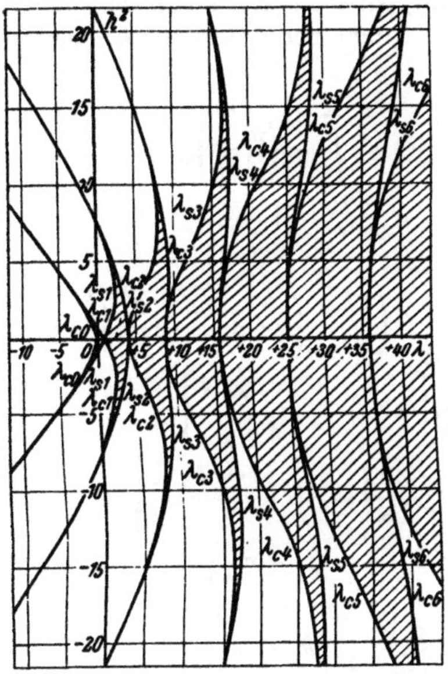

Abb. 25. Labile und stabile Lösungsgebiete der Mathieuschen Differentialgleichung $\ddot{x} + (+ 2 h^2 \cos 2 t)\, x = 0$ (nach Strutt Zeitschr. f. Physik 1931. Bd. 69)

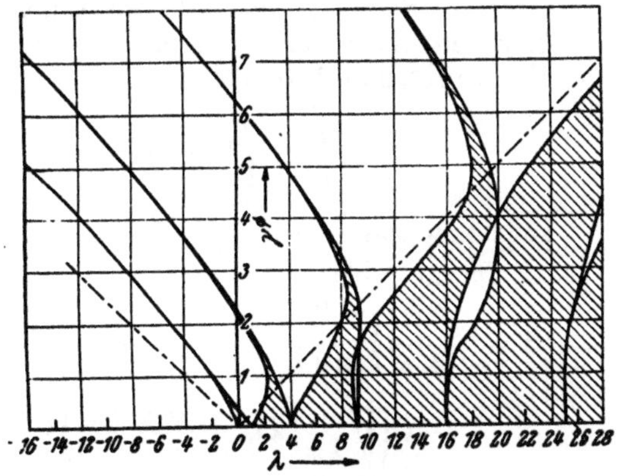

Abb. 26. Stabile und labile Lösungsgebiete der Meissnerschen Gleichung (nach Strutt Physica 1927, Bd. 7)

Eine andere Art der Hillschen Gleichung wurde von Meissner aufgestellt. Nach Meissner ist

$$\Phi(t) = \gamma\, \Phi \qquad \text{für} \quad -\pi \leqq t \leqq 0$$

und

$$\Phi(t) = -\gamma\, \Phi \quad \text{für} \quad 0 \leqq t \leqq \pi.$$

Auch für diese Form der Differentialgleichung wurden von Strutt die Stabilitätsbereiche ermittelt und in Abb. 26[1] (stabile Gebiete schraffiert) in Abhängigkeit von Φ und λ dargestellt.

5. *Anlaufvorgänge*

Bisher wurde angenommen, daß die Amplitude und die Frequenz der erregenden Kraft von Beginn der Bewegung an konstant sind. Unter diesen Voraussetzungen wurden die früheren Untersuchungen angestellt. Wenn jedoch die Bewegung beginnt oder aufhört, ist es nicht möglich diese Voraussetzungen aufrecht zu erhalten.

Wichtig ist insbesonders das Durchlaufen eines kritischen Gebietes, dies wurde von Pöschl[2] untersucht. Er setzt für die Frequenz k

$$k = k_0 + \lambda t.$$

---

[1] Strutt, M. J. O., a. a. O. S. 40. — Meissner, E., a. a. O. — Pol, B. van der, M. J. O. Strutt: On the Stability of the Solutions of Mathieu's equation, Philosophical Magazine, 7. ser. Bd. 5, 1928, S. 18.

[2] Pöschl, T.: Das Anlaufen eines einfachen Schwingers, Ing.-Archiv, Bd. 4, 1933, S. 98.

Es ist dies also eine mit konstanter Geschwindigkeit sich ändernde Frequenz. Damit wird beim Fehlen von dämpfenden Kräften

$$m\ddot{x} + cx = P\sin(k_0 t + \lambda t^2).$$

Die Lösung dieser Differentialgleichung wird mit Hilfe von Gl. (29) erhalten. Es ist ω die Kreisfrequenz der freien Schwingung und die Fresnelschen Integrale

$$C(x) = \int_0^x \cos\left(\frac{\pi}{2}u^2\right)du \quad \text{und} \quad S(x) = \int_0^x \sin\left(\frac{\pi}{2}u^2\right)du.$$

sind bekannt.

Damit wird

$$\begin{aligned} x = \frac{P}{2m\omega}\sqrt{\frac{\pi}{2\lambda}}\Bigg\{&\cos\left[\omega t + \frac{(\omega+k_0)^2}{4\lambda}\right]\cdot\left[C\left(\sqrt{\frac{2}{\lambda\pi}}\left[\lambda t + \frac{\omega+k_0}{2}\right]\right) - \right.\\ &\left.- C\left(\sqrt{\frac{2}{\lambda\pi}}\left[\lambda t_0 + \frac{\omega+k_0}{2}\right]\right)\right] + \sin\left[\omega t + \frac{(\omega+k_0)^2}{4\lambda}\right]\cdot\\ &\cdot\left[S\left(\sqrt{\frac{2}{\lambda\pi}}\left[\lambda t + \frac{\omega+k_0}{2}\right]\right) - S\left(\sqrt{\frac{2}{\lambda\pi}}\left[\lambda t_0 + \frac{\omega+k_0}{2}\right]\right)\right] - \\ &- \cos\left[\omega t + \frac{(k_0-\omega)^2}{4\lambda}\right]\cdot\left[C\left(\sqrt{\frac{2}{\lambda\pi}}\left[\lambda t + \frac{k_0-\omega}{2}\right]\right) - \right.\\ &\left.- C\left(\sqrt{\frac{2}{\lambda\pi}}\left[\lambda t_0 + \frac{k_0-\omega}{2}\right]\right)\right] + \sin\left[\omega t + \frac{(k_0-\omega)^2}{4\lambda}\right]\cdot\\ &\cdot\left[S\left(\sqrt{\frac{2}{\lambda\pi}}\left[\lambda t + \frac{k_0-\omega}{2}\right]\right) - S\left(\sqrt{\frac{2}{\pi\lambda}}\left[\lambda t_0 + \frac{k_0-\omega}{2}\right]\right)\right]\Bigg\}. \end{aligned}$$

Ermittelt man für verschiedene Werte von λ das Zeit-Weg-schaubild, so sieht man, daß der größte Ausschlag bald nach Bewegungsbeginn erreicht wird, dieser ist umso kleiner, je größer λ ist, das heißt je schneller die kritische Drehzahl durcheilt wird. Da für $t \to \infty$ die Fresnelschen Integrale den Wert $\frac{1}{2}$ annehmen, wird schließlich eine harmonische Schwingung erhalten.

Wächst die Kraftamplitude nach einer e-Potenz, so wird Gl. (30)

$$m\ddot{x} + cx = P e^{\lambda t}\sin kt. \tag{57}$$

Macht man nun den Ansatz für die partikulare Lösung

$$x = e^{\lambda t}[(A\sin kt + B\cos kt)]$$

und setzt diesen in Gl. (57) ein, so erhält man durch Vergleich der Sinus- und Kosinusglieder

$$A = \frac{[m(\lambda^2 - k^2) + c]\,P}{[m(\lambda^2 - k^2) + c]^2 + 4m^2\lambda^2 k^2},$$

$$B = -\frac{2m\lambda k}{[m(\lambda^2 - k^2) + c]^2 + 4m^2\lambda^2 k^2}P$$

und damit wird

$$C = \sqrt{A^2 + B^2} = \frac{P}{\sqrt{[m(\lambda^2 - k^2) + c]^2 + 4m^2\lambda^2 k^2}}$$

und

$$\operatorname{tg}\vartheta = -\frac{2m\lambda k}{c + m(\lambda^2 - k^2)}.$$

Somit erhält man als Lösung von Gl. (57)

$$x = C_1 \sin(t + \vartheta_1) + \frac{P e^{\lambda t}}{\sqrt{[m(\lambda^2 - k^2) + c]^2 + 4m^2\lambda^2 k^2}} \sin(kt + \vartheta),$$

wobei C_1 und ϑ_1 die entsprechenden Glieder der Eigenschwingung sind. Behandelt wurde hier der Anlaufvorgang, für den Auslaufvorgang gelten die gleichen Gleichungen, nur hat man λ durch den entsprechenden Wert $-\lambda$ zu ersetzen[1].

6. *Graphische Lösungen*

Die Lösung der Schwingungsaufgaben kann nicht nur auf analytischem Wege, sondern auch auf graphischem Wege erhalten werden. Es wurden mehrere graphische Verfahren, wie z. B. das von E. Meissner[2], L. Gümbel[3] und Grammel[4] entwickelt. Es wird die Integration der Bewegungsgleichung auf graphischem Wege durchgeführt.

Im folgenden sei das Gümbelsche Verfahren dargestellt. Wäre die Beschleunigung $\ddot{x}$ als Funktion der Zeit gegeben, so ist für ein Zeitelement dt

$$\dot{x} = \int \ddot{x}\, dt, \qquad x = \int \dot{x}\, dt.$$

Wird in diesem Zeitelement die Beschleunigung als konstant angesehen, so folgt für die Änderung des Weges näherungsweise

$$\Delta x = \dot{x}\,\Delta t + \ddot{x}\,\frac{\Delta t^2}{2}.$$

Auf Grund dieser Gleichung folgt die Gümbelsche Konstruktion vgl. Abb. 27. Man trägt $\ddot{x}\, dt$ auf einer vertikalen Geraden auf und zeichnet von einem Pol o die Strahlen o1', o2' und die dazu parallelen Seilstrahlen $O\,I$, $O\,II$, dann ist das Dreieck $O\,I\,II$ ähnlich dem Dreieck o1' 2', daher ist

---

[1] Kalähne, A.: Grundzüge der mathematisch-physikalischen Akustik, Bd. 1, S. 74. Leipzig und Berlin: 1910.

[2] Meissner, E.: Über graphische Integration von totalen Differentialgleichungen, Schweiz. Bauzeitung, Bd. 62, 1913, S. 199.

[3] Gümbel, L.: Die graphische Lösung von Differentialgleichungen zweiter Ordnung in Anwendung auf die Schwingungslehre, Z. d. VDI, Bd. 63, 1919, S. 771 und 802.

[4] Grammel, R.: Ein Gegenstück zum Meissnerschen Verfahren der graphischen Analysis. Ing.-Archiv, Bd. 10, 1939, S. 395.

$$\frac{\Delta x_2}{\Delta t} = \frac{\ddot{x}\,\Delta t}{H}, \qquad \Delta x_2 = \frac{\ddot{x}\,\Delta t^2}{H}.$$

Aus den Dreiecken $O\ I\ III$ und o 1′ 3′ folgt

$$\frac{\Delta x_1}{\Delta t} = \frac{\int \ddot{x}\,dt}{H} = \frac{\dot{x}}{H}, \qquad \Delta x_1 = \frac{\dot{x}}{H}\,\Delta t.$$

Werden die Maßstäbe und der Polabstand H so gewählt, daß $H = 1$ ist, so folgt aus den obigen Beziehungen, daß

$$\Delta x = \Delta x_1 + \frac{\Delta x_2}{2}$$

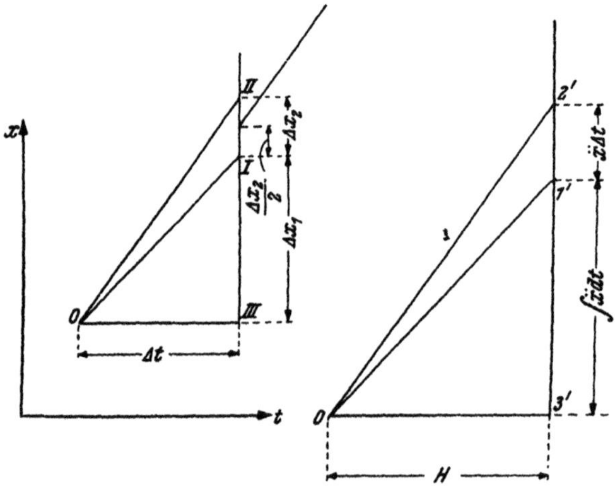

Abb. 27. Graphische Ermittlung des Zeit-Wegdiagramms

ist. Auf diese Weise kann man durch Zeichnen von Seilstrahlen das Zeit-Wegdiagramm erhalten; denn auf Grund der Seilstrahlen erhält man die Verschiebung und die Geschwindigkeit für das benachbarte Zeitelement, aus der Differentialgleichung folgt die Beschleunigung $\ddot{x}$. Mit den Werten dieser Größen kann man die weitere Konstruktion durchführen. Näherungslösungen lassen sich nicht nur auf graphischem, sondern auch auf rechnerischem Wege auffinden.

7. *Einteilung der Schwingung nach den erregenden Kräften*

Bisher wurde keine Rücksicht darauf genommen, wie die erregenden Kräfte entstehen, welche auf den Körper wirken. Nach der Art der Entstehung dieser erregenden Kräfte kann man nun die Schwingungen einteilen in fremderregte und selbsterregte.

Bei der fremderregten Schwingung ist die Größe der erregenden Kraft vorgegeben, wobei die Frequenz der Erregung von der Größe der Eigenfrequenz unabhängig ist. Bei der selbsterregten sind im Ruhezustand keine erregenden Kräfte vorhanden, entstehen Schwingungen durch eine kleine fremde Erregung, so bedingen diese kleinen Schwingungsbewegungen Kräfte, welche große Schwingungsausschläge zur Folge haben können. Als Beispiel für eine selbsterregte Schwingung seien die Schwingungsbewegungen eines Flügels im Luftstrom angeführt[1]. Verdreht sich der Flügel, so ändert sich der Anstellwinkel und es werden daher bei veränderlichem Winkel auch veränderliche Kräfte auf den Flügel ausgeübt. Diese Schwingungsbewegungen können sehr gefährlich werden, so z. B. wurde die Tacoma-Brücke[2] durch selbsterregte Schwingungen zerstört.

III. Schwingungen des Mehrmassensystems, Koppelschwingungen

A. Einleitung

Bedeuten q_i die verallgemeinerten Koordinaten entsprechend den verschiedenen Freiheitsgraden, so läßt sich die kinetische Energie darstellen durch

$$L = \frac{1}{2} \sum_i \sum_k a_{ik} \dot{q}_i \dot{q}_k, \quad i, k = 1, 2, 3, \ldots n.$$

Nimmt man an, daß nur elastische Kräfte vorhanden sind, so gilt für deren Arbeit

$$A = \frac{1}{2} \sum_i \sum_k c_{ik} q_i q_k, \quad i, k = 1, 2, 3, \ldots n.$$

Sind die einzelnen Koeffizienten konstant, hängen sie weder von der Zeit noch von den einzelnen Koordinaten ab, so erhält man bei Anwendung der Lagrangeschen Gleichungen

$$\sum_k a_{ik} \ddot{q}_k + \sum_k c_{ik} q_k = 0, \quad i, k = 1, 2, \ldots n$$

ein System von n linearen homogenen Differentialgleichungen. In jeder i-ten Gleichung kommen außer q_i noch die anderen Koordinaten, bzw. deren Ableitungen vor, ein solches Gleichungssystem nennt man ein gekoppeltes. Der Bewegungsverlauf der i-ten Koordinate beeinflußt denjenigen der k-ten, diese Beeinflussung kann eine losere oder eine stärkere entsprechend den Werten der einzelnen Konstanten, den Koppelkonstanten sein, man spricht von einer Schwin-

[1] Küssner, H. G.: Zusammenfassender Bericht über den instationären Auftrieb von Flügeln, Luftfahrtforschung, Bd. 13, 1936, S. 410. — Teichmann, A.: Gedanken zur Flatterberechnung, Luftfahrtforschung, Bd. 16, 1939, S. 283.

[2] Brückner, K.: Einsturz der Tacoma-Hängebrücke in den Vereinigten Staaten, Z. d. VDI, Bd. 85, 1941, S. 367.

gung mit loser oder starker Kopplung und den ganzen Bewegungsvorgang nennt man eine Koppelschwingung.

Wirken außer den elastischen Kräften noch Dämpfungskräfte, so erhält man

$$\sum_k a_{ik}\ddot{q}_k + \sum_k \beta_{ik}\dot{q}_k + \sum_k c_{ik} q_k = 0, \qquad i, k = 1, 2, \ldots n,$$

ebenfalls eine Reihe von gekoppelten linearen Differentialgleichungen. Je nachdem, wie die Bewegung einer Masse durch die anderen beeinflußt wird, das heißt, wie groß die Werte der einzelnen Koeffizienten sind, teilt man die entstehende Schwingung nach der „Art der Kopplung" ein[1]. Sind alle β_{ik} gleich Null und $a_{ik} = 0$ für $i \neq k$ und ist $a_{ik} = a_i$ für $i = k$, dann wird

$$a_i \ddot{q}_i + \sum_k c_{ik} q_k = 0, \qquad i, k = 1, 2, \ldots n.$$

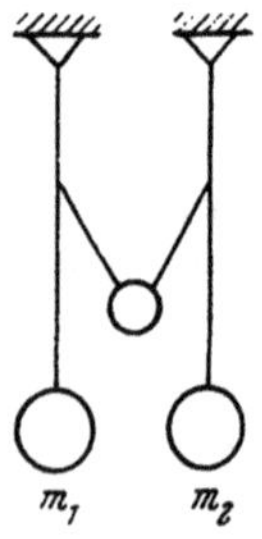

Abb. 28. Sympathische Pendel

Dieses System nennt man ein kraftgekoppeltes System, ein Beispiel für ein solches ist eine mit Einzelmassen versehene Welle, welche Drehschwingungen ausführen kann.

Ist $c_{ik} = c_i$ für $k = i$ und $c_{ik} = 0$ für $i \neq k$, so nennt man das entsprechende System ein beschleunigungsgekoppeltes. Dafür gilt

$$\sum_k a_{ik}\ddot{q}_k + c_i q_i = 0, \qquad i, k = 1, 2, \ldots n.$$

Ein Beispiel dafür sind die Biegeschwingungen einer Welle.

Eine andere Kopplungsart ist die Dämpfungskopplung, bei welcher der Koeffizient der Koordinatengeschwindigkeit der i-ten Koordinate das entgegengesetzte Vorzeichen desjenigen der k-ten hat $\beta_{ik} = -\beta_{ki}$.

B. Kraftkopplung

1. Freie Schwingung

a) Schwingung des Zweimassensystems. Ein Beispiel für die Schwingung des Zweimassensystems ist die Anordnung nach Abb. 28, welche unter dem Namen der „sympathischen Pendel[2]" bekannt ist. Bedeuten J_1, J_2 die Trägheitsmomente der bewegten Massen bezüglich der Aufhängepunkte, c_1, c_2, c_1', c_2' die Konstanten der Rückstellkraftmomente und β_1, β_2 die der Dämpfungsmomente, so lauten für diese Massenanordnung die Bewegungsgleichungen

[1] Wien, M.: Über die Rückwirkung eines resonierenden Systems, Annalen d. Physik, Bd. 297 (61), 1897, S. 151. — Klotter, K.: Kopplung mechanischer Schwingungen, Ing.-Archiv, Bd. 5, 1934, S. 157.

[2] Oberbeck, A.: Versuche über das Mitschwingen zweier Pendel, Wiedemanns Annalen d. Physik und Chemie, Bd. 270 (34), 1888, S. 1041.

$$\begin{aligned} J_1\ddot{\varphi}_1 + \beta_1\dot{\varphi}_1 + c_1\varphi_1 + c_2'\varphi_2 &= 0, \\ J_2\ddot{\varphi}_2 + \beta_2\dot{\varphi}_2 + c_1'\varphi_1 + c_2\varphi_2 &= 0. \end{aligned} \tag{58}$$

Damit wird bei Elimination von φ_2

$$J_1 J_2 \varphi_1^{IV} + (\beta_1 J_1 + \beta_2 J_2)\dddot{\varphi}_1 + (c_1 J_1 + c_2 J_2 + \beta_1\beta_2)\ddot{\varphi}_1 + \\ + (c_1\beta_1 + c_2\beta_2)\dot{\varphi}_1 + (c_1 c_2 - c_1' c_2')\varphi_1 = 0$$

eine lineare homogene Differentialgleichung erhalten, für die man wieder Gl. (17) als Lösung erhält. Wird der Sonderfall der dämpfungsfreien Schwingung behandelt ($\beta_1 = \beta_2 = 0$), so lautet die charakteristische Gleichung

$$J_1 J_2 \lambda^4 + (c_2 J_1 + c_1 J_2)\lambda^2 + c_1 c_2 - c_1' c_2' = 0$$

mit den Wurzeln

$$\lambda_{1,2} = \pm i\,\omega_{1,2} = \\ = \pm i\sqrt{\frac{c_2 J_1 + c_1 J_2}{2 J_1 J_2} \pm \sqrt{\frac{(c_2 J_1 + c_1 J_2)^2}{4 J_1^2 J_2^2} - \frac{c_1 c_2 - c_1' c_2'}{J_1 J_2}}}$$

und damit erhält man für den einen Ausschlag

$$\varphi_1 = C_1 \sin(\omega_1 t + \vartheta_1) + C_2 \sin(\omega_2 t + \vartheta_2),$$

der andere φ_2 bestimmt sich aus der ersten Gl. (58) mit $\beta_1 = 0$

$$\varphi_2 = -\frac{J_2}{c_2'}\ddot{\varphi}_1 - \frac{c_1}{c_2'}\varphi_1 = \left(\frac{J_2}{c_2'}\omega_1^2 - \frac{c_1}{c_2'}\right) C_1 \sin(\omega_1 t + \vartheta_1) + \\ + \left(\frac{J_2}{c_2'}\omega_2^2 - \frac{c_1}{c_2'}\right) C_2 \sin(\omega_2 t + \vartheta_2) = 0.$$

Sind nun z. B. bei der Zeit t_0 die Anfangswerte φ_{10}, $\dot{\varphi}_{10} = 0$, φ_{20}, $\dot{\varphi}_{20} = 0$ gegeben, so erhält man damit vier Bedingungsgleichungen für die Werte der Konstanten C_1, C_2, ϑ_1 und ϑ_2; diese bestimmen sich zu

$$C_1 = \frac{c_2'\varphi_{20} - (J_2\omega_2^2 - c_1)\varphi_{10}}{J_2(\omega_1^2 - \omega_2^2)}, \quad C_2 = \frac{c_2'\varphi_{20} - (J_2\omega_1^2 - c_1)\varphi_{10}}{J_2(\omega_1^2 - \omega_2^2)},$$

$$\vartheta_1 = \frac{\pi}{2}, \quad \vartheta_2 = \frac{3\pi}{2}.$$

Die entstehende Bewegung setzt sich aus zwei Sinusschwingungen zusammen, ist also eine Schwebung, wie sie auf S. 5 behandelt wurde.

b) Zwei Massen sind durch eine Feder miteinander gekoppelt. Ein technisch wichtiger Fall liegt vor, wenn zwischen zwei Massen m_1, m_2 eine Feder von vernachlässigbarer Eigenmasse mit der Federkonstante c befestigt ist (s. Abb. 29). Bezeichnet man mit x_1, x_2 die Verschiebungen der Massen m_1, m_2, so ist die auf jede Masse wirkende Kopplungskraft verhältnisgleich der Relativverschiebung $x_1 - x_2$. Es gilt bei dieser Anordnung die Bewegungsgleichung

$$\begin{aligned} m_1 \ddot{x}_1 + c(x_1 - x_2) &= 0, \\ m_2 \ddot{x}_2 + c(x_2 - x_1) &= 0. \end{aligned} \tag{59}$$

Gleichungssystem (59) kann, wie vorhin gezeigt wurde, durch Elimination einer Unbekannten gelöst werden. Die Lösung kann aber auch auf die folgende Weise gefunden werden. Führt man für die Differentiation nach der Zeit das Symbol D ein[1], dann gelten

$$\begin{aligned} (m_1 D^2 + c)\, x_1 - c\, x_2 &= 0, \\ -c\, x_1 + (m_2 D^2 + c)\, x_2 &= 0, \end{aligned}$$

also zwei lineare Gleichungen mit konstanten Koeffizienten; diese führen auf die Gleichung

$$\begin{vmatrix} m_1 D^2 + c & -c, \\ -c & m_2 D^2 + c \end{vmatrix} \cdot x_1 = [m_1 m_2 D^4 + c(m_1 + m_2) D^2]\, x_1 = \\ = m_1 m_2 x_1^{IV} + c(m_1 + m_2)\ddot{x}_1 = 0.$$

Für diese lineare Differentialgleichung gilt wieder Gl. (17) und man erhält als charakteristische Gleichung

$$m_1 m_2 \lambda^4 + c(m_1 + m_2)\lambda^2 = 0$$

mit den Wurzeln

$$\lambda_{1,2} = 0, \qquad i\,\lambda_{3,4} = \omega = \sqrt{\frac{c(m_1 + m_2)}{m_1 m_2}}. \tag{60}$$

Abb. 29. Zweimassensystem

Nach Gl. (59) ist

$$x_2 = x_1 + \frac{m_1}{c}\ddot{x}_1, \tag{61}$$

damit erhält man für die Lösung des Gleichungssystems (59)

$$\begin{aligned} x_1 &= A + Bt + C\sin(\omega t + \vartheta), \\ x_2 &= A + Bt - \frac{m_1}{m_2} C \sin(\omega t + \vartheta). \end{aligned} \tag{62}$$

Dieses Ergebnis besagt, daß einer gleichförmigen Bewegung eine Schwingungsbewegung überlagert ist. Diese Schwingungsbewegung nennt man, da sie durch keine harmonischen erregenden Kräfte beeinflußt wird, die freie oder auch Eigen-Schwingung, deren Frequenz sich nach Gl. (60) bestimmt.

Eine andere Art die Schwingungsbewegung zu erhalten, welche natürlich auf das gleiche Ergebnis führt, besteht darin, daß man für

$$x_1 = C_1 \sin(\omega t + \vartheta), \qquad x_2 = C_2 \sin(\omega t + \vartheta)$$

setzt und diese Werte in das Gleichungssystem (59) einsetzt. Damit erhält man zwei lineare homogene Gleichungen, für welche die Koeffizientendeterminante verschwinden muß, wenn eine nicht-

[1] Vahlen, K. Th.: Über den Heaviside-Kalkül, Z. a. M. M., Bd. 13, 1933, S. 283.

triviale Lösung vorhanden sein soll. Die gleichförmige Bewegung ist als Grundbewegung schon bekannt und in vielen Fällen nicht von Interesse, darum wird diese auch im folgenden in den meisten Fällen vernachlässigt, ohne daß dies besonders vorausgesetzt werden soll.

Vom Interesse ist noch das Verhältnis der Ausschläge. Dieses bestimmt sich nach Gl. (61) zu

$$C_2 = -\frac{m_1}{m_2} C_1.$$

Aus diesem Ergebnis sieht man, daß zwischen den beiden Massen die Phasendifferenz $\vartheta' = \pi$ besteht, welche zeitlich unverändert ist. Man kann nun die Größtausschläge jedes Punktes der Feder in einem Diagramm in Abhängigkeit vom Ort auftragen (s. Abb. 30). Da vorausgesetzt ist, daß die Masse der Feder vernachlässigbar ist — also eine Anordnung mit einer masselosen Feder — so ist die entstehende Kurve eine gerade Linie und diese Kurve heißt die Schwingungsform. Man braucht also nur an den Federenden C_1 und C_2 aufzutragen, diese Punkte durch eine gerade Linie zu verbinden, um das Verformungsschaubild der Feder bei der Schwingung des Zweimassensystems zu erhalten. Der Schnittpunkt dieser Linie mit der Nullinie heißt der Schwingungsknoten. Aus den Werten der Amplituden ist zu ersehen, daß der Schwingungsknoten in der Nähe der größeren Masse liegt, ist eine Masse unendlich groß, so fällt er mit derselben zusammen. Da nun jeder Punkt der Feder — da diese als masselos vorausgesetzt wurde — mit der gleichen Frequenz schwingt, so bleibt die Schwingungsform dauernd ähnlich zu sich, damit ist einzusehen, daß die Lage des Schwingungsknoten sich im Laufe der Zeit nicht ändert. Aus diesem Grunde ist es möglich, die Feder im Schwingungsknoten festgehalten zu denken und die Schwingung jedes Federteiles getrennt zu betrachten[1]. Es läßt sich dadurch das Zweimassensystem auf zwei Einmassensysteme zurückführen, welche mit der gleichen Eigenfrequenz schwingen. Aus dieser Tatsache ist ebenfalls die Eigenschwingungszahl bestimmbar.

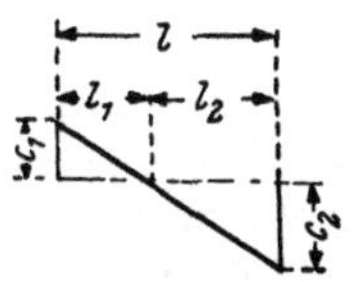

Abb. 30. Schwingungsausschläge des Zweimassensystems

Bezeichnet man mit l die Federlänge zwischen den Massen m_1 und m_2, l', bzw. l'' die zwischen dem Schwingungsknoten und m_1, bzw. m_2, und da die Federkonstanten verkehrt proportional der Länge der Feder sind, so gilt

$$c = \frac{H}{l}, \quad c' = \frac{H}{l_1} = c\frac{l}{l_1}, \quad c'' = \frac{H}{l_2} = c\frac{l}{l_2} = c\frac{l}{l - l_1}.$$

[1] Wydler, H.: Drehschwingungen in Kolbenmaschinen und die Gesetze ihres Ausgleiches, S. 7. Berlin: 1922.

Für jedes Einmassensystem nach Gl. (19) gilt

$$\omega_1 = \sqrt{\frac{c'}{m_1}} = \sqrt{\frac{l}{l_1}\frac{c}{m_1}}, \qquad \omega_2 = \sqrt{\frac{c''}{m_2}} = \sqrt{\frac{l}{l - l_1}\frac{c}{m_2}}.$$

Da die Eigenfrequenz jedes Wellenteiles gleich derjenigen des Zweimassensystems ist, so erhält man aus der Bedingung

$$\omega = \omega_1 = \omega_2$$

eine neue Gleichung für die Bestimmung der Eigenfrequenz. Aus dieser Bedingung ermittelt sich die Lage des Knotens zu

$$l_1 = \frac{m_2 l}{m_1 + m_2}$$

und damit wird für die Frequenz der Eigenschwingung

$$\omega = \sqrt{\frac{c\,(m_1 + m_2)}{m_1 m_2}},$$

das gleiche Ergebnis wie nach Gl. (60) erhalten.

Obwohl es genügt hätte, die Eigenfrequenz des Zweimassensystems nach einer Methode zu ermitteln, wurden diese Rechenmethoden dargestellt, um für das einfachste Mehrmassensystem die Ausrechnung durchzuführen und zu zeigen, daß jedes Rechenverfahren das gleiche Ergebnis ergibt.

c) Dreimassensystem. Sind drei Massen durch zwei Federn elastisch miteinander gekoppelt[1] (s. Abb. 31), so gelten, weil die elastischen Kräfte verhältnisgleich den Relativverschiebungen sind, die Gleichungen

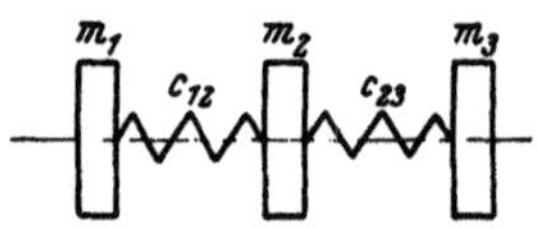

Abb. 31. Dreimassensystem

$$m_1 \ddot{x}_1 + c_{12}(x_1 - x_2) = 0,$$
$$m_2 \ddot{x}_2 + c_{12}(x_2 - x_1) + c_{23}(x_2 - x_3) = 0,$$
$$m_3 \ddot{x}_3 + c_{23}(x_3 - x_2) = 0.$$

In diesen Gleichungen geben die Zeichen die Stelle an, zu welchen sie gehören und bei den Federkonstanten kennzeichnen sie die Feder zwischen den entsprechenden Massen. Macht man für jeden Ausschlag die Annahme einer sinusförmigen Zeitabhängigkeit

$$x = C \sin(\omega t + \vartheta),$$

so wird folgendes Gleichungssystem erhalten

$$-m_1 \omega^2 C_1 + c_{12}(C_1 - C_2) = 0,$$
$$-m_2 \omega^2 C_2 + c_{12}(C_2 - C_1) + c_{23}(C_2 - C_3) = 0,$$
$$-m_3 \omega^2 C_3 + c_{23}(C_3 - C_2) = 0.$$

Dieses lineare homogene Gleichungssystem mit den Unbekannten C_1, C_2, C_3 ergibt nur dann nichttriviale Lösungen, wenn die Koeffizientendeterminante den Wert Null hat. Damit erhält man die Bestimmungsgleichung für die Eigenfrequenz

[1] Roth, P.: Schwingungen von Kurbelwellen, Z. d. VDI., Bd. 48, 1904. S. 564.

$$\begin{vmatrix} c_{12} - m_1 \omega^2, & -c_{12}, & 0 \\ -c_{12}, & c_{12} + c_{23} - m_2 \omega^2, & -c_{23} \\ 0, & -c_{23}, & c_{23} - m_3 \omega^2 \end{vmatrix} = 0 \quad (63\,\text{a})$$

Diese Determinante ausgerechnet ergibt

$$\omega^2 \{m_1 m_2 m_3 \omega^4 - [m_1 m_2 c_{23} + m_1 m_3 (c_{12} + c_{23}) + m_2 m_3 c_{12}] \omega^2 + \\ + (m_1 + m_2 + m_3) c_{12} c_{23}\} = 0.$$

Damit erhält man für die Eigenfrequenz

$$\omega_{1,2} = \sqrt{\frac{1}{2}\left[c_{12}\left(\frac{1}{m_1} + \frac{1}{m_2}\right) + c_{23}\left(\frac{1}{m_2} + \frac{1}{m_3}\right)\right] \pm \\ \pm \sqrt{\frac{1}{4}\left[c_{12}\left(\frac{1}{m_1} + \frac{1}{m_2}\right) - c_{23}\left(\frac{1}{m_2} + \frac{1}{m_3}\right)\right]^2 + \frac{c_{12} c_{23}}{m_2^2}}}, \quad (63)$$

zwei verschiedene Werte, also um einen weniger als Massen vorhanden sind. Um die einzelnen Werte der Eigenschwingungszahl besser unterscheiden zu können, wurde der Grad der Schwingung eingeführt. Man ordnet die Werte der Eigenschwingungszahlen nach ihrer Größe, dann ist der Grad der Schwingung die Nummer dieser Reihenfolge. Man bezeichnet also die kleinste als niederste Schwingung oder Schwingung ersten Grades.

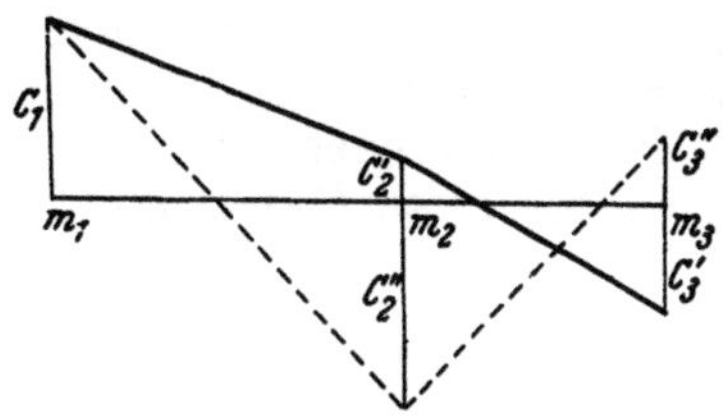

Abb. 32. Schwingungsform des Dreimassensystems

Die Bewegungsgleichung irgend einer Masse lautet

$$x = C' \sin(\omega_1 t + \vartheta_1) + C'' \sin(\omega_2 t + \vartheta_2).$$

Man erhält im allgemeinen eine Überlagerung zweier Sinusschwingungen mit ungleicher Frequenz. Die vorhandene Bewegung ist eine Schwebung, wenn nicht solche Anfangsbedingungen gegeben sind, daß die Amplitude C', bzw. C'' den Wert Null hat.

Nimmt man an, daß der Schwingungsausschlag der ersten Masse C_1 gegeben sei, so wird

$$C_2 = \frac{c_{12} - m_1 \omega^2}{c_{12}} C_1, \qquad C_3 = \frac{c_{23}}{c_{12}} \frac{c_{12} - m_1 \omega^2}{c_{23} - m_3 \omega^2} C_1.$$

Da nun ω zwei verschiedene Werte haben kann, so sieht man, daß auch C_2 und C_3 entsprechend den verschiedenen Eigenfrequenzen zwei verschiedene Werte haben können. Ist nun z. B.

$$m_1 = 6{,}00\ \text{kgm}^{-1}\,\text{sek}^2, \quad m_2 = 10{,}0\ \text{kgm}^{-1}\,\text{sek}^2, \quad m_3 = 15{,}0\ \text{kgm}^{-1}\,\text{sek}^2$$
$$\text{und } c_{12} = 1{,}5 \cdot 10^5\ \text{kgm}^{-1} \text{ und } c_{23} = 2{,}0 \cdot 10^5\ \text{kgm}^{-1},$$

so wird nach Gl. (63)

$$\omega_1 = 137{,}2\ \text{sek}^{-1}, \qquad C_2' = 0{,}238\, C_1, \qquad C_3' = -0{,}559\, C_2,$$
$$\omega_2 = 231{,}9\ \text{sek}^{-1}, \qquad C_2'' = -1{,}172\, C_1, \qquad C_3'' = 0{,}381\, C_1.$$

Die zugehörigen Schwingungsbilder sind in Abb. 32 dargestellt. Extrapoliert man die Schwingungsform des Federstückes zwischen den Massen m_1 und m_2, so liegt der so erhaltene Schwingungsknoten nicht immer innerhalb des gegebenen Wellenstückes, sondern mitunter auch außerhalb desselben. Diesen außerhalb gelegenen, in Wirklichkeit nicht vorhandenen Knoten bezeichnet man als ideellen Schwingungsknoten[1]. Bei der Schwingung ersten Grades ist ein reeller und ein ideeller und bei der zweiten Grades sind zwei reelle Schwingungsknoten vorhanden. Die Zahl der reellen Schwingungsknoten gibt ebenfalls den Grad der Schwingung an.

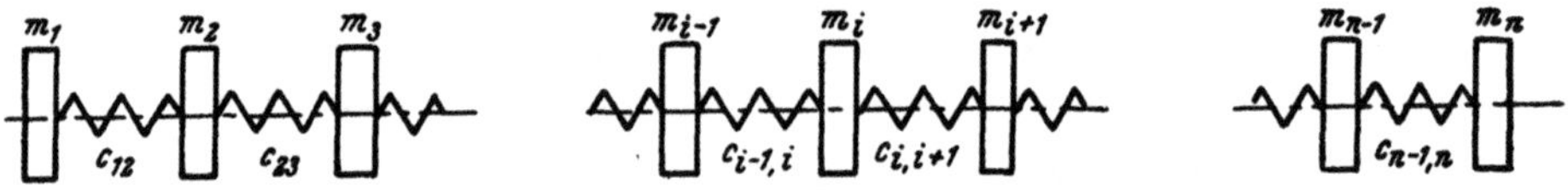

Abb. 33. n-Massensystem

d) n-Massensystem. Sind n-Massen durch $n - 1$ Federstücke miteinander elastisch gekoppelt, wie es im Schema durch Abb. 33 veranschaulicht wird und bezeichnet man mit $c_{i-1,\,i}$ die Federkonstante der Feder zwischen der $i - 1$-ten Masse m_{i-1} und der i-ten m_i, so lauten für diese Massenanordnung die Bewegungsgleichungen[2]

$$
\begin{aligned}
m_1 \ddot{x}_1 + c_{12}(x_1 - x_2) &= 0,\\
m_2 \ddot{x}_2 + c_{12}(x_2 - x_1) + c_{23}(x_2 - x_3) &= 0,\\
\cdots\cdots\cdots\cdots\cdots\cdots\cdots\cdots\cdots\cdots\cdots\cdots &\\
m_i \ddot{x}_i + c_{i-1,\,i}(x_i - x_{i-1}) + c_{i,\,i+1}(x_i - x_{i+1}) &= 0,\\
\cdots\cdots\cdots\cdots\cdots\cdots\cdots\cdots\cdots\cdots\cdots\cdots &\\
m_n \ddot{x}_n + c_{n-1,\,n}(x_n - x_{n-1}) &= 0.
\end{aligned}
\tag{64}
$$

Das Gleichungssystem (64) wird ebenfalls durch den Ansatz

$$x = C \sin(\omega t + \vartheta)$$

befriedigt. Damit erhält man die n linearen und homogenen Gleichungen

$$
\begin{aligned}
-m_1 \omega^2 C_1 + c_{12}(C_1 - C_2) &= 0,\\
-m_2 \omega^2 C_2 + c_{12}(C_2 - C_1) + c_{23}(C_2 - C_3) &= 0,\\
\cdots\cdots\cdots\cdots\cdots\cdots\cdots\cdots\cdots\cdots\cdots\cdots &\\
-m_i \omega^2 C_i + c_{i-1,\,i}(C_i - C_{i-1}) + c_{i,\,i+1}(C_i - C_{i+1}) &= 0,\\
\cdots\cdots\cdots\cdots\cdots\cdots\cdots\cdots\cdots\cdots\cdots\cdots &\\
-m_n \omega^2 C_n + c_{n-1,\,n}(C_n - C_{n+1}) &= 0.
\end{aligned}
$$

Damit eine Lösung dieses Gleichungssystems möglich ist, muß die Koeffizientendeterminante

---

[1] Dreves, R.: Neues graphisches Verfahren auf zeichnerischer Grundlage zur Untersuchung beliebiger Wellen-Massensysteme auf freie Drehschwingungen, Z. d. VDI., Bd. 62, 1918, S. 610.

[2] Holzer, H.: Torsionsschwingungen von Wellen mit beliebig vielen Massen, Schiffbau, Bd. 8, 1906/07, S. 823.

$$\Delta = \begin{vmatrix} c_{12} - m_1\omega^2, & -c_{12}, & 0, & 0, \ldots\ldots\ldots\ldots\ldots 0 \\ \ldots\ldots\ldots\ldots\ldots\ldots\ldots\ldots\ldots \\ 0, \ldots\ldots 0, & -c_{i-1,i}, & c_{i-1,i} + c_{i,i+1} - m_i\omega^2, & -c_{i,i+1}, \; 0, \ldots 0 \\ \ldots\ldots\ldots\ldots\ldots\ldots\ldots\ldots\ldots \\ 0, \ldots\ldots 0, & & & -c_{n-1,n} \; c_{n-1,n} - m_n\omega^2 \end{vmatrix} \tag{64 a}$$

den Wert Null annehmen. Dadurch ist eine Bestimmungsgleichung für die Eigenfrequenz gegeben. Da nun beim n-Massensystem $n-1$ Eigenfrequenzen möglich sind, so erhält man für ω^2 mittels Gl. (64 a) eine Gleichung $n-1$-ten Grades. Da die Koeffizientendeterminante nicht angenehm zu berechnen ist und eine Gleichung $n-1$-ten Grades numerisch nur durch langwierige Rechnungen zu lösen ist, wurden verschiedene Näherungsverfahren zur Ermittlung der Eigenfrequenzen entwickelt, über die später berichtet werden soll.

e) Berechnung der Eigenfrequenzen bei kleinen Änderungen des vorgegebenen Systems.[1] Werden Hauptkoordinaten (vgl. S. 9) verwendet, so gelten die Gl. (8), (10) und (11)

$$L = \frac{1}{2}\sum_{i=1}^{n} a_i \dot{q}_i^2, \tag{8}$$

$$A = -\frac{1}{2}\sum_{i=1}^{n} c_i q_i^2. \tag{10}$$

Sind die Werte der Koeffizienten a_i und c_i sowohl von der Zeit als auch vom Ort unabhängig, so vereinfacht sich Gl. (11) und man erhält als Bewegungsgleichung

$$a_i \ddot{q}_i + c_i q_i = 0.$$

Diese Gleichung hat zur Lösung

$$q_i = A_i \sin(\omega_i t + \vartheta_i)$$

mit

$$\omega_i = \sqrt{\frac{c_i}{a_i}}.$$

Diese Eigenfrequenz kann auch so erhalten werden, indem man den Koeffizienten, welcher zur i-ten Koordinate in der Gleichung für die Arbeit Gl. (10) gehört, durch jenen dividiert, welcher der entsprechenden Koordinatengeschwindigkeit in Gl. (8) zugeordnet ist.

Sind für das gegebene System die Eigenfrequenzen, welche man auch die Eigenwerte nennt, bekannt, so ist von Interesse, wie sich

[1] Rayleigh, a. a. O. Bd. 1, S. 121. — Meyer zur Capellen: Genäherte Berechnung von Eigenwerten, Ing.-Archiv, Bd. 10, 1939, S. 167.

die Eigenschwingungszahlen bestimmen, wenn das gegebene System nur wenig verändert wird. Behält man die ursprünglichen Koordinaten bei Änderung des Systemes bei, so brauchen diese nachher nicht mehr Hauptkoordinaten zu sein. Daher erhält man (vgl. S. 49)

$$L = \frac{1}{2} \sum_{i=1}^{n} (a_i + \delta a_i)\, \dot{q}_i^2 + \sum_{i=1}^{n} \sum_{\nu=1}^{n}{}' \delta a_{i\nu}\, \dot{q}_i\, \dot{q}_\nu,$$

$$A = -\frac{1}{2} \sum_{i=1}^{n} (c_i + \delta c_{ii})\, q_i^2 + \sum_{i=1}^{n} \sum_{\nu=1}^{n}{}' \delta c_{i\nu}\, q_i\, q_\nu.$$

Die Größen $\delta a_{i\nu}$ und $\delta c_{i\nu}$ sind durch die Änderung des Systems bedingt und sollen kleine Größen sein, deshalb werden die Eigenschwingungszahlen nur wenig geändert und man kann in erster Näherung dafür die Werte des ungeänderten Systems setzen. Die Lagrangeschen Gleichungen ergeben

$$(a_i + \delta a_i)\, \ddot{q}_i + \sum_{\nu=1}^{n}{}' \delta a_{i\nu}\, \ddot{q}_\nu + (c_i + \delta c_i)\, q_i + \sum_{\nu=1}^{n}{}' \delta c_{i\nu}\, q_\nu = 0.$$

Die Anfangswerte seien so gegeben, daß als resultierende Bewegung eine einfache Sinusschwingung mit der Frequenz ω_j entsteht, dann gelten wegen Gl. (4) die Gleichungen

$$\ddot{q}_i = -\omega_j^2 q_i, \qquad \ddot{q}_\nu = -\omega_j^2 q_\nu.$$

Damit erhält man

$$-(a_i + \delta a_i)\, q_i\, \omega_j^2 - \sum_{\nu=1}^{n}{}' \delta a_{i\nu}\, \omega_j^2\, q_\nu + (c_i + \delta c_i)\, q_i + \sum_{\nu=1}^{n}{}' \delta c_{i\nu}\, q_\nu = 0. \tag{65}$$

Berechnet man jetzt aus der i-ten Gleichung von (65) das Verhältnis q_j/q_i, so kann man die kleinen Größen $\delta a_{i\nu}$, $\delta c_{i\nu}$ für $\nu \neq j$, $\nu = 1 \ldots n$ in erster Näherung vernachlässigen und man erhält

$$\frac{q_i}{q_j} = -\frac{\delta c_{ij} - \delta a_{ij}\, \omega_j^2}{c_i - a_i\, \omega_j^2}. \tag{65 a}$$

Da voraussetzungsgemäß nur kleine Änderungen des ursprünglichen Systems vorhanden sein sollen, so kann man in erster Näherung für die Frequenz ω die Werte des ungeänderten Systems

$$\omega_{i_0} = \sqrt{\frac{c_i}{a_i}}, \qquad \omega_{j_0} = \sqrt{\frac{c_j}{a_j}} \tag{65 b}$$

in Gl. (65 a) einsetzen, damit bestimmt sich das Verhältnis der Ausschläge

$$\frac{q_i}{q_j} = -\frac{\delta c_{ij} - \delta a_{ij}\, \omega_{j_0}^2}{a_i\, (\omega_{i_0}^2 - \omega_{j_0}^2)}. \tag{65 c}$$

Mit Hilfe von Gl. (65 b) und Gl. (65 c) kann man aus der $i=j$-ten Gleichung von (65) die gesuchte Eigenfrequenz des geänderten Systems ermitteln. Diese wird in erster Näherung

$$\omega_j^2 = \frac{c_j + \delta c_j}{a_j + \delta a_j} - \sum_{i=1}^{n} \frac{(\delta c_{ij} - \delta a_{ij}\,\omega_{j_0})^2}{a_i\,a_j\,(\omega_{i_0}^2 - \omega_{j_0}^2)}. \tag{65 d}$$

f) Schwingungen von Fahrzeugen. Damit Kraftkopplung vorliegt, ist nicht immer die Massenanordnung nach Abb. 29, bzw. Abb. 33 nötig. Auch bei den Schwingungen der gefederten Fahrzeuge liegt Kraftkopplung vor. Um diese Aufgabe zu vereinfachen, sei angenommen, daß das Ersatzbild für die Massenanordnung gemäß Abb. 34 gegeben sei[1].

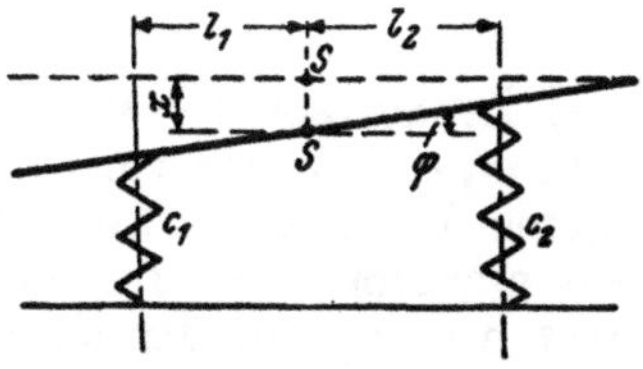

Abb. 34. Elastisch gestützter Stab

Der derart gelagerte Stab hat fünf Freiheitsgrade[2]. Wird vorausgesetzt, daß die Bewegung des Stabes eine ebene sei, das heißt die Bahnen der einzelnen Punkte liegen in parallelen Ebenen, so sind drei Freiheitsgrade und damit drei verschiedene Bewegungsmöglichkeiten vorhanden. Der Schwerpunkt kann waagrechte Bewegungen ausführen, diese sollen jedoch bei den weiteren Untersuchungen vernachlässigt werden; außerdem noch vertikale. Diese bezeichnet man als Hubschwingungen oder Wogen. Der Wagenkasten kann sich auch noch um eine Querachse um den Winkel φ verdrehen und dadurch die sogenannten Nickschwingungen ausführen. Gegeben sei die Masse m, das Massenträgheitsmoment J um die Querachse durch den Schwerpunkt, die Federkonstanten c_1 und c_2 sowie die Abstände l_1 und l_2 der Federn vom Schwerpunkt, vgl. Abb. 34. Ist x der vertikale Schwerpunktsweg, so sind die Verschiebungen der Federenden $x + l_1\varphi$, bzw. $x - l_2\varphi$ und es gelten dann die Bewegungsgleichungen

$$m\ddot{x} + c_1(x + l_1\varphi) + c_2(x - l_2\varphi) = m\ddot{x} + (c_1 + c_2)\,x + (c_1 l_1 - c_2 l_2)\,\varphi = 0.$$

$$J\ddot{\varphi} + c_1 l_1 (x + l_1\varphi) - c_2 l_2 (x - l_2\varphi) =$$

$$= J\ddot{\varphi} + (c_1 l_1^2 + c_2 l_2^2)\,\varphi + (c_1 l_1^2 - c_2 l_2^2)\,x = 0.$$

Wird nun der Ansatz

$$x = C_1 \sin(\omega t + \vartheta), \qquad \varphi = C_2 \sin(\omega t + \vartheta)$$

gemacht, so erhält man

---

[1] Lehr, E.: Die Schwingungstechnischen Eigenschaften des Kraftwagens und ihre meßtechnische Ermittlung, Z. d. VDI., Bd. 78, 1934, S. 329.

[2] Gründler, O.: Die Hauptschwingung elastisch gestützter stabförmiger Körper beim Fehlen von Dämpfung, S. 37. Dissertation, T. H. Berlin: 1937. — Wintergerst, E.: Die technische Physik des Kraftwagens, S. 58. Berlin: 1940.

$$-m\,\omega^2 C_1 + (c_1 + c_2)\,C_1 + (c_1 l_1 - c_2 l_2)\,C_2 = 0,$$
$$-J\,\omega^2 C_2 + (c_1 l_1^2 + c_2 l_2^2)\,C_2 + (c_1 l_1 - c_2 l_2)\,C_1 = 0.$$

Aus diesen beiden Gleichungen bestimmen sich die zwei Eigenfrequenzen zu

$$\omega = \sqrt{\frac{c_1+c_2}{2m} + \frac{c_1 l_1^2 + c_2 l_2^2}{2J} \pm \sqrt{\left(\frac{c_1+c_2}{2m} + \frac{c_1 l_1^2 + c_2 l_2^2}{2J}\right)^2 - \frac{c_1 c_2 (l_1 + l_2)^2}{m J}}}.$$

Um ein Fahrzeug zu federn, ist nicht nur die Anordnung nach Abb. 34 möglich, sondern noch verschiedene andere Federungsarten[1] werden ausgeführt. Die Ermittlung der Eigenfrequenzen kann nach der gleichen Methode durchgeführt werden.

2. *Ungedämpfte erzwungene Schwingungen*

a) Zweimassensystem[2]. *α) Die erregende Kraft greift an der Masse m_1 an.* Bisher wurden die freien Schwingungen des Mehrmassensystems behandelt, im folgenden soll angenommen werden, daß noch sinusförmige erregende Kräfte am Massensystem angreifen. Wirkt auf m_1 bei der Massenanordnung nach Abb. 29 die erregende Kraft $P_1 \sin k\,t$, so lautet dann die Differentialgleichung

$$m_1 \ddot{x}_1 + c\,(x_1 - x_2) = P_1 \sin k\,t, \qquad (66)$$
$$m_2 \ddot{x}_2 + c\,(x_2 - x_1) = 0.$$

Gemäß dem Ergebnis für das Einmassensystem (s. S. 24) wird der Ansatz für die partikuläre Lösung

$$x_1 = C_1 \sin(k\,t + \vartheta_1), \qquad x_2 = C_2 \sin(k\,t + \vartheta_2)$$

gemacht. Setzt man nun diese Gleichungen in Gl. (66) ein, so wird durch Koeffizientenvergleichung

$$\vartheta_1 = 0, \qquad \vartheta_2 = 0$$

erhalten. Die Werte der Koeffizienten C_1, C_2 bestimmen sich aus den Gleichungen

$$-m_1 k^2 C_1 + c\,(C_1 - C_2) = P_1,$$
$$-m_2 k^2 C_2 + c\,(C_2 - C_1) = 0.$$

Daraus erhält man bei Berücksichtigung der Gl. (60)

$$C_1 = \frac{c - m_2 k^2}{m_1 m_2 k^4 - c\,(m_1 + m_2)\,k^2}\,P_1 = \frac{c - m_2 k^2}{m_1 m_2 k^2 (k^2 - \omega^2)}\,P_1,$$

$$C_2 = \frac{c\,P_1}{m_1 m_2 k^4 - c\,(m_1 + m_2)\,k^2} = \frac{c\,P_1}{m_1 m_2 k^2 (k^2 - \omega^2)}. \qquad (67)$$

Bleibt der Gesamtschwerpunkt in Ruhe, so erhält man für die Bewegung der Massen m_1 und m_2

---

[1] Maquard, E.: Zur Schwingungslehre der Kraftfahrzeugfederung, Automobiltechn. Zeitschr. (ATZ), Bd. 39, 1936, S. 352.
[2] Lorenz, H., a. a. O. S. 134.

$$x_1 = C \sin(\omega t + \vartheta) + \frac{c - m_2 k^2}{m_1 m_2 k^2 (k^2 - \omega^2)} P_1 \sin k t,$$

$$x_2 = -\frac{m_1}{m_2} C \sin(\omega t + \vartheta) + \frac{c}{m_1 m_2 k^2 (k^2 - \omega^2)} P_1 \sin k t. \quad (67\,\text{a})$$

Resonanz und damit große Ausschläge treten auf, wenn die Erregerfrequenz mit der Frequenz der freien Schwingung zusammenfällt. Die Resonanzfrequenz ist unabhängig von der Größe der erregenden Kraft. Dieses Ergebnis, welches wir auch bei der Schwingung einer Masse erhalten haben (das ist der Sonderfall m_2 gleich unendlich), gilt sinngemäß für alle Massenanordnungen mit linearen Federkräften. Der Ausschlag der Masse m_1 hat den Wert Null, wenn man von der Eigenschwingung absieht (welche durch kleine vernachlässigbare Dämpfungskräfte abklingt), bei einer unendlich großen Erregerfrequenz oder bei Gültigkeit der Gleichung

$$c - m_2 k_1^2 = 0.$$

Diese Frequenz k_1 nennt man die Teilschwingungsfrequenz und die zugehörige Schwingung eine Teilschwingung.

Für die Beanspruchung in dem elastischen Gliede zwischen den beiden Massen sind jedoch nicht die Absolutausschläge x_1, x_2, sondern nur deren Differenz, also die Relativverschiebung $\xi = x_1 - x_2$ maßgebend. Diese Verschiebung wird bei Vernachlässigung der Eigenschwingung und unter Benützung von Gl. (66) und Gl. (67 a)

$$\xi = x_1 - x_2 = \frac{P_1}{m_1 (\omega^2 - k^2)} \sin k t. \quad (67\,\text{b})$$

Greift nicht eine erregende sinusförmige Kraft an, sondern mehrere, so hat man gemäß Gl. (37) die Lösung sinngemäß anzusetzen.

β) Die erregende Kraft greift an der Masse m_2 an. In diesem Falle gilt

$$m_1 \ddot{x}_1 + c(x_1 - x_2) = 0,$$
$$m_2 \ddot{x}_2 + c(x_2 - x_1) = P_2 \sin k t.$$

Greift die sinusförmige erregende Kraft an der Masse m_2 an, so braucht man nur die Zeichen 1 und 2 zu vertauschen, um die Lösung dieser Aufgabe zu erhalten. Es wird also

$$\left.\begin{aligned} x_1 &= -\frac{m_2}{m_1} C \sin(\omega t + \vartheta) + \frac{c P_2}{m_1 m_2 (k^2 - \omega^2) k^2} \sin k t, \\ x_2 &= C \sin(\omega t + \vartheta) + \frac{c - m_1 k^2}{m_1 m_2 (k^2 - \omega^2) k^2} P_2 \sin k t \end{aligned}\right\} \quad (67\,\text{c})$$

und mit den früheren Annahmen

$$\xi = x_1 - x_2 = -\frac{P_2}{m_2 (k^2 - \omega^2)} \sin k t. \quad (67\,\text{d})$$

γ) An jeder Masse greift eine sinusförmige erregende Kraft an. Ist die Frequenz beider Kräfte gleich groß, so gelten dafür folgende Differentialgleichungen

$$m_1 \ddot{x}_1 + c(x_1 - x_2) = P_1 \sin k t,$$
$$m_2 \ddot{x}_2 + c(x_2 - x_1) = P_2 \sin k t.$$

Eine bekannte Tatsache ist, daß eine lineare Differentialgleichung durch die Summe der partikularen Lösungen ebenfalls befriedigt wird und da diese Differentialgleichung durch die Gl. (67 a) und Gl. (67 c) erfüllt wird, so erhält man die Lösung dieser Aufgabe durch die Summe der beiden Gl. (67 a) und Gl. (67 c) und damit wird

$$x_1 = C \sin(\omega t + \vartheta) + \frac{(c - m_2 k^2) P_1 + c P_2}{m_1 m_2 (k^2 - \omega^2) k^2} \sin k t,$$

$$x_2 = -\frac{m_1}{m_2} C \sin(\omega t + \vartheta) + \frac{c P_1 + (c - m_1 k^2) P_2}{m_1 m_2 k^2 (k^2 - \omega^2)} \sin k t.$$

Vernachlässigt man die Eigenschwingung, so erhält man für die Relativverschiebung die Summe der Gl. (67 b) und Gl. (67 d), das ist

$$\xi = x_1 - x_2 = \frac{m_2 P_1 - m_1 P_2}{m_1 m_2 (k^2 - \omega^2)} \sin k t.$$

Aus dieser Gleichung ist zu ersehen, daß die Relativverschiebung den Wert Null hat, wenn die Kraft P_1 den Wert $m_1/m_2\, P_2$ hat. In diesem Fall führt die Masse m_1 die gleiche Bewegung wie m_2 aus.

b) n-Massensystem.[1] Ist ein n-Massensystem (s. Abb. 33) gegeben und greifen an den einzelnen Massen sinusförmige erregende Kräfte von gleicher Frequenz k an, so gilt

$$
\begin{aligned}
&m_1 \ddot{x}_1 + c_{12}(x_1 - x_2) &&= P_1 \sin k t + F_1 \cos k t,\\
&m_2 \ddot{x}_2 + c_{12}(x_2 - x_1) + c_{23}(x_2 - x_3) &&= P_2 \sin k t + F_2 \cos k t,\\
&\cdots\cdots\cdots\cdots\cdots\cdots\cdots\cdots\cdots\cdots\cdots\cdots\\
&m_i \ddot{x}_i + c_{i-1,i}(x_i - x_{i-1}) + c_{i,i+1}(x_i - x_{i+1}) &&= P_i \sin k t + F_i \cos k t,\\
&\cdots\cdots\cdots\cdots\cdots\cdots\cdots\cdots\cdots\cdots\cdots\cdots\\
&m_n \ddot{x}_n + c_{n-1,n}(x_n - x_{n-1}) &&= P_n \sin k t + F_n \cos k t.
\end{aligned}
\tag{68}
$$

Bei der Behandlung des Einmassensystems wurde gezeigt, daß kleine vernachlässigbare Dämpfungen bewirken, daß die Eigenschwingung abklingt und nur die sogenannte erzwungene Schwingung übrig bleibt. Für diese genügt der Ansatz

$$x_i = a_i \sin k t + b_i \cos k t.$$

Ordnet man die Koeffizienten nach den Sinus- und Kosinusgliedern, so erhält man durch Vergleich der Koeffizienten die zwei Gleichungssysteme

$$
\begin{aligned}
&-m_i a_i k^2 + c_{i-1,i}(a_i - a_{i-1}) + c_{i,i+1}(a_i - a_{i+1}) = P_i, \qquad i = 1 \ldots n,\\
&-m_i b_i k^2 + c_{i-1,i}(b_i - b_{i-1}) + c_{i,i+1}(b_i - b_{i+1}) = F_i, \qquad i = 1 \ldots n.
\end{aligned}
\tag{69}
$$

---

[1] Holzer, H.: Die Berechnung von Drehschwingungen und ihre Anwendung im Maschinenbau, S. 42. Berlin: 1921.

Bezeichnet man mit Δ die Koeffizientendeterminante

$$\Delta = \begin{vmatrix} c_{12} - m_1 k^2, & -c_{12}, & 0, & \dots\dots\dots\dots\dots\dots & 0 \\ \dots\dots & \dots\dots & \dots\dots & \dots\dots & \dots\dots \\ 0, \dots 0, & -c_{i-1,i}, & c_{i-1,i} + c_{i,i+1} - m_i k^2, & -c_{i,i+1}, & 0 \dots 0 \\ \dots\dots & \dots\dots & \dots\dots & \dots\dots & \dots\dots \\ 0, \dots\dots\dots\dots & 0, & -c_{n-1,n}, & & c_{n-1,n} - m_n k^2 \end{vmatrix} \qquad (70)$$

und mit $A_{i\nu}$ die Unterdeterminante des Elementes der i-ten Zeile und der ν-ten Spalte, so berechnen sich die Koeffizienten a_i und b_i durch

$$a_i = \frac{1}{\Delta} \sum_{\nu=1}^{n} A_{i\nu} P_\nu, \qquad b_i = \frac{1}{\Delta} \sum_{\nu=1}^{n} A_{i\nu} F_\nu.$$

Hat nun die Koeffizientendeterminante (70) des Gleichungssystems (68) den Wert Null, so liegt der Fall der Resonanz vor und die Ausschläge, welche man bei der erzwungenen Schwingung des Mehrmassensystems erhält, werden im allgemeinen unendlich groß.

In gleicher Weise wie beim Einmassensystem läßt sich auch die Zeitabhängigkeit der Ausschläge bei Resonanz für das Mehrmassensystem ermitteln, die Größtausschläge hängen ebenfalls linear von der Zeit ab.

Zum Unterschied von dem Ein-, bzw. Zweimassensystem sind beim Mehrmassensystem endliche Schwingungsausschläge auch bei Resonanz möglich, wenn die erregenden Kräfte, die Federkonstanten und die Massen bestimmte Werte haben. Diesen Fall nennt man Scheinresonanz[1]. Nimmt man an, daß alle erregenden Kräfte die gleiche Phase aufweisen, dann ist $F_\nu = 0$ und sind die Werte der P_ν gegeben, so ist

$$a_i = \frac{1}{\Delta} \sum_{\nu=1}^{n} A_{i\nu} P_\nu, \qquad i, \nu = 1 \dots n.$$

Hat die Koeffizientendeterminante den Wert Null, so ist ein endlicher Wert des Ausschlages nur dann möglich, wenn die Gleichung

$$\sum_{\nu=1}^{n} A_{i\nu} P_\nu = 0, \qquad i, \nu = 1 \dots n$$

gilt. Damit erhält man n verschiedene Bedingungsgleichungen für die Werte der Federkonstanten und der Massen. In den meisten Fällen werden die Elastizitätsverhältnisse und die einzelnen Massen gegeben sein, so daß die Bedingungen für das Auftreten der Scheinresonanz, nur schwer zu erfüllen sind.

[1] Holzer, H.: Die Beseitigung der Resonanzgefahr, Schweiz. Bauzeitung, Bd. 82, 1923, S. 310.

Bei den Schwingungen des Mehrmassensystems können außerdem noch Teilschwingungen[1] auftreten. Unter diesen versteht man jene Schwingungen, bei welchen ein Teil der Massen in Ruhe bleibt, also keine Schwingungen ausführt. Vorausgesetzt sei, daß nur an den Massen $m_1 \ldots m_j$ harmonische Kräfte mit den Größtwerten $P_1 \ldots P_j$ angreifen, dann kann nur jener Federteil schwingungsfrei sein, auf welchem keine erregenden Kräfte wirken; denn da die Massen in Ruhe bleiben sollen, so hat deren Massenbeschleunigung dauernd den Wert Null, daher muß die Summe aus den elastischen und erregenden Kräften ebenfalls den Wert Null ergeben. Die elastischen Kräfte sind der Neigung der Schwingungsform verhältnisgleich und da die Massenbeschleunigung der Summe der Kräfte gleichkommt, muß bei der Teilschwingung im Schwingungsknoten eine erregende Kraft angreifen. Bleibt nun die Masse m_j in Ruhe, so bleiben auch die kräftefreien Massen $m_{j+1} \ldots m_n$ in Ruhe. Dies ergibt die Bedingungen für das Auftreten der Teilschwingungen. Hat der j-te Ausschlag den Wert Null, so ist[2]

$$a_j = \frac{1}{\Delta} \sum_{\nu=1}^{n} A_{j\nu} P_\nu = 0, \quad \text{bzw.} \quad \sum_{\nu=1}^{n} A_{j\nu} P_\nu = 0,$$

gleichzeitig gilt

$$a_i = \frac{1}{\Delta} \sum_{\nu=1}^{n} A_{i\nu} P_\nu = 0, \quad \text{bzw.} \quad \sum_{\nu=1}^{n} A_{i\nu} P_\nu = 0, \qquad j \leqq i \leqq n.$$

Nun ist

$$\sum_{\nu=1}^{n} A_{j\nu} P_\nu =$$

$$= \begin{vmatrix} c_{12} - m_1 k^2, & -c_{12}, & 0, \ldots 0, & P_1, & 0, & \ldots\ldots\ldots\ldots 0 \\ \ldots\ldots\ldots\ldots\ldots\ldots\ldots\ldots\ldots\ldots\ldots\ldots \\ 0, \ldots\ldots 0, & & -c_{j-1,j}, & P_j, & -c_{j,j+1}, & 0, \ldots\ldots\ldots 0 \\ 0, \ldots\ldots\ldots\ldots\ldots & & & 0, & c_{j,j+1} + c_{j+1,j+2} - m_{j+1} k^2, & -c_{j+1,j+2}, \; 0, \; 0 \\ \ldots\ldots\ldots\ldots\ldots\ldots\ldots\ldots\ldots\ldots\ldots\ldots \\ 0, \ldots\ldots\ldots\ldots\ldots\ldots\ldots\ldots & & & & 0 - c_{n-1,n}, & c_{n-1,n} - m_n k^2. \end{vmatrix}$$

Bezeichnet man mit

$$\Delta_1 = \begin{vmatrix} c_{12} - m_1 k^2, & -c_{12}, & 0, \ldots\ldots\ldots\ldots 0, & P_1 \\ \ldots\ldots\ldots\ldots\ldots\ldots\ldots\ldots \\ 0 \ldots\ldots\ldots\ldots\ldots\ldots 0, & & -c_{j-1,j}, & P_j \end{vmatrix}$$

und mit

[1] Holzer, H., a. a. O. S. 58.

[2] Söchting, F.: Erzwungene gedämpfte Schwingungen von Mehrmassensystemen, Sitzungsber. d. Akad. d. Wissensch. Wien, math. nat. Kl. Abt. II a, Bd. 144, 1935, S. 577.

$$\Delta_j = \begin{vmatrix} -c_{j,j+1} + c_{j+1,j+2} - m_{j+1} k^2, & 0, \ldots\ldots\ldots\ldots & 0 \\ \ldots\ldots\ldots\ldots & \ldots\ldots\ldots\ldots & \ldots \\ 0, \ldots\ldots\ldots\ldots 0, & -c_{n-1,n}, & c_{n-1,n} - m_n k^2 \end{vmatrix},$$

so kann man nach dem Laplaceschen Entwicklungssatz, da alle Minoren j-ter Ordnung außer Δ_1 von

$$\sum_{\nu=1}^{n} A_{j\nu} P_\nu$$

identisch Null sind, auch schreiben

$$\sum_{\nu=1}^{n} A_{j\nu} P_\nu = \Delta_j \Delta_1.$$

Die Bedingungsgleichung für das Verschwinden des j-ten Ausschlages lautet daher entweder

$$\Delta_j = 0 \quad \text{oder} \quad \Delta_1 = 0.$$

Für jedes $j \leqq i \leqq n$ kann man durch Vertauschen von Reihen in der Bestimmungsdeterminante für

$$\sum_{\nu=1}^{n} A_{i\nu} P_\nu$$

erhalten

$$\sum_{\nu=1}^{n} A_{i\nu} P_\nu = \Delta_1 \Delta_i, \qquad j \leqq i \leqq n.$$

Da im allgemeinen bei Nullwerden der Determinante Δ_j die Determinante Δ_i nicht unbedingt den Wert Null haben muß, so lautet die Bedingungsgleichung für das Auftreten von Teilschwingungen

$$\Delta_1 = 0.$$

Dieses Ergebnis kann auch auf anderem Wege erhalten werden; setzt man in Gl. (69) für jedes $j \leqq i \leqq n$ für die erregende Kraft und für den Ausschlag den Wert Null ein, so erhält man ebenfalls die obige Gleichung.

3. *Erzwungene gedämpfte Schwingungen*

a) Zweimassensystem[1]. Für das erste sei angenommen, daß nur eine einzige sinusförmige erregende Kraft am Zweimassensystem angreift. Die Lösung dieser Aufgabe gibt auch den Fall der allgemeinsten Erregung; denn da die Bewegungsgleichungen linear

[1] Frahm, H.: Neue Untersuchungen über die dynamischen Vorgänge in Wellenleitungen von Schiffsmaschinen, mit besonderer Berücksichtigung der Resonanzschwingungen, Z. d. VDI., Bd. 46, 1902, S. 797.

sind, so kann man auch die partikularen Lösungen summieren und man braucht nur die erhaltenen Ergebnisse sinngemäß anwenden, um die richtige Lösung zu erhalten. Bei der ungedämpften erzwungenen Schwingung wurde gezeigt, daß die Lösung sofort zu finden ist, sobald die Ausschläge für eine erregende Kraft bekannt sind, gleichgültig, ob die Kraft an der einen oder an der anderen Masse angreift. Die Schwingungsausschläge der gedämpften Schwingung werden nicht nur durch die Größe der Dämpfungskräfte, sondern auch durch die Stelle an der diese angreifen, beeinflußt.

Es können an jeder Masse Dämpfungskräfte angreifen oder nur an einer, dann muß man untersuchen, ob an jener Stelle die erregende Kraft angreift oder an der anderen.

Genau so wie beim Einmassensystem wären auch hier über den Einfluß der einzelnen Arten der Dämpfungskräfte besondere Untersuchungen durchzuführen. Es ist nicht schwer, die Untersuchung für die Reibungsdämpfung, wie sie beim Einmassensystem durchgeführt wurde, auf das n-Massensystem zu verallgemeinern. Es müssen auch beim n-Massensystem die Reibungskräfte bestimmte Werte haben, damit die Schwingungsausschläge endlich bleiben. Wegen der besonderen Wichtigkeit der linearen Geschwindigkeitsdämpfung sei die folgende Untersuchung auf diese Dämpfungsart beschränkt.

a) *Die Dämpfungskräfte greifen an der Stelle der erregenden Kraft an*[1]. Dann lauten die Bewegungsgleichungen

$$\begin{aligned} m_1 \ddot{x}_1 + \beta_1 \dot{x}_1 + c\,(x_1 - x_2) &= P_1 \sin k\,t, \\ m_2 \ddot{x}_2 + c\,(x_2 - x_1) &= 0. \end{aligned} \tag{71}$$

Vernachlässigt man die Eigenschwingung, so genügt für jede der beiden Unbekannten der Differentialgleichung der Ansatz

$$x = a \sin k\,t + b \cos k\,t = r \sin (k\,t + \vartheta). \tag{71 a}$$

Die Werte der Koeffizienten a_1, b_1, a_2 und b_2 bestimmen sich durch Einsetzen von Gl. (71 a) in Gl. (71) und durch Koeffizientenvergleich zu

$$a_1 = -\frac{(c - m_2 k^2)\,[(c - m_2 k^2)\, m_1 k^2 + c\, m_2 k^2]}{[(c - m_2 k^2)\, m_1 k^2 + c\, m_2 k^2]^2 + \beta_1^2 k^2 (c - m_2 k^2)^2}\, P_1 =$$

$$= -\frac{(c - m_2 k^2)\,(\omega_0^2 - k^2)\, m_1 m_2 k^2}{m_1^2 m_2^2 k^4 (\omega_0^2 - k^2)^2 + \beta_1^2 k^2 (c - m_2 k^2)^2}\, P_1,$$

$$b_1 = -\frac{\beta_1 k\,(c - m_2 k^2)^2}{[(c - m_2 k^2)\, m_1 k^2 + c\, m_2 k^2]^2 + \beta_1^2 k^2 (c - m_2 k^2)^2}\, P_1 =$$

$$= -\frac{\beta_1 k\,(c - m_2 k^2)^2}{m_1^2 m_2^2 k^4 (\omega_0^2 - k^2)^2 + \beta_1^2 k^2 (c - m_2 k^2)^2}\, P_1,$$

[1] Söchting, F.: Schwingungshöchstbeanspruchung bei Resonanz, ATZ, Bd. 37, 1934, S. 546.

$$a_2 = -\frac{c\,[(c - m_2 k^2)\, m_1 k^2 + c\, m_2 k^2]}{[(c - m_2 k^2)\, m_1 k^2 + c\, m_2 k^2]^2 + \beta_1^2 k^2 (c - m_2 k^2)^2} P_1 =$$

$$= -\frac{c\,(\omega_0^2 - k^2)\, m_1 m_2 k^2}{m_1^2 m_2^2 k^4 (\omega_0^2 - k^2)^2 + \beta_1^2 k^2 (c - m_2 k^2)^2} P_1,$$

$$b_2 = \frac{c\,\beta\, k\,(c - m_2 k^2)}{[(c - m_2 k^2)\, m_1 k^2 + c\, m_2 k^2]^2 + \beta_1^2 k^2 (c - m_2 k^2)^2} P_1 =$$

$$= -\frac{c\,\beta\, k\,(c - m_2 k^2)}{m_1^2 m_2^2 k^4 (\omega_0^2 - k^2)^2 + \beta_1^2 k^2 (c - m_2 k^2)^2} P_1.$$

In den Bestimmungsgleichungen für die Koeffizienten bedeutet ω_0 die Eigenfrequenz der ungedämpften freien Schwingung

$$\omega_0 = \sqrt{\frac{c\,(m_1 + m_2)}{m_1 m_2}}.$$

Der Größtausschlag r und die Phasenverschiebung ϑ bestimmen sich zu

$$r_1 = \sqrt{a_1^2 + b_1^2} = \frac{c - m_2 k^2}{\sqrt{(\omega_0^2 - k^2)^2 m_1^2 m_2^2 k^4 + \beta_1^2 k^2 (c - m_2 k^2)^2}} P_1$$

$$\operatorname{tg} \vartheta_1 = \frac{\beta_1 (c - m_2 k^2)}{m_1 m_2 k\,(\omega_0^2 - k^2)},$$

$$r_2 = \frac{c}{\sqrt{(\omega_0^2 - k^2)^2 m_1^2 m_2^2 k^4 + \beta_1^2 k^2 (c - m_2 k^2)^2}} P_1$$

$$\operatorname{tg} \vartheta_2 = \frac{\beta_1 (c - m_2 k^2)}{m_1 m_2 k\,(\omega_0^2 - k^2)}.$$

Nachdem die Ausschläge bestimmt sind, ist die Frage zu klären, welche von den erregenden Frequenzen Resonanzfrequenz ist. Sowohl bei der erzwungenen gedämpften Schwingung des Einmassensystems als auch bei derjenigen des Mehrmassensystems, war die Bedingung für Resonanz, daß bei dieser Frequenz die Ausschläge am größten sind. Wird dieser Grundsatz für die Ermittlung der Resonanzfrequenz bei der gedämpften Schwingung des Mehrmassensystems angewandt, so erhält man wegen $dr_1/dk = 0$, $dr_2/dk = 0$, je nachdem für welche Masse man diese Beziehung anwendet, verschiedene Resonanzfrequenzen, also keine eindeutige Lösung. Diese Bedingung für die Ermittlung der Resonanzfrequenz kann also bei der erzwungenen gedämpften Schwingung des Mehrmassensystems nicht beibehalten werden. Eine eindeutige Definition für die Resonanzfrequenz erhält man, wenn man fordert, daß bei derselben die größten Beanspruchungen und damit die größten Relativverschiebungen im System auftreten sollen. Für das Zweimassensystem ist unter den obigen Voraussetzungen

$$r_1 - r_2 = \frac{m_2 k^2}{\sqrt{(\omega_0^2 - k^2)^2 m_1^2 m_2^2 k^4 + \beta_1^2 k^2 (c - m_2 k^2)^2}} P_1. \quad (72\text{ a})$$

Nach der Bedingung für Resonanz

$$\frac{d(r_1 - r_2)}{dk} = 0$$

wird mit $k = \omega$ die Gleichung

$$2\, m_1^2\, m_2^2\, \omega^6 + m_2^2\, \omega^4\, (\beta_1^2 - 2\, m_1^2\, \omega_0^2) - \beta_1^2\, c = 0$$

erhalten. Ist die Dämpfung schwach, so kann man β_1^2 vernachlässigen und man erhält als Resonanzfrequenz die der ungedämpften Eigenschwingung $\omega = \omega_0$. Bei dieser Frequenz ist

$$\vartheta_1 = \vartheta_2 = \frac{\pi}{2}$$

und die zugehörige größte Relativverschiebung ξ wird

$$\xi = r_1 - r_2 = -\frac{P_1}{\beta\, \omega_0} \frac{m_2\, \omega_0^2}{c - m_2\, \omega_0^2} = \frac{P_1}{\beta\, \omega_0} \frac{m_1 + m_2}{m_2}. \tag{72b}$$

β) *Die Dämpfungskräfte greifen an der von erregenden Kräften freien Masse an.* In diesem Falle gilt

$$\begin{aligned} m_1\, \ddot{x}_1 + c\, (x_1 - x_2) &= P_2 \sin k\, t, \\ m_2\, \ddot{x}_2 + \beta_2\, \dot{x}_2 + c\, (x_2 - x_1) &= 0. \end{aligned} \tag{73}$$

Für den Dauerzustand wird wieder Gl. (71 a) als Lösung von Gl. (73) erhalten und die Koeffizienten bestimmen sich jetzt zu

$$a_1 = -\frac{k^2\, (c - m_2\, k^2)\, [(c - m_2\, k^2)\, m_1 + c\, m_1] - \beta_2^2\, k^2\, (c - m_1\, k^2)}{[(c - m_2\, k^2)\, m_1 + c\, m_1]^2\, k^4 + \beta_2^2\, k^2\, (c - m_1\, k^2)^2}\, P_2,$$

$$b_1 = -\frac{\beta_2\, c^2\, k^2}{[(c - m_2\, k^2)\, m_1 + c\, m_1]^2\, k^4 + \beta_2^2\, k^2\, (c - m_1\, k^2)^2}\, P_2,$$

$$a_2 = -\frac{c^2\, m_1\, k^2 + c\, m_2\, k^2\, (c - m_1\, k^2)}{[(c - m_2\, k^2)\, m_1 + c\, m_1]^2\, k^4 + \beta_2^2\, k^2\, (c - m_1\, k^2)^2}\, P_2,$$

$$b_2 = -\frac{c\, \beta_2\, k\, (c - m_1\, k^2)}{[(c - m_2\, k^2)\, m_1 + c\, m_1]^2\, k^4 + \beta_2^2\, k^2\, (c - m_1\, k^2)^2}\, P_2.$$

Ist die Dämpfung schwach, so kann man wieder für die Resonanzfrequenz die Eigenschwingungszahl der ungedämpften Schwingung nehmen und man erhält damit angenähert die Ausschläge bei Resonanz

$$a_1 = \frac{P_2}{c - m_2\, \omega_0^2} = -\frac{P_2}{c} \frac{m_2}{m_1},$$

$$b_1 = -\frac{P_2}{\beta_2\, \omega_0} \frac{c^2}{(c - m_2\, \omega_0^2)^2} = -\frac{P_2}{\beta_2\, \omega_0} \frac{m_2^2}{m_1^2},$$

$$a_2 = 0, \qquad b_2 = -\frac{P_2}{\beta_2\, \omega_0} \frac{c}{c - m_2\, \omega_0^2} = \frac{P_2}{\beta_2\, \omega_0} \frac{m_2}{m_1}.$$

Bei schwacher Dämpfung ist $\beta_2\, \omega_0$ jedenfalls viel kleiner als c, daher ist man berechtigt, a_1 gegenüber den anderen Werten zu vernachlässigen. Für die Amplitude der Relativverschiebung bei Resonanz erhält man damit die angenäherte Lösung

$$\xi = r_2 - r_1 = b_2 - b_1 = \frac{P_2 c m_1 \omega_0^2}{\beta_2 \omega_0 (c - m_1 \omega_0^2)^2} = \frac{P_2}{\beta_2 \omega_0} \frac{m_2 (m_1 + m_2)}{m_1^2}. \tag{74}$$

Jetzt wäre der Fall zu untersuchen, wenn an jeder Masse eine sinusförmige erregende Kraft angreift. Da nach dem Superpositionsgesetz die einzelnen Schwingungen sich addieren, so erhält man die Lösung dieser Aufgabe, indem man die Lösungen von 3 a α und 3 a β sinngemäß addiert.

γ) *An jeder der beiden Massen greifen Dämpfungskräfte*[1] *an.* In diesem Falle lauten die Bewegungsgleichungen

$$m_1 \ddot{x}_1 + \beta_1 \dot{x}_1 + c(x_1 - x_2) = P_1 \sin kt,$$
$$m_2 \ddot{x}_2 + \beta_2 \dot{x}_2 + c(x_2 - x_1) = 0.$$

Gl. (71 a) ergibt wieder die Lösung. Bezeichnet man zur Vereinfachung mit

$$D = [(c - m_1 k^2)(c - m_2 k^2) - c^2]^2 + \beta_2^2 k^2 (c - m_1 k^2)^2 + \\ + \beta_1^2 k^2 (c - m_2 k^2)^2 + 2 \beta_1 \beta_2 k^2 c^2 + \beta_1^2 \beta_2^2 k^4,$$

so erhält man für die Werte der einzelnen Koeffizienten

$$a_1 = \frac{(c - m_1 k^2)(c - m_2 k^2) - c^2 (c - m_2 k^2) + \beta_2^2 k^2 (c - m_1 k^2)}{D} P_1,$$

$$b_1 = -\frac{\beta_1 k (c - m_2 k^2) + c^2 \beta_2 k + \beta_1 \beta_2^2 k^3}{D} P_1,$$

$$a_2 = \frac{c (c - m_1 k^2)(c - m_2 k^2) - c^3 - c \beta_1 \beta_2 k^2}{D} P_1,$$

$$b_2 = -\frac{c \beta_1 k (c - m_2 k^2) + c \beta_2 k (c - m_1 k^2)}{D} P_1.$$

Greift die erregende Kraft $P_2 \sin kt$ nicht an der Masse m_1, sondern an m_2 an, so braucht man nur die Indizes 1 und 2 zu vertauschen, um das für die neue Aufgabe gültige Ergebnis zu erhalten.

Will man die Resonanzfrequenz auffinden, so muß man die größte Relativverschiebung

$$\xi = \sqrt{(a_2 - a_1)^2 + (b_2 - b_1)^2}$$

aufsuchen, um von dieser den Größtwert zu ermitteln. Wirkt nun sowohl die Kraft P_1 als auch die erregende P_2, so soll für diesen Fall die weitere Untersuchung durchgeführt werden. Es ist nun

$$a_1 = A_1' P_1 + A_1'' P_2, \qquad b_1 = B_1' P_1 + B_1'' P_2,$$

wobei die Größen A und B sowohl von den gegebenen Massen, Dämpfungs- und Federkonstanten als auch von der Frequenz k abhängen. Damit wird der größte Relativausschlag

[1] Söchting, F., a. a. O. A.T.Z.

$$\xi = \sqrt{(A_2'-A_1')^2 P_1^2 + (A_2''-A_1'')^2 P_2^2 + (B_2'-B_1')^2 P_1^2 + (B_2''-B_1'')^2 P_2^2}.$$

Sucht man jetzt die Resonanzfrequenz aus der Bedingung

$$\frac{d\xi}{dk} = 0$$

zu ermitteln, so sieht man, wie dies die Durchrechnung ergibt, daß diese sowohl von den Dämpfungskonstanten β_1, β_2, als auch von dem Verhältnis der erregenden Kräfte P_1/P_2 abhängt. Ist die Dämpfung schwach, so erhält man für die Resonanzfrequenz angenähert die Eigenschwingungszahl der freien Schwingung.

Greift nur die Kraft $P_1 \sin k\,t$ an und haben die beiden Dämpfungszahlen den gleichen Wert β und setzt man schwache Dämpfung voraus, so kann man die Glieder mit β^3 und β^4 gegenüber den anderen vernachlässigen und man erhält bei Resonanz für die Amplituden

$$a_1 = \frac{P_1}{c} \frac{m_1^3 m_2}{(m_1^2 + m_2^2)^2}, \qquad b_1 = -\frac{P_1}{\beta\,\omega_0} \frac{m_2^2}{m_1^2 + m_2^2},$$

$$a_2 = \frac{P_1}{c} \frac{m_1^2 m_2^2}{(m_1^2 + m_2^2)^2}, \qquad b_2 = \frac{P_1}{\beta\,\omega_0} \frac{m_1 m_2}{m_1^2 + m_2^2}$$

und für die Relativverschiebung

$$\xi = \sqrt{\frac{m_1^4 m_2^2}{c^2 (m_1^2 + m_2^2)^4} (m_2 - m_1)^2 + \frac{m_2^2 (m_1 + m_2)^2}{\beta^2 \omega_0^2 (m_1^2 + m_2^2)^2}}\; P_1.$$

Ist der Wert der Federkonstanten viel größer als das Produkt $\beta\omega_0$, so kann man das erste Glied unter dem Wurzelzeichen gegenüber dem zweiten vernachlässigen und man erhält für die Relativverschiebung bei Resonanz

$$\xi = \frac{P_1}{\beta\,\omega_0} \frac{(m_1 + m_2)\, m_2}{m_1^2 + m_2^2}. \tag{75}$$

Greift die sinusförmige erregende Kraft $P_2 \sin k\,t$ an der Masse m_2 an, so braucht man nur die Zeichen 1 und 2 zu vertauschen und die Relativverschiebung bei Resonanz wird dann

$$\xi = \frac{P_2}{\beta\,\omega_0} \frac{(m_1 + m_2)\, m_1}{m_1^2 + m_2^2}. \tag{75 a}$$

Beachtet man nur die absolute Größe des Relativausschlages, so sieht man aus den Gl. (75) und Gl. (75 a), daß die gleiche Kraft an der größeren Masse angreifend einen kleineren Relativausschlag bedingt.

b) Das Mehrmassensystem. Wie beim Zweimassensystem sei auch hier nur die lineare Geschwindigkeitsdämpfung vorausgesetzt, außerdem soll noch auf jede Masse eine konstante und eine sinusförmige Kraft angreifen. Mit den bekannten Bezeichnungen. (s. Abb. 33) sei sofort die Bewegungsgleichung für die i-te Masse aufgestellt. Diese lautet[1]

[1] Holzer, H., a. a. O.

$$m_i \ddot{x}_i + \beta_i \dot{x}_i + c_{i-1,i}(x_i - x_{i-1,i}) + c_{i,i+1}(x_i - x_{i+1}) = P_{0i} + P_i \sin k t. \tag{76}$$

Gl. (76) ergibt für jede einzelne Masse die Bewegungsgleichung. Nur muß man beachten, daß die Federkonstante c_{01} als auch $c_{n,n+1}$ den Wert Null hat. Bezeichnet man symbolisch mit D die Differentiation nach der Zeit, so erhält man

$$m_i D^2 x_i + \beta_i D x_i + c_{i-1,i}(x_i - x_{i-1}) + c_{i,i+1}(x_i - x_{i+1}) = \\ = P_{0i} + P_i \sin k t. \tag{77}$$

Die Symbole D, die eine ganz bestimmte Operation angeben, welche man mit den einzelnen Unbekannten vorzunehmen hat, kann man in Gl. (77) als Koeffizienten der Unbekannten x_i ansehen. Diese Gleichung ist dann in x_i linear und bezeichnet man die Koeffizientendeterminante mit $\Delta(D)$

$$\Delta(D) = |0, \ldots 0, -c_{i-1,i}, \; c_{i-1,i} + c_{i,i+1} + \beta_i D + m_i D^2, \; -c_{i,i+1}, \; 0 \ldots 0| \tag{78}$$

und mit $\Delta_{i\nu}(D)$ die Unterdeterminante der ν-ten Zeile und der i-ten Spalte von $\Delta(D)$, so erhält man die lineare Differentialgleichung für die Unbekannte x_i [1]

$$\Delta(D)\, x_i = \sum_{\nu=1}^{n} \Delta_{i\nu}(D)\, [P_{0i} + P \sin k t], \quad i = 1 \ldots n.$$

$\Delta_{i\nu}(D)$ besteht aus Gliedern mit geraden und ungeraden Potenzen des Symboles D, das heißt der Rechenvorschrift, nach welcher man x_i, bzw. $P_\nu \sin k t$ zu differentiieren hat, daher erhält man bei Anwendung dieser Vorschrift $\Delta_{i\nu}(D)$ auf $P_\nu \sin k t$ sowohl Sinus-, als auch Kosinusglieder und die Differentialgleichung für die Unbekannte x_i lautet

$$\Delta(D)\, x_i = A_{i0} + A_i \sin k t + B_i \cos k t. \tag{79}$$

Aus dieser Form der Differentialgleichung folgt, daß die Phase des Ausschlages der i-ten Masse nicht gleich derjenigen der erregenden Kraft ist. Setzt man voraus, daß die konstanten Kräfte solche Größen haben, daß eine Grundbewegung mit konstanter Geschwindigkeit möglich ist, so gilt für den Dauerzustand, den stationären Bewegungszustand [das ist jener Bewegungszustand, welcher sich nach langer Zeit einstellt, wenn also die Bewegung der Eigenschwingung abgeklungen ist] die Gleichung

$$x_i = \alpha_i + k t + a_i \sin k t + b_i \cos k t. \tag{79 a}$$

Die Werte der Koeffizienten α_i, a_i, b_i kann man leicht aus der Gl. (79) ermitteln. Wichtig ist die Kenntnis des Größtausschlages, bzw. die der Resonanzfrequenz. Man müßte zu diesem Zwecke

$$\frac{d(x_i - x_{i-1})}{dk} = 0$$

[1] Söchting, F., a. a. O. Sitzungsberichte.

aufsuchen und daraus die Eigenfrequenzen ω ermitteln, welche von der Größe der Dämpfungskräfte und der erregenden Kräfte abhängen. Sind jedoch nur kleine Dämpfungskräfte vorhanden, also schwache Dämpfung, so kann man mit genügend genauer Annäherung für die Eigenfrequenz der gedämpften diejenige der ungedämpften Schwingung setzen. Um diese zu erhalten, setzt man in Gl. (78) für β den Wert Null und $-\omega^2$ statt D^2, damit erhält man Gl. (65), das ist die Bedingungsgleichung für die ungedämpfte Eigenfrequenz.

C. Beschleunigungskopplung

Für das Vorhandensein einer Beschleunigungskopplung sind die Biegeschwingungen eines masselosen Balkens, auf welchem mehrere Einzelmassen befestigt sind, das wichtigste Beispiel. Liegt die

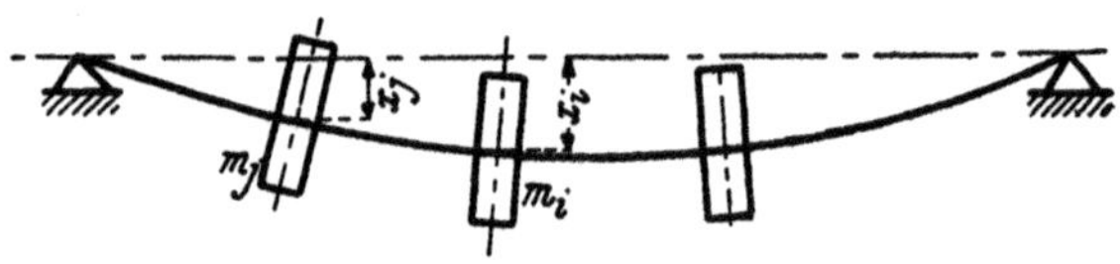

Abb. 35. Elastischer Balken mit Einzelmassen

Massenanordnung nach Abb. 35 vor und bezeichnet x_i die Verschiebung der i-ten Masse, so ist

$$m_i \ddot{x}_i = P_i$$

P_i jene Kraft, welche an der i-ten Masse angreift. Auf dem Balken greift daher an der Stelle i nach dem Prinzip von Aktion und Reaktion die entgegengesetzte Kraft $-P_i$ an. Die Kraft $P = 1$ an der Stelle i wirkend, bedingt eine Durchbiegung $a_{i\nu}$ an der Stelle ν. Die Zahlen $a_{i\nu}$ nennt man die Einflußzahlen des Balkens und nach dem Maxwellschen Satz von der Gegenseitigkeit der Verschiebungen ist

$$a_{i\nu} = a_{\nu i},$$

das heißt die Kraft $P = 1$ an der Stelle i ruft am Ort ν eine Durchfederung hervor, die gleich derjenigen ist, welche die gleiche Kraft in ν angreifend in i bedingt.

Zufolge der Belastung des Balkens durch $-P_i$ erhält man die Durchbiegung $-P_i a_{i\nu}$ an der Stelle ν durch diese Kraft. Daher wird die Durchfederung an der Stelle ν

$$x_\nu = -\sum_{i=1}^{n} m_i a_{i\nu} \ddot{x}_i, \qquad i, \nu = 1 \ldots n. \tag{80 a}$$

Man erhält also wieder eine lineare homogene Differentialgleichung mit konstanten Koeffizienten. Dafür gilt der Ansatz

$$x = a \sin(\omega t + \vartheta).$$

Wegen Gl. (4) erhält man schließlich

$$a_\nu = \sum_{i=1}^{n} m_i\, a_{i\nu}\, a_i\, \omega^2, \qquad i, \nu = 1 \ldots n, \tag{80}$$

n lineare homogene Gleichungen mit den Unbekannten x_ν. Die Bedingung für das Auftreten nichttrivialer Lösungen ist, daß die Koeffizientendeterminante[1],

$$\begin{vmatrix} m_1\, a_{11}\, \omega^2 - 1, & m_2\, a_{12}\, \omega^2\, m_2, \ldots\ldots\ldots\ldots, & a_{1n}\, \omega^2\, m_n \\ \ldots\ldots\ldots\ldots & \ldots\ldots\ldots\ldots & \ldots\ldots \\ a_{1n}\, \omega^2\, m_1, \ldots, & a_{n-1,n}\, \omega^2\, m_{n-1}, & a_{n,n}\, m_n\, \omega^2 - 1 \end{vmatrix} = 0 \tag{81}$$

den Wert Null hat. Gl. (81) ergibt eine Gleichung n-ten Grades in ω^2. Aus diesem Grunde erhält man n verschiedene Werte für ω^2 und damit n verschiedene Eigenfrequenzen für das n-Massensystem, welches Biegeschwingungen ausführen kann.

D. Dämpfungskopplung

1. Geschwindigkeitsdämpfungskopplung

a) Einzelmasse durch Dämpfungskräfte mit einem Einmassensystem gekoppelt[2]. Den einfachsten Fall der Geschwindigkeitskopplung kann man auf folgende Weise erhalten. Man hat ein Einmassensystem mit der Federkonstante c, der Masse m_1 gegeben und nun wird das eine Ende der Masse m_1, welches als Kolben ausgebildet ist, von einem Zylinder mit der Masse m_2 umschlossen (s. Abb. 36). In den Kolben werden Löcher gebohrt und der Zylinder mit Öl gefüllt (also als Ölkatarakt ausgebildet). Die Kraft, welche auf die Masse m_1 und mit der entgegengesetzten Richtung nach dem Gegenwirkungssatz auch auf die Masse m_2 ausgeübt wird, ist verhältnisgleich der Relativgeschwindigkeit der beiden Massen, das ist der Geschwindigkeitsunterschied $\dot{x}_1 - \dot{x}_2$.

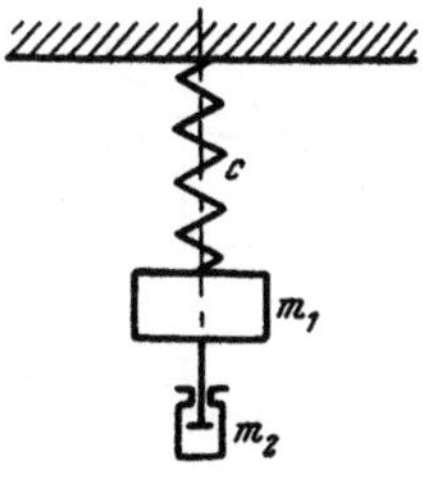

Abb. 36.

Daher gelten für diese Anordnungen, wenn auf die Masse m_1 eine erregende Kraft wirkt, die Gleichungen

[1] Mises, R. v.: Über die Stabilität rotierender Wellen, Monatshefte f. Math. u. Phys., Bd. 22, 1911, S. 33.

[2] Neugebauer, F.: Schwingungsdämpfung bei endlicher Dämpferträgheit mit Anwendung auf die Drehschwingungen von Kurbelwellen für Flugzeuge, Techn. Mechanik und Thermodynamik, Bd. 1, S. 137. 1930.

$$m_1 \ddot{x}_1 + c\,x_1 + \beta(\dot{x}_1 - \dot{x}_2) = P \sin k t,$$
$$m_2 \ddot{x}_2 + \beta(\dot{x}_2 - \dot{x}_1) = 0.$$

Beachtet man nur den stationären Zustand, so gilt dafür der Ansatz

$$x = a \sin k t + b \cos k t = r \sin(k t + \vartheta).$$

Wesentlich von Interesse ist die Kenntnis des Ausschlages der Masse m_1, da von seiner Größe die Beanspruchung der Feder abhängt. Durch Koeffizientenvergleich erhält man

$$a_1 = \frac{(c - m_1 k^2)(\beta^2 + m_2^2 k^2) - \beta^2 m_2 k^2}{(c - m_1 k^2)^2 m_2^2 k^2 + \beta^2 [c - (m_1 + m_2) k^2]^2} P$$

$$b_1 = -\frac{\beta m_2^2 k^3}{(c - m_1 k^2)^2 m_2^2 k^2 + \beta^2 [c - (m_1 + m_2) k^2]^2} P$$

und damit bestimmt sich die Größtamplitude r_1

$$r_1 = \frac{P}{\sqrt{\left(c - m_1 k^2 - \frac{\beta^2 m_2 k^2}{\beta^2 + m_2^2 k^2}\right)^2 + \frac{\beta^2 m_2^4 k^6}{(\beta^2 + m_2^2 k^2)^2}}}. \qquad (82)$$

Der Wert der Kopplungskonstanten β kann jeden beliebigen Wert zwischen Null und Unendlich haben. Ist $\beta = 0$, so wird

$$r_{10} = \frac{P}{c - m_1 k^2}$$

und mit $\beta = \infty$ erhält man

$$r_{1\infty} = \frac{P}{c - (m_1 + m_2) k^2}.$$

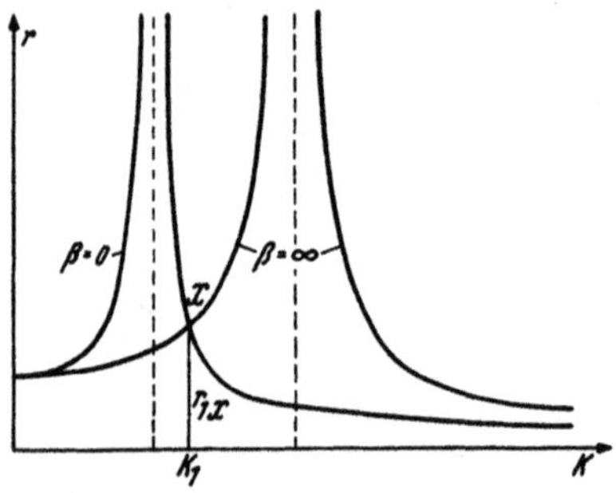

Abb. 37. Erzwungene Schwingungsausschläge mit den Werten der Kopplungskonstante $\beta = 0$ und $\beta = \infty$ (In der Abbildung ist $\beta = 0$ und $\beta = \infty$ zu vertauschen)

In Abb. 37 ist die Größe des Ausschlages bei $\beta = 0$, bzw. $\beta = \infty$ in Abhängigkeit von der Frequenz dargestellt. Dieses soeben erhaltene Ergebnis besagt jedoch nichts Neues, denn dasselbe wurde bei der dämpfungsfreien erzwungenen Schwingung des Einmassensystems erhalten, wenn man für m die entsprechenden Werte m_1, bzw. $m_1 + m_2$ einsetzt. Von Interesse ist jedoch nur die Kenntnis der Größe des Ausschlages, wenn die Kopplungskonstante einen Wert zwischen Null und Unendlich hat. Wird bei gegebenem System die erregende Frequenz k konstant gehalten und der Einfluß der Kopplungskonstanten auf die Größe des entstehenden Größtausschlages untersucht, so kann man zeigen, daß bei $0 < \beta < \infty$ die zugehörigen Ausschläge innerhalb der Fläche zwischen der Kurve $\beta = 0$ und $\beta = \infty$ der Abb. 37 liegen müssen. Denn bildet man

$$\frac{d(1/r_1^2)}{d\beta^2} = -\frac{2}{r_1^3}\frac{dr_1}{d\beta^2},$$

so ist, da r_1 immer positiv gezählt werden soll, die Größe $\frac{d(1/r_1^2)}{d\beta^2}$ ebenfalls ein Kennzeichen für die Art der Ausschlagsänderung bei Änderung der Kopplungszahl, wenn alle übrigen Größen bis auf β konstant gehalten werden. Nun ist

$$\frac{d(1/r_1^2)}{d\beta^2} = \frac{m_2^3 k^4}{P^2(\beta^2 + m_2^2 k^2)^2}[m_2 k^2 - 2(c - m_1 k^2)],$$

daher ist $dr_1/d\beta$ eine definite Funktion von β, und zwar je nach den entsprechenden Werten der anderen Größen entweder eine positive oder eine negative, das heißt bei wachsendem β bleibt das Vorzeichen der gleichzeitigen Änderung der Größtamplitude unverändert, sie kann entsprechend den Werten der anderen gegebenen Größen entweder nur kleiner oder nur größer werden. Hat also β einen Wert zwischen Null und Unendlich, so muß der zugehörige Ausschlag zwischen r_{10} (zugehörig zu dem Wert $\beta = 0$) und $r_{1\infty}$ (zugehörig $\beta = \infty$) liegen. Ein Extremwert ist der Schnittpunkt der beiden Kurven. Dafür ist

$$\frac{d\frac{1}{r_1^2}}{d\beta^2} = 0$$

und aus dieser Bedingung bestimmt sich die zugehörige Frequenz aus der Gleichung

$$m_2 k_1^2 - 2(c - m_1 k_1^2) = 0 \quad \text{zu} \quad k_1 = \sqrt{\frac{2c}{2m_1 + m_2}}.$$

Der gleiche Wert für diese Frequenz wird erhalten, wenn man die Bedingung für den Schnittpunkt der beiden Kurven aufstellt. Ist $k = k_1$, so wird nach früherem, ganz gleichgültig wie groß die Dämpfungskopplung ist, die Größe des Ausschlages r_1 durch die Ordinate r_{1x} des Punktes X bestimmt.

Ändert man bei gegebener Massenanordnung und Kopplungskonstanten die Frequenz der erregenden Kraft, so bestimmt sich der Größtwert des Ausschlages durch

$$\frac{dr_1}{dk} = 0.$$

Damit erhält man die Bedingungsgleichung für die Resonanzfrequenz

$$-2(c-m_1k^2)\left[m_1+\frac{\beta^4 m_2}{(\beta^2+m_2^2k^2)^2}\right]+$$

$$+\frac{2\beta^2 m_2 k^2}{\beta^2+m_2^2k^2}\left[m_1-\frac{\beta^4 m_2}{(\beta^2+m_2^2k^2)^2}\right]+\frac{\beta^2 m_2^4 k^4(3\beta^2+m_2^2k^2)}{(\beta^2+m_2^2k^2)^3}=0. \tag{83}$$

Mit Hilfe dieser Resonanzfrequenz hätte man aus Gl. (82) den zugehörigen Größtausschlag zu bestimmen. Dieser hängt aber noch immer von der Größe der Kopplungsziffer ab. Um für die Kopplungsziffer des kleinstmöglichsten Größtausschlages eine Bedingungsgleichung zu erhalten, müßte man

$$\frac{dr_{1\,max}}{d\beta}=0$$

ermitteln. Da man jedoch weiß, daß der Kleinstwert von $r_{1\,max}$ nicht größer als r_{1x} werden kann, so kennt man schon die zugehörige Frequenz k_1, bei welcher dieser auftritt. Setzt man für k_1 den Wert $\frac{2c}{2m_1+m_2}$ in Gl. (83) ein, so erhält man für den Kleinstwert von r_{1max} den zugehörigen Wert der Kopplungskonstanten

$$\beta=\sqrt{\frac{2cm_1m_2^2}{(m_1+m_2)(2m_1+m_2)}}. \tag{84}$$

b) Eine Einzelmasse ist durch Dämpfungskräfte mit einem Zweimassensystem gekoppelt. Ist die Massenanordnung nach Abb. 38 gegeben, so wirkt jetzt die Kopplungskraft auf die Massen m_2 und m_3. Diese Kopplungskraft soll wie im früheren Beispiel von der Relativgeschwindigkeit der beiden Massen abhängen. Wirkt auf die Masse m_1 eine sinusförmige erregende Kraft, so lauten die Bewegungsgleichungen bei Vernachlässigung der Bewegungswiderstände

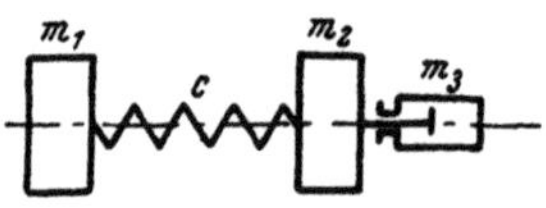

Abb. 38

$$\begin{aligned} m_1\ddot{x}_1+c(x_1-x_2)&=P\sin kt,\\ m_2\ddot{x}_2+c(x_2-x_1)+\beta(\dot{x}_2-\dot{x}_3)&=0,\\ m_3\ddot{x}_3+\beta(\dot{x}_3-\dot{x}_2)&=0. \end{aligned} \tag{85}$$

Beachtet man nur die Glieder, welche von der erzwungenen Schwingung herrühren, so genügt dafür der Ansatz nach Gl. (1)

$$x=a\sin kt+b\cos kt. \tag{1}$$

Aus Gl. (85) bestimmen sich die Werte der einzelnen Koeffizienten zu

$$a_1 = \frac{m_3 k^2 (c - m_2 k^2)\,[m_1 m_2 m_3 k^2 - c\, m_3 (m_1 + m_2)] + \beta^2\,[c - (m_2 + m_3) k^2]\,[m_1 (m_2 + m_3) k^2 - c\,(m_1 + m_2 + m_3)]}{k^4\,[m_1 m_2 m_3 k^2 - c\, m_3 (m_1 + m_2)]^2 + \beta^2 k^2\,[m_1 (m_2 + m_3) k^2 + c\,(m_1 + m_2 + m_3)]^2}\, P,$$

$$b_1 = \frac{m_3 \beta k (c - m_2 k^2)\,[m_1 (m_2 + m_3) k^2 - c\,(m_1 + m_2 + m_3)] - \beta k\,[c - (m_2 + m_3) k^2]\,[m_1 m_2 m_3 k^2 - c\, m_3 (m_1 + m_2)]}{k^4\,[m_1 m_2 m_3 k^2 - c\, m_3 (m_1 + m_2)]^2 + \beta^2 k^2\,[m_1 (m_2 + m_3) k^2 + c\,(m_1 + m_2 + m_3)]^2}\, P$$

$$a_2 = \frac{c\, m_3 k^2\,[m_1 m_2 m_3 k^2 - c\, m_3 (m_1 + m_2)] + c\,\beta^2\,[m_1 (m_2 + m_3) k^2 - c\,(m_1 + m_2 + m_3)]}{k^4\,[m_1 m_2 m_3 k^2 - c\, m_3 (m_1 + m_2)]^2 + \beta^2 k^2\,[m_1 (m_2 + m_3) k^2 + c\,(m_1 + m_2 + m_3)]^2}\, P,$$

$$b_2 = \frac{c\, m_3 \beta k\,[m_1 (m_2 + m_3) k^2 - c\,(m_1 + m_2 + m_3)] - c\,\beta k\,[m_1 m_2 m_3 k^2 - c\, m_3 (m_1 + m_2)]}{k^4\,[m_1 m_2 m_3 k^2 - c\, m_3 (m_1 + m_2)]^2 + \beta^2 k^2\,[m_1 (m_2 + m_3) k^2 + c\,(m_1 + m_2 + m_3)]^2}\, P,$$

$$a_3 = \frac{c\,\beta^2\,[m_1 (m_2 + m_3) k^2 - c\,(m_1 + m_2 + m_3)]}{k^4\,[m_1 m_2 m_3 k^2 - c\, m_3 (m_1 + m_2)]^2 + \beta^2 k^2\,[m_1 (m_2 + m_3) k^2 + c\,(m_1 + m_2 + m_3)]^2}\, P,$$

$$b_3 = \frac{c\,\beta k\,[c\, m_3 (m_1 + m_2) - m_1 m_2 m_3 k^2]}{k^4\,[m_1 m_2 m_3 k^2 - c\, m_3 (m_1 + m_2)]^2 + \beta^2 k^2\,[m_1 (m_2 + m_3) k^2 + c\,(m_1 + m_2 + m_3)]^2}\, P.$$

Wie bei der erzwungenen Schwingung des Zweimassensystems gezeigt wurde, ist nur der Größtwert der Relativverschiebung

$$r = \sqrt{(a_2 - a_1)^2 + (b_2 - b_1)^2}$$

für die Beanspruchung maßgebend. Dieser bestimmt sich zu

$$r = \sqrt{\frac{m_2^2 m_3^2 k^2 + \beta^2 (m_2 + m_3)^2}{k^2[m_1 m_2 m_3 k^2 - c\, m_3 (m_1 + m_2)]^2 + \beta^2 [m_1 (m_2 + m_3) k^2 - c\,(m_1 + m_2 + m_3)]^2}}\, P. \tag{86}$$

Um die günstigste Kopplungsziffer zu erhalten, hätte man zuerst aus der Bedingung $dr/dk = 0$ jene Frequenz zu ermitteln, bei welcher der Größtwert der Relativverschiebung einen extremen Wert annimmt. Dann erhält man durch Einsetzen dieser Frequenz in Gl. (86) den Größtausschlag in Abhängigkeit von der Kopplungsziffer. Deren günstigsten Wert könnte man nun aus der Bedingungsgleichung $dr/d\beta = 0$ ermitteln, bei welcher der kleinste Größtausschlag auftritt. Die Rechenarbeit kann vereinfacht werden, wenn man die Ergebnisse, welche man beim Einmassensystem erhalten hat, auf das Zweimassensystem sinngemäß überträgt.

Hat die Kopplungsziffer den Wert Null, so wird

$$r_{10} = \frac{m_2}{c\,(m_1 + m_2) - m_1 m_2 k^2} P,$$

bei dem Wert $\beta = \infty$ erhält man

$$r_{1\infty} = \frac{m_2 + m_3}{c\,(m_1 + m_2 + m_3) - m_1 (m_2 + m_3)\, k^2} P.$$

Hat die Kopplungsziffer einmal den Wert Null und das andere Mal den Wert unendlich, so haben die zu diesen Kopplungswerten zugehörigen Absolutwerte der Amplituden bei einer bestimmten Frequenz den gleichen Wert. Diese Frequenz k_1 bestimmt sich zu

$$k_1^2 = \frac{2\, m_2 (m_1 + m_2 + m_3) + m_1 m_3}{2\, m_1 m_2 (m_2 + m_3)}\, c.$$

Bei dieser Frequenz tritt nach früherem der kleinstmöglichste Größtausschlag auf. Die Bedingungsgleichung für diesen erhält man aus der Bedingung

$$\frac{dr}{dk} = 0.$$

Setzt man in diese Gleichung für die Frequenz k den Wert k_1 ein, so erhält man jenen Wert der Kopplungskonstanten β_1, bei welchem der kleinste Größtausschlag auftritt. β_1 ermittelt sich zu

$$\beta_1 = \sqrt{\frac{c\, m_2 m_3^2\, [2\, m_2 (2\, m_1 + m_2 + m_3) + m_1 m_3]}{2\, m_1 (m_2 + m_3)^3}} \tag{87}$$

und der zugehörige Größtausschlag der Relativverschiebung

$$r_1 = \frac{2\, m_2 (m_1 + m_3)}{c\, m_1 m_3} P. \tag{87 a}$$

c) Kopplung eines Einmassensystems an ein Zweimassensystem[1]. Gegeben sei (s. Abb. 39) das Zweimassensystem mit den Systemwerten m_1, m_2, c_1 und das Einmassensystem mit m_3 und c_2 (die Masse m_4 ist unendlich groß), welche sich mit den konstanten Geschwindigkeiten k_1, bzw. k_2 bewegen sollen. Außerdem soll noch eine Dämpfungskopplung zwischen den beiden Massen m_2 und m_3 vorhanden sein und die Kopplungskraft soll der Relativgeschwindigkeit der Massen m_2 und m_3 verhältnisgleich sein. An der Masse m_1 soll noch eine konstante und eine sinusförmige Kraft $P_0 + P_1 \sin k t$ und an der Masse m_4 der konstante Widerstand W angreifen.

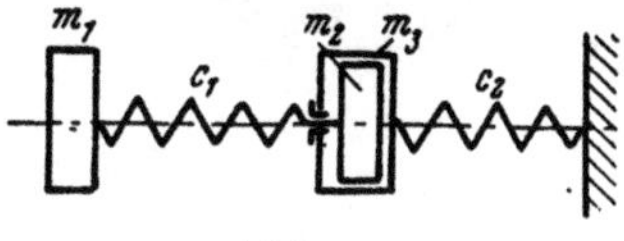

Abb. 39

Unter diesen Voraussetzungen erhält man die Bewegungsgleichung, wenn man berücksichtigt, daß eine unendlich große Masse keine Beschleunigung haben kann

$$\begin{aligned} m_1 \ddot{x}_1 + c_1 (x_1 - x_2) &= P_0 + P_1 \sin k t, \\ m_2 \ddot{x}_2 + c_2 (x_2 - x_1) + \beta (\dot{x}_2 - \dot{x}_3) &= 0, \\ m_3 \ddot{x}_3 + c_2 (x_3 - x_4) + \beta (\dot{x}_3 - \dot{x}_2) &= 0, \\ c_2 (x_4 - x_3) &= W. \end{aligned} \tag{88}$$

Setzt man voraus, daß k die Geschwindigkeit der Grundbewegung des Teiles I, k_1 die des Teiles II ist und daß die konstante Kraft P_0 gleich dem negativen Widerstand $-W$ ist, so erhält man Schwingungen, welche den Grundbewegungen von konstanter Geschwindigkeit überlagert sind. Das Bewegungsgesetz lautet daher

$$x_\nu = a_\nu + k_\nu t + a_\nu \sin k t + b_\nu \cos k t. \tag{89}$$

Da sich die unendlich große Masse mit konstanter Geschwindigkeit k_1 bewegt, so haben die Koeffizienten a_4 und b_4 den Wert Null. Setzt man Gl. (89) in das Gleichungssystem (88) ein und vergleicht man die Glieder gleicher Ordnung, so erhält man bei Vernachlässigung der Eigenschwingung, welche durch vernachlässigbare Dämpfungskräfte abklingt, wenn man mit

$$A = k^2 [m_1 m_2 k^2 - c_1 (m_1 + m_2)] (c_2 - m_3 k^2)$$

und mit

$$B = \beta k \{(c_1 - m_1 k^2)(c_2 - m_3 k^2) - k^2 [m_1 m_2 k^2 - c_1 (m_1 + m_2)]\}$$

bezeichnet, die Werte für die Größe der Koeffizienten

$$a_1 - a_2 = \frac{c_2}{c_1}(a_3 - a_4) = \frac{P_0}{c_1} = \frac{\beta (k_1 - k_2)}{c_1} = -\frac{W}{c_1}. \tag{90 a}$$

---

[1] Söchting, F.: Dämpfung der Drehschwingungen durch Flüssigkeitskupplungen, Z. d. VDI., Bd. 82, 1938, S. 701. — Die Kopplung zweier Einmassensysteme durch Dämpfungskräfte behandeln die Arbeiten: Hahnkamm, E.: Erzwungene Schwingungen reibungsgekoppelter Systeme, Z. a. M. M., Bd. 13, 1933, S. 183. — Collatz, L.: Über den günstigsten Wert der Kopplungskonstanten bei reibungsgekoppelten Systemen, Ing.-Archiv, Bd. 10, 1939, S. 269.

$$a_1 = \frac{[m_2 m_3 k^4 - (c_1 m_3 + c_2 m_2) k^2 + c_1 c_2] A - \beta k [(c_1 + c_2) - k^2 (m_2 + m_3)] B}{A^2 + B^2} P_1,$$

$$b_1 = \frac{[m_2 m_3 k^4 - (c_1 m_3 + c_2 m_2) k^2 + c_1 c_2] B + \beta k [(c_1 + c_2) - k^2 (m_2 + m_3)] A}{A^2 + B^2} P_1,$$

$$a_2 = \frac{c_1 (c_2 - m_3 k^2) A - c_1 \beta k B}{A^2 + B^2} P_1, \qquad (90\,\mathrm{b})$$

$$b_2 = \frac{c_1 (c_2 - m_3 k^2) B + c_1 \beta k A}{A^2 + B^2} P_1,$$

$$a_3 = -\frac{c_1 \beta k B}{A^2 + B^2} P_1, \qquad b_3 = \frac{c_1 \beta k A}{A^2 + B^2} P_1.$$

Aus Gl. (90 b) kann man für jede Frequenz k die zugehörigen Ausschläge berechnen. Von besonderem Interesse sind jedoch die Größtausschläge, also das Verhalten bei Resonanz. Um die Größtausschläge zu erhalten, müßte man aus den Koeffizienten a und b die Größtamplituden berechnen und aus der Extremalbedingung erhielte man eine Bedingungsgleichung für die Resonanzfrequenz. Nimmt man jedoch an, daß die Kopplungsziffer β im Verhältnis zu den anderen Größen als kleine Größe zu behandeln ist, so kann man zur Ermittlung der Resonanzfrequenzen für β den Wert Null setzen. Zufolge $\beta = 0$ wird B ebenfalls zu Null und damit erhält man die Gleichung $A = 0$ als Bedingung für das Auftreten von Resonanz und damit die Bedingungsgleichung für die Resonanzfrequenz

$$\omega^2 [m_1 m_2 \omega^2 - c_1 (m_1 + m_2)] (c_2 - m_3 \omega^2) = 0.$$

Diese Gleichung wird erfüllt, wenn die erregende Frequenz ω entweder der Eigenfrequenz ω_1 des Wellenteiles I oder derjenigen ω_2 des Teiles II gleichkommt. Bei Resonanz erhält man für die Ausschläge

$$a_1 = -\frac{\beta \omega [c_1 + c_2 - \omega^2 (m_2 + m_3)]}{\beta \omega \{(c_1 - m_1 \omega^2)(c_2 - m_3 \omega^2) - \omega^2 [m_1 m_2 \omega^2 - c_1 (m_1 + m_2)]\}} P_1,$$

$$b_1 = \frac{m_2 m_3 \omega^4 - (c_1 m_3 + c_2 m_2) \omega^2 + c_1 c_2}{\beta \omega \{(c_1 - m_1 \omega^2)(c_2 - m_3 \omega^2) - \omega^2 [m_1 m_2 \omega^2 - c_1 (m_1 + m_2)]\}} P_1,$$

$$a_2 = -\frac{c_1 \beta \omega}{\beta \omega \{(c_1 - m_1 \omega^2)(c_2 - m_3 \omega^2) - \omega^2 [m_1 m_2 \omega^2 - c_1 (m_1 + m_2)]\}} P_1,$$

$$b_2 = \frac{c_1 (c_2 - m_3 \omega^2)}{\beta \omega \{(c_1 - m_1 \omega^2)(c_2 - m_3 \omega^2) - \omega^2 [m_1 m_2 \omega^2 - c_1 (m_1 + m_2)]\}} P_1,$$

$$a_3 = -\frac{c_1 \beta \omega}{\beta \omega \{(c_1 - m_1 \omega^2)(c_2 - m_3 \omega^2) - \omega^2 [m_1 m_2 \omega^2 - c_1 (m_1 + m_2)]\}} P_1,$$

$$b_3 = 0.$$

Damit wird

$$a_2 = a_3 = \frac{\beta\,\omega}{m_3\,\omega^2 - c_2}\,b_2.$$

Nun ist die Eigenfrequenz des Wellenteiles *II*

$$\omega_2 = \sqrt{\frac{c_2}{m_3}}.$$

Daher erhält man für die Größtausschläge

$$r_2 = \sqrt{a_2^2 + b_2^2} = \frac{\sqrt{m_3^2\,(\omega^2 - \omega_2^2)^2 + \beta^2\,\omega^2}}{m_3\,(\omega^2 - \omega_2^2)}\,b_2,$$

$$r_3 = a_3 = \frac{\beta\,\omega}{m_3\,(\omega^2 - \omega_2^2)}\,b_2.$$

Bildet man das Verhältnis r_3/r_2, so erhält man

$$\frac{r_3}{r_2} = \frac{\beta\,\omega}{\sqrt{\beta^2\,\omega^2 + m_3^2\,(\omega^2 - \omega_2^2)^2}} = \frac{1}{\sqrt{1 + \frac{m_3^2\,\omega^2}{\beta^2}\left(1 - \frac{\omega_2^2}{\omega^2}\right)^2}}. \tag{91}$$

Gl. (91) wurde unter der Voraussetzung abgeleitet, daß *B* einen Wert hat, welcher von Null verschieden ist, sonst wären alle Größen von Gl. (90 c) unendlich groß. Bei dieser Voraussetzung sind alle Ausschläge und damit auch das Ausschlagsverhältnis der Massen m_2 und m_3 für jeden Wert von ω, also auch für $\omega = \omega_1$, bzw. $\omega = \omega_2$ endlich und wie es Abb. 40 in Abhängigkeit von ω/ω_2 zeigt, nimmt es keinen größeren Wert als 1 an, unabhängig wie groß der Wert von ω_2 ist. Hat nicht nur *A* sondern auch *B* ebenfalls den Wert Null, so werden nach Gl. (90 c) alle Ausschläge unendlich groß. Nach der Bestimmungsgleichung für *B* ist dies dann der Fall, wenn sowohl die Gleichung

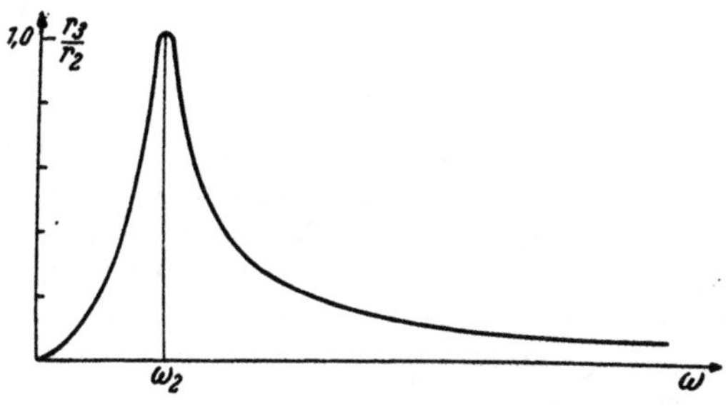

Abb. 40. Verhältnis der Amplituden r_3 und r_2 in Abhängigkeit von der erregenden Frequenz

$$m_1\,m_2\,\omega^2 - c_1\,(m_1 + m_2) = 0,$$

als auch

$$c_2 - m_3\,\omega^2 = 0$$

gilt, das heißt, daß beide Wellenteile die gleiche Eigenschwingungszahl haben. Ist $\omega_1 = \omega_2$, so treten sehr große Ausschläge auf, besteht aber nur ein kleiner Unterschied zwischen den beiden Eigenschwingungszahlen, so haben die Ausschläge bei jeder erregenden Frequenz endliche Werte.

Die Relativverschiebungen bei Resonanz ξ_1, ξ_2, von denen die größten Beanspruchungen abhängen, bestimmen sich aus Gl. (90 c) zu

$$\xi_1 = \sqrt{(a_1 - a_2)^2 + (b_1 - b_2)^2} =$$
$$= \frac{P_1}{\beta} \frac{\sqrt{m_2^2 \omega^2 (c_2 - m_3 \omega^2)^2 + \beta^2 [c_2 - (m_2 + m_3) \omega^2]^2}}{(c_1 - m_1 \omega^2)(c_2 - m_3 \omega^2) - \omega^2 [m_1 m_2 \omega^2 - c_1 (m_1 + m_2)]},$$
$$\xi_2 = \sqrt{a_3^2 + b_3^2} =$$
$$= - \frac{c_1 P_1}{(c_1 - m_1 \omega^2)(c_2 - m_3 \omega^2) - \omega^2 [m_1 m_2 \omega^2 - c_1 (m_1 + m_2)]}. \quad (91\,\text{a})$$

2. *Reibungskopplung*

a) Einzelmasse ist durch Reibungskräfte an ein Einmassensystem gekoppelt. Gegeben ist ein Einmassensystem (c, m_1), an das durch Reibungskräfte (trockene Reibung)[1] die Masse m_2 gekoppelt ist (s. Abb. 41). Diese Reibungskraft R hat den konstanten Wert h und wechselt mit der Richtung der Relativgeschwindigkeit $\dot{\zeta} = \dot{x}_1 - \dot{x}_2$ das Vorzeichen $R = h$ sign $(\dot{x}_2 - \dot{x}_1)$. An der Masse m_1 soll noch die erregende Kraft $P \sin k t$ angreifen, so daß für die Bewegung die Differentialgleichung gilt[2]

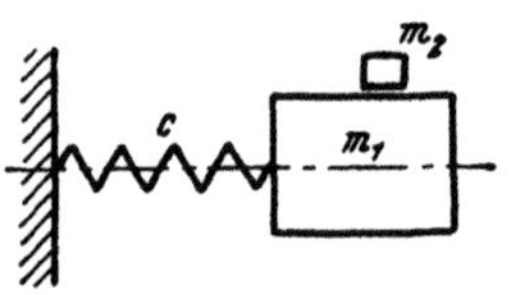

Abb. 41

$$m_1 \ddot{x}_1 + c x_1 + h \operatorname{sign} (\dot{x}_1 - \dot{x}_2) = P \sin k t, \quad (92\,\text{a})$$
$$m_2 \ddot{x}_2 - h \operatorname{sign} (\dot{x}_1 - \dot{x}_2) = 0. \quad (92\,\text{b})$$

Gl. (92 a) ist die gleiche wie Gl. (38), so daß deren allgemeine Lösung übernommen werden kann. Es ist nur zu beachten, daß diese Lösung nur solange gilt, solange die Reibungskraft das gleiche Vorzeichen behält, also in diesem Fall von Zeichenwechsel zu Zeichenwechsel der Relativgeschwindigkeit. Bezeichnet man mit $\omega = \sqrt{c/m_1}$, so erhält man

$$x_1 = \mp \frac{h}{c} + A \sin \omega t + B \cos \omega t + \frac{P}{c - m_1 k^2} \sin k t \quad (39)$$

und zufolge Gl. (92 b) eine gleichförmig beschleunigte Bewegung für die Masse m_2

$$x_2 = \pm \frac{h}{2 m_2} t^2 + A_1 t + B_1.$$

Die Werte der Konstanten A, B, A_1, B_1 sind nach jedem Zeichenwechsel der Relativgeschwindigkeit von neuem zu bestimmen. Aus Gl. (92) und Gl. (39) ersieht man, daß auf die Eigenfrequenz weder die Kopplungskraft noch die Masse m_2 einen Einfluß hat. Von wesent-

[1] Falz, E.: Grundzüge der Schmiertechnik, 2. Aufl., S. 2. Berlin: 1941.
[2] Söchting, F.: Schwingung mit Reibungskopplung, Z. d. österr. Ing. u. Architekten-Ver., Bd. 86, 1934, S. 32.

lichem Interesse ist das Verhalten bei Resonanz. Ist $k = \omega$, so erhält man als Lösung für x_1 die Gleichung

$$x_1 = \mp \frac{h}{c} + A \sin \omega t + B \cos \omega t - \frac{P t}{2 m_1 \omega} \cos \omega t$$

und für die Relativgeschwindigkeit

$$\dot{\zeta} = A \omega \cos \omega t - B \omega \sin \omega t - \frac{P}{2 m_1 \omega} \cos \omega t +$$

$$+ \frac{P t}{2 m_1} \sin \omega t \mp \frac{h}{m_2} t - A_1.$$

Gegeben seien die Anfangsbedingungen $t_0 = 0$, $x_1 = x_{10}$, $\dot{x}_1 = \dot{x}_{10}$ und $\dot{\zeta}_0 = 0$. Damit erhält man die Gleichungen

$$x_{10} = \mp \frac{h}{c} + B,$$

$$\dot{\zeta}_0 = 0 = A \omega - \frac{P}{2 m_1 \omega} - A_1.$$

Setzt man nun voraus, daß eine scheinbare periodische Bewegung vorhanden ist, das heißt, daß der nächste relative Stillstand zur Zeit $\omega t_1 = \pi$ erfolgt, so gilt bei diesem Zeitpunkt

$$x_{11} = \mp \frac{h}{c} - B + \frac{P \pi}{2 m_1 \omega^2}$$

$$\dot{\zeta}_1 = -A \omega + \frac{P}{2 m_1 \omega} \mp \frac{h \pi}{m_2 \omega} - A_1.$$

Damit erhält man die Werte der Koeffizienten der scheinbaren periodischen Bewegung

$$A_1 = \mp \frac{h \pi}{2 m_2 \omega}, \qquad A = \frac{P}{2 m_1 \omega^2} \mp \frac{h \pi}{2 m_2 \omega}.$$

Sollen die Schwingungsausschläge auch bei Resonanz nicht unendlich groß werden, so darf x_{11} höchstens $-x_{10}$ gleichkommen. Damit erhält man bei Berücksichtigung von $\omega = \sqrt{\frac{c}{m_1}}$

$$x_{11} = -x_{10} = \mp \frac{h}{c} - B + \frac{P \pi}{2 c} = \pm \frac{h}{c} - B.$$

Aus dieser Gleichung erhält man

$$h = \frac{\pi}{4} P, \tag{93}$$

jenen Kleinstwert für die Reibungskraft, bei welchem auch für den Resonanzzustand die Ausschläge endlich bleiben.

Vorausgesetzt wurde, ohne es besonders hervorzuheben, daß zwischen den beiden Massen m_1 und m_2 eine Relativgeschwindigkeit vorhanden war. Möglich ist nun, daß bei bestimmten Frequenzen die Massen m_1 und m_2 die gleichen Bewegungen ausführen, dann ist

$\dot{\zeta} = 0$ und die Differentialgleichung für die Bewegung jeder Masse lautet

$$(m_1 + m_2)\ddot{x} + c\,x = P \sin k\,t.$$

Vernachlässigt man die Glieder der Eigenschwingung, welche durch kleine vernachlässigbare Dämpfungskräfte zum Abklingen kommt, so erhält man für den Ausschlag

$$x = \frac{P}{c - (m_1 + m_2)\,k^2} \sin k\,t. \tag{94}$$

Mittels Gl. (92 b) und Gl. (94) kann man sich jene Frequenz k_1 berechnen, bei welcher erstmalig eine Relativverschiebung zwischen den beiden Massen m_1 und m_2 auftritt; die Bedingung dafür ist, daß der Absolutwert der Massenbeschleunigung von m_2 der Reibungskraft h gleichkommt

$$|m_2\,\ddot{x}| = |m_2\,k^2\,x| = \left|\frac{m_2\,k^2\,P}{c - (m_1 + m_2)\,k^2} \sin k\,t\right| = h.$$

Ist nun $k\,t = \pi/2$ und hat die Reibungskraft den oben ermittelten Grenzwert, so erhält man für die Frequenz k_1 bei der Relativverschiebungen auftreten,

$$k_1 = \sqrt{\frac{\pi\,c}{\pi\,m_1 + (\pi + 4)\,m_2}}$$

und den zu dieser Frequenz zugehörigen Größtausschlag a

$$a = \frac{\pi\,(m_1 + m_2) + 4\,m_2}{4\,c\,m_2}\,P. \tag{95}$$

b) Eine Einzelmasse ist durch Reibungskräfte mit einem Zweimassensystem gekoppelt. Für diese Anordnung sind zwei Fälle möglich, je nachdem ob die Einzelmasse durch Reibung mit der Masse, an welcher die erregenden Kräfte angreifen (s. Abb. 42 a) oder mit der von erregenden Kräften freien Masse gekoppelt ist (Abb. 42 b).

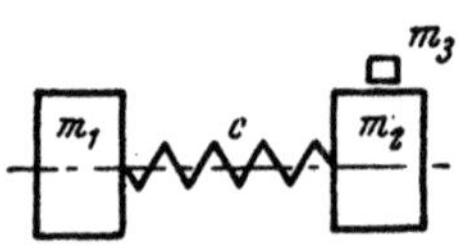

Abb. 42 *a*

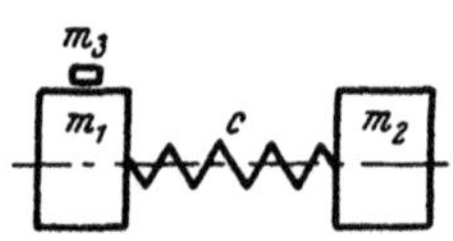

Abb. 42 *b*

α) *Eine Masse ist mit der Masse durch Reibung gekoppelt, an welcher die erregende Kraft angreift.* Von wesentlichem Interesse sind die Ausschlagsverhältnisse bei Resonanz. Aus diesem Grunde soll bei der zu untersuchenden Schwingung die Frequenz der erregenden Kraft der zu bestimmenden Resonanzfrequenz gleichkommen. Dann gilt

$$\begin{aligned} m_3\,\ddot{x}_3 \mp h &= 0,\\ m_1\,\ddot{x}_1 + c\,(x_1 - x_2) \pm h &= P \sin \omega\,t,\\ m_2\,\ddot{x}_2 + c\,(x_2 - x_1) &= 0. \end{aligned} \tag{96}$$

Die Lösung der Gl. (96) kann dadurch erhalten werden, daß man eine harmonische Bewegung annimmt und die während einer Schwingungsperiode geleistete Arbeit der erregenden Kraft derjenigen der Dämpfungskraft gleichsetzt[1] oder durch Einführung einer harmonischen Ersatzkraft[2] (s. S. 42). Es ist jedoch möglich, ohne diese Vereinfachungen die Lösung zu finden[3].

Bezeichnet man mit $\omega_0 = \sqrt{\frac{c\,(m_1 + m_2)}{m_1 m_2}}$ die Eigenschwingungszahl der ungedämpften freien Schwingung des Zweimassensystems und differentiiert man Gl. (96) nochmals nach der Zeit, so kann man die Veränderliche x_1 und deren Ableitungen eliminieren und man erhält

$$x_2^{(V)} + \omega_0^2 \dddot{x}_2 = \frac{P\,c\,\omega}{m_1 m_2} \cos \omega t. \tag{96 a}$$

Aus Gl. (96 a) sieht man, daß die kritische Frequenz der Koppelschwingung dieser Massenanordnung mit jener der freien Schwingung des Zweimassensystems übereinstimmt. Gl. (96 a) hat als Lösung

$$x_2 = A_2 + B_2 t + C_2 t^2 + (E_2 + F_2 t) \sin \omega t + (G_2 + H_2 t) \cos \omega t.$$

Die Werte der Konstanten C_2, F_2, H_2 bestimmen sich aus der Gl. (96) zu

$$C_2 = \mp \frac{h}{2\,(m_1 + m_2)}, \qquad F_2 = 0, \qquad H_2 = \frac{P}{2\,\omega\,(m_1 + m_2)},$$

damit erhält man die Lösung

$$x_2 = A_2 + B_2 t \mp \frac{h\,t^2}{2\,(m_1 + m_2)} + E_2 \sin \omega t + \left[G_2 + \frac{P\,t}{2\,\omega\,(m_1 + m_2)}\right] \cos \omega t. \tag{96 b}$$

Ist der Ausschlag x_2 bekannt, so kann man mittels Gl. (96) auch x_1 bestimmen. Besonders von Interesse ist jedoch die Relativverschiebung ξ der beiden Massen m_1 und m_2. Diese bestimmt sich zu

$$\xi = \frac{m_2}{c} \ddot{x}_2 \mp \frac{m_2 h}{c\,(m_1 + m_2)} - \frac{m_2}{c}\left(E_2 \omega^2 + \frac{P}{m_1 + m_2}\right) \sin \omega t - \\ - \frac{m_2}{c}\left[G_2 \omega^2 + \frac{P\,\omega\,t}{2\,(m_1 + m_2)}\right] \cos \omega t. \tag{97}$$

Aus den vorgegebenen Anfangsbedingungen bestimmen sich die Werte der Konstanten E_2 und G_2. Diese gelten bis zum nächsten Vorzeichenwechsel der Relativgeschwindigkeit $\dot{\xi}$ der Massen m_1 und m_2

[1] Klotter, K.: Theorie der Reibungsschwingungsdämpfer, Ing.-Archiv, Bd. 9, 1938, S. 137.

[2] Ormondroyd, J.: Friction Dampers and their Application to Engines, Verhandlungen des 3. internationalen Kongresses in Stockholm, II. Teil, S. 221. Stockholm: 1930.

[3] Söchting, F.: Zur Berechnung des Reibungsschwingungsdämpfers, Z. a. M. M., Bd. 15, 1935, S. 286.

$$\dot{\zeta} = \mp \frac{m_1 + m_2 + m_3}{(m_1 + m_2)\, m_3} h t + \left[\frac{m_2}{m_1} E_2 + \frac{P m_2 (2 m_1 + 3 m_2)}{c\,(m_1 + m_2)^2}\right] \omega\,(1 - \cos \omega t) +$$
$$+ \frac{m_2}{m_1}\left[G_2 + \frac{P t}{2\,\omega\,(m_1 + m_2)}\right] \omega \sin \omega t.$$

Man hätte nun unter Zugrundelegung bestimmter Anfangswerte den weiteren Bewegungsverlauf zu ermitteln. Diese Aufgabe wäre nach jedem Zeichenwechsel von $\dot{\zeta}$ zu wiederholen und zu untersuchen wie groß der Grenzwert der Relativverschiebung ξ ist. Diese Grenzwertbestimmung ist nicht einfach durchzuführen, kann aber umgangen werden, indem man den Sonderfall untersucht, bei welchem die Vorzeichenwechsel von $\dot{\zeta}$ immer nach einer Zeitdifferenz von $t = \pi/\omega$ stattfinden.

Bei $t_0 = 0$ sei $\xi = \xi_0$

$$\xi_0 = \mp \frac{m_2 h}{c\,(m_1 + m_2)} - \frac{m_2}{c} G_2\, \omega^2 \tag{98}$$

und bei $\omega t_1 = \pi$, $\xi = \xi_1$

$$\xi_1 = \mp \frac{m_2 h}{c\,(m_1 + m_2)} + \frac{m_2}{c} G_2\, \omega^2 + \frac{\pi\, m_2 P}{2\,c\,(m_1 + m_2)}. \tag{98 a}$$

Sollen die Relativverschiebungen und damit die Beanspruchungen endlich bleiben, so muß die Ungleichung

$$\xi_1 \leqq \xi_0$$

bestehen. Aus Gl. (98) und Gl. (98 a) erhält man mit dieser Bedingung jenen Wert für die Koppelkraft h

$$h = \frac{\pi}{4} P, \tag{99}$$

welcher ein Zugroßwerden der Beanspruchungen verhindert, die Ausschläge bleiben endlich, trotzdem die Frequenz der erregenden Kraft mit der Resonanzfrequenz übereinstimmt.

Bei Durchführung der Untersuchung dieser Schwingung wurde angenommen, daß zwischen den Massen m_1 und m_3 eine Relativverschiebung vorhanden war und daß die erregende Frequenz mit der Resonanzfrequenz zusammenfällt. Diese Voraussetzungen sollen jetzt nicht mehr aufrecht erhalten werden, dann ist $x_1 = x_3$ und es gelten die Gleichungen

$$(m_1 + m_3)\, \ddot{x}_1 + c\,(x_1 - x_2) = P \sin k t,$$
$$m_2\, \ddot{x}_2 + c\,(x_2 - x_1) = 0.$$

Bei Vernachlässigung der Eigenschwingung erhält man die Lösung durch sinngemäße Anwendung von Gl. (67 a)

$$x_1 = x_3 = \frac{c - m_2 k^2}{k^2\,[(m_2 + m_3)\, k^2 m_2 - c\,(m_1 + m_2 + m_3)]} P \sin k t. \tag{100}$$

Ist die Reibungskraft durch Gl. (99) gegeben, so beschreibt Gl. (100) nur solange den Bewegungsverlauf als die Ungleichung

$$|m_3 \ddot{x}_3| = |m_3 k^2 x_3| \leqq h \leqq \frac{\pi}{4} P \tag{100 a}$$

gilt. Nimmt man an, daß das Gleichheitszeichen gerade noch bei $k t = \pi/2$ gültig ist, so bestimmt sich die Frequenz, bei welcher eine Relativverschiebung erstmalig auftreten könnte zu

$$k_1^2 = \frac{\pi (m_1 + m_2) + (4 + \pi) m_3}{m_2 [\pi m_1 + (4 + \pi) m_3]} c. \tag{101}$$

Setzt man Gl. (101) in Gl. (100 a) ein, so erhält man

$$a_1 = a_3 = \frac{\pi}{4} \frac{m_2}{m_3} \frac{\pi m_1 + (4 + \pi) m_3}{\pi (m_1 + m_2) + (4 + \pi) m_3} \frac{P}{c}, \tag{102}$$

den zu dieser Frequenz zugehörigen Wert des Größtausschlages. Es ist jedoch nicht nur dieser Größtausschlag von Interesse, sondern auch die entsprechende Relativverschiebung zwischen den Massen m_1 und m_2. Um diese zu erhalten, muß man Gl. (67 c) sinngemäß anwenden und darin für den behandelten Grenzfall die Gl. (99) und Gl. (101) einsetzen. Damit erhält man

$$\xi = a_1 - a_2 =$$

$$= \frac{\pi m_1 + (4 + \pi) m_3}{4 m_3 [m_1 (m_2 + m_3) + m_2^2] + \pi m_1 [m_2 (m_1 + m_2) - m_3 (m_1 + m_3)]} \cdot$$

$$\cdot \frac{(m_1 + m_2) m_2 m_3}{m_1 + m_3} \frac{P}{c}. \tag{103}$$

Ein Sonderfall, bei welchem sich das Ergebnis sehr vereinfacht, liegt dann vor, wenn die Masse m_3 im Verhältnis zu den anderen Massen klein ist, dann kann man in den Summengliedern diejenigen, welche mit m_3 multipliziert sind, gegenüber den anderen Gliedern vernachlässigen. Unter dieser Voraussetzung erhält man für die Frequenz, bei welcher erstmalig Relativverschiebungen auftreten, aus Gl. (101)

$$k^2 \sim \frac{c (m_1 + m_2)}{m_1 m_2} = \omega^2, \tag{101 a}$$

für den zugehörigen Ausschlag aus Gl. (102)

$$a_1 = a_3 = \frac{\pi m_1 m_2}{4 m_3 (m_1 + m_2)} \frac{P}{c} \tag{102 a}$$

und für die entsprechende Relativverschiebung nach Gl. (103)

$$\xi = a_1 - a_2 = \frac{m_3}{m_1} \frac{P}{c}. \tag{103 a}$$

β) *Eine Masse ist mit der Masse gekoppelt, an der keine erregenden Kräfte angreifen.* Bei Resonanz gelten dafür die Differentialgleichungen

$$\begin{aligned} m_1 \ddot{x}_1 + c (x_1 - x_2) &= P \sin \omega t, \\ m_2 \ddot{x}_2 + c (x_2 - x_1) \pm h &= 0, \\ m_3 \ddot{x}_3 \mp h &= 0. \end{aligned} \tag{104}$$

Aus dem Gleichungssystem (104) erhält man für den Ausschlag x_2 wieder Gl. (96 b) und den gleichen Wert für die Resonanzfrequenz wie vorher bei der ungedämpften Schwingung des Zweimassensystems. Da x_2 bekannt ist, kann man mittels Gl. (104) die Relativverschiebung ξ bestimmen. Für diese erhält man

$$\xi = x_1 - x_2 = \frac{m_2 \ddot{x}_2}{c} \pm \frac{h}{c} = \pm \frac{m_1 h}{c(m_1 + m_2)} -$$

$$-\frac{m_2}{c}\left[\left(E_2 \omega^2 + \frac{P}{m_1 + m_2}\right) \sin \omega t - \left(G_2 \omega^2 + \frac{P t}{2(m_1 + m_2)}\right) \cos \omega t\right]. \tag{105}$$

Da die Reibungskraft mit der Richtung der Relativgeschwindigkeit $\dot{\zeta}$ zwischen den Massen m_2 und m_3

$$\dot{\zeta} = \dot{x}_2 - \dot{x}_3$$

das Vorzeichen wechselt, so hat man die Werte der Konstanten E_2 und G_2 nach jedem Richtungswechsel der Relativgeschwindigkeit von neuem zu bestimmen. Ihre Werte bestimmen sich aus den vorgegebenen Anfangsbedingungen. Wie früher sei wieder die Annahme gemacht, daß immer bei $\omega t = 0, \pi, \ldots$ die Relativgeschwindigkeit den Wert Null hat, dann bestimmt sich zur Zeit $t_0 = 0$ die Relativverschiebung ξ_0

$$\xi_0 = \pm \frac{m_1 h}{c(m_1 + m_2)} - \frac{m_2}{c} G_2 \omega^2$$

und bei $\omega t_1 = \pi$

$$\xi_1 = \pm \frac{m_1 h}{c(m_1 + m_2)} + \frac{m_2}{c}\left[G_2 \omega^2 + \frac{\pi P}{2(m_1 + m_2)}\right].$$

Sollen die Relativverschiebungen endlich bleiben, dann darf ξ_1 höchstens $-\xi_0$ gleichkommen, dies ist dann der Fall, wenn

$$h = \frac{\pi}{4} \frac{m_2}{m_1} P \tag{106}$$

ist. Bei diesem Wert der Kopplungskonstanten bleiben die Relativverschiebungen bei jeder erregenden Frequenz endlich. Es frägt sich, bei welcher Frequenz die Relativgeschwindigkeit $\dot{\zeta}$ gerade noch den Wert Null hat. Für die Beschleunigung der Masse m_3 gilt

$$|m_3 \ddot{x}_3| = |m_3 k^2 x_3| \leq h. \tag{107}$$

Da die Relativverschiebung ζ den Wert Null haben soll, so ist die Bewegung der Masse m_3 gleich derjenigen von m_2 und es wird daher

$$x_2 = x_3.$$

Diesen Ausschlag erhält man durch sinngemäßes Anwenden der Gl. (67 a) bei Vernachlässigung der Eigenschwingung

$$x_3 = x_2 = \frac{c}{k^2 [m_1 (m_2 + m_3) k^2 - c(m_1 + m_2 + m_3)]} P \sin k t. \tag{108}$$

Ist der Wert der Kopplungskonstanten durch Gl. (106) gegeben und ist $k\,t = \pi/2$, hat also der Ausschlag seinen Größtwert, so kann man mit Hilfe der Gl. (107) und Gl. (108) jene Frequenz k_1 berechnen, bei welcher ζ gerade noch den Wert Null hat, das heißt bei welcher die Bewegung der Masse m_2 gleich derjenigen der Masse m_3 ist.

$$k_1^2 = \frac{4\,m_1\,m_3 + \pi\,m_2\,(m_1 + m_2 + m_3)}{\pi\,m_1\,m_2\,(m_2 + m_3)}\,c. \tag{109}$$

Der zu dieser Frequenz zugehörige Größtausschlag bestimmt sich bei Benützung von Gl. (109) aus Gl. (107) zu

$$a_2 = a_3 = \frac{\pi^2\,m_2^2\,(m_2 + m_3)}{4\,m_1\,m_3^2 + \pi\,m_2\,m_3\,(m_1 + m_2 + m_3)}\,\frac{P}{4\,c} \tag{110}$$

und die zugehörige Relativverschiebung

$$\xi = a_2 - a_1 = \frac{\pi\,m_2\,(m_2 + m_3)}{4\,m_1\,m_3}\,\frac{P}{c}. \tag{111}$$

Die Gl. (109), (110) und (111) können durch Vernachlässigungen sehr vereinfacht werden, wenn die Masse m_3 im Verhältnis zu den anderen Massen klein ist. In diesem Fall erhält man für die Frequenz k_1 die Eigenfrequenz der ungedämpften Schwingung und für die Größtausschläge a_2, bzw. a_3

$$a_2 = a_3 = \frac{\pi\,m_2^2}{4\,m_3\,(m_1 + m_2)}\,\frac{P}{c} \tag{110 a}$$

und für die zugehörige Relativverschiebung

$$\xi = \frac{\pi\,m_2^2}{4\,m_1\,m_3}\,\frac{P}{c}. \tag{111 a}$$

IV. Schwingungen elastischer Körper[1]

A. Allgemein Gültiges

1. Einleitung

Bei den bisherigen Untersuchungen wurden Massenpunkte oder starre Körper vorausgesetzt und die Masse der Feder vernachlässigt, das elastische Bindeglied zwischen den Einzelmassen als masselos angenommen; die Zahl der Massen war beliebig groß, doch endlich. Diese Voraussetzungen sollen nicht mehr gemacht werden, es soll auch der Einfluß der Federmasse untersucht werden, die Körper seien nicht mehr starr und deren elastisches Verhalten soll berücksichtigt werden. Vorausgesetzt sei, daß der schwingungsfähige Körper nach allen Richtungen das gleiche elastische Verhalten zeigt, daß

[1] Geiger H.-Scheel K.: Handbuch der Physik, Bd. VI. Berlin: 1928, Pfeifer, F.: Elastokinetik, S. 309. — Auerbach F.-Hort W.: Handbuch der Physikalischen und Technischen Mechanik, Bd. 3. Leipzig: 1927. — Auerbach, F.: Elastische Schwingungen und Wellen. Enzyklopädie der mathematischen Wissenschaften, Bd. IV, Teilbd. 4. — Lamb, H.: Schwingungen elastischer Systeme, S. 219.

also ein isotroper Körper gegeben sei. Bei den Schwingungen der einzelnen Massen war die Zahl der Eigenfrequenzen von der Anzahl der Massenpunkte abhängig, aus diesem Grunde läßt sich folgern, daß der elastische Körper nicht mit einer Eigenfrequenz schwingen wird, sondern daß man eine Reihe von Frequenzen wird beobachten können.

2. *Aufstellung der Bewegungsgleichungen*[1]

Um die Bewegungsgleichungen für die Schwingungsbewegungen elastischer Körper zu erhalten, schneidet man einen kleinen Quader mit den Längen dx, dy, dz (s. Abb. 43) an der Stelle x, y, z aus dem Körper heraus und stellt für diesen die Bewegungsgleichungen auf. Natürlich muß man dann die auftretenden Spannungen — Normal- und Schubspannungen — berücksichtigen. Die Spannungen σ_x, σ_y, σ_z stehen auf den Flächen $dy\ dz, \ldots$ senkrecht und sind zu der Achse parallel, die sie als Zeiger haben, während die Schubspannungen τ_{xy}, τ_{xz}, τ_{yz} in den Flächen liegen, und zwar liegt z. B. τ_{xy} in einer Ebene senkrecht zur x-Achse und ist zur y-Achse parallel. Stellt man den Momentensatz für eine Achse auf, so ist bei Vernachlässigung von Größen zweiter Kleinheitsordnung

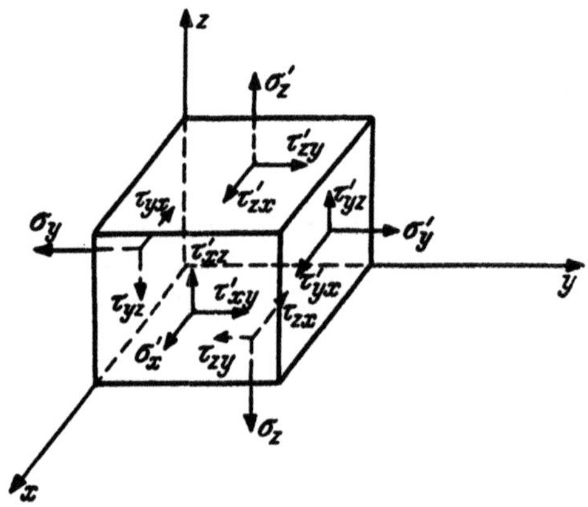

Abb. 43. Darstellung der Spannungen an einem Parallelepiped. Die Spannungen, welche am Flächenelement in der yz-Ebene angreifen, wurden nicht eingezeichnet.

$$\tau_{xy} = \tau_{yx}, \qquad \tau_{xz} = \tau_{zx}, \qquad \tau_{yz} = \tau_{zy}.$$

Die Spannungen auf parallelen Flächen haben entgegengesetzte Richtung und es berechnen sich die an der gegenüberliegenden Fläche angreifenden Spannungen mit Hilfe der Gleichungen

$$\sigma_x' = \sigma_x + \frac{\partial \sigma_x}{\partial x} dx, \qquad \tau_{xy}' = \tau_{xy} + \frac{\partial \tau_{xy}}{\partial x} dx, \qquad \tau_{yx}' = \tau_{yx} + \frac{\partial \tau_{yx}}{\partial y} dy,$$

$$\sigma_y' = \sigma_y + \frac{\partial \sigma_y}{\partial y} dy, \qquad \tau_{xz}' = \tau_{xz} + \frac{\partial \tau_{xz}}{\partial x} dx, \qquad \tau_{zx}' = \tau_{zx} + \frac{\partial \tau_{zx}}{\partial z} dz,$$

$$\sigma_z' = \sigma_z + \frac{\partial \sigma_z}{\partial z} dz, \qquad \tau_{yz}' = \tau_{yz} + \frac{\partial \tau_{yz}}{\partial y} dy, \qquad \tau_{zy}' = \tau_{zy} + \frac{\partial \tau_{zy}}{\partial z} dz.$$

[1] Lorenz, H.: Lehrbuch der technischen Physik, Bd. 4, Technische Elastizitätslehre, S. 366. München und Berlin: 1913. — Planck, M.: Einführung in die theoretische Physik, Bd. 2, Mechanik der deformierbaren Körper, S. 25. Leipzig: 1931. — Timoshenko, S.: Lessels I. M. Festigkeitslehre, S. 15. Berlin: 1928.

Das aus dem Körper herausgeschnittene Teilchen mit der spezifischen Masse μ bzw. der Wichte γ und der Masse $\mu\,dx\,dy\,dz$ soll eine beliebige Bewegungsmöglichkeit haben. Dann sei u die Komponente der Verschiebung in der x-, v in der y- und w die in der z-Richtung. u, v und w ergeben die Gesamtverschiebung zum Unterschied von den spezifischen Verschiebungen $\varepsilon_x, \varepsilon_y, \varepsilon_z$. Mit Hilfe der Verschiebungen u, v und w welche vom Ort und der Zeit abhängen, erhält man die Beschleunigungskomponenten

$$b_x = \frac{\partial^2 u}{\partial t^2}, \qquad b_y = \frac{\partial^2 v}{\partial t^2}, \qquad b_z = \frac{\partial^2 w}{\partial t^2}.$$

Sind noch die Massenkräfte X, Y und Z vorhanden, so ergibt die Anwendung der Newtonschen Grundgleichung $m\,b_x = \sum P_x$

$$\mu\,dx\,dy\,dz\,\frac{\partial^2 u}{\partial t^2} = \left(\sigma_x + \frac{\partial \sigma_x}{\partial x}dx\right)dy\,dz - \sigma_x\,dy\,dz +$$
$$+ \left(\tau_{xy} + \frac{\partial \tau_{xy}}{\partial y}dy\right)dx\,dz - \tau_{xy}\,dx\,dz + \left(\tau_{xz} + \frac{\partial \tau_{xz}}{\partial z}dz\right)dx\,dy -$$
$$- \tau_{xz}\,dx\,dy + X\,dx\,dy\,dz$$

und damit erhält man

$$\mu\frac{\partial^2 u}{\partial t^2} = X + \frac{\partial \sigma_x}{\partial x} + \frac{\partial \tau_{xy}}{\partial y} + \frac{\partial \tau_{xz}}{\partial z}. \tag{112 a}$$

Die Gleichungen für die anderen Komponenten erhält man auf die gleiche Weise oder, da keine Koordinate vor der anderen etwas voraus hat, durch zyklisches Vertauschen, daher gilt

$$\left.\begin{aligned}\mu\frac{\partial^2 v}{\partial t^2} &= Y + \frac{\partial \tau_{xy}}{\partial x} + \frac{\partial \sigma_y}{\partial y} + \frac{\partial \tau_{yz}}{\partial z},\\ \mu\frac{\partial^2 w}{\partial t^2} &= Z + \frac{\partial \tau_{xz}}{\partial x} + \frac{\partial \tau_{yz}}{\partial y} + \frac{\partial \sigma_z}{\partial z}.\end{aligned}\right\} \tag{112}$$

Kennt man an jeder Stelle die auftretenden Spannungen, so kann man mittels Gl. (112) die zugehörigen Beschleunigungen ermitteln. Nun gibt das Hookesche Gesetz einen Zusammenhang zwischen den einzelnen Spannungen und den spezifischen Verschiebungen an. Zufolge der auftretenden Spannungen deformiert sich der Quader zu einem Vierkant. Waren die Koordinaten der Quaderpunkte vor der Deformation (x, $x + dx$, y, $y + dy$, z, $z + dz$), so gehen sie nach der Deformation in ($x + u$, $x + dx + u'$, $y + v$, $y + dy + v'$, $z + w$, $z + dz + w'$) über.

Entwickelt man u' in eine Taylorsche Reihe und berücksichtigt nur die ersten zwei Glieder, so ist

$$u' = u + \frac{\partial u}{\partial x}dx;$$

damit bestimmt sich die spezifische Dehnung

$$\varepsilon_x = \frac{x + dx + u + \frac{\partial u}{\partial x} dx - (x + dx + u)}{dx} = \frac{\partial u}{\partial x}. \quad (113)$$

Auf die gleiche Weise erhält man

$$\varepsilon_y = \frac{\partial v}{\partial y}, \qquad \varepsilon_z = \frac{\partial w}{\partial z}. \quad (113)$$

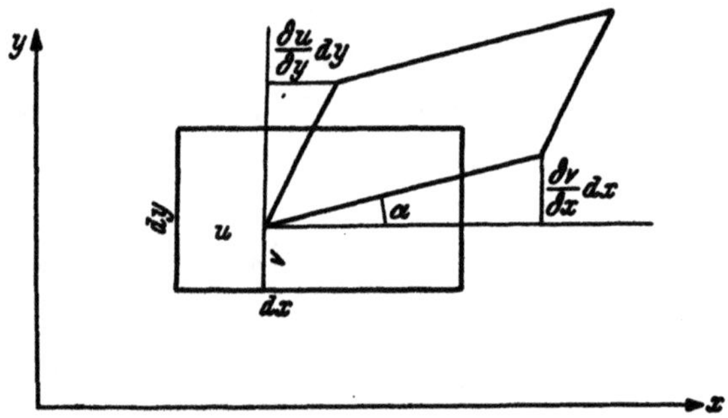

Abb. 44. Verformung eines Parallelogrammes

Durch die auftretenden Deformationen ändern sich auch — wie man dies aus Abb. 44 ersehen kann —, die rechten Winkel, und zwar um

$$\gamma_{xy} = \frac{\partial v}{\partial x} + \frac{\partial u}{\partial y}, \qquad \gamma_{yz} = \frac{\partial v}{\partial z} + \frac{\partial w}{\partial y}, \qquad \gamma_{xz} = \frac{\partial w}{\partial x} + \frac{\partial u}{\partial z}. \quad (114)$$

Zwischen den Spannungen und den spezifischen Dehnungen bestehen die Gleichungen

$$\begin{aligned} \varepsilon_x &= \frac{1}{E}\left[\sigma_x - \frac{1}{m}(\sigma_y + \sigma_z)\right], & \gamma_{xy} &= \frac{1}{G}\tau_{xy}, \\ \varepsilon_y &= \frac{1}{E}\left[\sigma_y - \frac{1}{m}(\sigma_x + \sigma_z)\right], & \gamma_{xz} &= \frac{1}{G}\tau_{xz}, \\ \varepsilon_z &= \frac{1}{E}\left[\sigma_z - \frac{1}{m}(\sigma_x + \sigma_y)\right], & \gamma_{yz} &= \frac{1}{G}\tau_{yz}. \end{aligned} \quad (115)$$

Außerdem gilt zwischen dem Schubmodul G und dem Elastizitätsmodul E die Gleichung[1]

$$E = 2\frac{m+1}{m}G, \qquad \text{bzw.} \qquad G = \frac{m}{2(m+1)}E. \quad (116)$$

Bezeichnet man mit

$$e = \frac{\partial u}{\partial x} + \frac{\partial v}{\partial y} + \frac{\partial w}{\partial z},$$

[1] Lechner, A.: Enzyklopädie der Mechanik, S. 80. Wien: 1923.

so folgt aus den Gl. (113—116)

$$\sigma_x = 2\,G\left(\frac{\partial u}{\partial x} + \frac{m}{m-2}\,e\right),$$
$$\sigma_y = 2\,G\left(\frac{\partial v}{\partial y} + \frac{m}{m-2}\,e\right), \qquad (115\text{ a})$$
$$\sigma_z = 2\,G\left(\frac{\partial w}{\partial z} + \frac{m}{m-2}\,e\right).$$

Diese Ausdrücke in Gl. (112) eingesetzt ergeben

$$\mu\,\frac{\partial^2 u}{\partial t^2} = X + G\left(\frac{\partial^2 u}{\partial x^2} + \frac{\partial^2 u}{\partial y^2} + \frac{\partial^2 u}{\partial z^2}\right) + \frac{m}{m-2}\,G\,\frac{\partial e}{\partial x}$$

und analoge Gleichungen für y und z.

Bezeichnet man symbolisch mit Δ die Operation

$$\Delta = \frac{\partial^2}{\partial x^2} + \frac{\partial^2}{\partial y^2} + \frac{\partial^2}{\partial z^2},$$

welche man z. B. an der Verschiebung u auszuführen hat, so erhält man für die einzelnen Koordinaten die Bewegungsgleichungen

$$\mu\,\frac{\partial^2 u}{\partial t^2} = X + G\,\Delta\,u + \frac{m}{m-2}\,G\,\frac{\partial e}{\partial x},$$
$$\mu\,\frac{\partial^2 v}{\partial t^2} = Y + G\,\Delta\,u + \frac{m}{m-2}\,G\,\frac{\partial e}{\partial y}, \qquad (117)$$
$$\mu\,\frac{\partial^2 w}{\partial t^2} = Z + G\,\Delta\,u + \frac{m}{m-2}\,G\,\frac{\partial e}{\partial z}.$$

Gl. (117) hätte man mit Hilfe der Vektorrechnung erhalten können, dann hätte man an Stelle von drei Gleichungen nur eine einzige erhalten, nämlich

$$\mu\,\frac{\partial^2 \overline{u}}{\partial t^2} = \frac{m}{m-2}\,G\,\nabla\,(\nabla|\overline{u}) + G\,\nabla|\nabla\,\overline{u}. \qquad (118)$$

In Gl. (118) bedeutet $\overline{u}$ den Verschiebungsvektor, dessen Komponenten die Größen u, v und w sind, ∇ die Feldableitung und $\nabla|\overline{u}$ die innere Feldableitung oder die Divergenz. Die Feldableitung irgend einer Größe G ist definiert durch[1]

$$\nabla, G = \lim_{dv \to 0} \frac{1}{dv} \sum \overline{df}, G.$$

In dieser Gleichung bedeutet der Beistrich zwischen ∇ und G, bzw. zwischen $\overline{df}$ und G die Art der Multiplikation. Ist G ein Skalar, so ist überhaupt nur eine — die algebraische — Multiplikation möglich, wenn aber G eine Vektorgröße ist, so ist unter anderen die innere

[1] Jung, F.: Ableitungsbildung im räumlichen Größenfeld, Z. f. Math. u. Physik, Bd. 56, 1908, S. 337. — Spielrein, J.: Lehrbuch der Vektorenrechnung, S. 90. Stuttgart: 1926.

Multiplikation — diese soll durch einen vertikalen Strich | angedeutet werden, der zwischen den Größen steht — oder die äußere — diese soll durch ein ×-Zeichen angedeutet werden, — möglich. dV bedeutet das Volumen eines Raumelementes und $\overline{df}$ den aus diesem Element herauszeigenden Vektor eines Oberflächenelementes (s. Abb. 45). Dann hat nach dieser Definition das Zeichen ∇ die gleichen Eigenschaften wie ein Vektor. Es ist also

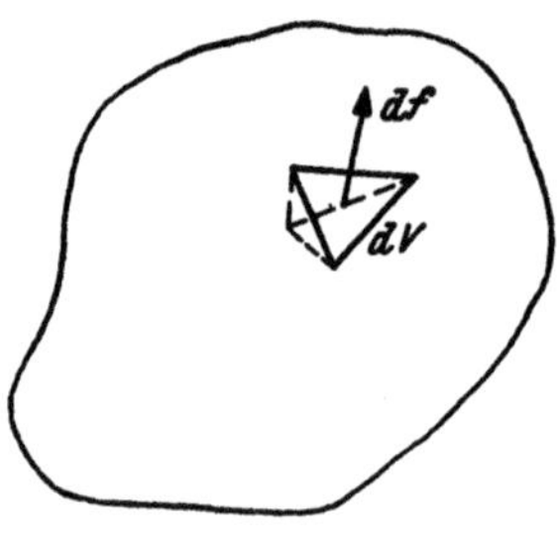

Abb. 45

$$(\nabla \times \nabla) G = 0, \qquad \nabla | \nabla G = \Delta G$$

und $\nabla | \nabla$ ein Skalar. Legt man in die x-, y- und z-Achsen die Einheitsvektoren $\overline{e}_1$, $\overline{e}_2$, $\overline{e}_3$, so bedeutet

$$\nabla, G = \overline{e}_1, \frac{\partial G}{\partial x} + \overline{e}_2, \frac{\partial G}{\partial y} + \overline{e}_3, \frac{\partial G}{\partial z}.$$

Nachdem ∇ die gleiche Eigenschaft wie ein Vektor hat, so gilt die Gleichung[1]

$$\nabla \times (\nabla \times \overline{u}) = \nabla (\nabla | \overline{u}) - \nabla | \nabla \overline{u}$$

und damit erhält man für Gl. (118)

$$\mu \frac{\partial^2 \overline{u}}{\partial t^2} = \frac{2(m-1)}{m-2} G \nabla (\nabla | \overline{u}) - G \nabla \times (\nabla \times \overline{u}). \qquad (119)$$

Die durch Gl. (119) beschriebene Bewegung kann man in zwei Komponenten $\overline{u}_1$ und $\overline{u}_2$ derart zerlegen, daß

$$\nabla | \overline{u}_1 = 0$$

ist. Die durch $\overline{u}_1$ beschriebene Bewegung ist quell- oder dilatationsfrei und für dieselbe gilt nach Gl. (118)

$$\mu \frac{\partial^2 \overline{u}_1}{\partial t^2} = G \nabla | \nabla \overline{u}_1 = G \Delta \overline{u}_1, \qquad (120)$$

für $\overline{u}_2$ kann man die Bedingung

$$\nabla \times \overline{u}_2 = 0$$

aufstellen, das heißt die Bewegung ist wirbelfrei und Gl. (118), bzw. Gl. (119) lautet dann

$$\mu \frac{\partial^2 \overline{u}_2}{\partial t^2} = \frac{2(m-1)}{m-2} G \nabla (\nabla | \overline{u}_2). \qquad (121)$$

Für die Gesamtverschiebung gilt

$$\overline{u} = \overline{u}_1 + \overline{u}_2. \qquad (121\,a)$$

Daß diese Art der Zerlegung der einzelnen Verschiebung möglich ist, kann man durch Einsetzen von Gl. (121 a) in Gl. (119) nachweisen. Berücksichtigt man die Werte der inneren, bzw. der äußeren Feldableitung, so erhält man Gl. (120), bzw. Gl. (121).

[1] Ignatowsky, W. v.: Die Vektoranalysis und ihre Anwendung in der theoretischen Physik, Bd. I, S. 11. Leipzig und Berlin: 1909.

3. Integration der Bewegungsgleichung

Gl. (119) beschreibt alle im elastischen Körper möglichen Schwingungsvorgänge. Um die Bewegungsgleichung zu erhalten, hat man die partielle Differentialgleichung von der Form

$$\frac{\partial^2 u(x, y, z, t)}{\partial t^2} = c^2 \Delta u(x, y, z, t), \qquad (122)$$

welche auch die Wellengleichung heißt, zu lösen. Eine der möglichen Lösungsarten erhält man, indem man

$$u(x, y, z, t) = u\,T, \qquad u = u(x, y, z) \qquad T = T(t) \qquad (123)$$

setzt, dabei ist u eine reine Ortsfunktion, während T nur von der Zeit abhängt. Setzt man Gl. (123) in Gl. (122) ein, so wird

$$u\frac{d^2T}{dt^2} = c^2\,T\,\Delta u \quad \text{bzw.} \quad \frac{1}{T}\frac{d^2T}{dt^2} = \frac{c^2}{u}\Delta u = -\omega_i^2. \qquad (122\,\text{a})$$

Die rechte Seite der Gl. (122 a) ist nur eine Funktion des Ortes, während die linke Seite nur von der Zeit abhängt, dies ist nur dann möglich, wenn beide Seiten derselben Konstanten ω_i^2 gleichkommen. Damit erhält man für die Funktion T

$$T_i = A \sin \omega_i t + B \cos \omega_i t.$$

Je nach dem Wert, welchen die Größe ω_i hat, erhält man auch eine ganz bestimmte Funktion u_i. Da die Differentialgleichung (122) linear ist, so wird die endgültige Lösung

$$u(x, y, z, t) = \sum u_i(x, y, z)\,.\,(A_i \sin \omega_i t + B_i \cos \omega_i t). \qquad (124)$$

Diese Art der Auffindung der Lösung der Wellengleichung wurde von Daniel Bernoulli[1] für die schwingende Saite angegeben.

Bei den Untersuchungen über die Schwingungen von Massenanordnungen mit endlich vielen Einzelmassen ergab die Lösung der Differentialgleichung der Bewegung auch gleichzeitig die Werte der Eigenfrequenzen, dagegen befriedigt jeder Wert von ω die Differentialgleichung (122), daher müssen noch andere Bedingungen — physikalische — herangezogen werden, um die Eigenfrequenzen zu erhalten. Diese werden erhalten, indem man untersucht, wie der Körper gehalten, gelagert ist, man muß die vorgegebenen Verschiebungen und Kräfte am „Rande"[2] berücksichtigen. Diese Bedingungen bezeichnet man auch als Rand- oder Grenzbedingungen. In Gl. (124) bestimmen die Funktionen $u_i\,(x, y, z)$, welche auch die Eigenfunktionen heißen, die Schwingungsform des elastischen Körpers. Jeder Eigenfunktion zugeordnet ist ein ganz bestimmter Wert von ω_i, also eine ganz bestimmte Eigenfrequenz, bzw. Eigenwert ω^2/c^2

[1] Hort, W.: Technische Schwingungslehre, 2. Aufl., S. 430. Berlin: 1922.

[2] Pockels, F.: Über die partielle Differentialgleichung $\Delta u + k^2 u = 0$ und deren Auftreten in der mathematischen Physik. Leipzig: 1891.

und die Schwingung mit dieser Frequenz nennt man eine Eigen- oder eine Normalschwingung. Durch Überlagerung mehrerer Normalschwingungen lassen sich die verschiedensten Anfangsbedingungen erfüllen, wodurch eine vorgegebene Funktion durch eine Reihe, bei welcher die einzelnen Glieder der Eigenfunktion verhältnisgleich sind, ersetzt wird. Die Eigenfrequenzen sind aus den vorgegebenen Randwerten zu bestimmen. Die Beziehung, aus welcher diese Frequenzen erhalten werden, heißt die Frequenzgleichung.

Eine andere Art der Lösung von Gl. (122) läßt sich nach d'Alembert[1] finden, — wie es für den eindimensionalen Schwingungsvorgang gezeigt werden soll, — in dem man für

$$u = f(x - ct) + g(x + ct) \tag{125}$$

setzt, wobei die Funktionen f und g willkürlich sind. Daß diese Art der Lösung möglich ist, läßt sich durch Einsetzen von Gl. (125) in Gl. (122) sofort feststellen. Aus Gl. (125) ist die Form und die Art der entstehenden Bewegung zu erkennen. Beachtet man zunächst nur das Glied $f(x - ct)$, so sieht man, daß bei allen Werten von x und t, bei welchen die Größe $x - ct$ konstant ist, also bei

$$x = \text{const.} + ct$$

auch jede beliebige Funktion $f(x - ct)$ einen unveränderlichen Wert hat. Da $f(x - ct)$ die Schwingungsform bedingt, so heißt dies, daß die Schwingungsform sich wie ein starrer Körper mit konstanter Geschwindigkeit fortbewegt. Diese Geschwindigkeit wird mit Wellengeschwindigkeit oder auch Fortpflanzungsgeschwindigkeit der Welle bezeichnet. Wesentlich verschieden von der Wellengeschwindigkeit ist die Bahngeschwindigkeit irgend eines Teilchens.

Man kann nun die Funktionen $f(x - ct)$ und $g(x - ct)$ in Fourierreihen entwickeln

$$f(x - ct) = \sum C_n \sin [n(x - ct) + \vartheta],$$

$$g(x + at) = \sum D_n \cos [n(x + at) + \vartheta_1], \qquad n = 1, 2, \ldots \infty.$$

Damit erhält man die Darstellung des Bewegungsverlaufes durch Fourierreihen

$$u = \sum C_n \sin [n(x - at) + \vartheta] + D_n \cos [n(x + at) + \vartheta_1].$$

Dieses Ergebnis entspricht Gl. (124), daher ist die d'Alembertsche Lösungsform in die Bernoullische überzuführen. Ist nur ein Sinusglied — eine Sinuswelle — vorhanden, so haben bei einer bestimmten Zeit t alle Punkte in einer Entfernung $x + (2\nu\pi/n)$ (ν eine beliebige ganze Zahl) die gleiche Verschiebung u, das heißt es wieder-

[1] Hort, W., a. a. O.

holen sich alle Verschiebungen nach einer Länge $\lambda = 2\pi/n$ und diese Länge nennt man die Wellenlänge. Die durch $f(x - ct)$ beschriebene Bewegung nennt man eine fortschreitende Wellenbewegung. Die gleiche Überlegung kann mit dem Gliede $g(x + ct)$ gemacht werden. Da die Wellengeschwindigkeit bei diesem das entgegengesetzte Vorzeichen besitzt, so hat die Welle die entgegengesetzte Laufrichtung, man bezeichnet diese als rückläufig. Im allgemeinen erhält man zwei Wellenbewegungen, welche sich mit konstanten gleich großen, aber entgegengesetzt gerichteten Geschwindigkeiten bewegen. Damit kann man die Fortbewegung und den Bestand von Störungen in Riementrieben[1] erklären. Zwei entgegengesetzt sich bewegende Sinus-Wellen überlagern sich derart, daß größere Deformationen an einzelnen Stellen der Riemenlänge auftreten.

Bei der Bewegung elastischer Körper sind nicht nur fortschreitende Wellen möglich. Setzt man in Gl. (124) alle bis auf ein ω_i gleich Null, so ist

$$u(x, y, z, t) = u_i \sin \omega_i t \tag{124 a}$$

und man erhält eine „stehende Welle".

Aus Gl. (120) bestimmt sich die Fortpflanzungsgeschwindigkeit der quell- und dilatationsfreien Schiebungswellen zu

$$c_1 = \sqrt{\frac{G}{\mu}}$$

und aus Gl. (121) die der wirbelfreien Welle

$$c_2 = \sqrt{\frac{2(m-1)}{m-2}\,\frac{G}{\mu}}.$$

Eine andere Lösungsart der Wellengleichung gab Kirchhoff an. Um einen Punkt M legt er eine beliebig geschlossene Fläche O, zufolge der Wellenbewegung ist diese Fläche nicht unveränderlich, vor einer bestimmten Zeit t entsprach derselben eine Fläche (O). Die zu diesen Zeiten zugehörigen Verschiebungen und Geschwindigkeiten seien mit u, $\partial u/\partial t$, bzw. (u), $(\partial u/\partial t)$ bezeichnet. Bedeutet r den Abstand eines beliebigen Punktes auf O von dem gegebenen Punkt M, dO ein Element der Fläche und n die Oberflächennormale mit der Richtung zu M, so bestimmt sich die Verschiebung u des Punktes M nach der Zeit t, wenn die Größen (u), $(\partial u/\partial n)$ und $(\partial u/\partial t)$ gegeben sind, durch die Gleichung[2]

$$u = \frac{1}{4\pi}\int\!\!\int\left[(u)\frac{\partial(1/r)}{\partial n} - \frac{1}{r}\left(\frac{\partial u}{\partial n}\right) - \frac{1}{c\,r}\frac{\partial r}{\partial n}\left(\frac{\partial u}{\partial t}\right)\right] dO.$$

[1] Radinger, J.: Über Dampfmaschinen mit hoher Kolbengeschwindigkeit, S. 290. Wien: 1892.

[2] Kirchhoff, G.: Zur Theorie der Lichtstrahlen, Annalen der Physik und Chemie, Bd. 18 (254), 1883, S. 666.

B. Schwingungen und Schwingungszahlen von Saiten und geraden Stäben

1. Saitenschwingungen

a) Längsschwingungen. Unter einer Saite sei ein Körper von linearen Ausdehnungen verstanden, welcher einer Verformung beim Fehlen äußerer Kräfte keinen Biegewiderstand leistet. An beiden Enden der Saite wirkt die Zugkraft S, welche man auch als Saitenspannung bezeichnet. Dann hat jeder Punkt der Saite zwei Bewegungsmöglichkeiten, einmal senkrecht zur Saitenachse und dann in Richtung derselben. Die erste Schwingungsart nennt man die Transversal- oder Querschwingung, die zweite die Longitudinal- oder Längsschwingung.

Zunächst sei nur die Longitudinalschwingung behandelt, es wird der Saite mit überall gleicher Querschnittsfläche eine solche Störung aus der Anfangslage erteilt, daß sich jeder ihrer Punkte in der Längsachse bewegt. Da die Kraftrichtung mit der x-Richtung zusammenfällt (s. Abb. 46), so ist $\tau_{xy} = 0$, $\tau_{xz} = 0$, $\tau_{yz} = 0$, $\sigma_z = 0$ und für die Verschiebung u erhält man aus Gl. (112), weil außer der vernachlässigten Schwerkraft keine Massenkräfte vorhanden sind

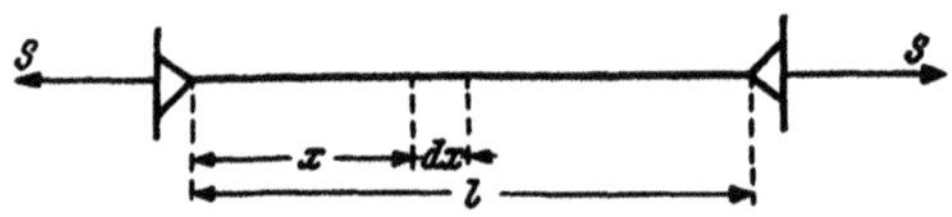

Abb. 46. Gespannte Saite

$$\mu \frac{\partial^2 u}{\partial t^2} = \frac{\partial \sigma_x}{\partial x}.$$

Unter den getroffenen Voraussetzungen ist nach Gl. (113) und Gl. (115)

$$\sigma_x = E \frac{\partial u}{\partial x},$$

daher erhält man für die Bewegungsgleichung

$$\mu \frac{\partial^2 u}{\partial t^2} = E \frac{\partial^2 u}{\partial x^2} \qquad (126)$$

oder wenn man mit

$$c^2 = \frac{E}{\mu} = \frac{E g}{\gamma}$$

bezeichnet, so erhält man

$$\frac{\partial^2 u}{\partial t^2} = c^2 \frac{\partial^2 u}{\partial x^2} = -\omega^2. \qquad (126\,a)$$

Wendet man die d'Alembertsche Lösungsmethode an, so erhält man

$$u = f(x - c\,t) + g(x + c\,t)$$

und damit bestimmt sich die Wellengeschwindigkeit für die Längsschwingung der Saite zu

$$c = \sqrt{\frac{E}{\mu}} = \sqrt{\frac{E\,g}{\gamma}}. \qquad (127)$$

Durch die d'Alembertsche Lösung ist sofort die Aufgabe für die unendlich lange Saite gelöst, es entstehen fortschreitende Wellen. Bei der endlich langen kann man mitunter stehende Wellen beobachten. Für diese gilt wegen Gl. (126 a)

$$u = u(x)\,T(t) = A \sin\left(\frac{\omega}{c}\,x + \vartheta_1\right) \sin(\omega t + \vartheta). \qquad (128)$$

Die Größe ω/c nennt man auch den Eigenwert und von ω weiß man nur, daß es eine konstante Größe ist, die man aus den vorgegebenen Randbedingungen zu bestimmen hat. Die Randbedingungen für die gespannte Saite von der Länge l sind dadurch gegeben, daß die beiden Enden festgehalten also unbeweglich sind, dann hat die Verschiebung u an der Stelle $x = 0$ und $x = l$ zu jeder Zeit den Wert Null. Aus dieser Bedingung erhält man die Gleichungen

$$0 = A \sin\vartheta_1, \qquad 0 = A \sin\left(\frac{\omega}{c}\,l + \vartheta_1\right).$$

Diese beiden Gleichungen sind nur möglich, wenn die triviale Lösung $A = 0$ nicht beachtet werden soll, bei

$$\vartheta_1 = 0 \quad \text{und} \quad \frac{\omega}{c}\,l = s\,\pi.$$

Daher erhält man als Frequenzgleichung

$$\omega = \frac{s\,\pi}{l}\,c = \frac{s\,\pi}{l}\sqrt{\frac{E}{\mu}}, \qquad s = 1, 2, \ldots \infty.$$

Je nachdem, welchen Wert s hat, bekommt man die verschiedensten Schwingungszahlen. Die niederste, also für $s = 1$, nennt man die Grundschwingung, die anderen nennt man die Oberschwingungen, und zwar bezeichnet man die mit $s = 2$ als erste Oberschwingung und so fort. Damit erhält man für die Verschiebung u, da zufolge der linearen partiellen Differentialgleichung die Summe der partikularen Lösungen ebenfalls eine Lösung ergibt

$$u = \sum A_s \sin\frac{s\,\pi}{l}\,x \sin\left(\frac{s\,\pi\,c}{l}\,t + \vartheta_s\right), \quad s = 1, 2, \ldots \infty \qquad (128\text{ a})$$

Aus diesen Werten bestimmt sich die Wellenlänge λ aus der Gleichung

$$\frac{s\,\pi}{l}\,\lambda = 2\,\pi, \qquad \lambda = \frac{2\,l}{s},$$

das heißt für $s = 1$ ist $\lambda = 2\,l$, also gleich der doppelten Saitenlänge, für $s = 2$ wird $\lambda = l$ usw. Ist die Wellenlänge bekannt, so kennt man auch die Lage der Schwingungsknoten, Anfang und Endpunkt der Saite sind immer Knoten. Dann ergibt Gl. (128 a), daß die Grundschwingung keinen, die erste Oberschwingung einen Knoten innerhalb der Saitenlänge hat; es gibt also auch die Zahl der Schwingungsknoten die Ordnung der Oberschwingungen an.

b) Quer- oder Transversalschwingungen. *α) Freie Schwingungen.* Bei dieser Schwingungsart bewegt sich jeder Punkt quer zur Achse (s. Abb. 47). Um die Bewegungsgleichung zu erhalten, sei vorausgesetzt, daß die Schwingungsausschläge v klein sind. Dann kann man näherungsweise für das Element der Bogenlänge ds, die Größe dx und für $\operatorname{tg}\varphi$ den Winkel φ, das ist der Neigungswinkel der Saite im Punkte (x, v) setzen, also

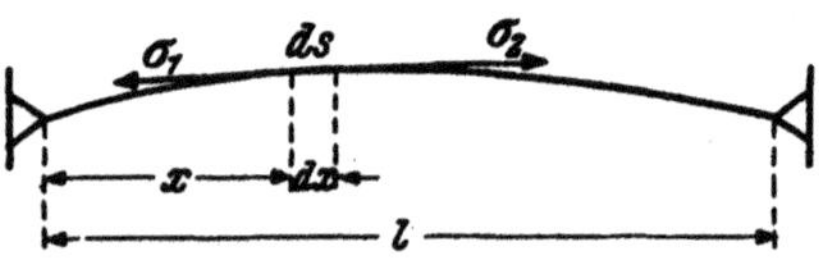

Abb. 47. Transversalschwingung der Saite

$$ds \doteq dx, \qquad \sin\varphi \doteq \operatorname{tg}\varphi \doteq \varphi \doteq \frac{\partial v}{\partial x}.$$

Bedeutet F die Fläche des Querschnittes der Saite, so ist die resultierende Komponente der Saitenspannungen in der y-Richtung $F\,\sigma\,(\partial v/\partial x)$ und die Bewegungsgleichung für ein Element von der Länge $ds \doteq dx$ mit der Masse $\mu F\,ds \doteq \mu F\,dx$ lautet

$$\mu F\,dx\frac{\partial^2 v}{\partial t^2} = F\,\sigma_2\frac{\partial v_2}{\partial x} - F\,\sigma_1\frac{\partial v_1}{\partial x} = \frac{\partial}{\partial x}\left(F\,\sigma\frac{\partial v}{\partial x}\right)dx. \qquad (129\text{ a})$$

Ist die Fläche unveränderlich, so hat sie keinen Einfluß auf die entstehende Schwingung. Sind die Ausschläge klein, so kann man für die Spannung σ die Anfangsspannung σ_0 setzen, damit erhält man die Differentialgleichung

$$\mu\frac{\partial^2 v}{\partial t^2} = \sigma_0\frac{\partial^2 v}{\partial x^2}. \qquad (129)$$

Daraus bestimmt sich die Wellengeschwindigkeit der Querschwingungen bei konstanter Dichte μ

$$c = \sqrt{\frac{\sigma_0}{\mu}}.$$

Gemäß dem Ergebnis bei den Längsschwingungen kann man für die stehenden Schwingungen in diesem Falle

$$v = \sum A_s \sin\left(\frac{\omega_s}{c}\,x + \vartheta_{1s}\right)\sin\left(\omega_s t_s + \vartheta_s\right), \qquad s = 1, 2, \ldots\infty$$

setzen. Die Frequenz ω_s bestimmt sich aus den Randwerten, die wie vorhin durch $x_0 = 0$, $v_0 = 0$ und bei $x = l$, $v = 0$ gegeben sind, damit wird

$$\omega_s = \frac{s\pi}{l} c = \frac{s\pi}{l}\sqrt{\frac{\sigma_0}{\mu}}, \qquad s = 1, 2, \ldots \infty$$

und die Wellenlänge

$$\lambda = \frac{2l}{s}, \qquad s = 1, 2, \ldots \infty.$$

Daraus ist zu ersehen, daß für die schwingende Saite die Lage der Schwingungsknoten bei den einzelnen Oberschwingungen unabhängig von der Schwingungsart ist. Die Werte der Koeffizienten A_s und ϑ_s bestimmen sich aus den vorgegebenen Anfangsbedingungen. Nur ist jetzt erforderlich, daß zur Zeit $t_0 = 0$ sowohl die Schwingungsform, als auch die Anfangsgeschwindigkeit der einzelnen Punkte der Saite gegeben sei.

Die Art der Schwingungen und die Schwingungsformen stehen im engen Zusammenhang mit der Lehre von den Tonempfindungen, darauf näher einzugehen ist hier nicht der entsprechende Platz, angeführt sei nur, daß die sekundliche Schwingungszahl des Tones *a* nach der Internationalen Stimmung 440, 880, 1760 ist. In der folgenden Tabelle sind die Verhältniszahlen der Schwingungszahlen der einzelnen Töne in bezug auf die Schwingungszahl des *a*[1] angegeben

a	*a**is*	*h*	*c*	*cis*	*d*	*dis*	*e*	*f*	*fis*	*g*	*gis*	*a*
1	1,060	1,122	1,189	1,26	1,335	1,414	1,5	1,59	1,68	1,78	1,89	2,00

β) Erzwungene Schwingungen. Bei den Saitenschwingungen kann man zwei verschiedene Fälle von erzwungenen Schwingungsarten feststellen[2]. Bei der einen ist die Bewegung eines Punktes vorgegeben und bei der anderen greift eine gegebene Kraft an einer bestimmten Stelle der Saite an. In allen beiden Fällen muß die Schwingungsform der Saite eine stetige Kurve sein, wenn auch unstetige Neigungsänderungen der Tangente möglich sind (das ist dann der Fall, wenn eine Kraft in einem Punkte angreift, sonst treten auch stetige Neigungsänderungen der Tangente auf).

Die Aufstellung der für die erzwungenen Schwingungen geltenden Beziehungen kann man am schnellsten mit Hilfe der Integralgleichungen[3] erhalten. Die Kenntnis dieser sei nicht vorausgesetzt, deshalb soll die Lösung dieses Problems auf folgendem Wege gesucht werden. Die Bewegung eines Punktes A in der Entfernung a von einem der Festpunkte sei vorgegeben durch

$$v_a = C \sin(kt + \vartheta). \tag{130 a}$$

[1] Kalähne, A., a. a. O., Bd. 1, S. 38.

[2] Rayleigh, a. a. O., Bd. 1, S. 206.

[3] Korn, A.: Über freie und erzwungene Schwingungen. Leipzig und Berlin: 1910. — Hamel, G.: Integralgleichungen. Berlin: 1937. — Schaefer, C.: Einführung in die theoretische Physik, S. 608. Leipzig: 1914.

Beachtet man nur die stehenden Schwingungen, so ist die Frequenz der Schwingungen jedes Saitenpunktes die gleiche und da C vom Ort abhängt erhält man als Bewegungsgesetz

$$v = v(x) \sin(kt + \vartheta). \tag{130}$$

Setzt man Gl. (130) in Gl. (129) ein, so erhält man bei Berücksichtigung von Gl. (4) die Gleichung

$$\mu k^2 v(x) + \sigma_0 \frac{d^2 v(x)}{dx^2} = 0 \tag{131}$$

und die Lösung von Gl. (131) ist

$$v(x) = A \sin\left(k \sqrt{\frac{\mu}{\sigma_0}}\, x + \vartheta_1\right) = A \sin\left(\frac{k}{c}\, x + \vartheta_1\right).$$

Diese Gleichung muß die gegebenen Randbedingungen erfüllen. Da die Bewegung des Punktes A vorgegeben ist, hat man zwei Äste der Schwingungskurve zu unterscheiden, und zwar von $x = 0$ bis $x = a$ und von $x = a$ bis $x = l$. Bei $x_0 = 0$ ist $v(0) = 0$ und bei $x = a$ ist $v(a) = C$. Daraus bestimmt sich

$$\vartheta_1 = 0, \qquad A = C \frac{1}{\sin \frac{k}{c} a}$$

und somit erhält man für die Verschiebung der Punkte des Saitenastes von $x = 0$ bis $x = a$ die Gleichung

$$v = C \frac{\sin \frac{k}{c} x}{\sin \frac{k}{c} a} \sin(kt + \vartheta). \tag{132}$$

Analog bekommt man für den Ast von a bis l die Gleichung

$$v = C \frac{\sin \frac{k}{c}(l - x)}{\sin \frac{k}{c}(l - a)} \sin(kt + \vartheta). \tag{132 a}$$

Ist die Bewegung des Punktes A durch Gl. (130 a) gegeben, so stellt Gl. (132), bzw. Gl. (132 a) schon die Lösung dar. Die Schwingungsausschläge werden unendlich groß, wenn

$$\frac{k}{c} a = s\pi, \qquad s = 1, 2, \ldots \qquad \text{oder} \qquad \frac{k}{c}(l - a) = s$$

wird, das heißt die Schwingungsfrequenz der Frequenz der Grund- oder einer Oberschwingung eines Saitenteiles gleichkommt.

Greift jedoch in A die periodische Kraft $P \sin(kt + \vartheta)$ an — die Wirkungslinie der Kraft soll immer die gleiche Richtung haben und in jedem Augenblick senkrecht zur Saitenachse stehen —, dann müssen die Vertikalkomponenten der Saitenspannungen in A dieser

Kraft das Gleichgewicht halten. Die Vertikalkomponente einer Saitenspannung beträgt $\sigma F\, \partial v/\partial x$, die Differenz der Vertikalkomponenten der beiden Äste der Schwingungskurve im Punkt A ist dann $\Delta\, \sigma F\, \partial v/\partial x$, wobei mit Δ die Differenz der Größen beiderseits A angegeben werden soll, dann gilt die Gleichung

$$\Delta\, \sigma F \frac{\partial v}{\partial x} = \sigma_0 F \Delta \left(\frac{\partial v}{\partial x}\right)_{x=a} = P \sin(k t + \vartheta). \qquad (133)$$

Setzt man Gl. (132) und Gl. (132 a) in Gl. (133) ein, so erhält man für den Größtausschlag

$$C = \frac{P}{\sigma_0 F} \frac{\sin \frac{k}{c} a \sin \frac{k}{c}(l - a)}{\frac{k}{c} \sin \frac{k}{c} l}$$

und damit wird zwischen $x = 0$ und $x = a$

$$v = \frac{P}{\sigma_0 F} \frac{\sin \frac{k}{c}(l - a)}{\frac{k}{c} \sin \frac{k}{c} l} \sin \frac{k}{c} x \sin(k t + \vartheta) \qquad (134)$$

und zwischen $x = a$ und $c = l$

$$v = \frac{P}{\sigma_0 F} \frac{\sin \frac{k}{c} a}{\frac{k}{c} \sin \frac{k}{c} l} \sin \frac{k}{c}(l - x) \sin(k t + \vartheta). \qquad (134\text{ a})$$

Aus Gl. (134) und Gl. (134 a) ist zu ersehen, daß die Ausschläge unendlich groß werden, wenn die Frequenz der erregenden Kraft gleich der Eigenfrequenz wird

$$\frac{k}{c} l = s \pi, \qquad k = \frac{s \pi c}{l} = \frac{s \pi}{l} \sqrt{\frac{\sigma_0}{\mu}} = \omega, \qquad s = 1, 2, \ldots \infty,$$

wenn also Resonanz besteht, vorausgesetzt ist jedoch, daß

$$\frac{k}{c} a \neq s, \qquad a \neq \frac{s \pi c}{k} = \frac{s \pi}{k} \sqrt{\frac{E}{\mu}}$$

ist, das heißt, daß die Kraft nicht in einem Schwingungsknoten angreift.

Ist die Saitenschwingung gedämpft und ist die Dämpfung geschwindigkeitsabhängig, so lautet die Differentialgleichung der Bewegung

$$\mu \frac{\partial^2 v}{\partial t^2} = \sigma_0 \frac{\partial^2 v}{\partial x^2} - \beta' \frac{\partial v}{\partial t}.$$

Bezeichnet man mit

$$\frac{\beta'}{\mu} = \beta,$$

so erhält man schließlich

$$\frac{\partial^2 v}{\partial t^2} = c^2 \frac{\partial^2 v}{\partial x^2} - \beta \frac{\partial v}{\partial t}. \tag{131 a}$$

Wird der Lösungsansatz nach Gl. (123) gemacht, so lassen sich auf einfache Weise die Bewegungsverhältnisse der fortschreitenden Wellen ermitteln. Vollführt jedoch das andere Saitenende, also der Punkt mit der Koordinate $x = l$ eine Bewegung wie sie Gl. (130 a) beschreibt so entstehen stehende Schwingungen und diese sollen nun behandelt werden. Als Lösungsansatz verwendet man diesmal die komplexe Darstellungsweise [s. Gl. (2)]

$$v = v(x)\, e^{ikt},$$

so wird damit Gl. (131 a)

$$c^2 \frac{d^2 v(x)}{dx^2} - \beta\, i\, k\, v(x) + k^2 v(x) = 0,$$

zu dieser linearen Differentialgleichung gehört als charakteristische Gleichung

$$\lambda^2 + \frac{k^2}{c^2}\left(1 - \frac{\beta}{k} i\right) = 0.$$

Da die Größe β/k klein gegen 1 ist, so erhält man

$$\lambda = \pm i \sqrt{\frac{k^2}{c^2}\left(1 - \frac{\beta}{k} i\right)} \doteq \pm i \left(\frac{k}{c} - \frac{\beta}{2c} i\right)$$

und daher für die Verschiebung

$$v(x) = A\, e^{\left(i \frac{k}{c} + \frac{\beta}{2c}\right) x} + B\, e^{-\left(i \frac{k}{c} + \frac{\beta}{2c}\right) x} =$$

$$= A\, e^{+\frac{\beta}{2c} x} \left(\cos \frac{k}{c} x + i \sin \frac{k}{c} x\right) + B\, e^{-\frac{\beta}{2c} x} \left(\cos \frac{k}{c} x - i \sin \frac{k}{c} x\right).$$

Diese Gleichung ergibt v in komplexer Darstellungsweise. Bringt man sie auf die Normalform, so wird

$$v^2(x) = \cos^2 \frac{k}{c} x \left(A\, e^{+\frac{\beta}{2c} x} + B\, e^{-\frac{\beta}{2c} x}\right)^2 + \sin^2 \frac{k}{c} x \left(A\, e^{+\frac{\beta}{2c} x} - B\, e^{-\frac{\beta}{2c} x}\right)^2.$$

Die Werte der Konstanten A und B bestimmen sich aus den vorgegebenen Randbedingungen. Es hat an der Stelle $x = 0$ die Verschiebung v den Wert Null, damit ermittelt sich

$$A = -B.$$

An der Stelle $x = l$ ist der Größtwert der Verschiebung v_0 gegeben, damit erhält man für A

$$A = \frac{v_0}{\sqrt{\cos^2\frac{k}{c}l\left(e^{\frac{\beta}{2c}l} - e^{-\frac{\beta}{2c}l}\right)^2 + \sin^2\frac{k}{c}l\left(e^{-\frac{\beta}{2c}l} + e^{\frac{\beta}{2c}l}\right)^2}}$$

und für die Verschiebung

$$v(x) = v_0\sqrt{\frac{\cos^2\frac{k}{c}x\left(e^{\frac{\beta}{2c}x} - e^{-\frac{\beta}{2c}x}\right)^2 + \sin^2\frac{k}{c}x\left(e^{-\frac{\beta}{2c}x} + e^{\frac{\beta}{2c}x}\right)^2}{\cos^2\frac{k}{c}l\left(e^{\frac{\beta}{2c}l} - e^{-\frac{\beta}{2c}l}\right)^2 + \sin^2\frac{k}{c}l\left(e^{-\frac{\beta}{2c}l} + e^{\frac{\beta}{2c}l}\right)^2}}.$$

Wichtig sind die Verhältnisse bei Resonanz, dann ist

$$k = \omega = \frac{s\pi}{l}c, \qquad s = 1, 2, \ldots$$

Berücksichtigt man, daß β eine kleine Größe ist, so kann man $e^{\frac{\beta}{2c}x}$ in eine Reihe entwickeln und man erhält mit $s = 1$ und bei Vernachlässigung von Gliedern von kleiner Größenordnung

$$e^{\frac{\beta}{2c}x} - e^{-\frac{\beta}{2c}x} = \frac{\beta}{c}x, \qquad e^{\frac{\beta}{2c}x} + e^{-\frac{\beta}{2c}x} \doteq 2, \qquad \frac{\beta}{c}l = \frac{\beta\pi}{\omega}$$

und damit für $v_{(x)}$

$$v_{(x)} = \frac{v_0\omega}{\beta\pi}\sqrt{\frac{\beta^2}{c^2}x^2\cos^2\frac{k}{c}x + 4\sin^2\frac{k}{c}x} \sim \frac{2v_0\omega}{\beta\pi}\sin\frac{k}{c}x. \qquad (135)$$

γ) *Sonderprobleme*[1]. Bisher wurden nur einige Aufgaben behandelt, um zu zeigen, wie solche Fragen zu lösen sind. Keine Rücksicht wurde genommen, wie die Saite erregt wurde, ob sie gezupft[2] oder gestrichen wird, ob der Querschnitt veränderlich ist und auch der Einfluß der Querkontraktion wurde nicht berücksichtigt. Ebenfalls ist es möglich, daß die Enden nicht fest, sondern nachgiebig gelagert sind, die Biegesteifheit kann auf die Bewegung Einfluß haben und Reibungskräfte können noch auf die Saite wirken. Aus der angeführten Literatur ist zu ersehen, wie diese Aufgaben zu lösen sind.

---

[1] Kalähne, A.: Die Erzeugung akustischer Schwingungen in Geiger-Scheel: Handbuch der Physik, Bd. 8, Akustik, S. 151.

[2] Kalähne, A.: Grundzüge der mathem.-physikalischen Akustik, S. 67. Leipzig u. Berlin: 1913. — Geiger-Scheel: Handbuch der Physik, Bd. 8, Akustik. Berlin: 1927. Kalähne, A.: Schallerzeugung mit mechanischen Mitteln, S. 175.

2. *Schwingungen gerader Stäbe*[1]

Auch beim Stab kann man ähnlich wie bei der Saite die Schwingungen nach der Verformungsart des Stabes unterscheiden. Treten nur Längenänderungen auf, dann führt der Stab Längs- oder Longitudinalschwingungen aus oder der Stab verbiegt sich und vollführt Biege- oder Quer- oder Transversalschwingungen, schließlich sind noch Verdrehungen des Stabes möglich, wobei Dreh- oder Torsionsschwingungen entstehen können.

a) Längsschwingungen. Da bei der Herleitung der Differentialgleichung für die schwingende Saite von der Vernachlässigung der Biegesteifheit der Saite kein Gebrauch gemacht wurde, so gilt unter den gleichen Voraussetzungen für die Längsschwingungen der Stäbe die gleiche Differentialgleichung, welche man bei den Längsschwingungen der Saiten erhalten hat

$$\mu \frac{\partial^2 u}{\partial t^2} = E \frac{\partial^2 u}{\partial x^2}, \tag{126}$$

bzw.

$$\mu \frac{\partial^2 u}{\partial t^2} = c^2 \frac{\partial^2 u}{\partial x^2}, \quad c^2 = \frac{E}{\mu}. \tag{126 a}$$

Die Lösung dieser Differentialgleichung wurde schon bei den Saitenschwingungen ermittelt, insbesondere gilt für den wichtigsten Fall der stehenden Schwingungen und unveränderlichem μ

$$u = A \sin\left(\frac{\omega}{c}\, x + \vartheta_1\right) \sin(\omega t + \vartheta). \tag{128}$$

Um die Frequenzgleichung zu erhalten, hat man die Randbedingungen der einzelnen Befestigungsarten zu berücksichtigen. Bei Aufstellung der Bewegungsgleichungen wurde auf die Querkontraktion keine Rücksicht genommen, über den Einfluß derselben s. Rayleigh[2] oder Love[3].

α) Stab an beiden Enden festgehalten. An beiden festen Enden kann keine Verschiebung vorhanden sein, daher hat für $x_0 = 0$ und $x = l$ die Verschiebung u den Wert Null. Damit wird

$$\vartheta_1 = 0, \qquad \frac{\omega_s}{c}\, l = s\pi$$

und damit erhält man für die Frequenzen

$$\omega_s = \frac{s\pi c}{l} = \frac{s\pi}{l}\sqrt{\frac{E}{\mu}},$$

die gleiche Formel wie bei der Längsschwingung der Saite.

---

[1] Poisson, M.: Memoire sur l'Equilibre et le Mouvement des Corps Elastiques, Memoire de l'Academie Royale des Sciences de l'Institut de France, Bd. 8, 1829, S. 357.

[2] Rayleigh, a. a. O., Bd. I, S. 265.

[3] Love, A. E. H.: Lehrbuch der Elastizität, S. 491. Leipzig: 1907.

β) Stab an einem Ende festgehalten. Bei dieser Anordnung muß zu jeder Zeit die Verschiebung des festgehaltenen Endes, also bei $x_0 = 0$, den Wert Null haben und das andere Ende muß, da auf dasselbe keine Kräfte wirken, spannungslos sein. Aus der Bedingung $x_0 = 0$, $u_0 = 0$ folgt

$$\vartheta_1 = 0.$$

Die Spannung bestimmt sich mit Hilfe von Gl. (115) und Gl. (113) zu

$$\sigma = E\frac{\partial u}{\partial x} = E A\frac{\omega}{c}\cos\frac{\omega}{c}x\sin(\omega t + \vartheta),$$

daher ist, wenn das Stabende bei $x = l$ spannungslos sein soll

$$\left(\frac{\partial u}{\partial x}\right)_{x=l} = A\frac{\omega}{c}\cos\frac{\omega}{c}l\sin(\omega t + \vartheta) = 0.$$

Aus dieser Bedingung erhält man

$$\frac{\omega_s}{c}l = s\frac{\pi}{2}, \qquad \omega_s = \frac{s\pi}{2l}c,$$

das heißt, die Frequenz eines an einem Ende gehaltenen Stabes ist genau so groß, wie die des doppelt so langen Stabes, welcher an beiden Enden festgehalten ist.

γ) Stab mit einer Einzelmasse an einem Ende[1]. Bei Vernachlässigung der Stabmasse wurde diese Aufgabe schon auf S. 13 behandelt, jetzt soll auch die Stabmasse berücksichtigt werden (s. Abb. 48). Als Differentialgleichung für den Stab gilt wieder Gl. (126), bzw. Gl. (126 a) und als Lösung erhält man wieder Gl. (128). Um die Eigenfrequenzen zu erhalten, hat man die Randbedingung zu berücksichtigen, diese sind bei der vorgegebenen Massenanordnung die folgenden: An der Einspannstelle muß die Verschiebung u wieder den Wert Null haben, daraus folgt

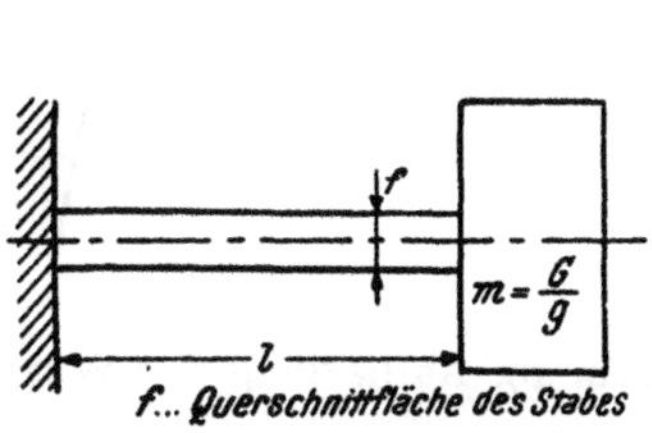

Abb. 48. Stab mit Einzelmasse

$$\vartheta_1 = 0.$$

Am anderen Ende wird die Größe der auftretenden Spannung durch die Massenbeschleunigung der Einzelmasse bedingt. Da die Kraft, welche an der Einzelmasse angreift, entgegengesetzt gerichtet zu derjenigen ist, welche am Stab angreift, so gilt wegen Gl. (113), bzw. Gl. (115), wenn F den Querschnitt des Stabes und G das Gewicht der Masse bedeuten

$$P = EF\left(\frac{\partial u}{\partial x}\right)_{x=l} = -\frac{G}{g}\left(\frac{\partial^2 u}{\partial t^2}\right)_{x=l}.$$

[1] Lorenz, H.: Lehrbuch der technischen Physik, Bd. 4, Technische Elastizitätslehre, S. 58. München u. Berlin: 1913. — Timoshenko, S.: Schwingungsprobleme der Technik, S. 230. Berlin: 1932.

Setzt man in diese Gleichung Gl. (128) ein, so erhält man

$$E F \frac{\omega}{c} \cos \frac{\omega}{c} l \sin (\omega t + \vartheta) = \frac{G}{g} \omega^2 \sin \frac{\omega}{c} l \sin (\omega t + \vartheta),$$

bezeichnet man mit G_1 das Gewicht des Stabes, das ist $\gamma F l$, so lautet die Frequenzgleichung für den Stab mit einer Einzelmasse an einem Ende

$$\frac{\omega}{c} l \operatorname{tg} \frac{\omega}{c} l = \frac{F E g}{G c^2} l = \frac{F E g}{G E/\mu} l = \frac{F \gamma}{G} l = \frac{G_1}{G}$$

oder

$$\operatorname{cotg} \frac{\omega}{c} l = \frac{\omega}{c} l \frac{G_1}{G}.$$

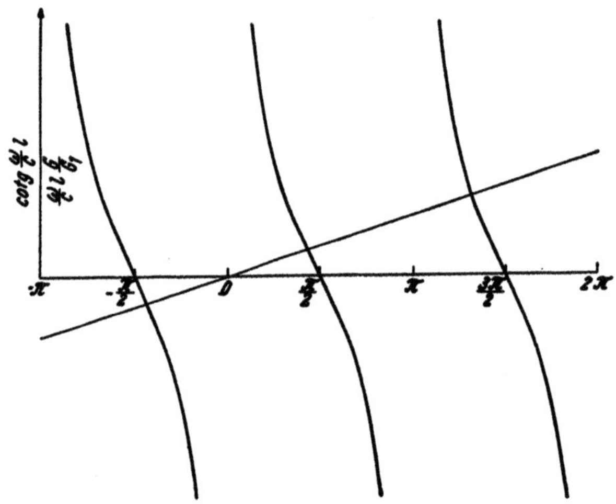

Abb. 49. Auffindung der Wurzeln der Gleichung cotg $\omega/c\,.\,l = \omega/c\,.\,l\,.\,G_1/G$

Der Schnittpunkt der Kurve $y = \operatorname{cotg} \omega/c\, l$ mit der Geraden $y_1 = \omega/c \cdot l \cdot G/G_1$ ergibt $\omega/c \cdot l$ und damit die Eigenfrequenzen. Die graphische Ermittlung der einzelnen Frequenzen nach dieser Methode zeigt Abb. 49. Die Größe der Grundfrequenz, welche von G/G_1 abhängt, ist aus der Abb. 50 zu entnehmen.

Ist $(\omega/c)\, l$ klein, so kann man $\operatorname{tg} (\omega/c)\, l$ in eine Reihe entwickeln und dadurch erhält man die Gleichung

$$\left(\frac{\omega}{c} l\right)\left[\frac{\omega}{c} l + \frac{1}{3}\left(\frac{\omega}{c} l\right)^3 + \ldots\right] = \frac{G_1}{G}$$

und daraus wird

$$\frac{\omega}{c} l = \sqrt{-\frac{3}{2} \pm \sqrt{\left(\frac{3}{2}\right)^2 + \frac{3 G_1}{G}}}, \quad \text{bzw.} \quad \omega = \sqrt{\frac{3}{2} \frac{E}{\mu l^2}} \sqrt{1 + \frac{4 G_1}{G}} - \frac{3}{2}.$$

Vernachlässigt man das Glied mit $(\omega/c)^3$, so erhält man die Gleichung

$$\omega = \frac{c}{l}\sqrt{\frac{G_1}{G}} = \frac{1}{l}\sqrt{\frac{E\,G_1}{\mu G}} = \sqrt{\frac{E\,F\,g}{l\,G}} = \sqrt{\frac{g}{f}},$$

das ist die gleiche, wie sie bei der Schwingung der Einzelmasse bei Vernachlässigung der Federmasse [s. Gl. (19)] erhalten wurde.

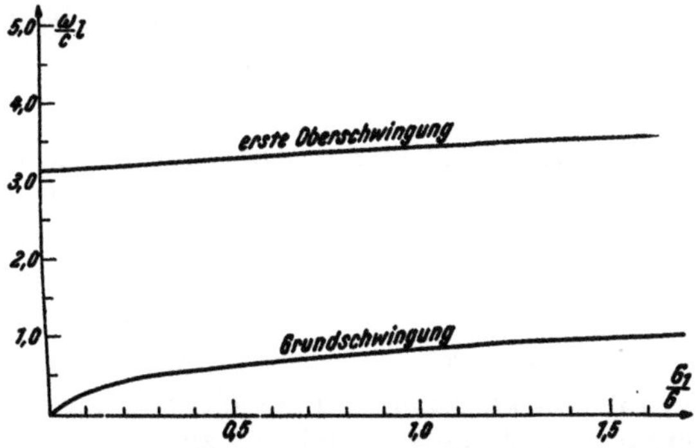

Abb. 50. Frequenzen der Grund- und Oberschwingung des Stabes mit einer Einzelmasse in Abhängigkeit von dem Verhältnis G_1/G

b) Transversal- oder Biegeschwingungen. *α) Aufstellung der Differentialgleichung bei Vernachlässigung der Verdrehung der Querschnittsfläche und der Schubspannungen.*[1] Sind die Durchbiegungen v der elastischen Linie klein, so sind die dadurch bedingten Winkeländerungen und dementsprechend die Winkelbeschleunigung vernachlässigbar und das Bogenelement ds ist angenähert durch seine Projektion dx ersetzbar. Ist V die Querkraft, so ist wegen der Kleinheit der Winkeländerungen (s. Abb. 51)

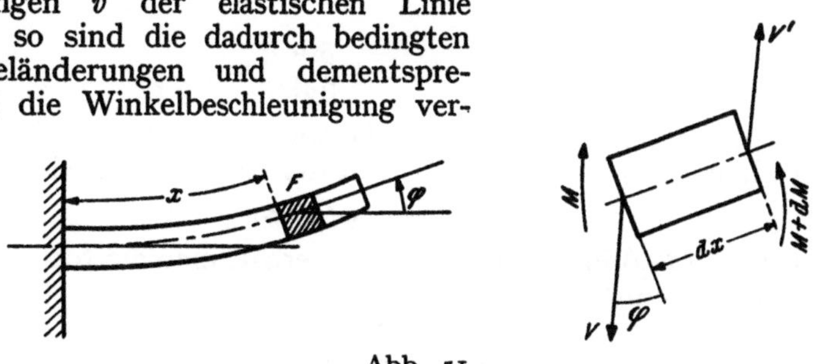

Abb. 51

$$V_y = V\cos\varphi \sim V, \qquad V' = V + \frac{\partial V}{\partial x}\,dx.$$

[1] Im folgenden soll immer der Einfluß der Schubspannungen und derjenige der Verdrehung der Querschnittsfläche auf die Bewegungsverhältnisse vernachlässigt werden. Die Berücksichtigung dieser wird besonders erwähnt.

Bedeutet F die Querschnittsfläche des Stabes, so lautet der Schwerpunktsatz

$$\frac{\gamma}{g} F\, dx \frac{\partial^2 v}{\partial t^2} = V' - V = \frac{\partial V}{\partial x} dx \tag{136}$$

und der Momentensatz

$$dM = \frac{\partial M}{\partial x} dx = V\, dx, \qquad V = \frac{\partial M}{\partial x}. \tag{136 a}$$

Die Biegungstheorie für den geraden Balken ergibt

$$M = -E\, J \frac{\partial^2 v}{\partial x^2}, \tag{136 b}$$

wenn J das achsiale Trägheitsmoment der Querschnittsfläche bedeutet. Setzt man Gl. (136 a) und Gl. (136 b) in die Gl. (136) ein, so erhält man schließlich als Bewegungsgleichung für den geraden Stab von veränderlichem Trägheitsmoment

$$\frac{\gamma}{g} F \frac{\partial^2 v}{\partial t^2} = -\frac{\partial^2}{\partial x^2}\left(E\, J \frac{\partial^2 v}{\partial x^2}\right) \tag{137}$$

und für den Stab mit konstantem Trägheitsmoment und Elastizitätsmodul vereinfacht sich diese Gleichung zu

$$\frac{\gamma}{g} F \frac{\partial^2 v}{\partial t^2} = -E\, J \frac{\partial^4 v}{\partial x^4}, \tag{138}$$

setzt man zur Abkürzung

$$\frac{g\, E\, J}{\gamma F} = c^2,$$

so wird

$$\frac{\partial^2 v}{\partial t^2} = -c^2 \frac{\partial^4 v}{\partial x^4}. \tag{138 a}$$

Die Lösungsarten der Differentialgleichung (138), bzw. (138 a) wurden schon auf S. 95 behandelt. Für die stehende Schwingung gilt

$$v = X(x) \sin(\omega\, t + \vartheta), \tag{139}$$

setzt man Gl. (139) in Gl. (138 a) ein, so erhält man die totale lineare Differentialgleichung

$$\frac{d^4 X}{dx^4} = \frac{\omega^2}{c^2} X,$$

dafür gilt der Lösungsansatz

$$X = A\, e^{\lambda x}.$$

Bezeichnet man mit $\omega^2/c^2 = m^4$ oder $\omega = c\, m^2$, so erhält man als charakteristische Gleichung

$$\lambda_{1,2} = \pm m, \qquad \lambda_{3,4} = \pm i\, m.$$

Für die hyperbolischen Funktionen gilt

$$\operatorname{Sinh} m\, x = \frac{e^{mx} - e^{-mx}}{2}, \qquad \operatorname{Cosh} m\, x = \frac{e^{mx} + e^{-mx}}{2},$$

deshalb erhält man als Lösung der Gl. (138) für die stehenden Schwingungen

$$v = (A \operatorname{Sinh} m\,x + B \operatorname{Cosh} m\,x + C \sin m\,x + D \cos m\,x) \sin(\omega t + \vartheta). \tag{140}$$

Um den Wert m und damit die Frequenzen der Grund- und Oberschwingungen zu berücksichtigen, hat man die Randbedingungen zu berücksichtigen.

β) Berücksichtigung der Randbedingungen[1]

Eingespannter Stab mit freiem Ende.

An der Einspannstelle hat die Durchbiegung und die Neigung der elastischen Linie dauernd den Wert Null, daher ist

$$X(x_0) = 0 \quad \text{und} \quad \frac{dX(x_0)}{dx} = 0.$$

Bei dem eingespannten Stab von der Länge l und freiem Ende hat sowohl das Biegungsmoment M und die Querkraft V am freien Ende dauernd den Wert Null, daher ist wegen Gl. (136 a) und Gl. (136 b)

$$\frac{d^2X(l)}{dx^2} = 0, \qquad \frac{d^3X(l)}{dx^3} = 0.$$

Berücksichtigt man diese Randbedingungen, so erhält man

$$X(x_0) = 0 = B + D,$$

$$\frac{dX(x_0)}{dx} = 0 = m(A + C),$$

$$\frac{d^2X(l)}{dx^2} = 0 = m^2 (A \operatorname{Sinh} m\,l + B \operatorname{Cosh} m\,l - C \sin m\,l - D \cos m\,l),$$

$$\frac{d^3X(l)}{dx^3} = 0 = m^3 (A \operatorname{Cosh} m\,l + B \operatorname{Sinh} m\,l - C \cos m\,l + D \sin m\,l).$$

Diese vier Gleichungen lassen sich auf die zwei

$$B (\operatorname{Cosh} m\,l + \cos m\,l) + A (\operatorname{Sinh} m\,l + \sin m\,l) = 0,$$
$$B (\operatorname{Sinh} m\,l - \sin m\,l) + A (\operatorname{Cosh} m\,l + \cos m\,l) = 0$$

zurückführen. Soll eine nichttriviale Lösung möglich sein, so muß die Koeffizientendeterminante den Wert Null haben, diese ergibt

$$\operatorname{Cosh}^2 m\,l + \cos^2 m\,l + 2 \operatorname{Cosh} m\,l \cos m\,l - \operatorname{Sinh}^2 m\,l + \sin^2 m\,l = 0$$

oder

$$1 + \operatorname{Cosh} m\,l \cos m\,l = 0, \qquad \cos m\,l = \frac{-1}{\operatorname{Cosh} m\,l}.$$

[1] Schwingungszahlen von Träger auf mehr als zwei Stützen, s. Kaufmann, W.: Über Biegeschwingungen stabförmiger Träger, Z. a. M. M., Bd. 2, 1922, S. 34. — Dungen, F. H. van den: Über die Biegeschwingungen einer Welle, Z. a. M. M., Bd. 8, 1928, S. 225.

In der folgenden Tabelle sind die ersten sechs Wurzeln der Frequenzgleichung angegeben[1]

$m_1 l$	$m_2 l$	$m_3 l$	$m_4 l$	$m_5 l$	$m_6 l$
1,875	4,694	7,855	10,996	14,137	17,279

Da für große Werte von $m\,l$ der $\operatorname{Cosh} m\,l$ ebenfalls sehr groß wird, so wird sein reziproker Wert sehr klein werden und für große Werte von $m\,l$ erhält man

$$m\,l = \frac{s\,\pi}{2}.$$

Aus diesen Werten erhält man für die Grundschwingung

$$\omega = m^2 c = \frac{1{,}875^2}{l^2}\sqrt{\frac{g\,E\,J}{\gamma\,F}} = \frac{3{,}516}{l^2}\sqrt{\frac{g\,E\,J}{\gamma\,F}}.$$

Der Stab ist an beiden Enden eingespannt.

Die Randbedingungen sind bei dieser Einspannung dadurch gegeben, daß bei $x_0 = 0$ und bei $x = l$ sowohl die Durchbiegungen als auch die Neigungen des Stabes dauernd den Wert Null haben. Daraus folgt

$$X(x_0) = 0 = B + D,$$

$$\frac{dX(x_0)}{dx} = 0 = m(A + C),$$

$$X(l) = 0 = A \operatorname{Sinh} m\,l + B \operatorname{Cosh} m\,l + C \sin m\,l + D \cos m\,l,$$

$$\frac{dX(l)}{dx} = 0 = m(A \operatorname{Cosh} m\,l + B \operatorname{Sinh} m\,l + C \cos m\,l - D \sin m\,l).$$

Daraus folgt für die Frequenzgleichung

$$1 - \operatorname{Cosh} m\,l \cos m\,l = 0.$$

Diese hat als Wurzeln[2]

$m_1 l$	$m_2 l$	$m_3 l$	$m_4 l$	$m_5 l$	$m_6 l$	$m_7 l$
0	4,7300	7,853	10,996	14,137	17,279	20,420

Für die Grundschwingung erhält man

$$\omega = \frac{4{,}73^2}{l^2}\sqrt{\frac{g\,E\,J}{\gamma\,F}} = \frac{22{,}373}{l^2}\sqrt{\frac{g\,E\,J}{\gamma\,F}}.$$

Eingespannter Stab mit unterstütztem Ende.

Die Randbedingungen sind für diesen Fall: An der Einspannstelle haben sowohl die Durchbiegung als auch der Neigungswinkel der elastischen Linie dauernd den Wert Null und an der unterstützten Stelle kann keine Durchbiegung und kein Biegungsmoment vorhanden sein, daher ist

[1] Rayleigh, a. a. O., Bd. I, S. 300. — Kalähne, A., a. a. O., Bd. 2. S. 129,

[2] Rayleigh, a. a. O., S. 299.

$$X(x_0) = 0 = B + D,$$

$$\frac{dX(x_0)}{dx} = 0 = m(A + C),$$

$$X(l) = 0 = A \operatorname{Sinh} m l + B \operatorname{Cosh} m l + C \sin m l + D \cos m l,$$

$$\frac{d^2X(l)}{dx} = 0 = m^2 (A \operatorname{Sinh} m l + B \operatorname{Cosh} m l - C \sin m l - D \cos m l).$$

Aus diesen Gleichungen erhält man als Frequenzgleichung

$$\operatorname{Tgh} m l + \operatorname{tg} m l = 0,$$

diese hat als Wurzeln[1]

$m_1 l$	$m_2 l$	$m_3 l$	$m_4 l$	$m_5 l$
3,927	7,069	10,210	13,352	16,493

Daher erhält man für die Grundschwingung

$$\omega = \frac{3{,}927^2}{l^2} \sqrt{\frac{g E J}{\gamma F}} = \frac{15{,}421}{l^2} \sqrt{\frac{g E J}{\gamma F}}.$$

Der Stab ist beiderseits drehbar (gestützt) gelagert[2].

Da an den Lagerstellen keine Durchbiegungen und auch keine Biegungsmomente vorhanden sein dürfen, so muß

$$X(x_0) = 0, \qquad \frac{d^2X(x_0)}{dx^2} = 0$$

und

$$X(l) = 0, \qquad \frac{d^2X(l)}{dx^2} = 0$$

dauernd gelten. Aus diesen Bedingungen erhält man die Frequenzgleichung

$$A \operatorname{Sinh} m l = 0 \quad \text{und} \quad C \sin m l = 0.$$

Sieht man von der Lösung $m l = 0$ ab, so gelten diese zwei Gleichungen nur dann gleichzeitig, wenn sowohl

$$A = 0, \quad \text{als auch} \quad m l = s\pi, \quad s = 1, 2, \ldots$$

gilt und damit wird

$$m = \frac{s\pi}{l}, \qquad s = 1, 2, \ldots$$

Daher erhält man für die Grundschwingung

$$\omega = \frac{\pi^2}{l^2} \sqrt{\frac{g E J}{\gamma F}} = \frac{9{,}8696}{l^2} \sqrt{\frac{g E J}{\gamma F}}$$

und für die stehende Schwingung gilt für diese Lagerungsart die einfache Gleichung

$$v = \sum C_s \sin \frac{s\pi}{l} x \sin(\omega_s t + \vartheta_s). \tag{140 a}$$

---

[1] Timoshenko, S., a. a. O., S. 259.

[2] Kalähne, A., a. a. O., S. 137.

Eingespannter Stab mit Einzelmasse am freien Ende[1]

Ist die Anordnung nach Abb. 52 gegeben, so haben die Kräfte, welche am Balken angreifen, das entgegengesetzte Vorzeichen, wie die, welche an der Masse $m_2 = G_2/g$ angreifen. Zur Wirkung auf die Masse gelangen die Querkräfte des Balkens an der Stelle $x = l$. Daher gelten die Randbedingungen bei $x = l$

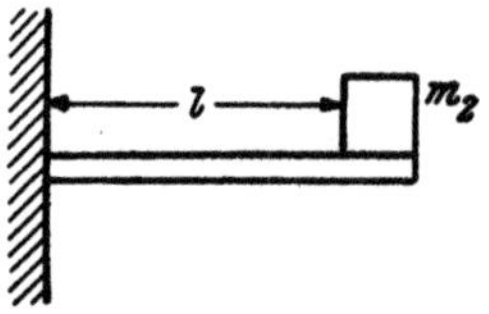

Abb. 52. Balken mit Einzelmasse am Ende

$$-V = m_2 b = E J \left(\frac{\partial^3 v}{\partial x^3}\right)_{x=l} = \frac{G_2}{g}\left(\frac{\partial^2 v}{\partial t}\right)_{x=l}$$

und bei $x_0 = 0$ gelten wieder die bekannten Bedingungen

$$X(x_0) = 0, \qquad \frac{dX(x_0)}{dx} = 0.$$

Die Winkeländerung der Masse vom Trägheitsmoment J_2 um die Schwerachse am Ende des Stabes bedingt, daß Kräftepaare vom Moment M am Balken angreifen $J_2\,\varepsilon = -M$. Da die Winkeländerung klein ist, kann man für die Winkeländerung — so wie früher bei der Ableitung der Differentialgleichung (137), bzw. (138) — für $\varphi \sim \operatorname{tg}\varphi = = \frac{\partial v}{\partial x}$ setzen. Dann gilt zufolge des Momentensatzes

$$J_2 \frac{\partial^2}{\partial t^2}\left(\frac{\partial v}{\partial x}\right)_{x=l} = E J \left(\frac{\partial^2 v}{\partial x^2}\right)_{x=l}.$$

Bezeichnet man mit

$$\chi = m\,l, \quad \alpha = \frac{G_2}{\gamma F l}, \qquad \beta = \frac{g J_2}{l^2 \gamma F l},$$

so erhält man als Frequenzgleichung

$$1 - \alpha\beta\chi^4 + \frac{1 + \alpha\beta\chi}{\cos\chi \operatorname{Cosh}\chi} - \chi(\alpha\chi + \beta\chi^2)\operatorname{tg}\chi + \chi(\alpha\chi - \\ - \beta\chi^2)\operatorname{Tgh}\chi = 0.$$

Aus diesen nicht sehr einfachen Gleichungen hätte man sich das χ zu berechnen, dann kennt man das m und damit die Eigenfrequenz. Wie auf einfacherem Wege die Federmasse allerdings nur näherungsweise zu berücksichtigen ist, wird auf S. 127 gezeigt werden.

γ) *Berücksichtigung des Einflusses der Verdrehung der Querschnittsflächen*[2]. Bei Herleitung von Gl. (137) wurde angenommen, daß die Winkeländerung der Tangente des Neigungswinkels der elastischen Linie und die zugehörigen Winkelgeschwindigkeiten und Winkelbeschleunigungen ε klein bleiben und daher zu vernachlässigen sind. Diese Voraussetzungen sollen jetzt nicht mehr gemacht werden. Es ist (s. Abb. 51)

---

[1] Hort, W.: Technische Schwingungslehre, 2. Aufl., S. 458. Berlin: 1922.
[2] Poisson, M., a. a. O., S. 463.

$$\frac{\partial \varphi}{\partial t} \doteq \frac{\partial \operatorname{tg} \varphi}{\partial t} = \frac{\partial}{\partial t}\left(\frac{\partial v}{\partial x}\right) = \frac{\partial^2 v}{\partial t\, \partial x}, \quad \frac{\partial^2 \varphi}{\partial t^2} = \varepsilon = \frac{\partial^3 v}{\partial x\, \partial t^2}.$$

Ist J das geometrische Trägheitsmoment der Querschnittsfläche, so lautet für ein Element von der Länge $dx \sim ds$ und dem Massenträgheitsmoment $dJ_1 = \gamma/g\, J\, dx$ der Schwerpunktsatz

$$dJ_1\, \varepsilon = \frac{\gamma}{g}\, J\, dx \frac{\partial^3 v}{\partial x\, \partial t^2} = V\, dx - dM = V\, dx - \frac{\partial M}{\partial x}\, dx. \qquad (141)$$

Da die Berücksichtigung des Einflusses der Verdrehung der Querschnittsfläche auf den Schwerpunktsatz keinen Einfluß hat, so erhält man wieder Gl. (136)

$$\frac{\gamma}{g}\, F\, dx \frac{\partial^2 v}{\partial t^2} = \frac{\partial V}{\partial x}\, dx, \qquad (136)$$

außerdem gilt noch Gl. (136 b)

$$M = -E\, J\, \frac{\partial^2 v}{\partial x^2}. \qquad (136\,b)$$

Mit Hilfe der Gl. (136) und Gl. (136 b) kann man aus der Gl. (141) das Biegungsmoment und die Querkraft V eliminieren und man erhält für den geraden Stab bei Berücksichtigung der Verdrehung der Querschnittsflächen die Differentialgleichung

$$\frac{\gamma}{g}\, \frac{\partial}{\partial x}\left(J \frac{\partial^3 v}{\partial x\, \partial t^2}\right) - \frac{\partial^2}{\partial x^2}\left(E\, J\, \frac{\partial^2 v}{\partial x^2}\right) - \frac{\gamma}{g}\, F\, \frac{\partial^2 v}{\partial t^2} = 0 \qquad (142)$$

und für den Stab mit konstantem Trägheitsmoment J

$$\frac{\gamma}{g}\, J \frac{\partial^4 v}{\partial x^2\, \partial t^2} - \frac{\gamma}{g}\, F\, \frac{\partial^2 v}{\partial t^2} - E\, J\, \frac{\partial^4 v}{\partial x^4} = 0. \qquad (141\,a)$$

δ) *Berücksichtigung der Verformung der Stabquerschnitte durch Schubkräfte*[1]. Auf die Neigungsänderung der elastischen Linie, welche durch die Schubkräfte bedingt ist, wurde bei Herleitung der Differentialgleichung (142), bzw. (142 a) keine Rücksicht genommen. Bezeichnet φ den Neigungswinkel der neutralen Faser des Stabes, φ_0 jenen, welcher bei Vernachlässigung der Schubkräfte und ψ denjenigen, welcher allein durch die Schubkräfte hervorgerufen wurde, so ist die gesamte Neigung der elastischen Linie des Stabes

$$\varphi = \frac{\partial v}{\partial x} = \varphi_0 + \psi.$$

Wendet man Gl. (136 b) sinngemäß an, so erhält man

$$M = -E\, J\, \frac{\partial \varphi_0}{\partial x}. \qquad (143\,a)$$

[1] Ein davon verschiedenes Ergebnis gibt Timoshenko, S., a. a. O., S. 252 zufolge anderer Annahmen an.

Bezeichnet man mit k' einen Zahlenfaktor, welcher von der Form des Querschnittes abhängt, so gilt für die Schubkraft

$$V = k' \psi G F = k' G F (\varphi - \varphi_0) = k' F G \left(\frac{\partial v}{\partial x} - \varphi_0\right). \tag{143 b}$$

Nach dem Momentensatze erhält man wieder Gl. (141) und setzt man in diese Gl. (143 a) und Gl. (143 b) ein, so wird

$$\frac{\gamma}{g} J \frac{\partial^2 \varphi}{\partial t^2} - \frac{\partial}{\partial x}\left(E J \frac{\partial \varphi_0}{\partial x}\right) - k' G F \left(\frac{\partial v}{\partial x} - \varphi_0\right) = 0, \tag{144}$$

zufolge des Schwerpunktsatzes gilt wieder Gl. (136), berücksichtigt man noch Gl. (143 b), so bekommt man die Gleichung

$$\frac{\gamma}{g} F \frac{\partial^2 v}{\partial t^2} = \frac{\partial V}{\partial x} = \frac{\partial}{\partial x}\left[k' G F \left(\frac{\partial v}{\partial x} - \varphi_0\right)\right]. \tag{144 a}$$

Aus Gl. (144) und Gl. (144 a) kann man den Winkel φ_0 eliminieren und wenn für die weiteren Untersuchungen ein Stab von konstanter Querschnittsfläche und Trägheitsmoment angenommen werden soll, so lautet für diese die Differentialgleichung der Bewegung

$$\left(\frac{\gamma}{g} J + \frac{\gamma E J}{g k' G}\right) \frac{\partial^4 v}{\partial x^2 \partial t^2} - \frac{\gamma}{g} F \frac{\partial^2 v}{\partial t^2} - E J \frac{\partial^4 v}{\partial x^4} = 0. \tag{145}$$

ε) *Schwingungen des an den Enden frei aufliegenden Stabes bei Berücksichtigung des Einflusses der Schubspannungen.* Die Randbedingungen (s. S. 113) und auch die Differentialgleichung (145) werden durch den Ansatz

$$v = A \sin s \pi \frac{x}{l} \sin (\omega_s t + \vartheta_s) \quad s = 1, 2, \ldots \infty \tag{146}$$

erfüllt. Setzt man Gl. (146) in Gl. (145) ein, so erhält man die Frequenzgleichung

$$\left(\frac{\gamma}{g} J + \frac{\gamma E J}{g k' G}\right) \frac{s^2 \pi^2}{l^2} \omega_s^2 + \frac{\gamma}{g} F \omega_s^2 - E J \frac{s^4 \pi^4}{l^4} = 0,$$

daraus folgt für die Frequenz

$$\omega_s = \sqrt{\frac{\dfrac{g E s^4 \pi^4}{\gamma l^4}}{\left(1 + \dfrac{E}{k' G}\right) \dfrac{s^2 \pi^2}{l^2} + \dfrac{F}{J}}}. \tag{147}$$

Um festzustellen, welchen zahlenmäßigen Einfluß die Berücksichtigung des Einflusses der Schubspannungen bedingt, sei ein rechteckiger Stab genommen. Für diesen ist das Quadrat des Trägheitsradius

$$i^2 = \frac{J}{F} = \frac{1}{3} h^2.$$

Außerdem ist für den rechteckigen Querschnitt $k' = 2/3$ und für das Verhältnis von E/G kann man mit entsprechender Annäherung den Wert $13/5$ setzen, dann erhält man, weil die Querschnittshöhe $2h$ im Verhältnis zur Trägerlänge, also auch h eine kleine Größe ist, bei Anwendung bekannter Rechenregeln

$$\omega_s = \sqrt{\frac{\frac{g E s^4 \pi^4 i^2}{\gamma l^4}}{\left(1 + \frac{49}{30} s^2 \pi^2 \frac{h^2}{l^2}\right)}} \sim \frac{s^2 \pi^2}{l^2} \sqrt{\frac{g E}{\gamma}}\, i \left(1 - \frac{1}{2} \frac{49}{30} s^2 \pi^2 \frac{h^2}{l^2}\right).$$

Nimmt man an, daß $h/l = 0{,}1$ ist, so erhält man

$$\omega_s = \frac{s^2 \pi^2}{l^2} \sqrt{\frac{g E J}{F}} (1 - s^2\, 0{,}0805).$$

Vernachlässigt man den Einfluß der Schubspannung und berücksichtigt man die Verdrehung der Querschnitte nicht, so ermittelt man beim rechteckigen Stabe von $h/l = 0{,}1$ eine um 8,05% zu große Frequenz der Grundschwingung.

ζ) *Erzwungene Stabschwingungen*[1].

Der Stab ist an beiden Enden drehbar gelagert.

Man könnte genau so wie bei den erzwungenen Saitenschwingungen die Lösung dieser Aufgabe ermitteln, man kann aber auch mit Hilfe der generalisierten Koordinaten diese Fragen behandeln. Für die freien Schwingungen des Stabes, der an beiden Enden drehbar gelagert ist, wurde als Lösung Gl. (140 a) erhalten

$$v = \sum C_s \sin \frac{s\pi}{l} x \sin(\omega_s t + \vartheta_s) = \sum q_s \sin \frac{s\pi}{l} x, \qquad (140\text{ a})$$

darin bedeuten die q_s die allgemeinen Koordinaten. Für die Schwingungen des Stabes mit konstanter Querschnittsfläche und Wichte gilt bei Gültigkeit von Gl. (140 a)

$$L = \frac{1}{2} \int_0^l \frac{\gamma}{g} F \left(\frac{\partial v}{\partial t}\right)^2 dx = \sum \frac{\gamma}{2g} F \dot{q}_s^2 \int_0^l \sin^2 \frac{s\pi}{l} x\, dx = \frac{\gamma F}{4g} l \sum_1^n \dot{q}_s^2. \qquad (148\text{ a})$$

Für das Potential der Kräfte, welches der negativen Formänderungsarbeit gleichkommt, erhält man nach der Biegungstheorie

---

[1] Kriloff, A.: Über die erzwungenen Schwingungen von gleichförmigen elastischen Stäben, Mathem. Annalen, Bd. 61, 1905, S. 211. — Timoshenko, S., a. a. O., S. 262. — Erzwungene Schwingungen prismatischer Stäbe, Zeitschrift für Mathematik und Physik, Bd. 59, 1911, S. 163.

$$U = \frac{1}{2}\int_0^l E\,J\left(\frac{\partial^2 v}{\partial x^2}\right)^2 dx = \frac{1}{2} E\,J \sum_1^n \frac{s^4 \pi^4}{l^4} q_s^2 \int_0^l \sin^2 \frac{s\,\pi}{l}\,x\,dx =$$

$$= \frac{E\,J\,\pi^4}{4\,l^3} \sum_1^n s^4 q_s^2. \tag{148 b}$$

Setzt man Gl. (148 a) und Gl. (148 b) in die Lagrangeschen Gleichungen Gl. (7) ein, so erhält man bei Fehlen von erregenden Kräften

$$\frac{\gamma\,l\,F}{2\,g}\ddot{q}_s + \frac{E\,J\,\pi^4}{2\,l^3} s^4 q_s = 0. \tag{149}$$

Wirkt außer den elastischen Kräften noch irgend eine allgemeine Kraft Q_s auf den Stab, so gilt an Stelle von Gl. (149)

$$\frac{\gamma\,l\,F}{2\,g}\ddot{q}_s + \frac{E\,J\,\pi^4}{2\,l^3} s^4 q_s = Q^{(s)}. \tag{149 a}$$

Da die Differentialgleichungen (149) und (149 a) konstante Koeffizienten haben und linear sind, so kann man bei Kenntnis der partikularen Lösungen die allgemeine Lösung der Aufgabe erhalten. Ist die allgemeine Kraft periodisch, also durch $Q_s \sin k\,t$ gegeben, so gilt die Differentialgleichung

$$\ddot{q}_s + \frac{E\,J\,g\,\pi^4}{\gamma\,F\,l^4} s^4 q_s = \frac{2\,g}{\gamma F\,l} Q_s \sin k\,t.$$

Aus dieser erhält man (s. S. 24) bei Berücksichtigung von Gl. (140 a) für die Durchbiegung v

$$v = \sum q_s \sin\frac{s\,\pi}{l}\,x = \sum_1^n \left[A \sin\left(\frac{\pi^2 s^2}{l^2}\sqrt{\frac{E\,J\,g}{\gamma\,F}}\,t + \vartheta\right) + \right.$$

$$\left. + \frac{2\,l^3 g\,Q_s}{E\,J\,\pi^4 s^4 g - \gamma\,F\,l^4 k^2} \sin k\,t\right] \sin\frac{s\,\pi}{l}\,x. \tag{150}$$

Gl. (150) ergibt auch die Schwingungsform des auf beiden Enden drehbar gestützten Stabes. Man sieht aus dieser Gleichung, daß bei dem Zusammenfallen der erregenden Kraftfrequenzen mit der Frequenz der freien Schwingung ebenfalls sehr große Schwingungsausschläge entstehen können. Die Aufgabe ist jedoch nie so gestellt, daß die generalisierte Kraft gegeben ist, sondern an einer bestimmten Stelle des Stabes greift eine ganz bestimmte harmonische Kraft an, deren Größtwert und Frequenz bekannt ist. Um die generalisierte Kraft zu erhalten, berechnet man die Arbeit dA der eingeprägten Kräfte bei der vorgegebenen Verschiebung

$$dA = \sum Q_s\,\delta q_s = \sum \frac{\partial A}{\partial q_s}\,\delta q_s, \qquad Q_s = \frac{\partial A}{\partial q_s}$$

und mit Hilfe dieser Gleichung kann man die generalisierte Kraft ermitteln.

Greift z. B. an dem beiderseits gestützten Stab (s. Abb. 53) an der Stelle a die harmonische Kraft $P \sin k t$ an, so hat man die Arbeit dA dieser Kraft bei der Verschiebung dv zu ermitteln. Die virtuelle Verschiebung des Stabes an der Stelle $x = a$ beträgt

$$(\delta v)_{x=\text{const}=a} = \sum \delta q_s \sin \frac{s\pi}{l} a$$

und daher die virtuelle Arbeit der Kraft $P \sin k t$

$$A = P \sin k t\, (\delta v)_{x=a} = \sum P\, \delta q_s \sin \frac{s \pi c}{l} a = \sum Q^{(s)}\, \delta q_s,$$

damit erhält man für die generalisierte Kraft

$$Q^{(s)} = Q_s \sin k t = P \sin \frac{s \pi c}{l} \sin k t$$

und den auf diese Weise erhaltenen Wert Q_s hat man in Gl. (150) einzusetzen.

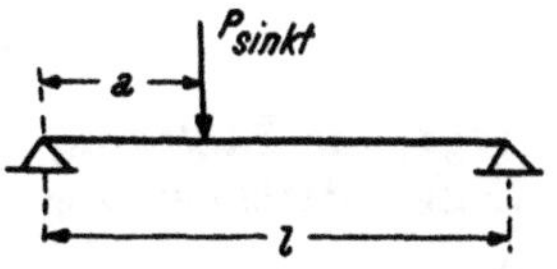

Abb. 53. Balken mit sinusförmig veränderlicher Belastung

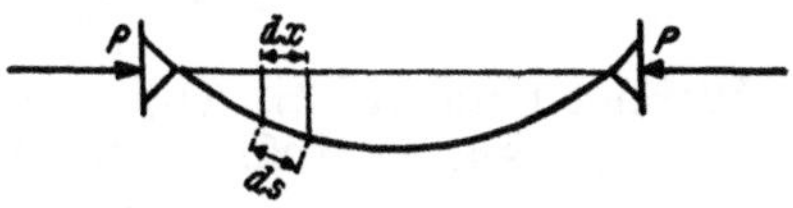

Abb. 54. Der an den Enden drehbar gelagerte Stab wird durch Axialkräfte belastet

Der an beiden Enden drehbar gelagerte Stab ist an den Enden durch Axialkräfte belastet[1].

Der Stab sei durch zwei, achsiale, entgegengesetzt gerichtete konstante Kräfte belastet (s. Abb. 54). Durch diese Belastungsart erfolgt die Längenänderung

$$\Delta s = \int_0^l (ds - dx) = \int \left[\sqrt{1 + \left(\frac{\partial v}{\partial x}\right)^2}\, dx - dx \right] \sim \frac{1}{2} \int_0^l \left(\frac{\partial v}{\partial x}\right)^2 dx,$$

da jedes Element von der Länge dx vor der Belastung, nach der Belastung eine Länge ds hat. Die Formänderungsarbeit dieser zeitlich unveränderlichen Kräfte bestimmt sich zu

$$A = P \Delta s = \frac{P}{2} \int_0^l \left(\frac{\partial v}{\partial x}\right)^2 dx.$$

Wird wieder für die Durchbiegung v der Ansatz nach Gl. (140 a)

$$v = \sum q_s \sin \frac{s\pi}{l} x \qquad (140\text{ a})$$

[1] Morrow, J.: On the lateral vibration of bars subjected to forces in the direction of their axes. Phil. Magazine 6. ser. Bd. 12, 1905, S. 233. — Timoshenko, S.: Schwingungsprobleme der Technik, S. 282. Berlin: 1932.

verwendet, so erhält man für Druckkräfte

$$P\,\Delta s = \frac{P}{2}\sum q_s^2 \frac{s^2\pi^2}{l^2}\int\limits_0^l \cos^2\frac{s\pi}{l}x\,dx = \frac{P\pi^2}{4\,l}\sum s^2 q_s^2$$

eine positive Formänderungsarbeit. Die gesamte Formänderungsarbeit ist durch die Arbeit der Biegungsmomente und der Druckkräfte bedingt, daher erhält man für die potentielle Energie die Gleichung

$$-A = U = \frac{1}{2}\int\limits_0^l E\,J\left(\frac{\partial^2 v}{\partial x^2}\right)^2 dx - P\,\Delta s = \frac{E\,J\,\pi^4}{4\,l^3}\sum s^4 q_s^2 -$$

$$-\frac{P\,\pi^2}{4\,l}\sum s^2 q_s^2. \tag{151}$$

Für die kinetische Energie gilt wieder Gl. (148 a)

$$L = \frac{\gamma F\,l}{4\,g}\sum \dot{q}_s^2. \tag{148 a}$$

Wendet man auf Gl. (148 a) und Gl. (151) die Lagrangeschen Gleichungen an, so erhält man für q_s die Differentialgleichung

$$\frac{\gamma F\,l}{g}\ddot{q}_s + \left(\frac{E\,J\,\pi^4}{l^3}s^2 - \frac{P\,\pi^2}{l}\right)s^2 q_s = 0.$$

Für diese lautet die Lösung

$$q_s = C\sin\left(\sqrt{\frac{E\,J\,\pi^2 s^2 - P\,l^2}{\gamma F\,l^4}\,g\,\pi^2 s^2}\,t + \vartheta\right). \tag{152}$$

Aus Gl. (152) ist zu ersehen, daß zufolge des Vorhandenseins der Druckkraft P die entstehenden Frequenzen der Stabschwingung kleiner werden, die Eigenfrequenz hat den Wert Null, wenn

$$P = E\,J\,\pi^2\frac{s^2}{l^2} = P_k,$$

das heißt, wird der Stab mit der Kraft P_k, der Knickkraft belastet, so entstehen große Ausschläge, der Stab knickt aus. Wirkt nicht eine Druckkraft, sondern eine Zugkraft, so braucht man nur das Vorzeichen der Kraft P umkehren, um das richtige Ergebnis zu erhalten. Für den Ausschlag erhält man

$$q_s = C\sin\left(\sqrt{\frac{E\,J\,\pi^2 s^2 + P\,l^2}{\gamma F\,l^4}\,\pi^2 s^2 g}\,t + \vartheta\right).$$

Bewegte Lasten beeinflussen ebenfalls die Schwingungszahlen, über Einzelheiten, die bei diesen Fragen auftreten, vergleiche die Untersuchung von Kriloff[1] und von Steuding[2].

---

[1] Kriloff, A.: Über die erzwungenen Schwingungen von gleichförmigen elastischen Stäben, Mathem. Annalen, Bd. 61, 1905, S. 211.

[2] Steuding, H.: Die Schwingungen von Trägern bei bewegten Lasten, Ing.-Archiv, Bd. 5, 1934, S. 275; Bd. 6, 1935, S. 265.

c) Torsionsschwingungen kreisförmiger Stäbe[1]. Der gerade Stab kann nicht nur Längs- und Querschwingungen sondern auch Torsions- oder Drehschwingungen ausführen. Wird der Stab von der Wichte γ dem Gleitmodul G und dem geometrischen polaren Trägheitsmoment J, welches auch noch von der Entfernung x vom Aufhängepunkt abhängen kann, durch ein Kräftepaar von der Größe M beansprucht, so ist

$$M = \frac{1}{r} G J \vartheta;$$

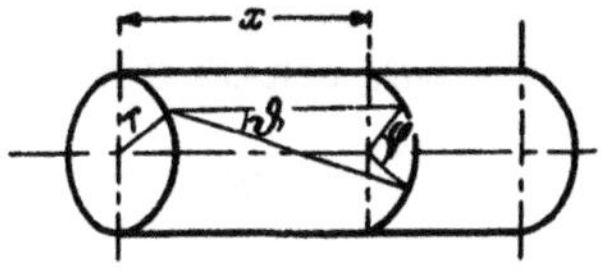

Abb. 55

darin bedeutet ϑ den Verdrehungswinkel. Zwischen diesem und dem Zentriwinkel φ (s. Abb. 55) gilt die Gleichung

$$\frac{1}{r}\vartheta = \frac{\partial \varphi}{\partial x}.$$

Betrachtet man ein Stabelement von der Länge dx und greifen an den beiden Enden die beiden Kräftepaare an

$$M = G J \frac{\partial \varphi}{\partial x}, \quad M_1 = M + dM = G J \frac{\partial \varphi}{\partial x} + \frac{\partial}{\partial x}\left(G J \frac{\partial \varphi}{\partial x}\right) dx,$$

so gilt für dieses Stabelement nach dem Momentensatz, wenn man für die Winkelbeschleunigung $\varepsilon = \partial^2\varphi/\partial t^2$ setzt

$$\frac{\gamma}{g} J\, dx \frac{\partial^2 \varphi}{\partial t^2} = G J \frac{\partial \varphi}{\partial x} + \frac{\partial}{\partial x}\left(G J \frac{\partial \varphi}{\partial x}\right) dx - G J \frac{\partial \varphi}{\partial x}.$$

Daraus erhält man

$$\frac{\partial^2 \varphi}{\partial t^2} = \frac{G g}{\gamma J} \frac{\partial}{\partial x}\left(J \frac{\partial \varphi}{\partial x}\right) = \frac{G g}{\gamma} \frac{\partial^2 \varphi}{\partial x^2} + \frac{G g}{\gamma J} \frac{\partial \varphi}{\partial x} \frac{dJ}{dx}. \tag{153}$$

Ist nun ein Stab von unveränderlichem Trägheitsmoment gegeben, so vereinfacht sich Gl. (153) zu

$$\frac{\partial^2 \varphi}{\partial t^2} = \frac{G g}{\gamma} \frac{\partial^2 \varphi}{\partial x^2} = c_1^2 \frac{\partial^2 \varphi}{\partial x^2}. \tag{154}$$

Daraus bestimmt sich die Wellengeschwindigkeit bei den Drehschwingungen

$$c_1 = \sqrt{\frac{G g}{\gamma}}.$$

Eingespannter Stab mit freiem Ende.

Die für diesen Fall gültigen Randbedingungen sind dadurch gegeben, daß an der Einspannstelle, also für $x_0 = 0$, keine Verdrehung auftritt $(\varphi)_{x=0} = 0$ und daß am freien Ende (bei $x = l$) keine Spannungen, keine Drehmomente vorhanden sind, daraus folgt

[1] Poissons, S. D., a. a. O.

$(\partial\varphi/\partial x)_{x=l} = 0$. Betrachtet man den Sonderfall der stehenden Schwingungen, so gilt

$$\varphi = \Phi(x)\sin\omega t. \tag{155}$$

Setzt man Gl. (155) in Gl. (154) ein, so erhält man bei Berücksichtigung von Gl. (4)

$$\frac{d^2\Phi}{dx^2} + \frac{\gamma}{gG}\omega^2\Phi = 0.$$

Daraus erhält man

$$\Phi = A\sin\sqrt{\frac{\gamma}{gG}}\,\omega x + B\cos\sqrt{\frac{\gamma}{gG}}\,\omega x. \tag{155 a}$$

Aus der Bedingung $\Phi(x_0) = 0$ folgt $B = 0$ und aus

$$\frac{d\Phi(l)}{dx} = 0$$

erhält man die Frequenzgleichung

$$0 = A\sqrt{\frac{\gamma}{gG}}\,\omega\cos\sqrt{\frac{\gamma}{gG}}\,\omega l, \qquad \sqrt{\frac{\gamma}{gG}}\,\omega l = \frac{s\pi}{2},$$

$$\omega = \frac{s\pi}{2l}\sqrt{\frac{gG}{\gamma}}, \qquad s = 1, 2, \ldots n \tag{156}$$

und damit

$$\varphi = \sum_1^n A_s\cos\frac{s\pi}{2l}x\sin\sqrt{\frac{gG}{\gamma}}\frac{s\pi}{2l}t. \tag{156 a}$$

Gl. (156) ergibt das etwas unerwartete Ergebnis, daß die Eigenfrequenz wohl von der Länge der Welle abhängt, jedoch vollkommen unabhängig vom Wellendurchmesser ist.

Eingespannter Stab mit Einzelmasse[1].

Hat der eingespannte Stab von der Länge l am anderen Ende eine Masse mit dem achsialen Massenträgheitsmoment J_0, so lauten die Grenzbedingungen ähnlich wie auf S. 107, da an der Einspannstelle keine Verschiebung auftreten kann

$$\Phi(x_0) = 0,$$

und da das Kräftepaar der elastischen Kräfte bei $x = l$ die Drehbewegung der Masse (Trägheitsmoment J_0) bedingen, so ist

$$J_0\left(\frac{\partial^2\varphi}{\partial t^2}\right)_{x=l} = -GJ\left(\frac{\partial\varphi}{\partial x}\right)_{x=l}.$$

Das negative Zeichen gilt, weil die elastischen Kräfte die Masse zur Ruhelage drehen. Aus diesen Randbedingungen erhält man mittels Gl. (155 a)

[1] Benz, W.: Beitrag zur Berechnung der Drehschwingungszahlen von Mehrzylindermaschinen. ATZ. Bd. 23, 1930, S. 648; Bd. 37, 1934, S. 124.

$$B = 0, \qquad J_0 \omega^2 \sin \sqrt{\frac{\gamma}{G g}}\, \omega l = G J \sqrt{\frac{\gamma}{G g}}\, \omega \cos \sqrt{\frac{\gamma}{G g}}\, \omega l$$

und damit erhält man als Frequenzgleichung

$$\sqrt{\frac{\gamma}{G g}}\, \omega l \operatorname{tg} \sqrt{\frac{\gamma}{G g}}\, l \omega = \frac{J l \gamma}{J_0 g},$$

aus welcher man die Einzelfrequenzen zu ermitteln hat. Nun bedeutet $\gamma/g\, J = J_1$ das gesamte achsiale Massenträgheitsmoment des Stabes. Bezeichnet man mit

$$\xi = \sqrt{\frac{\gamma}{g G}}\, \omega l,$$

so lautet die Bestimmungsgleichung für ξ und damit für die Frequenz ω

$$\xi \operatorname{tg} \xi = \frac{J_1}{J_0}.$$

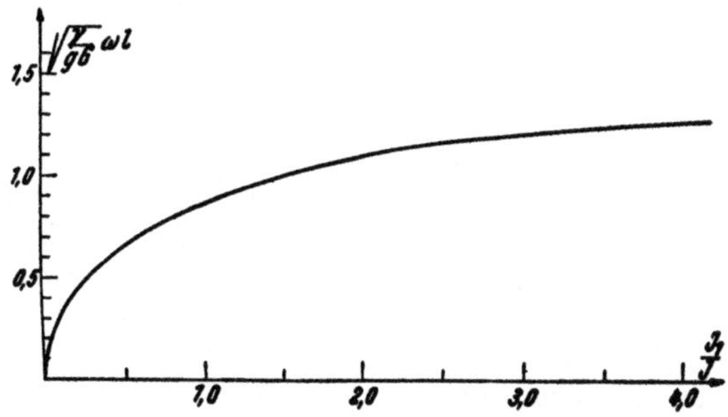

Abb. 56. Abhängigkeit von $\sqrt{\frac{\gamma}{g G}}\, \omega l$ von $\frac{J_1}{J}$

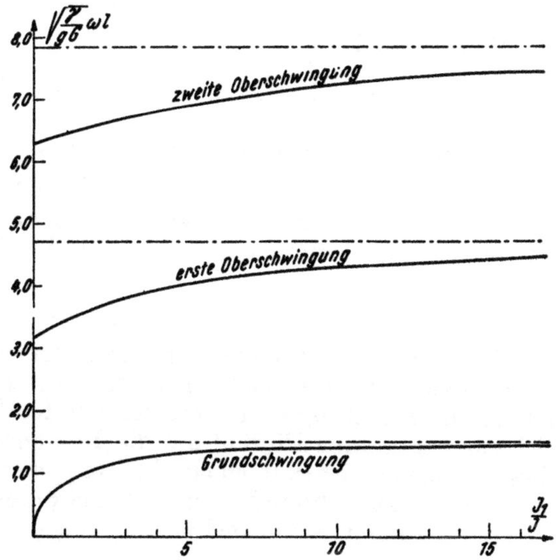

Abb. 57

Abb. 56 und Abb. 57 bringen $\sqrt{\gamma/gG}\, \omega l$ in Abhängigkeit von J/J_0. Aus diesen Diagrammen kann man zu den gegebenen Abmessungen die einzelnen Frequenzen ermitteln.

Setzt man für $\sqrt{\frac{\gamma}{gG}}\, \omega l$ die Größe ω/c und für J_1/J_0 die Größe G_1/G, so ist dies die gleiche Frequenzgleichung, wie sie bei der Längsschwingung eines Stabes mit einer Einzelmasse (s. S. 107) erhalten wurde. Abb. 50 kann sinngemäß für die Ermittlung der Eigenfrequenzen der Drehschwingungen eines geraden Stabes verwendet werden, so wie für diejenigen der Längsschwingungen die Abb. 56 und 57.

C. Näherungslösungen[1]

a) Rayleighsche Methode[2]. Zur Darstellung der kinetischen Energie und der Formänderungsarbeit A können Hauptkoordinaten q_i verwendet werden. Nach diesen ist

$$L = \frac{1}{2} \sum_{i=1}^{n} a_i \dot{q}_i^2, \tag{8}$$

$$A = -\frac{1}{2} \sum c_i q_i^2. \tag{10}$$

Diese Koordinaten beschreiben vollkommen, wenn deren Zeitabhängigkeit bekannt ist, den Bewegungsverlauf und ergeben jederzeit die kinetische Energie und die geleistete Arbeit. Greifen außer den elastischen Kräften noch erregende Kräfte am Körper an, so kann man durch Anwendung des Arbeitssatzes mit Hilfe der Kräfte und deren Verschiebungen oder aus den Verschiebungen und den Abmessungen die Formänderungsarbeit erhalten. Sind die äußeren erregenden Kräfte so gegeben, daß eine Bewegung mit nur einem Freiheitsgrad entsteht, so ist jede der generalisierten Koordinaten q_i verhältnisgleich der Verschiebung ξ

$$q_i = A_i \xi.$$

Daraus wird

$$L = \frac{1}{2}\left(\sum a_i A_i^2\right) \dot{\xi}^2, \qquad A = -\left(\sum c_i A_i^2\right) \xi^2.$$

Ist die Bewegung von ξ eine harmonische, so ist

$$\xi = C \sin(\omega t + \vartheta).$$

Wendet man den Arbeitseinsatz auf eine Viertelschwingung an, so lautet die Bestimmungsgleichung für die Frequenz der Schwingung

$$\omega^2 = \frac{\Sigma c_i A_i^2}{\Sigma a_i A_i^2}. \tag{158}$$

Fällt nun diese Frequenz mit irgendeiner der freien Schwingung $\omega_1 = \omega$ zusammen, so sieht man, daß dieser Wert ein Extremalwert ist. Kleine Änderungen der erregenden Kräfte haben bei der freien Schwingung keinen Einfluß auf die Frequenz der Schwingung. Aus diesem Ergebnis ist es möglich, die Frequenzen der freien Schwingung zu finden. Man braucht nur die Schwingungsform abhängig von einem Parameter λ anzunehmen $q = q(\lambda) \sin \omega t$, dann berechnet

---

[1] Dungen, van den, a. a. O. — Hohenemser, K.: Die Methoden zur angenäherten Lösung von Eigenwertproblemen in der Elastokinetik. Berlin 1932. — Collatz, L.: Genäherte Berechnung von Eigenwerten. Z. a. M. M., Bd. 19, 1939, S. 224. — Funk, P.: Bemerkungen zur praktischen Berechnung des kleinsten Eigenwertes. Mitteilungen d. Hauptver. Deutscher Ing. in der Tschech. Rep. Bd. 20, 1931, S. 453.

[2] Rayleigh, a. a. O., S. 116. — Temple, G.—W. Bickley: Rayleigh's Principle and its applications to engineering. London: 1933.

man die von der Ruhelage bis zur Größtamplitude geleistete Arbeit durch

$$A = -\frac{1}{2}\sum c_i\, q_i(\lambda)^2$$

und die zugehörige kinetische Energiedifferenz

$$L = \frac{1}{2}\sum a_i\, q_i(\lambda)^2\, \omega^2$$

und daraus erhält man die Frequenz

$$\omega^2 = \frac{\Sigma\, c_i\, q_i(\lambda)^2}{\Sigma\, a_i\, q_i(\lambda)^2} = \omega(\lambda)^2 \qquad (159\,\mathrm{a})$$

als Funktion des Parameters λ. Diese Frequenz soll ein Extremum sein, das ist dann der Fall, wenn

$$\frac{d\omega}{d\lambda} = 0$$

ist. Damit erhält man eine Gleichung für den Parameter λ und damit aus Gl. (159 a) die Eigenfrequenz des Systems.

Eine Vereinfachung ist dann gegeben, wenn man die Gestalt der sich einstellenden Schwingungsform angenähert kennt. Da die Eigenschwingungszahl bei Änderung der Schwingungsform, wie gerade gezeigt wurde, sich nur wenig ändert, so kann man mit Hilfe des Arbeitssatzes aus dieser angenäherten Schwingungsform die Eigenfrequenz mit genügender Genauigkeit erhalten.

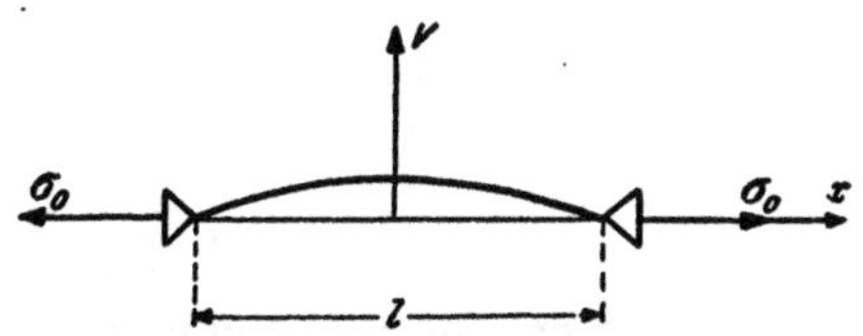

Abb. 58. Schwingende Saite

Das **Rayleigh**sche Prinzip ist ein Minimumprinzip. Es besagt, daß die Formänderungsarbeit bei der freien Schwingung zu einem Minimum wird.

a) Schwingende Saite. Wie das **Rayleigh**sche Prinzip anzuwenden ist, soll an der schwingenden Saite gezeigt werden[1]. Gegeben sei die Anordnung nach Abb. 58. Dann hat man nach **Rayleigh** eine solche Annahme über die Schwingungsform zu treffen, daß die Randbedingungen erfüllt werden und daß die angenommene Schwingungsform zu der wirklichen benachbart sei. Eine solche Annahme für die Verschiebung v ist z. B.

$$v = \left[1 - \left(\frac{2\,x}{l}\right)^n\right]\cos\omega\, t. \qquad (157)$$

In dieser Gleichung ist n der Parameter, welcher so zu bestimmen ist, daß ω ein Minimum wird. Da die Geschwindigkeit eines Elementes $\partial v/\partial t$ gleichkommt, so ist

[1] Rayleigh, a. a. O., Bd. 1, S. 120.

$$L = \frac{\gamma}{2g} F \int_{-l/2}^{+l/2} \left(\frac{\partial v}{\partial t}\right)^2 dx = \frac{\gamma}{2g} F \int_{-l/2}^{+l/2} \left[1 - \left(\frac{2x}{l}\right)^n\right]^2 \omega^2 \sin^2 \omega t \, dx =$$

$$L = \frac{\gamma}{g} F \frac{n^2 \omega^2 l}{(n+1)(2n+1)} \sin^2 \omega t. \tag{157 a}$$

Ist $\Delta\, dx$ die Längenänderung eines Saitenelementes von der Länge dx, so ermittelt man die Formänderungsarbeit der Saite durch

$$A = -\int_{-l/2}^{+l/2} \sigma_0 F \Delta\, dx.$$

Nun ist

$$\Delta\, dx = ds - dx = dx\left[\sqrt{1 + \left(\frac{\partial v}{\partial x}\right)^2} - 1\right] \sim dx\left[1 + \frac{1}{2}\left(\frac{\partial v}{\partial x}\right)^2 - 1\right] =$$

$$= \frac{1}{2}\left(\frac{\partial v}{\partial x}\right)^2 dx,$$

daher erhält man für die Formänderungsarbeit

$$A = -\int_{-l/2}^{l/2} \sigma_0 F \frac{1}{2}\left(\frac{\partial v}{\partial x}\right)^2 dx = -\frac{\sigma_0 F}{2} \int_{-l/2}^{+l/2} \left[\frac{n^2}{l}\left(\frac{2x}{l}\right)^{n-1}\right]^2 \cos^2 \omega t \, dx =$$

$$= -\sigma_0 F \frac{n^2}{l} \frac{2}{2n-1} \cos^2 \omega t. \tag{157 b}$$

Daraus folgt für die Frequenz der Grundschwingung

$$\omega^2 = \frac{2(n+1)(2n+1)}{2n-1} \frac{\sigma_0 g}{\gamma l^2}. \tag{158}$$

Setzt man $n = 1$, so erhält man

$$\omega^2 = 12 \frac{\sigma_0 g}{\gamma l^2}$$

an Stelle des genauen Wertes (s. S. 101)

$$\omega = \frac{\pi}{l} \sqrt{\frac{\sigma_0 g}{\gamma}}.$$

Macht man die Annahme, daß die Schwingungsform der Saite aus zwei geraden Stücken besteht indem man $n = 1$ setzt, so ist der Fehler, der auf diese Weise berechneten Eigenfrequenz kleiner als 10%.

Bei $n = 2$ ist die Schwingungsform der Saite parabolisch und

$$\omega^2 = 10 \frac{\sigma_0 g}{\gamma l^2}$$

und man ermittelt die Schwingungszahl um 0,64% zu groß. Bildet man

$$\frac{d\omega}{dn} = 0,$$

so bestimmt man den Wert

$$n = \frac{1}{2}(\sqrt{6} + 1) = 1{,}72475$$

und damit

$$\omega^2 = 9{,}8990 \frac{\sigma_0 g}{\gamma l^2},$$

erhält man eine um 0,149% zu große Eigenfrequenz. Nach dem Rayleighschen Verfahren erhält man nur eine obere Schranke für die Eigenfrequenz der Grundschwingung. Um eine untere Schranke sowie die Frequenzen der Oberschwingungen zu erhalten, sind verschiedene Verfahren[1] entwickelt worden.

β) *Berücksichtigung der Federmasse bei der Schwingung des Einmassensystems.* Nach Rayleigh muß man eine der wirklichen Schwingungsform benachbarte kennen, um die Eigenfrequenz genügend genau zu erhalten. Ist die Masse der Stabfeder im Verhältnis zur Einzelmasse klein, so kann man als Schwingungsform der Feder eine Gerade annehmen, das heißt man vernachlässigt zuerst die Federmasse (s. Abb. 59). Bezeichnet man mit x_0 und mit $\dot{x}_0$ den Schwingungsausschlag, bzw. die Geschwindigkeit der Einzelmasse, so sind gemäß der getroffenen Annahme die entsprechenden Werte für ein Massenelement dm der Feder im Abstand ξ von der Einspannstelle

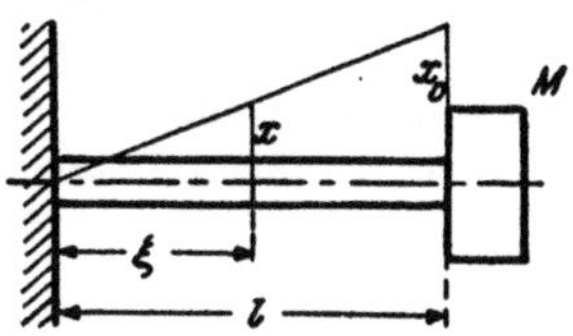

Abb. 59. Feder mit Einzelmasse

$$x_0 \frac{\xi}{l}, \quad \text{bzw.} \quad \dot{x}_0 \frac{\xi}{l}.$$

Ist M die Masse der Einzelmasse und γ die Wichte der Feder je Längeneinheit, so ist $dm = \gamma\, d\xi/g$ und es gilt für die kinetische Energie

[1] Trefftz, E.: Ein Gegenstück zum Ritzschen Verfahren, Verhandlungen d. 2. int. Kongresses f. techn. Mechanik, Zürich 1926, S. 131. — Koch, J. J.: Bestimmung höherer kritischer Drehzahlen schnell laufender Wellen, Verh. d. 2. int. Kongresses f. techn. Mechanik, 1926, S. 213. — Schaefer, H.: Beitrag zur Berechnung des kleinsten Eigenwertes eindimensionaler Eigenwertprobleme, Dissertation. Hannover: 1934. — Kiesling, F.: Über die Berechnung von Schwingungszahlen und kritischen Drehzahlen mit Angaben des Fehlermaximums, Göteborg K. Vetenskaps-och Vitterhets-Samhälles Handlingar 1938. Ser. B, Bd. 6, No. 1. — Friedrichs, K.: Ein Verfahren der Variationsrechnung, das Minimum eines Integrals als das Maximum eines anderen Ausdruckes darzustellen. Nachr. d. Ges. d. Wiss. zu Göttingen, 1929, S. 13.

$$L = \frac{1}{2}\int_0^l \left(\frac{\dot{x}_0 \xi}{l}\right)^2 \frac{\gamma}{g} d\xi + \frac{1}{2} M \dot{x}_0^2 = \frac{\gamma}{6g} l \dot{x}_0^2 + \frac{1}{2} M \dot{x}_0^2,$$

bezeichnet man mit $m = \gamma\, l/g$ die Gesamtmasse der Feder, so ist

$$L = \frac{1}{2}\left(M + \frac{m}{3}\right) \dot{x}_0^2.$$

Da die Federmasse auf die Formänderungsenergie der Feder keinen Einfluß hat, so erhält man zufolge der Annahme der geraden Schwingungsform der Feder ebenfalls

$$a = -\frac{1}{2} c\, x_0^2$$

und damit wird die Eigenfrequenz bei Berücksichtigung der Federmasse

$$\omega = \sqrt{\frac{c}{M + m/3}},$$

das heißt, man muß zur gegebenen Einzelmasse den dritten Teil der Federmasse hinzufügen, um den Einfluß des Mitschwingens der Feder zu berücksichtigen.

γ) *Querschwingungen eines Kegels*[1]. Gegeben sei der gerade Kreiskegel von der Höhe l und dem Radius des Basiskreises r_0. Bezeichnet man mit J_0 das achsiale Trägheitsmoment und mit f_0 den Flächeninhalt der Querschnittsfläche an der Basis, so sind in der Entfernung x vom Scheitel (s. Abb. 60) die entsprechenden Werte

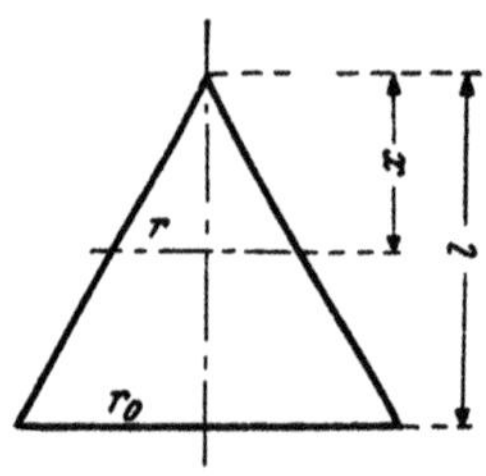

Abb. 60

$$r = \frac{x}{l} r_0, \quad f = \frac{x^2}{l^2} f_0, \quad J = \frac{x^4}{l^4} J_0.$$

Wird der gerade Kreiskegel verbogen, so gilt für die Formänderungsarbeit bei Vernachlässigung der Schubspannungen

$$A = -\frac{1}{2}\int_0^l E\, J \left(\frac{\partial^2 v}{\partial x^2}\right)^2 dx$$

und für die kinetische Energie bei Vernachlässigung der Verdrehung der einzelnen Querschnitte

[1] Die genaue Lösung für den schlanken Kegel gibt Kirchhoff, G.: Über die Transversalschwingungen eines Stabes von veränderlichem Querschnitt, Monatsber. d. Ak. d. Wiss. zu Berlin v. 2. Okt. 1879. Gesammelte Abhandlungen, S. 339. Leipzig: 1881. — Mononobe, N.: Die Eigenschwingungen eingespannter Stäbe von veränderlichem Querschnitt, Z. a. M. M., Bd. 1, 1921, S. 444 (gibt auch die Näherungslösung für Kegelstümpfe). — Schwerin, E.: Über Transversalschwingungen von Stäben veränderlichen Querschnittes, Z. f. techn. Physik, Bd. 8, 1927, S. 264. — Hort, W.: Berechnung der Eigentöne nicht gleichförmiger, insbesonders verjüngter Stäbe, Z. f. techn. Physik, Bd. 7, 1925, S. 181.

$$L = \frac{1}{2}\int_0^l \frac{\gamma}{g} f \left(\frac{\partial v}{\partial t}\right)^2 dx.$$

Man hat nun bei Anwendung des Rayleighschen Prinzipes für die Biegelinie eine solche Annahme zu treffen, daß für den an der Basis eingespannten, sonst freien Kegel die Randbedingungen, also für $x = l$ die Gleichungen $v = 0$ und $\partial v/\partial x = 0$ erfüllt sind. Diese Bedingungen erfüllt der Ansatz

$$v = a\,(x - l)^2 \sin(\omega t + \vartheta).$$

Mit Hilfe dieser Annahme erhält man für die Formänderungsarbeit

$$A = -\frac{E J_0}{2 l^4}\int_0^l x^4 \left(\frac{\partial^2 v}{\partial x^2}\right)^2 dx = -\frac{2 E J_0 a^2}{l^4} \sin^2(\omega t + \vartheta)\int_0^l x^4\,dx =$$

$$= -\frac{2}{5} E J_0 l\, a^2 \sin^2(\omega t + \vartheta)$$

und für

$$L = \frac{\gamma f_0}{2 g l^2}\int_0^l x^2 \left(\frac{\partial v}{\partial t}\right)^2 dx = \frac{\gamma f_0}{2 g l^2} a^2 \omega^2 \cos^2(\omega t + \vartheta)\int_0^l x^2 (x - l)^4\,dx =$$

$$= \frac{1}{210}\,\frac{\gamma f_0 l^5}{2 g}\, a^2 \omega^2 \cos^2(\omega t + \vartheta)\,.$$

Daraus kann man mit Hilfe des Arbeitssatzes die Frequenz der Grundschwingung

$$\omega = \frac{9{,}1652}{l^2}\sqrt{\frac{g E J_0}{\gamma f_0}}$$

erhalten. Mit Hilfe dieser angenäherten Rechnung erhält man für die Schwingungsdauer

$$T = \frac{2\pi}{\omega} = 0{,}6855\sqrt{\frac{\gamma f_0}{g E J_0}},$$

während man bei Durchführung der genauen Rechnung an Stelle des Faktors 0,6855 die Zahl 0,719 erhält. Der bei dieser vereinfachten Rechnung gemachte Fehler beträgt demnach 4,65 %.

b) Ritzsche Methode[1]**.** Wird dem gegebenen elastischen Körper eine Verformung aufgezwungen, so kann man auch die Formänderungsarbeit A aus der Gleichung

$$A = \frac{1}{2}\iiint (\sigma_x \varepsilon_x + \sigma_y \varepsilon_y + \sigma_z \varepsilon_z + \tau_{xy}\gamma_{xy} + \tau_{xz}\gamma_{xz} + \tau_{yz}\gamma_{yz})\,dV$$

[1] Ritz, W.: Über eine neue Methode zur Lösung gewisser Variationsprobleme der mathem. Physik, Journal für reine und angewandte Mathem., Bd. CXXXV, S. 1—61. Gesammelte Werke, S. 192.

berechnen. In dieser Gleichung bedeuten σ_x, σ_y, σ_z die Normalspannungen, τ_{xy}, τ_{xz}, τ_{yz} die Schubspannungen, ε_x, ε_y, ε_z die spezifischen Dehnungen und γ_{xy}, γ_{xz}, γ_{yz} die spezifischen Winkeländerungen und dV ein Volumselement des elastischen Körpers. Diese Formänderungsarbeit ist eine Funktion der Verschiebung u, v, w und damit auch der Zeit. Ist eine stehende Schwingung vorhanden, also die Bewegung jedes Teilchens eine harmonische mit der Kreisfrequenz ω und betrachtet man die während einer Viertelschwingung geleistete Arbeit und die Differenz der kinetischen Energie, so wird die Arbeit nur eine Funktion der Größtverschiebung $u\,(x, y, z)$, $v\,(x, y, z)$, $w\,(x, y, z)$ sein

$$A = \iiint \Phi\,(u, v, w)\,dV$$

und für die Änderung der kinetischen Energie erhält man, da diese noch von der Kreisfrequenz ω abhängt,

$$L = \iiint \psi\,(u, v, w)\,\omega^2\,dV.$$

Wendet man das Rayleighsche Prinzip an, so ist

$$\omega^2 = \frac{\iiint \Phi(u, v, w)\,dV}{\iiint \psi\,(u, v, w)\,dV} \tag{159}$$

ein Minimum für die wirkliche Bewegung der freien Schwingung. Auf Grund dieses Prinzipes hat auch die Größe

$$\varDelta L - A = H = \iiint [\omega^2 \psi\,(u, v, w) - \Phi\,(u, v, w)]\,dV \tag{160}$$

der wirklichen Bewegung, verglichen mit benachbarten Bewegungen u_1, v_1, w_1 einen Kleinstwert und nach dem Arbeitssatz den Wert Null. Nun macht man für die Größtverschiebungen eines Massenelementes u, v, w einen willkürlichen Ansatz, welcher die Randwerte befriedigt

$$u = u_1 = c_1 f_1\,(x, y, z) + c_2 f_2 (x, y, z) + \ldots\, c_n f_n\,(x, y, z) = \sum_i^n c_i f_i\,(x, y, z).$$

In diesem Ansatz sind die Funktionen $f_i\,(x, y, z)$ willkürlich. Nach dem Vorgang von Ritz setzt man für die Verschiebung eine Reihe von Polynomen an, denn nach Weierstraß[1] kann in einem begrenzten Intervall jede stetige Funktion durch eine Polynomreihe dargestellt werden; verlangt wird nur, daß sie die gegebenen Randbedingungen erfüllen sollen. Die Festwerte c_i sind einstweilen noch unbekannt und sollen später erst bestimmt werden. Setzt man diese Werte in Gl. (160) ein, so erhält man

$$H = \iiint \left\{\omega^2 \psi \left[\sum c_i f_i\,(x, y, z)\right] - \Phi \left[\sum c_i f_i\,(x, y, z)\right]\right\} dV = F\,(c_i).$$

[1] Hadamard, J.: Cours d'Analyse, Bd. 1, S. 598. Paris: 1927.

Führt man die Integration aus, so erhält man H als eine Funktion der Festwerte c_i. Für die wirkliche Bewegung, soll H und damit auch $F(c_i)$ ein Minimum sein, dann müssen aber die Gleichungen

$$\frac{\partial H}{\partial c_1} = 0, \quad \frac{\partial H}{\partial c_2} = 0, \quad \ldots \frac{\partial H}{\partial c_n} = 0$$

gelten. Auf diese Weise erhält man n homogene lineare Bedingungsgleichungen für die n Konstanten c_i. Wird keine triviale Lösung vorausgesetzt, so muß die Koeffizientendeterminante den Wert Null haben. Damit erhält man eine Bedingungsgleichung für die Werte der Eigenfrequenzen.

α) *Ermittlung der Eigenfrequenzen der schwingenden Saite nach der Methode von Ritz.* Hat man die Anordnung nach Abb. 58 gegeben, so erfüllt der Ansatz

$$v = \left[c_1\left(1 - \frac{4x^2}{l^2}\right) + c_2 x\left(1 - \frac{4x^2}{l^2}\right) + c_3\left(1 - \frac{4x^2}{l^2}\right)^2 + \ldots\right] \sin \omega t \tag{161}$$

die gegebenen Randbedingungen, diese sind dadurch gegeben, daß bei $x = \pm l/2$ die Verschiebungen den Wert Null haben.

Ist in Gl. (161) nur c_1 von Null verschieden, so ermittelt man nach Gl. (157 a) den Größtwert der kinetischen Energie

$$L = \frac{\gamma F}{2g}\int_{-l/2}^{+l/2}\left(\frac{\partial v}{\partial t}\right)^2 dx = \frac{\gamma F}{2g}\,\omega^2\int_{-l/2}^{+l/2} c_1^2\left(1 - \frac{4x^2}{l^2}\right)^2 dx = \frac{4\gamma F l}{15 g}\,\omega^2 c_1^2$$

und nach Gl. (157 b) ist die größte geleistete Arbeit

$$A = \frac{1}{2}\,\sigma_0 F\left(\frac{\partial v}{\partial x}\right)^2 dx = \frac{32\,\sigma_0 F}{l^4}\int_{-l/2}^{+l/2} c_1^2 x^2\,dx = \frac{32}{12}\,\frac{\sigma_0 F}{l}\,c_1^2$$

und damit ist nach Gl. (159)

$$\omega_0^2 = 10\,\frac{\sigma_0 F}{g\,l^2}.$$

Daher beträgt der Fehler bei der Ermittlung der Grundfrequenz bei dieser Näherung 0,64%.

Ist nur c_2 von Null verschieden, so ist die Schwingungsform zentrisch symmetrisch zum Ursprung und dieser Näherungsansatz ergibt die erste Oberschwingung. Nach Gl. (157 a) wird

$$L = \frac{\gamma F}{2g}\int_{-l/2}^{+l/2} c_2^2 x^2\left(1 - \frac{4x^2}{l^2}\right)^2 dx = \frac{1}{105}\,c_2^2\,\gamma\,F\,\frac{\omega^2 l^3}{g}$$

und nach Gl. (157 b) ist

$$A = \frac{\sigma_0 F}{2} c_2^2 \int_{-l/2}^{+l/2} \left(1 - \frac{12\,x^2}{l^2}\right)^2 dx = 0{,}4\,\sigma_0 F\, l\, c_2^2.$$

Nach Gl. (159) erhält man für die Frequenz der ersten Oberschwingung

$$\omega_1^2 = 42 \frac{\sigma_0 g}{\gamma l^2}, \quad \omega = 6{,}48 \frac{1}{l} \sqrt{\frac{\sigma_0 g}{l \gamma}}.$$

Der Fehler bezogen auf den wahren Wert, welchen man bei dieser Näherung macht, beträgt 3,14%.

Hat in Gl. (161) c_2 den Wert Null, sind jedoch sowohl c_1 als auch c_3 von Null verschieden, so erhält man eine Schwingungsform, welche achsialsymmetrisch zum Ursprung ist, auf diese Weise erhält man die Grundschwingung und die zweite Oberschwingung. Gl. (161) lautet unter dieser Annahme

$$v = \left[c_1 \left(1 - \frac{4\,x^2}{l^2}\right) + c_3 \left(1 - \frac{4\,x^2}{l^2}\right)^2\right] \sin \omega t.$$

Damit erhält man nach Gl. (157 a)

$$L = \frac{\gamma F}{2\,g} \int_{-l/2}^{+l/2} \left(\frac{\partial v}{\partial t}\right)^2 dx = \frac{\gamma \omega^2 F}{2\,g} \int_{-l/2}^{+l/2} \left[c_1 \left(1 - \frac{4\,x^2}{l^2}\right) + c_3 \left(1 - \frac{4\,x^2}{l^2}\right)^2\right]^2 dx =$$

$$= \frac{\gamma F\, l\, \omega^2}{2\,g} \left(\frac{8}{15} c_1^2 - \frac{32}{35} c_1 c_2 + \frac{128}{315} c_2^2\right)$$

und nach Gl. (157 b)

$$A = \frac{1}{2} \sigma_0 F \int_{-l/2}^{+l/2} \left(\frac{\partial v}{\partial x}\right)^2 dx = \frac{32\,\sigma_0 F}{l^4} \int_{-l/2}^{+l/2} \left[c_1 x + 2\,c_3\, x \left(1 - \frac{4\,x^2}{l^2}\right)\right]^2 dx =$$

$$= \frac{32\,\sigma_0 F}{l} \left(\frac{1}{12} c_1^2 + \frac{2}{15} c_1 c_2 + \frac{8}{105} c_2^2\right).$$

Bezeichnet man mit

$$\lambda^2 = \frac{\omega^2 \gamma\, l^2}{64\, g\, \sigma_0},$$

so ist nach Gl. (160)

$$H = \left\{\lambda^2 \left(\frac{8}{15} c_1^2 - \frac{32}{35} c_1 c_2 + \frac{128}{315} c_2^2\right) - \frac{1}{12} c_1^2 + \frac{2}{15} c_1 c_2 + \frac{8}{105} c_2^2\right\} \frac{32\,F\,\sigma_0}{l}$$

Die Konstanten c_1 und c_2 sind nach früherem so zu bestimmen, daß H ein Minimum wird, das ist dann der Fall, wenn

$$0 = \frac{\partial H}{\partial c_1}, \quad \lambda^2 \left(\frac{16}{15} c_1 - \frac{32}{35} c_2\right) - \left(\frac{1}{6} c_1 + \frac{2}{15} c_2\right) = 0,$$

$$0 = \frac{\partial H}{\partial c_2}, \quad \lambda^2 \left(-\frac{32}{35} c_1 + \frac{256}{315} c_2\right) - \left(\frac{2}{15} c_1 + \frac{16}{105} c_2\right) = 0.$$

Man erhält auf diese Weise zwei homogene Gleichungen mit konstanten Koeffizienten, sollen diese keine trivialen Lösungen ergeben, so muß die Koeffizientendeterminante den Wert Null haben. Dies ergibt die Gleichung

$$\begin{vmatrix} \frac{16}{15}\lambda^2 - \frac{1}{6}, & -\frac{32}{35}\lambda^2 - \frac{2}{15} \\ -\frac{32}{35}\lambda^2 - \frac{2}{15}, & \frac{256}{315}\lambda^2 - \frac{16}{105} \end{vmatrix} = 0 = 0{,}03095\,\lambda^4 - 0{,}05418\,\lambda^2 + 0{,}00762.$$

Daraus bestimmt sich

$$\lambda_1 = 0{,}15423, \qquad \lambda_2 = 1{,}59617$$

und damit erhält man für die Frequenz der Grundschwingung und der zweiten Oberschwingung

$$\omega_0 = 3{,}14174\,\frac{1}{l}\sqrt{\frac{\sigma_0 g}{\gamma}}, \qquad \omega_2 = 10{,}107\,\frac{1}{l}\sqrt{\frac{\sigma_0 g}{\gamma}}.$$

Der Fehler, welchen man bei Anwendung der Ritzschen Methode in diesem Falle macht, beträgt bei der Grundschwingung 0,0005%, ist also praktisch vernachlässigbar und bei der zweiten Oberschwingung 7,23%.

Aus diesem Ergebnis ersieht man, daß die Frequenz einer Schwingung umso genauer erhalten wird, je mehr Glieder der Potenzreihe beim Näherungsansatz benützt werden. Will man die Frequenz der ersten Oberschwingung mit größerer Genauigkeit erhalten, so darf man in der Potenzreihe für die Verschiebung sowohl das zweite Glied als auch das dritte Glied nicht vernachlässigen.

c) Die Galerkinsche Methode[1]. Wie gezeigt wurde, muß die Größe

$$H = \Delta L - A, \tag{160}$$

verglichen mit benachbarten Bewegungen für die wirkliche Bewegung, ein Minimum sein, daher muß die Variation δH den Wert Null haben. Um die Galerkinsche Methode darzustellen, sei das eindimensionale Problem behandelt. Soll die Größe H ermittelt werden, so muß man fürs erste die Formänderungsarbeit aufsuchen. Diese kann von den Verschiebungen, von der Neigung und vom Krümmungsradius der Schwingungsform abhängen. Insbesondere kann die Arbeit einer Viertelschwingung von den Größtausschlägen v, $dv/dx = v'$, $d^2v/dx^2 = v''$ usw. abhängen, damit erhält man für H die Gleichung

$$H = \int_{x_1}^{x_2} F(x, v, v', v'')\,dx. \tag{162}$$

[1] Hencky, H.: Eine wichtige Vereinfachung der Methode von Ritz zur angenäherten Behandlung von Variationsproblemen, Z. a. M. M., Bd. 7, 1927, S. 80. — Biezeno, C. B. u. R. Grammel: Techn. Dynamik, S. 167. Berlin: 1936.

Soll Gl. (162) ein Minimum ergeben, so muß die Variation von H, das ist ebenfalls die virtuelle Arbeit aller Kräfte und negativer Massenbeschleunigungen den Wert Null haben, also

$$\delta H = \int_{x_1}^{x_2} \delta F(x, v, v', v'')\, dx = 0. \tag{163 a}$$

Variiert man die Funktion F, so erhält man

$$\delta F = \frac{\partial F}{\partial v}\,\delta v + \frac{\partial F}{\partial v'}\,\delta v' + \frac{\partial F}{\partial v''}\,\delta v''.$$

Bildet man die Arbeit der virtuellen Kräfte und werden solche virtuelle Verschiebungen vorgenommen, bei denen die Werte an den Grenzen sich nicht ändern, so haben die virtuellen Verschiebungen an den Grenzen δv_1 und δv_2 den Wert Null. Es gilt also

$$\delta v_1 = 0, \qquad \delta v_2 = 0.$$

Integriert man partiell, so erhält man für $\int_{x_1}^{x_2} \frac{\partial F}{\partial v'}\, dx\, \delta v'$

$$\int_{x_1}^{x_2} \frac{\partial F}{\partial v'}\, dx\, \delta v' = \frac{\partial F}{\partial v'}\,\delta v \Big|_{v_1}^{v_2} - \int_{x_1}^{x_2} \frac{\partial}{\partial x}\frac{\partial F}{\partial v'}\,\delta v\, dx = -\int_{x_1}^{x_2} \frac{\partial}{\partial x}\frac{\partial F}{\partial v'}\,\delta v\, dx.$$

Für $\int_{x_1}^{x_2} \frac{\partial F}{\partial v''}\, dx\, \delta v''$ erhält man auf die gleiche Weise

$$\int_{x_1}^{x_2} \frac{\partial F}{\partial v''}\, dx\, \delta v'' = +\int_{x_1}^{x_2} \frac{\partial^2}{\partial x^2}\frac{\partial F}{\partial v''}\,\delta v\, dx$$

und damit wird

$$\delta H = \int_{x_1}^{x_2} \left(\frac{\partial F}{\partial v} - \frac{\partial}{\partial x}\frac{\partial F}{\partial v'} + \frac{\partial^2}{\partial x^2}\frac{\partial F}{\partial v''} \right) \delta v\, dx = 0. \tag{163}$$

Für die weitere Rechnung wird wieder für die Verschiebung v, wie bei der Methode von Ritz der willkürliche Näherungsansatz

$$v = \sum c_i f_i(x), \qquad i = 1, 2, \ldots n$$

gemacht und in Gl. (163) eingesetzt. Von diesem Ansatz wird verlangt, daß jede der Funktionen $f_i(x)$ die vorgegebenen Randbedingungen erfüllt. Wird die Variation δv willkürlich gemacht, so wird Gl. (163) im allgemeinen nicht erfüllt sein; denn dann müßte der Klammerausdruck den Wert Null haben. Man kann nun n Arten von virtuellen Verschiebungen annehmen, und zwar

$$\delta v = \delta c\, f_i(x),$$

wobei δc ein unendlich kleiner von x unabhängiger Parameter ist. Daher erhält man für jede Verschiebung die Gleichung

$$\delta H = \int_{x_1}^{x_2} \left(\frac{\partial F}{\partial v} - \frac{\partial}{\partial x} \frac{\partial F}{\partial v'} + \frac{\partial^2}{\partial x^2} \frac{\partial F}{\partial v''} \ldots \right) f_i(x)\, dx\, \delta c = 0$$

und da die Variation c willkürlich vorgegeben ist, erhält man die n Gleichungen

$$\int_{x_1}^{x_2} \left(\frac{\partial F}{\partial v} - \frac{\partial}{\partial x} \frac{\partial F}{\partial v'} + \frac{\partial^2}{\partial x^2} \frac{\partial F}{\partial v''} \ldots \right) f_i(x)\, dx = 0. \quad i = 1, 2 \ldots n. \tag{164}$$

Aus Gl. (164) sind nun die Werte der Konstanten c_i errechenbar, wodurch zufolge des Näherungsansatzes auch die Verschiebung v und damit die Schwingungsform gegeben ist.

Ist die Differentialgleichung der Bewegung in impliziter Form gegeben, so ergibt Gl. (164), das heißt das Prinzip der virtuellen Verschiebungen

$$\int_{x_1}^{x_2} (\text{Differentialgleichung}) \,.\, f_i(x)\, dx = 0. \qquad i = 1, 2, \ldots n$$

Auf diese Weise erhält man n Gleichungen für die Werte der Konstanten c_i durch n bestimmte Integrale.

a) *Ermittlung der Eigenfrequenzen der schwingenden Saite nach der Methode von Galerkin.* Es gilt für die Querschwingungen der Saite die Differentialgleichung Gl. (129)

$$\mu \frac{\partial^2 v}{\partial t^2} = \sigma_0 \frac{\partial^2 v}{\partial x^2}. \tag{129}$$

Gl. (128) gibt für die stehenden Schwingungen die Lösung

$$v = v(x) \sin \omega t.$$

In Gl. (129) eingesetzt, wird

$$\sigma_0 \frac{d^2 v}{dx^2} + \mu\, \omega^2 v(x) = 0.$$

Setzt man zur Vereinfachung der Rechnung

$$\xi^2 = \frac{\mu\, \omega^2}{\sigma},$$

so wird

$$\frac{d^2 v}{dx^2} + \xi^2 v = 0.$$

Um die Eigenfrequenzen der Saite von der Länge l zu erhalten, wird der gleiche Näherungsansatz wie beim Verfahren von Ritz gemacht

$$v = c_1\left(1 - \frac{4x^2}{l^2}\right) + c_3\left(1 - \frac{4x^2}{l^2}\right)^2,$$

welcher die Grundschwingung und die zweite Oberschwingung ergibt. Aus dieser Näherung bestimmt man

$$\frac{d^2v}{dx^2} = -\frac{8c_1}{l^2} - \frac{16c_3}{l^2}\left(1 - \frac{12x^2}{l^2}\right).$$

Auf Grund des gemachten Ansatzes ist

$$f_1(x) = 1 - \frac{4x^2}{l^2}, \qquad f_2 = \left(1 - \frac{4x^2}{l^2}\right)^2.$$

Daher erhält man durch Anwendung von Gl. (164) die zwei Gleichungen

$$\int_{-l/2}^{+l/2}\left\{\xi^2\left[c_1\left(1 - \frac{4x^2}{l^2}\right) + c_3\left(1 - \frac{4x^2}{l^2}\right)^2\right] - \frac{8c_1}{l^2} - \frac{16c_3}{l^2}\left(1 - \frac{12x^2}{l^2}\right)\right\}\left(1 - \frac{4x^2}{l^2}\right)dx = c_1\left(56\,l\,\xi^2 - \frac{560}{l}\right) + c_3\left(48\,l\,\xi^2 - \frac{448}{l}\right) = 0.$$

$$\int_{-l/2}^{+l/2}\left\{\xi^2\left[c_1\left(1 - \frac{4x^2}{l^2}\right) + c_3\left(1 - \frac{4x^2}{l^2}\right)^2\right] - \frac{8c_1}{l^2} - \frac{16c_3}{l^2}\left(1 - \frac{12x^2}{l^2}\right)\right\}\left(1 - \frac{4x^2}{l^2}\right)^2 dx = c_1\left(144\,l\,\xi^2 - \frac{1344}{l}\right) + c_3\left(128\,l\,\xi^2 - \frac{1536}{l}\right) = 0.$$

Damit nicht triviale Lösungen für die Konstanten c_1 und c_3 erhalten werden, muß die Koeffizientendeterminante

$$\begin{vmatrix} 56\,l\,\xi^2 - \dfrac{560}{l}, & 48\,l\,\xi^2 - \dfrac{448}{l} \\ 144\,l\,\xi^2 - \dfrac{1344}{l} & 128\,l\,\xi^2 - \dfrac{1536}{l} \end{vmatrix} =$$

$$= 256\,l^2\,\xi^4 - 28\,672\,\xi^2 + 250\,048/l^2 = 0$$

den Wert Null haben. Daraus folgt

$$\xi_1^2 = 9{,}86976\,\frac{1}{l^2}, \qquad \xi_1 = 3{,}14168\,\frac{1}{l},$$

$$\xi_2^2 = 102{,}13024\,\frac{1}{l^2}, \qquad \xi_2 = 10{,}10595\,\frac{1}{l}.$$

Daraus ermittelt man die Frequenz der Grundschwingung

$$\omega = 3{,}14168\,\frac{1}{l}\sqrt{\frac{\sigma_0}{\mu}}$$

um 0,0009% gegenüber dem theoretischen Wert (s. S. 101) zu groß. Die Frequenz der zweiten Oberschwingung

$$\omega_2 = 10{,}106 \frac{1}{l} \sqrt{\frac{\sigma_0}{\mu}}$$

wird dagegen um 7,2276% zu groß erhalten.

d) Bestimmung der Eigenwerte durch Iteration[1]. Wird eine Reihe von Näherungslösungen derart ermittelt, daß jede Näherungslösung dieser Reihe benützt wird, um die folgende zu erhalten, wobei als Grenzwert aller Lösungen sich die richtige ergibt, so bezeichnet man diese Art der Erledigung der gestellten Aufgabe als Lösung durch Iteration.

Hat man einen elastischen Körper gegeben, welcher aus n einzelnen Massen bestehen soll, so erhält man bei der freien Schwingung die Verschiebung v_i der i-ten Masse, aus der Beschleunigung der ν-ten, wenn die Masse m_ν und die Einflußzahlen $\alpha_{i\nu}$ gegeben sind

$$v_i = -\sum_{\nu=1}^{n} \alpha_{i\nu}\, m_\nu \frac{\partial^2 v_\nu}{\partial t^2} \qquad i, \nu = 1, 2, 3, \ldots n.$$

Beachtet man nur die stehenden Schwingungen, so ist

$$v = v(x) \sin \omega t$$

und

$$v_i = \omega^2 \sum_{\nu=1}^{n} \alpha_{i\nu}\, m_\nu\, v_\nu, \qquad i, \nu = 1, 2, \ldots n. \tag{165}$$

Im Gleichungssystem (165) hat man die Verschiebungen derart einzusetzen, daß die vorgegebenen Randbedingungen befriedigt werden. Anderseits sind die Verschiebungen v_i durch die Eigenfunktionen η_{ik} darstellbar.

$$v_i = \sum_k c_k\, \eta_{ik}, \qquad i, k = 1, 2, \ldots n.$$

Dabei erhält man die k-te Eigenfunktion, welche der Schwingung von der k-ten Ordnung zugeordnet ist, aus der Gleichung

$$\eta_{ki} = \omega_k^2 \sum_\nu \alpha_{i\nu}\, m_\nu\, \eta_{i\nu}, \qquad i, \nu = 1, 2, \ldots n. \tag{166}$$

Die Frequenz der Grundschwingung dieses elastischen Systems ermittelt man nun auf folgendem Wege. Man nimmt zuerst eine beliebige Näherung v_{0i} und eine beliebige Frequenz ω_0 an. Setzt man diese Werte in die rechte Seite des Gleichungssystems (165) ein, so erhält man die nächste Näherung v_{1i} aus der Gleichung

[1] Stodola, A.: Dampf- und Gasturbinen, 6. Aufl., S. 381. Berlin: 1924. — Mises, R. v.: Stabilität rotierender Wellen, Monatshefte f. Mathem. u. Physik, Bd. 22, 1911, S. 33.

$$v_{1i} = \omega_0{}^2 \sum_\nu a_{i\nu} m_\nu v_{0\nu}, \qquad i, \nu = 1, 2, \ldots n. \tag{166 a}$$

Wird dieses Näherungsverfahren wiederholt, so wird

$$v_{2i} = \omega_0{}^2 \sum_\nu a_{i\nu} m_\nu v_{1\nu}, \qquad i, \nu = 1, 2, \ldots n \tag{166 b}$$

und nach r solchen Rechnungen erhält man

$$v_{ri} = \omega_0{}^2 \sum_\nu a_{i\nu} m_\nu v_{r-1,\nu}, \qquad i, \nu = 1, 2, \ldots n. \tag{166 c}$$

Anderseits kann man die erste Näherungslösung nach den Eigenfunktionen entwickeln

$$v_{0i} = \sum_k c_k \eta_{ik}, \qquad i, k = 1, 2, \ldots n \tag{166 d}$$

und diese Gleichung (166 d) in Gl. (166 a) einsetzen, dann wird

$$v_{1i} = \omega_0{}^2 \sum_\nu a_{i\nu} m_\nu \sum_k c_k \eta_{\nu k} = \omega_0{}^2 \sum_\nu \sum_k a_{i\nu} m_\nu \eta_{\nu k} c_k,$$
$$\nu, i, k = 1, 2, \ldots n.$$

Die Eigenfunktionen werden mittels Gl. (166) ermittelt, berücksichtigt man diese, so erhält man

$$v_{1i} = \omega_0{}^2 \sum_k \frac{c_k \eta_{ik}}{\omega_k{}^2} = \frac{\omega_0{}^2}{\omega_1{}^2} \sum_k c_k \left(\frac{\omega_1}{\omega_k}\right)^2 \eta_{ik}, \qquad i, k = 1, 2, \ldots n. \tag{167}$$

Wendet man diese Rechnung neuerdings auf Gl. (166 b) an, so wird

$$v_{2i} = \omega_0{}^4 \sum_k \frac{c_k \eta_{ik}}{\omega_k{}^4} = \frac{\omega_0{}^4}{\omega_1{}^4} \sum_k c_k \left(\frac{\omega_1}{\omega_k}\right)^4 \eta_{ik}, \qquad i, k = 1, 2, \ldots n$$

und schließlich erhält man an Stelle von Gl. (166 c) für die r-te Näherungslösung

$$v_{ri} = \omega_0{}^{2r} \sum_k \frac{c_k \eta_{ik}}{\omega_k{}^{2r}} = \frac{\omega_0{}^{2r}}{\omega_1{}^{2r}} \sum_k c_k \left(\frac{\omega_1}{\omega_k}\right)^2 \eta_{ik}, \qquad i, k = 1, 2, \ldots n.$$

Bildet man das Verhältnis zweier zugehöriger Verschiebungen, welche man aus zwei aufeinanderfolgenden Näherungslösungen bestimmt hat, so ist

$$\frac{v_{r-1,i}}{v_{r,i}} = \frac{\omega_1{}^2}{\omega_0{}^2} \frac{\sum_k \left(\frac{\omega_1}{\omega_k}\right)^{2r-2} c_k \eta_{ik}}{\sum_k \left(\frac{\omega_1}{\omega_k}\right)^{2r} c_k \eta_{ik}}, \qquad i, k = 1, 2, \ldots n.$$

Da definitionsgemäß die Frequenz der Grundschwingung ω_1 am kleinsten von allen Eigenfrequenzen ist, so gilt

$$\frac{\omega_1}{\omega_k} < 1, \qquad k \neq 1,$$

daher ist

$$\omega_1^2 = \omega_0^2 \lim \frac{v_{r-1,i}}{v_{r,i}}, \tag{168}$$

das heißt, bildet man das Verhältnis zweier zugehöriger Schwingungsausschläge von zwei aufeinanderfolgenden Näherungslösungen, so ist dieses Verhältnis der Frequenz der Grundschwingung verhältnisgleich, und zwar unabhängig vom Ort. Diese Rechnung rührt von Hadamard[1] her, man braucht natürlich nur soviele Rechnungen durchführen, bis Gl. (168) für verschiedene Stellen i angewendet den gleichen Wert ergibt.

Die Rechnung kann sehr vereinfacht werden, wenn man nach Koch[2] das Verhältnis

$$\frac{\Sigma m_k v_{0k} v_{1k}}{\Sigma m_k v_{1k}^2}, \qquad k = 1, 2, \ldots n$$

bildet. Berücksichtigt man Gl. (167), so wird

$$\omega_0^2 \frac{\Sigma m_k v_{0k} v_{1k}}{\Sigma m_k v_{1k}^2} = \omega_1^2 \frac{\Sigma \left(\frac{c_k}{c_1} \frac{\omega_1}{\omega_k}\right)^2}{\Sigma \left(\frac{c_k}{c_1} \frac{\omega_1^2}{\omega_k^2}\right)^2}, \qquad k = 1, 2, \ldots n,$$

weil ω_1/ω_k für $k \neq 1$ klein ist, so ist

$$\omega_1^2 \sim \omega_0^2 \frac{\Sigma m_k v_{0k} v_{1k}}{\Sigma m_k v_{1k}^2}, \qquad k = 1, 2, \ldots n$$

eine Näherungslösung der Grundfrequenz.

Nach Grammel erhält man eine Näherungslösung, wenn man das Verhältnis

$$\omega_0^2 \frac{\Sigma m_k v_{0k}^2}{\Sigma m_k v_{0k} v_{1k}} = \omega_1^2 \frac{\Sigma c_k^2}{\sum \left(c_k \frac{\omega_1}{\omega_k}\right)^2}$$

bildet, da das Verhältnis der Frequenz der Grundschwingung zu irgend einer Oberschwingung eine kleine Größe ist, so kann man durch die Gleichung

$$\omega_1^2 \doteq \omega_0^2 \frac{\Sigma m_k v_{0k}^2}{\Sigma m_k v_{0k} v_{1k}}$$

die Frequenz der Grundschwingung angenähert erhalten.

---

[1] Dungen, F. H. van den: Cours de Technique de vibrations, Bd. 1, S. 39. Bruxelles: 1926. — Biezeno, C., R. Grammel: Technische Dynamik, S. 156. Berlin: 1939.

[2] Koch, J. J.: Bestimmung höherer kritischer Drehzahlen schnell laufender Wellen, Verhandlungen d. 2. internat. Kongr. f. techn. Mechanik. Zürich: 1927.

e) Das Verfahren von Grammel.[1] Bei dem Ritzschen und dem Galerkinschen Verfahren wurde von dem Näherungsansatz verlangt, daß er alle Randbedingungen erfüllt. Diese Bedingungen können geometrischer Art sein, dann sind Verschiebungen und Verschiebungsänderungen gegeben oder sie können mechanischer Art sein, wenn die Spannungen vorgegeben sind. Bei der Methode von Grammel wird verlangt, daß die zuerst aufzustellende Näherungslösung nur die geometrischen Randbedingungen erfüllt, die weiteren Lösungen werden aus den mechanischen Bedingungsgleichungen gewonnen und erfüllen dadurch ebenfalls die mechanischen Randbedingungen. Bei den bisherigen Iterationsverfahren wurde vorausgesetzt, daß nur Einzelmassen gegeben sind, für diese Massenanordnung gilt Gl. (165). Sind nicht Einzelmassen gegeben, so geht bei einer kontinuierlichen Massenanordnung die Summe in Gl. (165) in ein Integral über und man erhält

$$v(x) = \omega^2 \int a(x, \xi)\, v(\xi)\, m(\xi)\, d\xi. \tag{169}$$

In Gl. (169) bedeute $a(x, \xi)$ die Einflußfunktion, auch Greensche Funktion, $v(\xi)$ die Verschiebung an der Stelle ξ und $m(\xi)\, d\xi$ das Massenelement, dabei ist in diesem Integral die Größe x als Konstante anzusehen. Gl. (169) ist eine Integralgleichung und diese ist gleichwertig der zugehörigen Differentialgleichung

$$\Phi(v, v', v'', \ldots) = \omega^2 v. \tag{170}$$

(Es bedeuten die Striche die Ableitungen nach der Veränderlichen.)

Gl. (169) und Gl. (170) benützt man, um die Iterationsvorschrift nach Grammel anzugeben. Setzt man $\omega = 1$ und nimmt man eine Näherungslösung $v_0(x)$ derart an, daß die geometrischen Randbedingungen erfüllt sind, dann erhält man die nächste Näherung aus der Gleichung

$$\Phi(v_1, v_1', v_1'', \ldots) = v_0, \tag{171 a}$$

anderseits erhält man mit $\omega = 1$, $v(\xi) = v_0(\xi)$ aus Gl. (169)

$$v_1 = \int a(x, \xi)\, v_0(\xi)\, m(\xi)\, d\xi. \tag{171 b}$$

Da die Differentialgleichung, bzw. Integralgleichung zur Ermittlung der Näherung v_1 verwendet wird, so erfüllt diese Näherung ebenfalls die vorgegebenen dynamischen Randbedingungen.

Wird das Prinzip der virtuellen Verschiebungen — die virtuelle Arbeit der Massenbeschleunigungen kommt derjenigen der eingeprägten Kräfte gleich — angewendet, dann erhält man aus der Gl. (170), wenn man mit δv die virtuelle Verschiebung bezeichnet

[1] Grammel, R.: Ein neues Verfahren zur Lösung technischer Eigenwertprobleme, Ing.-Archiv, Bd. 10, 1939, S. 35. — Grammel, R., a. a. O., S. 169.

$$\int [\Phi(v, v', \ldots) - \omega^2 v]\, \delta v\, dx = 0. \tag{172}$$

Setzt man in Gl. (172) für die Verschiebung v die in erster Näherung erhaltene v_1 ein und berücksichtigt man die Gl. (171 a) und Gl. (171 b), so wird

$$\int \left[v_0 - \omega^2 \int a(x, \xi)\, v_0(\xi)\, m(\xi)\, d\xi \right] \delta v_1\, dx = 0. \tag{173}$$

Man macht für die Verschiebung v_0 den Näherungsansatz

$$v_0 = \sum a_i\, \eta_i(x), \qquad i = 1, 2, \ldots n,$$

in welchem die Funktionen η_i von den Koordinaten abhängig sind und die geometrischen Randbedingungen befriedigen und betrachtet man die virtuelle Verschiebung an einer bestimmten Stelle, also bei konstant gehaltenen x, so ist

$$\delta v = \eta_i(x)\, \delta a_i.$$

Setzt man diese Werte in die Gl. (173) ein und vertauscht man Summation und Integration, so erhält man wegen der Willkürlichkeit der δa_i

$$\sum_i a_i \int \left[\eta_i(x) - \omega^2 \int a(x, \xi)\, \eta_i(\xi)\, m(\xi)\, d\xi \right] \eta_k\, dx = 0, \quad i, k = 1, 2 \ldots \tag{174}$$

n lineare homogene Gleichungen, aus welchen sich die Verhältnisse der Koeffizienten a_i bestimmen lassen. Wie dieses Verfahren anzuwenden ist, kann man aus Grammel „Technische Dynamik", S. 170 und S. 766 ersehen.

f) Darstellung der Bewegungsverhältnisse. *α) Problem von Cauchy*[1]. Dieses Problem kann man allgemein für eine n-dimensionale Aufgabe darstellen. Im folgenden soll nur das eindimensionale Schwingungsproblem behandelt werden. Gegeben sei die lineare homogene partielle Differentialgleichung

$$-\frac{\partial^2 v}{\partial t^2} = \Phi\left(v, \frac{\partial v}{\partial x}, \frac{\partial^2 v}{\partial x^2}, \ldots\right). \tag{175}$$

Setzt man als Bewegungsform nur eine stehende Schwingung voraus

$$v = v(x) \sin \omega t,$$

so geht Gl. (175) über in

$$\omega^2 v = \Phi(v, v', v'', \ldots). \tag{170}$$

Das Integral von der Differentialgleichung (170) wird nun auf folgende Weise gefunden. Man setzt für v eine Potenzreihe an

[1] Hadamard, J.: Le probleme de Cauchy et les équations aux derivées partielles linéaires hyperboliques. Paris: 1932. — Pascal, E.: Repertorium der höheren Math., Bd. 1, S. 1107, S. 1158. Leipzig u. Berlin: 1929.

$$v = a_0 + a_1 x + a_2 \frac{x^2}{2!} + a_3 \frac{x^3}{3!} + \ldots = \sum a_i \frac{x^i}{i!} \tag{176}$$

und setzt diese Reihe in Gl. (170) ein, so ist

$$\omega^2 \sum a_i \frac{x^i}{i!} = \Phi(a_i x). \tag{177}$$

Gl. (177) muß nun für jedes beliebige x erfüllt sein, daher erhält man durch Koeffizientenvergleich n Gleichungen zur Bestimmung der Werte der Koeffizienten a_i der Gl. (176). Von der Gl. (176) wird aber außerdem noch verlangt, daß sie die vorgegebenen Randbedingungen erfüllt. Berücksichtigt man diese und Gleichungssystem (177), so erhält man dadurch die Bestimmungsgleichung für die Werte der Frequenzen.

Diese Art der Auffindung des Integrals ist möglich, denn die Reihe nach Gl. (176) ist nichts anderes als die Mac-Laurinsche Reihe. Man muß nur vorsichtig mit dem Abbrechen der Reihe sein und sich über die Größenordnung der vernachlässigten Glieder im klaren sein, sonst können große Fehler entstehen. Hier wurde nur das eindimensionale Problem dargestellt, wie das mehrdimensionale zu lösen ist, kann man bei Kowalewsky[1], bzw. Hadamard ersehen.

Als Beispiel für diese Rechnungsart sei die Grundfrequenz des Balkens von der Länge l, welcher auf zwei Stützen liegt, ermittelt[2]. Für diesen gilt (s. S. 113)

$$\omega = 9{,}8696 \frac{1}{l^2} \sqrt{\frac{g E J}{\gamma F}} = 9{,}8696 \frac{1}{l^2} c.$$

Um die Frequenz zu finden hat man von der Differentialgleichung für den geraden Stab auszugehen

$$\frac{\partial^2 v}{\partial t^2} = -c^2 \frac{\partial^4 v}{\partial x^4}. \tag{138 a}$$

Wendet man den Ansatz für die stehenden Schwingungen Gl. (139) an, so wird

$$\omega^2 v = c^2 \frac{d^4 v}{d x^4} \tag{178}$$

und macht man den Ansatz

$$v = a_0 + a_1 x + a_2 \frac{x^3}{3!} + \ldots = \sum a_i \frac{x^i}{i!} \tag{176}$$

und setzt diesen in die Gl. (178) ein, so erhält man

$$\omega^2 \sum a_i \frac{x^i}{i!} = c^2 \sum a_i \frac{x^{i-4}}{(i-4)!}. \tag{179}$$

---

[1] Kowalewsky, Sophie: Zur Theorie der Partiellen Differentialgleichung, Journal f. reine u. angewandte Mathem., Bd. 80, 1875, S. 1.

[2] Dungen, F. H. van den: Cours de Techniques de Vibrations, Bd. II, S. 91. Bruxelles 1926.

Bevor diese Gl. (179) zur Berechnung der Koeffizienten verwendet wird, sei ein Teil der Randbedingungen berücksichtigt, weil dadurch die Rechnung vereinfacht wird. Für diese Lagerungsart haben die Verschiebungen und die zweiten Ableitungen nach x an den Lagerstellen wegen $E\,J\,y'' = -M$ den Wert Null. Aus diesen Bedingungen folgt für $x = 0$ aus Gl. (176), daß

$$a_0 = 0, \qquad a_2 = 0.$$

Zufolge dieser Werte haben nach Gl. (178) alle Koeffizienten mit geraden Indizes ebenfalls den Wert Null. Die anderen Koeffizienten bestimmt man durch Koeffizientenvergleich zu

$$a_5 = \frac{\omega^2}{c^2} a_1,$$

$$a_7 = \frac{\omega^2}{c^2} a_3,$$

$$a_9 = \frac{\omega^2}{c^2} a_5 = \frac{\omega^4}{c^4} a_1,$$

$$\cdots\cdots\cdots\cdots\cdots\cdots$$

Mit Hilfe dieser Werte bestimmt man die Verschiebung v zu

$$v = a_1\left(x + \frac{\omega^2}{c^2}\frac{x^5}{5!} + \frac{\omega^4}{c^4}\frac{x^9}{9!} + \ldots\right) + a_3\left(\frac{x^3}{3!} + \frac{\omega^2}{c^2}\frac{x^7}{7!} + \ldots\right). \qquad (176\,\text{a})$$

Berücksichtigt man nun die Randbedingungen bei $x = l$, so erhält man

$$v = 0 = a_1\left(l + \frac{\omega^2}{c^2}\frac{l^5}{5!} + \frac{\omega^4}{c^4}\frac{l^9}{9!} + \ldots\right) + a_3\left(\frac{l^3}{3!} + \frac{\omega^2}{c^2}\frac{l^7}{7!} + \ldots\right),$$

$$v'' = 0 = a_1\left(\frac{l^3}{3!}\frac{\omega^2}{c^2} + \frac{\omega^4}{c^4}\frac{l^7}{7!} + \ldots\right) + a_3\left(l + \frac{\omega^2}{c^2}\frac{l^5}{5!} + \ldots\right),$$

zwei lineare homogene Gleichungen. Sollen nichttriviale Lösungen auftreten, so muß die Koeffizientendeterminante den Wert Null haben

$$\begin{vmatrix} l + \frac{\omega^2}{c^2}\frac{l^5}{5!} + \ldots, & \frac{l^3}{3!} + \frac{\omega^2}{c^2}\frac{l^7}{7!} + \ldots \\ \frac{\omega^2}{c^2}\frac{l^3}{3!} + \frac{\omega^4}{c^4}\frac{l^7}{7!} + \ldots, & l + \frac{\omega^2}{c^2}\frac{l^5}{5!} + \ldots \end{vmatrix} = 0 =$$

$$= \left(l + \frac{\omega^2}{c^2}\frac{l^5}{5!}\right)^2 - \frac{\omega^2}{c^2}\left(\frac{l^3}{3!} + \frac{\omega^2}{c^2}\frac{l^7}{7!}\right)^2 + \ldots$$

Vernachlässigt man alle nicht angeschriebenen Glieder dieser Reihe, so wird

$$\omega = 9{,}478\,\frac{1}{l^2}\,c,$$

der dabei gemachte Fehler beträgt 3,96%.

Würde man in der Bestimmungsdeterminante für ω die mit ω^4/c^4 multiplizierten Glieder vernachlässigen, so würde man überhaupt keinen reellen Wert für die Grundfrequenz erhalten, daraus ist zu ersehen, daß man bei der Ermittlung der Frequenzen durch Reihenentwicklung vorsichtiger sein muß, als bei derjenigen mit Hilfe der Integralformeln, z. B. des Rayleighschen Prinzips, da die Durchführung der Integration die Fehler glättet.

β) *Methode von Picard-Morrow*[1]. Bei dem Verfahren nach Picard-Morrow wird die Lösung der Differentialgleichung (170) durch Iteration gefunden. Gegeben sei wieder

$$\Phi(v, v', v'', \ldots) = \omega^2 v. \tag{170}$$

Nun wird ein Näherungsansatz durch eine Potenzreihe

$$v_0 = a_0 + a_1 x + a_2 x^2 + a_3 x^3 + a_4 x^4 + \ldots \tag{180}$$

derart gemacht, daß die Koeffizienten a_i durch die gegebenen Anfangsbedingungen bestimmt sind. Setzt man nun Gl. (180) in die rechte Seite von der Gl. (170) ein

$$\Phi(v_1, v_1', v_1'', \ldots) = \omega^2 v_0 = \omega^2 (a_0 + a_1 x + \ldots),$$

so erhält man durch Integration die erste Näherung v_1 für die Verschiebung. Diese Größe kann als Ausgangsfunktion für die nächste Näherung nach diesem Verfahren angesehen werden und so weiter fort, wodurch immer bessere Näherungen erhalten werden. Bezeichnet man mit v_{im}, $v_{i-1,m}$ die größten Verschiebungen zweier aufeinanderfolgender Näherungen, so ist mit einem gewissen Fehler die Annahme

$$v_{im} = v_{i-1,m}$$

möglich. Setzt man die durch die Rechnung gefundenen Werte in diese Gleichung ein, so erhält man dadurch eine Gleichung zur Bestimmung der Grundfrequenz ω.

Wie dieses Verfahren anzuwenden ist, soll an der Ermittlung der Grundfequenz der Biegeschwingung eines Balkens von der Länge l auf zwei Stützen gezeigt werden. Für diesen gilt

$$c^2 \frac{d^4 v}{dx^4} = \omega^2 v \tag{178}$$

mit den Randbedingungen: bei $x = 0$ und bei $x = l$ hat die Verschiebung v und das Biegungsmoment den Wert Null, also ist $v = 0$ und $v'' = 0$. Die Grundfrequenz wurde bestimmt zu

$$\omega = 9{,}8696 \frac{1}{l^2} c.$$

Macht man gemäß Gl. (180) den Ansatz

$$v_0 = a_0 + a_1 x + a_2 x^2 + a_3 x^3 + a_4 x^4$$

[1] Picard, E.: Traité d'analyse, Bd. 2, S. 340; Bd. 3, S. 88. Paris: 1905. — Morrow, J.: On the lateral vibration of bars of uniform and varying sectional areas. Philos. Mag. 6. ser. Bd. 10, S. 113.

und bezeichnet man mit v_{0m} die Durchbiegung in der Mitte, so erhält man für die Verschiebung bei Berücksichtigung der vorgegebenen Randbedingungen

$$v_0 = \frac{16}{5}\frac{v_{0m}}{l^4}(x^4 - 2\,l\,x^3 + l^3\,x).$$

Setzt man diese Gleichung in Gl. (178) ein und integriert, so hat man zur Integrationskonstantenbestimmung zu beachten, daß an der Stelle $x = 0$ keine Verschiebung und kein Biegemoment vorhanden sind, bei $x = 0$ gilt also $v = 0$ und $v'' = 0$ und daß an der Stelle $x = l/2$ die Querkraft und bei der Grundschwingung auch der Neigungswinkel der Kurventangente den Wert Null haben, also bei $x = l/2$ gilt $v' = 0$ und $v''' = 0$. Berücksichtigt man diese Werte, so erhält man als erste Näherung

$$v_1 = \frac{16}{150}\frac{v_{0m}}{l^4}\frac{\omega^2}{c^2}\left(\frac{1}{56}x^8 - \frac{l}{14}x^7 + \frac{l^3}{4}x^5 - \frac{l^5}{2}x^3 + \frac{17}{56}l^7\,x\right).$$

Nimmt man nun an, daß an der Stelle $x = l/2$ die Verschiebung v_{1m} gleich v_{0m} kommt, so ist

$$\omega^2 = 97{,}0397\frac{1}{l^4}c^2, \qquad \omega = 9{,}85\frac{1}{l}c.$$

Daher beträgt der bei dieser Annäherung gemachte Fehler 1,9%.

D. Schwingungen von krummen Stäben

1. Aufstellung der Differentialgleichung der Bewegung

Vorausgesetzt sei, daß der Krümmungsradius r im undeformierten Zustand konstant sei und daß die Verformungen, welche durch die Querkräfte bedingt sind, vernachlässigbar klein sind. Schneidet man aus dem Stabe ein Stück $r\,d\varphi$ heraus, so muß man die inneren Kräfte und Kräftepaare, bzw. Momente anbringen, wenn die Bewegungsverhältnisse nicht gestört werden sollen (s. Abb. 61). Es bedeute R die Kraftkomponente in radialer, T in tangentialer und Z in achsialer Richtung. M_r, M_t und M_z sind die entsprechenden Komponenten der Kräftepaare. Mit u bezeichnet man die Verschiebung in radialer Richtung, die in tangentialer mit v und mit w die in achsialer Richtung, wobei die positiven Richtungssinne aus Abb. 61 zu ersehen sind. Die Änderung irgend einer Kraft, bzw.

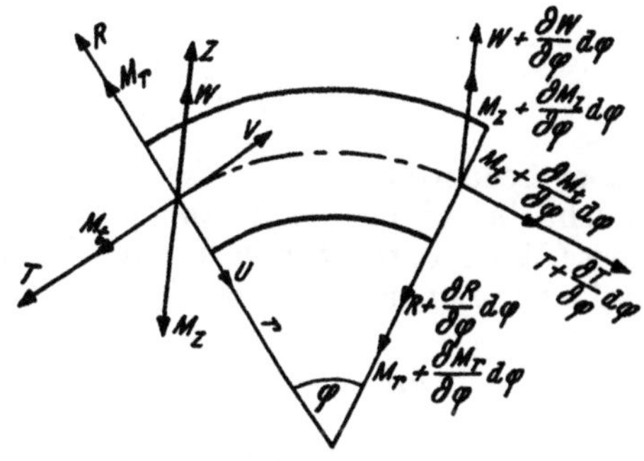

Abb. 61. Kräfte am Stabelement (Zentriwinkel $d\varphi$)

eines Momentes, z. B. von R in Abhängigkeit von dem Bogenelement ds berechnet man aus der Gleichung

$$dR = \frac{\partial R}{\partial s} ds.$$

Bedingen die entstehenden Schwingungen eine dehnungslose Verformung der Mittelachse, so ist

$$ds = r\, d\varphi$$

und man erhält

$$dR = \frac{\partial R}{\partial \varphi} d\varphi.$$

Bezeichnet man mit f den Querschnitt des Stabes, mit γ seine Wichte, mit i_1, i_2, i_0 ($i = \sqrt{J/f}$) die Trägheitsradien für die r, z und t Richtung, so lautet der Schwerpunktssatz für ein Element von der Länge $r\, d\varphi$

$$\begin{aligned} \frac{\gamma}{g} f\, r\, d\varphi \frac{\partial^2 u}{\partial t^2} &= \left(\frac{\partial R}{\partial \varphi} + T\right) d\varphi, \\ \frac{\gamma}{g} f\, r\, d\varphi \frac{\partial^2 v}{\partial t^2} &= \left(\frac{\partial T}{\partial \varphi} - R\right) d\varphi, \\ \frac{\gamma}{g} f\, r\, d\varphi \frac{\partial^2 w}{\partial t^2} &= \frac{\partial Z}{\partial \varphi} d\varphi \end{aligned} \tag{181}$$

und der Momentensatz

$$\begin{aligned} \frac{\gamma}{g} f\, r\, d\varphi\, i_1^2 \frac{\partial^2 \vartheta}{\partial t^2} &= \left(\frac{\partial M_r}{\partial \varphi} + M_t - Z\, r\right) d\varphi, \\ \frac{\gamma}{g} f\, r\, d\varphi\, i_0^2 \frac{\partial^2 \psi}{\partial t^2} &= \left(\frac{\partial M_t}{\partial \varphi} - M_r\right) d\varphi, \\ \frac{\gamma}{g} f\, r\, d\varphi\, i_2^2 \frac{\partial^2 \chi}{\partial t^2} &= \left(\frac{\partial M_z}{\partial \varphi} + R\, r\right) d\varphi, \end{aligned} \tag{182}$$

dabei bedeuten ϑ, ψ, χ die Verdrehungswinkel des Stabelementes, welche bei einer Verdrehung um die r, t, bzw. z-Achse entstehen. Diese Winkel stehen nun mit den Verschiebungen du, dv, dw in einem einfachen Zusammenhang, denn es ist (s. Abb. 62)

$$dw = -r\, d\varphi\, \vartheta = \frac{\partial w}{\partial \varphi} d\varphi, \qquad \vartheta = -\frac{1}{r} \frac{\partial w}{\partial \varphi}, \tag{183 a}$$

das Minuszeichen kommt wegen des negativen Drehsinnes der Verschiebung dw zu stehen. Um die Verdrehung $d\chi$ zu berechnen, muß man beachten, daß das gesamte Stabelement zufolge der tangentialen Verschiebung v sich um den Winkel

$$\chi_1 = \frac{v}{r}$$

verdreht, dazu kommt noch eine zusätzliche Verdrehung zufolge der Verformung du, welche man aus der Gleichung

$$du = r\,d\varphi\,\chi_2 = \frac{\partial u}{\partial \varphi}\,d\varphi, \qquad \chi_2 = \frac{1}{r}\cdot\frac{\partial u}{\partial \varphi}$$

erhält und damit wird

$$\chi = \chi_1 + \chi_2 = \frac{1}{r}\left(v + \frac{\partial u}{\partial \varphi}\right). \tag{183 b}$$

Um die Schwingungsausschläge zu berechnen, stehen noch die Gleichungen, welche das elastische Verhalten charakterisieren zur Verfügung. Für den krummen Stab gelten für die Biegungsmomente die Gleichungen[1]

$$d\varphi = \frac{M\,ds}{E\,J},$$

bzw.[2]

$$M = E\,J\left(\frac{1}{\varrho} - \frac{1}{\varrho_0}\right)$$

wenn ϱ, bzw. ϱ_0 den Krümmungsradius nach, bzw. vor der Verformung bedeutet. Ist $\Delta\varphi$ der Verdrehungswinkel und Δl die Länge eines Elementes, so gilt für die Torsionsmomente

$$M_d = G\,J\,\frac{\Delta\varphi}{\Delta l}.$$

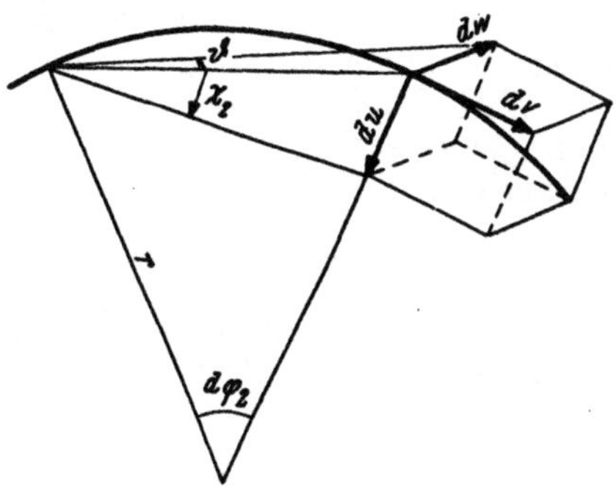

Abb. 62. Verschiebungen und Winkeländerungen eines Stabelementes

Diese Gleichungen hat man nun anzuwenden. Wird der Kreisbogen um den kleinen Winkel ψ verdreht, so ist der Krümmungsradius der Projektion auf eine Ebene senkrecht zum Radius r gleich $-\,r/\psi$. Anderseits bestimmt man aus der Gleichung

$$\frac{1}{\varrho} = -\frac{\partial^2 w}{r^2\,\partial\varphi^2},$$

so daß man für

$$M_r = -\frac{E\,J_1}{r^2}\left(\frac{\partial^2 w}{\partial\varphi^2} - r\,\psi\right) \tag{184 a}$$

erhält. Die Winkeländerung $d\psi$ bestimmt man aus der Änderung der Verformung w und der Änderung von ψ mit φ

$$d\psi = \left(\frac{\partial\psi}{\partial\varphi} + \frac{\partial w}{r\,\partial\varphi}\right)d\varphi,$$

[1] Timoshenko, S., I. M. Lessels: Festigkeitslehre, S. 201. Berlin: 1928.

[2] Lorenz, H.: Lehrbuch der techn. Physik, Bd. 4. Techn. Elastizitätslehre, S. 233. München u. Berlin: 1913. — Baumann, R.: Einfaches Verfahren zur Ermittlung der Formänderung eben gekrümmter stabförmiger Körper. Zeitschr. d. VDI. Bd. 54, 1910, S. 1675.

daher gilt für das Torsionsmoment M_t

$$M_t = \frac{G J_0}{r}\left(\frac{\partial \psi}{\partial \varphi} + \frac{\partial w}{r\,\partial \varphi}\right) \tag{184 b}$$

und für M_z erhält man bei Benützung von Gl. (183 b)

$$M_z = E J_2 \frac{\Delta \chi}{r\,d\varphi} = \frac{E J_2}{r}\left(\frac{\partial v}{\partial \varphi} + \frac{\partial^2 u}{\partial \varphi^2}\right). \tag{184 c}$$

Deformiert sich die Mittelachse dehnungsfrei, so gilt

$$u\,d\varphi = dv, \qquad u = \frac{\partial v}{\partial \varphi}. \tag{185}$$

Je nachdem, welche Werte die Größen u, v, w haben, kann man die entstehenden Schwingungen einteilen; haben sowohl w als auch ψ den Wert Null, so entstehen Biegungsschwingungen in der Stabebene, sind u und v dauernd Null, so steht die Bewegungsrichtung senkrecht zur Stabebene.

2. *Biegungsschwingungen eines Kreisringes*[1]

a) Biegeschwingungen in der Ringebene. In diesem Falle haben w und ψ den Wert Null und Gl. (181), Gl. (182) und Gl. (184) vereinfachen sich bei Anwendung der Gl. (183). Für den Schwerpunktssatz gilt

$$\frac{\gamma}{g} f r \frac{\partial^2 u}{\partial t^2} = \frac{\partial R}{\partial \varphi} + T,$$

$$\frac{\gamma}{g} f r \frac{\partial^2 v}{\partial t^2} = \frac{\partial T}{\partial \varphi} - R$$

$$0 = \frac{\partial Z}{\partial \varphi}$$

und für den Momentensatz

$$0 = \frac{\partial M_r}{\partial \varphi} + M_t - Z r,$$

$$0 = \frac{\partial M_t}{\partial \varphi} - M_r,$$

$$\frac{\gamma}{g} f i_2^2 \frac{\partial^2}{\partial t^2}\left(v + \frac{\partial u}{\partial \varphi}\right) = \frac{\partial M_z}{\partial \varphi} + R r.$$

Und für die Momente ergibt sich

$$M_r = 0, \qquad M_t = 0, \qquad M_z = \frac{E J_2}{r}\left(\frac{\partial v}{\partial \varphi} + \frac{\partial^2 u}{\partial \varphi^2}\right) = \frac{E J_2}{r}\left(u + \frac{\partial^2 u}{\partial \varphi^2}\right).$$

[1] Hoppe, R.: Vibrationen eines Ringes in seiner Ebene, Journal f. reine und angewandte Mathematik (Crelles Journal), Bd. 73, 1871, S. 158. — Love, A. E. H.: Lehrbuch der Elastizität, S. 517. Leipzig u. Berlin: 1907.

Durch Elimination erhält man die Differentialgleichung für die Verschiebung

$$\frac{\gamma}{g} f r \frac{\partial^2}{\partial t^2}\left(\frac{\partial^2 v}{\partial \varphi^2} - v\right) = \frac{\gamma f i_2^2}{g} \frac{\partial^2}{r} \frac{\partial^2}{\partial t^2}\left(\frac{\partial^4 v}{\partial \varphi^4} + 2 \frac{\partial^2 v}{\partial \varphi^2} + v\right) -$$

$$- \frac{E J_2}{r}\left(\frac{\partial^6 v}{\partial \varphi^6} + 2 \frac{\partial^4 v}{\partial \varphi^4} + \frac{\partial^2 v}{\partial \varphi^2}\right). \tag{186}$$

Untersucht man nur die stehenden Schwingungen, so ist

$$v = v(\varphi) \sin \omega t$$

und dann erhält man für Gl. (186)

$$\frac{d^6 v(\varphi)}{d\varphi^6} + \left(2 + \frac{\gamma \omega^2}{g E}\right) \frac{d^4 v(\varphi)}{d\varphi^4} + \left[1 + \frac{\gamma \omega^2}{g E}\left(2 - \frac{r^2}{i_2^2}\right)\right] \frac{d^2 v(\varphi)}{d\varphi^2} +$$

$$+ \frac{\gamma \omega^2}{g E}\left(1 + \frac{r^2}{i_2^2}\right) v(\varphi) = 0,$$

zu dieser linearen Differentialgleichung ist mit

$$v(\varphi) = A e^{\lambda \varphi}$$

die charakteristische Gleichung

$$\lambda^6 + \left(2 + \frac{\gamma \omega^2}{g E}\right) \lambda^4 + \left[1 + \frac{\gamma \omega^2}{g E}\left(2 - \frac{r^2}{i_2^2}\right)\right] \lambda^2 + \frac{\gamma \omega^2}{g E}\left(1 + \frac{r^2}{i_2^2}\right) = 0 \tag{187}$$

zugehörig. Aus Gl. (187) hätte man die Wurzeln zu bestimmen und die gegebenen Randbedingungen zu berücksichtigen, wodurch man die Bedingungsgleichung für die Frequenzen erhält. Diese Rechnungen sind langwierig und können vermieden werden, wenn der Ring so gelagert ist, daß die Eigenfunktionen sich durch $\sin n_k \varphi$, bzw. $\cos n_k \varphi$ darstellen lassen, damit erhält man

$$v = \sum A_k \sin(n_k \varphi + \vartheta) \sin \omega_k t. \tag{188}$$

Berücksichtigt man, daß r^2/i_2^2 viel größer als 1 ist, so kann man den Wert 1 gegenüber r^2/i_2^2 vernachlässigen und man bekommt an Stelle von Gl. (187)

$$\frac{\omega^2 \gamma}{g E}\left[2 n^4 + (n^2 + 1) \frac{r^2}{i_2^2}\right] - n^2 (n^2 - 1)^2 = 0 \text{ .}$$

und damit wird

$$\omega^2 = \frac{n^2 (n^2 - 1)^2}{2 n^4 + (n^2 + 1) \frac{r^2}{i_2^2}} \frac{g E}{\gamma}, \qquad n = 2, 3, \ldots \tag{189}$$

Da für $\varphi \pm 2\pi$ Gl. (188) die gleiche Verschiebung ergeben muß, — soll die Lösung eindeutig sein, — so muß n eine ganze Zahl sein, z. B. für die Grundschwingung ist $n = 2$.

β) Biegeschwingungen senkrecht zur Ringebene. In diesem Fall haben die Verschiebungen in der Ringebene u und v den Wert Null und es lautet der Schwerpunktssatz

$$0 = \frac{\partial R}{\partial \varphi} + T,$$

$$0 = \frac{\partial T}{\partial \varphi} - R,$$

$$\frac{\gamma}{g} f r \frac{\partial^2 w}{\partial t^2} = \frac{\partial Z}{\partial \varphi}$$

und der Momentensatz

$$-\frac{\gamma}{g} f i_1^2 \frac{\partial^3 w}{\partial t^2 \partial \varphi} = \frac{\partial M_r}{\partial \varphi} + M_t - Z r,$$

$$\frac{\gamma}{g} f i_0^2 \frac{\partial^2 \psi}{\partial t^2} = \frac{\partial M_t}{\partial \varphi} - M_r,$$

$$0 = \frac{\partial M_z}{\partial \varphi} + R r$$

und für die Biegemomente erhält man

$$M_r = \frac{E J_1}{r^2}\left(r \psi - \frac{\partial^2 w}{\partial \varphi^2}\right),$$

$$M_t = \frac{G J_0}{r}\left(\frac{\partial \psi}{\partial \varphi} + \frac{\partial w}{r \partial \varphi}\right), \qquad M_z = 0.$$

Setzt man stehende Schwingungen voraus

$$\psi = \bar{\psi}(\varphi) \sin \omega t,$$

so erhält man bei Verwendung der symbolischen Schreibweise ($D = d/d\varphi$, s. S. 59) die Differentialgleichung

$$D^4 \psi = \frac{1}{(G J_0 + E J_1)^2}\Big(E J_1 r - r G J_0 D^2 -$$

$$-\frac{\gamma}{g} f r^3 i_0^2 \omega^2\Big)\left[\left(\frac{\gamma}{g} f i_1^2 r \omega^2 - \frac{G J_0}{r}\right) D^2 - \frac{\gamma}{g} f r^3 \omega^2 + \frac{E J_1}{r} D^4\right] \psi.$$

Ist der Ring wieder so gelagert, daß sich die Eigenfunktionen durch $\sin n_k \varphi$, bzw. $\cos n_k \varphi$ darstellen lassen, so erhält man als Bestimmungsgleichung für n, bzw. für ω

$$0 = \frac{\gamma^2}{g^2} f^2 i_0^2 r^4 \omega^4 (n^2 i_1^2 + r^2) -$$

$$-\frac{\gamma}{g} f r^2 \omega^2 [E J_1 (r^2 + n^4 i_0^2 + n^2 i_1^2) + G J_0 (r^2 n^2 + i_0^2 n^2 + n^4 i_1^2)] +$$

$$+ G J_0 E J_1 (n^2 - 1)^2 n^2.$$

Soll eine eindeutige Lösung erhalten werden, so muß n eine ganze Zahl sein, damit hat man auch eine Bestimmungsgleichung für die

Eigenfrequenzen gegeben. Da der Trägheitsradius i_0 im Verhältnis zu r klein ist, so kann man das erste Glied der rechten Seite der Gleichung vernachlässigen, damit erhält man

$$\omega^2 = \frac{g G E i_0^2 (n^2 - 1)^2 n^2}{r^2 \left[n^2 G \frac{i_0^2}{i_1^2} (r^2 + n^2 i_1^2 + i_0^2) + E (r^2 + i_0^2 n^4 + n^2 i_1^2) \right]},$$

nun ist nach Gl. (116)

$$E = 2 \frac{m+1}{m} G, \tag{116}$$

daher ist

$$\omega^2 = \frac{g E i_0^2 (n^2 - 1)^2 n^2}{r^2 \left[n^2 \frac{i_0^2}{i_1^2} (r^2 + n^2 i_1^2 + i_0^2) + 2 \frac{m+1}{m} (r^2 + i_0^2 n^4 + n^2 i_1^2) \right]},$$

$$n = 2, 3, \ldots \tag{190}$$

Für die Grundschwingung erhält man aus Gl. (190) mit $n = 2$ die zugehörige Frequenz.

Diese Eigenfrequenzen wurden unter Vernachlässigung der Dehnung der Mittellinie erhalten. Wie man diese berücksichtigen kann, ist den Arbeiten von Hoppe[1] und Waltking[2] zu entnehmen.

Vergleicht man Gl. (189) und Gl. (190) mit den in den einzelnen Lehr- und Handbüchern angegebenen Formeln, so unterscheiden sich diese durch die Glieder $2n^4$, bzw. $i_0^2 n^4$, wenn auch mitunter diese Glieder vernächlässigbar sind, so können sie doch bei Oberschwingungen von Einfluß sein. Diese Glieder wurden erhalten, in dem man die Vernachlässigungen nicht bei Beginn der Rechnung, sondern erst später machte.

3. Schwingungen von Ringstücken

a) Schwingungen in der Ringebene. Ist ein Ringstück vom Öffnungswinkel α gegeben, so ist im allgemeinen die Rechenarbeit, die man aufwenden muß, um die Randbedingungen zu berücksichtigen, sehr groß. Man hat die Wurzeln der charakteristischen Gleichungen aufzusuchen und für die verschiedenen Schwingungen, wie beim Kreisring die Randbedingungen zu berücksichtigen. Diese Rechnungen führen auf die Lösung von Gleichungen dritten Grades. Ein einfaches Ergebnis wird nur dann erhalten, wenn das Ringstück so gelagert ist, daß im Falle der Schwingungen in der Ringebene sowohl bei $\varphi = 0$, als auch bei $\varphi = \alpha$ die Verschiebung v und $\partial^2 v/\partial\varphi^2$ und bei denen senkrecht zur Ringebene ψ und $\partial^2\psi/\partial\varphi^2$ den Wert Null haben. Denn für eine Hauptschwingung ist nach Gl. (188)

[1] Hoppe, R., a. a. O.

[2] Waltking, F. W.: Schwingungszahlen und Schwingungsformen von Kreisbogenträgern, Ing.-Archiv, Bd. 5, 1934, S. 429.

$$v = A_k \sin (n_k \varphi + \vartheta) \sin \omega_k t.$$

Für $\varphi = 0$ und $v = 0$, bzw. $\partial^2/\partial\varphi^2 = 0$ wird $\vartheta = 0$ und für $\varphi = 0$ und $v = 0$, bzw. $\partial^2 v/\partial\varphi^2 = 0$ wird

$$n_k \alpha = i \pi, \qquad n_k = i \frac{\pi}{\alpha}, \qquad i = 1, 2, \ldots,$$

wobei i eine beliebige ganze Zahl ist. Man braucht also in Gl. (189), bzw. Gl. (190) für n nur den Wert $i\pi/\alpha$ zu setzen, um für diese Lagerungsart die Eigenfrequenzen zu erhalten. Die Schwingungen von flachen Bogenträgern wurden von Lamb[1], der Einfluß der Dehnungsschwingungen von Waltking[2], der einer radialen Belastung von Federhofer[3] untersucht und mittels des Rayleighschen Verfahrens wurden von den Hartog[4] die Schwingungszahlen ermittelt.

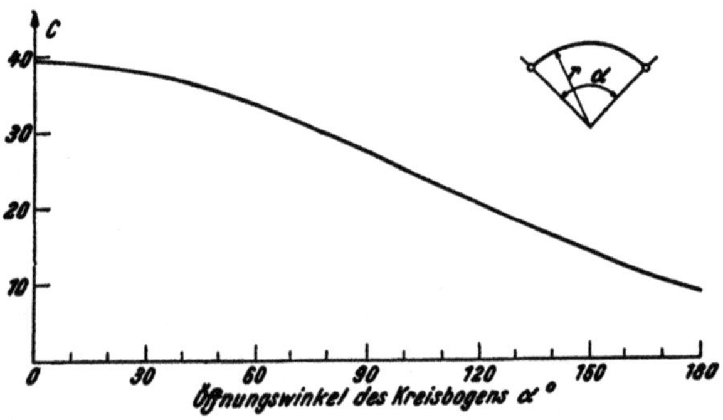

Abb. 63. Abhängigkeit der Konstante C vom Öffnungswinkel α nach Hartog

Sind die Enden des Kreisbogens fest aber drehbar gelagert und macht man für die radiale Verschiebung u und für die tangentiale v den Ansatz

$$u = A \sin \frac{\pi \varphi}{\alpha} \sin \omega t,$$

$$v = A \frac{\alpha}{2\pi} \left(\cos \frac{2\pi\varphi}{\alpha} - 1 \right) \sin \omega t,$$

so erhält man aus dem Arbeitssatz[5]

[1] Lamb, H.: On the Flexure and the Vibrations of a curved Bar Proceedings of the London mathematical Society, Bd. 19, 1888, S. 365.

[2] Waltking, F. W.: Schwingungszahlen und Schwingungsformen von Kreisbogenträgern, Ing.-Archiv, Bd. 5, 1934, S. 429.

[3] Federhofer, K.: Berechnung der niedrigsten Schwingungszahl des radial belasteten Kreisbogens, Ing.-Archiv, Bd. 4, 1933, S. 276.

[4] Hartog, J. P. den: The Lowest Natural Frequency of Circular Arcs, Phil. Mag., Bd. 5, Serie 7, 1928, S. 400.

[5] Hartog, J. P. den: Vibration of Frames of Electrical Machines Trans. of the A. S. M. E., Bd. 49/50, Teil I. 1927/28. APM 50—6.

$$\omega = \frac{C}{R^2}\sqrt{\frac{E J g}{\gamma}}.$$

Die Größe der Konstante C bestimmt man aus Abb. 63. Bei der Ermittlung dieser Kurventafel wurde vorausgesetzt, daß der Ring drehbar gelagert ist. Schwingungen von Bogenträgern kommen vielfach bei den Gehäusen elektrischer Maschinen vor. Durch die Nachgiebigkeit des Fußes ist eine feste Einspannung nie vorhanden, man kann aber nach Hartog[1] auch diesen Einfluß berücksichtigen.

b) Schwingungen senkrecht zur Ringebene. Die Biegeschwingungen des Ringstückes senkrecht zu seiner Ebene wurden mit Hilfe des Rayleighschen Prinzipes von Brown[2] behandelt. Ist das Ringstück vom Öffnungswinkel α gegeben, so nimmt Brown eine Kraft P am Scheitelpunkt senkrecht zur Ringebene an. Ist c_1 die Torsionssteifigkeit, — diese berechnet man nach St. Venant[3] —

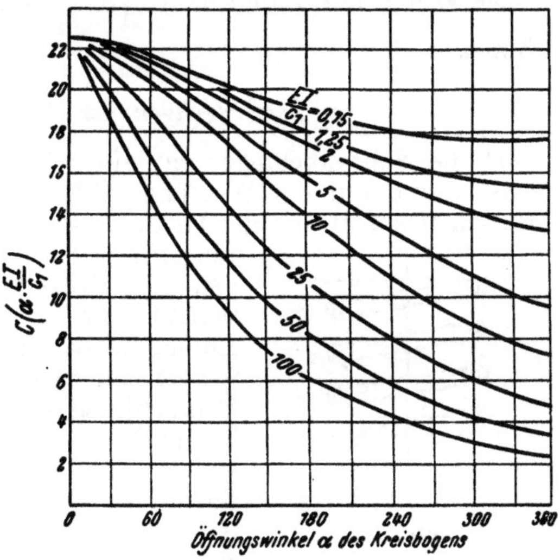

Abb. 64. $C\left(\alpha, \frac{EJ}{c_1}\right)$ in Abhängigkeit vom Öffnungswinkel des Kreisbogens nach Brown

$$c_1 = G J_d, \qquad J_d = \frac{F^4}{4\pi^2 J_p}$$

und v_2 die größte Durchbiegung bekannt, so kann man die Formänderungsarbeit berechnen. Für die Berechnung der kinetischen Energie wird für die Durchbiegung

$$v = \frac{v_2}{2}\left(1 - \cos\frac{\pi\varphi}{\alpha}\right)$$

[1] Hartog, J. P. den: Vibrations of Frames of Electrical Machines Trans. of the A. S. M. E., Bd. 49/50, Teil I. 1927/28. APM 50—11.

[2] Brown, F. H.: Lateral Vibration of Ring Shaped Frames, Journal of the Franklin Institut, Bd. 218, 1934, S. 41. — Federhofer, K.: Über die Eigenschwingungen des senkrecht zu seiner Ebene schwingenden Kreisbogens, Sitzungsberichte der Akademie d. Wissenschaft Wien, mathem.-naturwiss. Klasse, Abt. IIa, Bd. 145, 1936, S. 29.

[3] Timoshenko, S., I. M. Lessels, a. a. O. S. 32.

angenommen. Damit ist die kinetische Energie und ω^2 berechenbar. Man erhält

$$\omega = C\left(\alpha \frac{E\,J}{c_1}\right)\sqrt{\frac{E\,J}{\gamma\, r^4\, \alpha^4/g}}.$$

Die Werte der Funktion $C\left(\alpha \frac{E\,J}{c_1}\right)$ sind aus Abb. 64 zu entnehmen.

4. *Schwingungen der Torsionsfedern*

Ist die Schraubenfeder mit einer Länge l, dem Windungshalbmesser r und mit der Windungszahl n vorgegeben (s. Abb. 65), so führt ein Element von der Länge ds sowohl achsiale, radiale als auch tangentiale Bewegungen aus. Die Gleichungen (181), (182) beschreiben den Bewegungsverlauf, nur ist die Auffindung der genauen Lösung nicht einfach. Aus diesem Grunde wurden zur Ermittlung der Eigenfrequenzen Vernachlässigungen vorgenommen, also Näherungslösungen aufgesucht[1]. Zuerst sei vorausgesetzt, daß die radialen und tangentialen Bewegungen verglichen mit den achsialen vernachlässigbar klein sind, dann fällt die Richtung der Beschleunigung mit der Achse der Feder zusammen. Bezeichnet man mit w die Deformation der Feder, so gilt für die Federkraft bei einer statischen achsialen Belastung

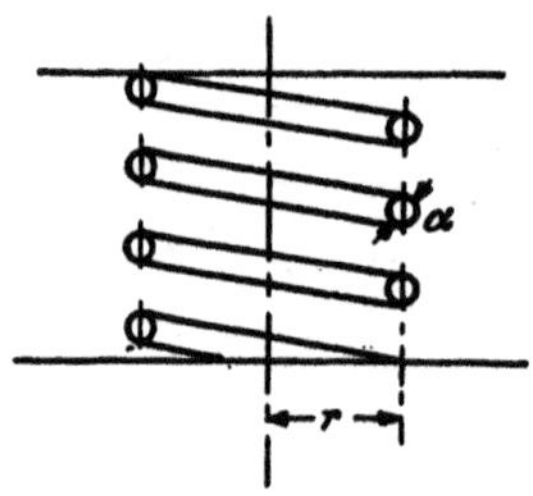

Abb. 65

$$P = \frac{c'}{l}\,w.$$

In dieser Gleichung bedeutet c' die Federkonstante für eine Feder von der Länge $l = 1$. Bezeichnet man mit P_0 jene Kraft, mit welcher die Feder vorgespannt ist und schneidet man aus der Feder an der Stelle s ein Element von der Länge ds heraus, so erhält man für die Federkraft

$$P - P_0 = c'\,\frac{dw}{ds} = c'\,\frac{\partial w}{\partial s} \tag{191}$$

und daher für die Änderung der Federkraft mit ds

$$dP = c'\,\frac{\partial^2 w}{\partial s^2}\,ds.$$

Bezeichnet man mit μ die spezifische Masse je Längeneinheit der Feder, so erhält man als Bewegungsgleichungen

---

[1] Fröhlich, P.: Die dynamischen Vorgänge in zylindrischen Schraubenfedern mit besonderer Berücksichtigung der Massendruckkompensatoren, Zeitschr. f. Math. u. Physik, Bd. 56, 1908, S. 379.

$$\mu\, ds \frac{\partial^2 w}{\partial t^2} = c' \frac{\partial^2 w}{\partial s^2} ds$$

und daher

$$\frac{\partial^2 w}{\partial t^2} = \frac{c'}{\mu} \frac{\partial^2 w}{\partial s^2} = c^2 \frac{\partial^2 w}{\partial s^2}, \qquad c^2 = \frac{c'}{\mu}. \tag{192}$$

Gl. (192) hat die gleiche Form wie Gl. (126 a), bzw. wie Gl. (154), daher sind alle aus diesen Gleichungen gezogenen Folgerungen, das sind die Ergebnisse, welche man für die Saitenschwingungen und die Drehschwingungen der Stäbe erhalten hatte, auf die Schwingungen der Torsionsfeder sinngemäß anzuwenden. Man erhält für die Eigenfrequenzen

$$\omega = \frac{\nu \pi}{l} \sqrt{\frac{c'}{\mu}} = \frac{\nu \pi c}{l}, \qquad \nu = 1, 2, \ldots \tag{193}$$

Ist der Querschnitt des Drahtes der Schraubenfeder ein Kreis vom Durchmesser d, so wird[1]

$$c' = \frac{l d^4 G}{64 n r^2}$$

und ist er ein Quadrat mit der Seitenlänge a, so gilt

$$c' = \frac{a^4 G l}{45{,}2\, n r^2}.$$

Damit sind nach Gl. (193) die Eigenfrequenzen berechenbar.

Führt der eine Endpunkt der Schraubenfeder eine harmonische Bewegung mit dem Größtausschlag w_0 und der Kreisfrequenz k aus, so hat man die Ergebnisse der erzwungenen Saitenschwingungen (s. S. 101 — da die Form der Differentialgleichung in beiden Fällen die gleiche ist — hier sinngemäß anzuwenden. Nach Gl. (132) ist

$$w = w_0 \frac{\sin \frac{k}{c} s}{\sin \frac{k}{c} l} \sin(k t + \vartheta). \tag{194}$$

Mittels Gl. (191) kann man bei Benützung von Gl. (194) an jeder beliebigen Stelle die dort vorhandene Spannung ermitteln. Es ist

$$P = P_0 + c' \frac{\partial w}{\partial s} = P_0 + w_0 c' \frac{k}{c} \frac{\cos \frac{k}{c} s}{\sin \frac{k}{c} l} \sin(k t + \vartheta)$$

für die Einspannstelle, also für $s = 0$, gilt bei $k t + \vartheta = \pi/2$

$$P = P_0 + w_0 c' \frac{k}{c} \frac{1}{\sin \frac{k}{c} l}.$$

[1] Groß, S., E. Lehr: Die Federn, ihre Gestalt und Berechnung, S. 84. Berlin: 1938.

Bezeichnet man mit τ die vorhandene Torsionsbeanspruchung, so ist für die Feder mit kreisförmigem Querschnitt

$$P = \frac{\pi}{16} \frac{d^3}{r} \tau$$

und mit τ_0 die durch die Vorspannung bedingte, so gilt

$$\frac{\pi}{16} \frac{d^3}{r} \tau = \frac{\pi}{16} \frac{d^3}{r} \tau_0 + w_0 c' \frac{k}{c} \frac{1}{\sin \frac{k}{c} l}.$$

Nun ist nach Gl. (192)

$$\frac{c'}{c} = \sqrt{c' \mu} = \sqrt{\frac{l d^4 G}{64 n r^3} \frac{\gamma}{g} \frac{\pi d^2}{4}}$$

und

$$l = 2 r n.$$

Damit wird

$$\frac{c'}{c} = \frac{d^3}{r} \sqrt{\frac{\gamma G \pi^2}{128 g}}.$$

Daher beträgt die Spannungserhöhung zufolge der Federschwingung

$$\tau - \tau_0 = \frac{w_0 k}{\sin \frac{k}{c}} \sqrt{\frac{2 \gamma G}{g}}. \tag{194}$$

Da nun

$$\sin \frac{k}{c} \leqq 1$$

ist, so folgt für die Spannungserhöhung

$$\tau - \tau_0 \geqq w_0 k \sqrt{\frac{2 \gamma G}{g}}. \tag{194 a}$$

Werden alle Größen, daher auch der Ausschlag im cm-kg-sek-System gemessen, so folgt für die Stahlfeder mit $\gamma = 7{,}86$ kg/dm³, $G = 850\,000$ kg/cm², wenn man den Ausschlag in cm mißt

$$\tau - \tau_0 = 3{,}69\, w_0 k. \tag{194 b}$$

Man hat nun mit Hilfe von Gl. (194 a) und Gl. (194 b) die Möglichkeit, schon beim Entwurf überschlagsmäßig festzustellen, ob die durch die Schwingungen hervorgerufene Beanspruchung zulässig ist, um dann gegebenenfalls die Federabmessungen zu ändern und nach Gl. (194) die genaue Spannungserhöhung festzustellen.

Gl. (194), bzw. Gl. (194 a) beschreiben den Bewegungsvorgang für alle Frequenzen, für welche

$$\frac{k}{c} l \neq \nu \pi, \qquad \omega = \frac{\pi c}{l} \neq \nu k, \qquad \nu = 1, 2, \ldots$$

ist, denn im Gleichheitsfalle besteht Resonanz und man erhält unendlich große Ausschläge. Will man aber bei Resonanz die wirklich auftretenden Ausschläge erhalten, so muß man die vorhandenen Dämpfungen berücksichtigen. Wirken Dämpfungskräfte, so gilt die Differentialgleichung

$$\frac{\partial^2 w}{\partial t^2} = c^2 \frac{\partial^2 w}{\partial s^2} - \beta \frac{\partial w}{\partial t}. \tag{195}$$

Um den Wert der Dämpfungskonstante zu erhalten, wurden von Hußmann[1] Versuche durchgeführt. Seine Untersuchungen ergaben, daß die Dämpfungskonstante von der Größtbeanspruchung abhing (s. Abb. 66). Gl. (195) hat die gleiche Form wie Gl. (131 a), daher kann man die Ergebnisse, welche man auf S. 105 erhalten hat, hier sinngemäß anwenden. Ist die Bewegung des einen Federendes eine Sinusschwingung mit der Frequenz k und der Größtamplitude w_0, so erhält man für die Größtamplitude $w(s)$, wenn die Größe von β klein ist, nach Gl. (135)

$$w(s) = \frac{2 w_0 k}{\beta \pi} \sin \frac{k}{c} s. \tag{196}$$

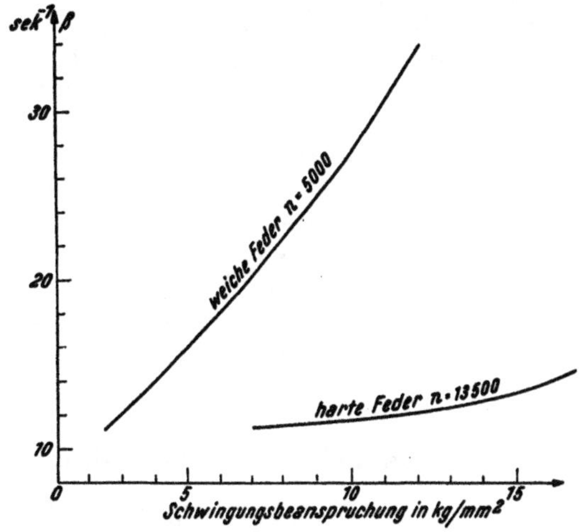

Abb. 66. Dämpfungskoeffizient β in Abhängigkeit von der Schwingungsbeanspruchung nach Hußmann

Kennt man die Amplituden $w(s)$, so kann man auch die zugehörigen Beanspruchungen ermitteln, denn es ist

$$\tau = \frac{G d}{2 r} \frac{\partial w}{\partial s}$$

und mit Hilfe von Gl. (196) wird

$$\tau = \frac{G d}{r} \frac{w_0 k}{\beta \pi} \frac{k}{c} \cos \frac{k}{c} s. \tag{197}$$

Aus Gl. (197) ersieht man, daß die größten Schwingungsbeanspruchungen an den Stellen

$$\frac{k}{c} l = \nu \pi, \tag{198}$$

[1] Hußmann, A.: Beanspruchung und Konstruktion von schraubenförmigen Ventilfedern, Jahrbuch d. deutschen Luftfahrtforschung, S. II, 92. 1937.

also an den Knoten, auftreten. Als Größtbeanspruchung erhält man für die Knoten, bei Benützung von Gl. (197) und Gl. (198)

$$\tau = \frac{G\,d}{r}\,\frac{k^2}{\beta\,\pi\,c}\,w_0 = \frac{G\,d\,\nu\,k}{r\,\beta\,l}\,w_0 = \frac{G\,d\,\omega}{r\,\beta\,l}\,w_0. \tag{199}$$

Die Schwingungen der Torsionsfedern können bei den Ventilbewegungen Anlaß zu Störungen geben, daher ist eine Kenntnis der Bewegungsvorgänge nötig, sollen Schäden durch Schwingungsüberbeanspruchungen vermieden werden. Der Vergleich der Messungen mit den Berechnungen zeigt[1], daß zwischen dem Versuch und der Rechnung eine gute Übereinstimmung besteht. Bei den Bewegungen der Ventilfedern, wird man durch Änderung der Abmessungen kaum Abhilfe von störenden Federschwingungen erhalten können. Um unliebsame Schwingungen zu vermeiden, ändert man die Nockenform (durch welche das Ventil bewegt wird) — man verwendet die sogenannten schwingungsarmen Nocken. Da sich die Ventilerhebungskurve durch eine Fourierreihe darstellen läßt[2]

$$w(l) = \sum w_{0\nu} \sin \nu\,k\,t, \qquad \nu = 1, 2, \ldots,$$

so ändert man mit der Nockenform auch die Koeffizienten der Fourierreihe $w_{0\nu}$ und gleichzeitig zufolge Gl. (199) die auftretenden Schubbeanspruchungen für den Resonanzzustand.

E. Schwingungen zweidimensionaler Körper

1. Schwingungen von Membranen[3]

Vorausgesetzt sei eine unendlich dünne, vollkommen biegsame und überall gleichdicke Membran, welche durch äußere Kräfte gespannt wird und die bei Fehlen dieser Kräfte einer Verformung keinen Biegewiderstand leistet. Am Rande der Membran greifen die Kräfte S je Längeneinheit an. Diese Kräfte können an jeder Stelle gleich groß sein, dann ist die Membran gleichmäßig gespannt oder diese Forderung ist nicht überall erfüllt, dann ist die Membran ungleichmäßig gespannt.

a) Membran mit ungleichmäßiger Spannung. Vorausgesetzt ist, daß der Rand so vorgegeben sei, daß die Fläche der Membran im undeformierten Zustande eine Ebene ist. Wird die Membran verformt und schneidet man aus derselben ein Element

[1] Marty, W.: Ventilfeder-Schwingungen. Winterthur: 1935. — Hußmann, A.: Schwingungen in schraubenförmigen Ventilfedern, Dissertation, Berlin: 1938 und Schwingungstagung Berlin: 1939. S. 56.

[2] Schlaefke, K.: Zur harmonischen Analyse von Nockenkurven, Luftfahrtforschung, Bd. 17, 1940, S. 87.

[3] Riemann, B., F. Weber: Die partiellen Differentialgleichungen d. math. Physik, 5. Aufl., Bd. 2, S. 241. Braunschweig: 1912. — Poisson, M., a. a. O.

$dx\,dy$ an der Stelle x, y heraus s. (Abb. 67), so ist die Komponente der Querkraft in der z-Richtung, weil die Neigung der elastischen Fläche klein ist

$$V_z = V\cos\varphi \sim V.$$

Die Durchfederung der Membran bezeichnet man mit w, mit S_x, $S_x{}^*$ die Spannungen (je Längeneinheit) in der x-, mit S_y, $S_y{}^*$ die in der y-Richtung. Da φ klein ist, so ist $\sin\varphi \sim \operatorname{tg}\varphi$ und für die z-Kom-

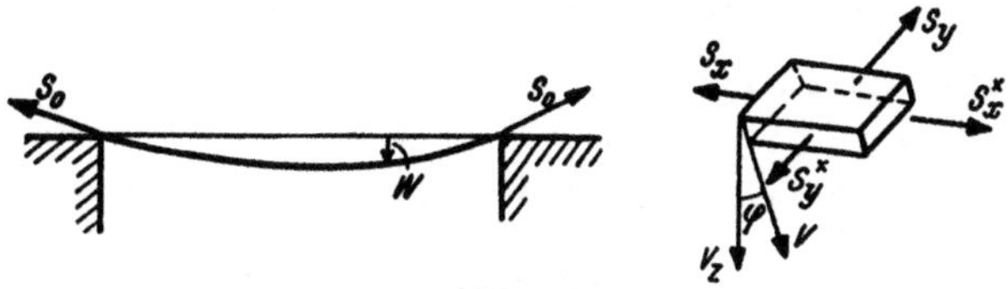

Abb. 67

ponente der Spannung S_x bzw. $S_x{}^*$ am Element $dx\,dy$ erhält man $S_x\,(\partial w/\partial x)\,dy$ bzw. $S_x{}^*\,(\partial w^*/\partial x)\,dy$. Daher ist die Resultierende dieser Spannungen in der z-Richtung

$$Z_1 = \left(S_x{}^*\frac{\partial w^*}{\partial x} - S_x\frac{\partial w}{\partial x}\right)dy.$$

Nun ist bei einer Änderung des Wertes x um dx

$$S_x{}^* = S_x + \frac{\partial S_x}{\partial x}dx, \qquad w^* = w + \frac{\partial w}{\partial x}dx,$$

daher wird bei Vernachlässigung von Größen zweiter Kleinheitsordnung

$$Z_1 = \left[S_x\frac{\partial w}{\partial x} + S_x\frac{\partial^2 w}{\partial x^2}dx + \frac{\partial S_x}{\partial x}\frac{\partial w}{\partial x}dx - S_x\frac{\partial w}{\partial x}\right]dy = \frac{\partial}{\partial x}S_x\frac{\partial w}{\partial x}\,dx\,dy.$$

Analog ergeben die Spannungen S_y in der z-Richtung die Resultierende

$$Z_2 = \frac{\partial}{\partial y}S_y\frac{\partial w}{\partial y}\,dx\,dy.$$

Ist sowohl die Wichte γ als auch die Belastung durch äußere Kräfte q je Flächeneinheit gegeben, so lautet somit der Schwerpunktssatz

$$\frac{\gamma}{g}dx\,dy\frac{\partial^2 w}{\partial t^2} = q\,dx\,dy + \frac{\partial}{\partial x}\left(S_x\frac{\partial w}{\partial x}\right)dx\,dy + \frac{\partial}{\partial y}\left(S_y\frac{\partial w}{\partial y}\right)dx\,dy$$

und daher wird

$$\frac{\gamma}{g}\frac{\partial^2 w}{\partial t^2} = q + \frac{\partial}{\partial x}\left(S_x\frac{\partial w}{\partial x}\right) + \frac{\partial}{\partial y}\left(S_y\frac{\partial w}{\partial y}\right). \qquad (200)$$

In Gl. (200) hat man die an jeder Stelle vorhandenen Spannungen S_x, S_y einzusetzen, sind jedoch die Verschiebungen klein, so kann man ohne zu große Fehler zu begehen, für diese die entsprechenden Werte der am Rande vorgegebenen Spannungen einsetzen.

b) Membran mit gleichmäßiger Spannung[1]**.** Für diesen Fall hat man Gl. (200) sinngemäß anzuwenden. Sind die Verschiebungen der einzelnen Punkte klein, so kann man bei gleichmäßiger Spannung für S_x, S_y einen mittleren Wert S_0 einsetzen. Bezeichnet man mit

$$c_0^2 = \frac{g}{\gamma} q, \qquad c^2 = \frac{g}{\gamma} S_0, \tag{201 a}$$

so erhält man jetzt statt Gl. (200)

$$\frac{\partial^2 w}{\partial t^2} = c_0^2 + c^2 \left(\frac{\partial^2 w}{\partial x^2} + \frac{\partial^2 w}{\partial y^2} \right) = c_0^2 + c^2 \Delta w. \tag{201}$$

Bei Fehlen einer äußeren Belastung der Membran wird Gl. (201)

$$\frac{\partial^2 w}{\partial t^2} = c^2 \Delta w. \tag{201 b}$$

Gl. (201), bzw. Gl. (201 b) hat man zu lösen und dann die vorgegebenen Randbedingungen zu berücksichtigen, wodurch man die Eigenfrequenz erhält. Diese Bewegungsgleichungen wurden mit Hilfe des Schwerpunktsatzes für ein Element erhalten, es ist jedoch auch möglich, diese Gleichungen mit Hilfe der kinetischen Energie und des elastischen Potentials zu erhalten[2].

c) Rechteckige Membran. *α) Gleichmäßige Spannung.* Ist die Form der Membran ein Rechteck mit den Seiten a und b und ist die Membran unbelastet, so gilt Gl. (201 b)

$$\frac{\partial^2 w}{\partial t^2} = c^2 \Delta w. \tag{201 b}$$

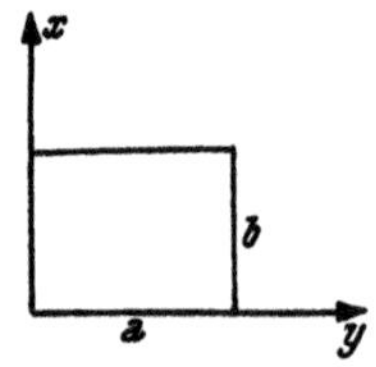

Abb. 68. In dieser Abbildung ist x und y zu vertauschen

Die Lösung dieser Differentialgleichung, welche von der gleichen Art ist wie Gl. (122) wurde durch Gl. (124) gegeben, daher ist eine partikulare Lösung von Gl. (201 b)

$$w = w(x, y) \sin(\omega t + \vartheta). \tag{201 c}$$

Setzt man diese Gleichung in die Differentialgleichung (201 b) ein, so wird auf diese Weise

$$\Delta w(x, y) + \frac{\omega^2}{c^2} w(x, y) = 0 \tag{202}$$

die Bestimmungsgleichung für die Eigenfunktionen erhalten. Wird das Koordinatensystem, wie in Abb. 68 festgelegt, so haben bei $x = 0$

[1] Rayleigh, a. a. O., Bd. 1, S. 333.
[2] Rayleigh, a. a. O., Bd. 1, S. 333. — Poisson, M., a. a. O. — Bourget, J., F. Bernard. Sur les Vibrations des Membranes Carrées Annales de Chimie et de Physique, 3. Serie, Bd. 60, 1860, S. 449.

und bei $x = a$ und bei einem beliebigen Wert von y und analog bei $y = 0$ und bei $y = b$ und einem beliebigen Wert von x die Verschiebungen w den Wert Null. Diesen Randbedingungen und Gl. (202) genügt der Ansatz

$$w(x\,y) = \sin\frac{r\pi}{a}x\sin\frac{s\pi}{b}y, \qquad r, s = 1, 2, \ldots, \tag{203}$$

wenn r und s beliebige ganze Zahlen sind. Setzt man Gl. (203) in Gl. (202) ein, so erhält man

$$\frac{r^2\pi^2}{a^2} + \frac{s^2\pi^2}{b^2} - \frac{\omega^2}{c^2} = 0, \qquad r, s = 1, 2, \ldots$$

und bei Berücksichtigung von Gl. (201 a) wird

$$\omega_{rs} = c\pi\sqrt{\frac{r^2}{a^2} + \frac{s^2}{b^2}} = \pi\sqrt{\frac{S_0 g}{\gamma}\left(\frac{r^2}{a^2} + \frac{s^2}{b^2}\right)}, \qquad r, s = 1, 2, \ldots \tag{204}$$

Aus Gl. (204) ersieht man, daß die Schwingungszahlen der rechteckigen Membran verhältnisgleich der Quadratwurzel aus der Spannung sind. Setzt man Gl. (204) in Gl. (203) und diese in Gl. (201 c) ein, so findet man die allgemeine Lösung der Differentialgleichung (201 b), diese lautet

$$w = \sum A_{rs}\sin\frac{r\pi}{a}x\sin\frac{s\pi}{b}y\sin\left(c\pi\sqrt{\frac{r^2}{a^2} + \frac{s^2}{b^2}}t + \vartheta\right), \qquad r, s = 1, 2, \ldots \tag{205}$$

Genau so wie bei der schwingenden Saite kann man auch bei der Membran von einer Schwingungsform sprechen, nur versteht man darunter jetzt nicht eine Linie, sondern eine Fläche. Die Linie kann mit der Nullachse einen oder mehrere Punkte — die Schwingungsknoten — gemeinsam haben, die Fläche kann dagegen von der Nullebene in den verschiedensten Linien geschnitten werden und diese Linien nennt man die Knotenlinien, sie werden auch als **Chladnische** Klangfiguren bezeichnet. Betrachtet man ein Quadrat von der Seite a, so erhält man aus Gl. (204)

$$\omega_{rs} = \frac{\pi c}{a}\sqrt{r^2 + s^2}, \qquad r, s = 1, 2, \ldots$$

und

$$w = \sum A_{rs}\sin\frac{r\pi}{a}x\sin\frac{s\pi}{a}y\sin\left(\frac{\pi c}{a}\sqrt{r^2 + s^2}\,t + \vartheta\right), \qquad r, s = 1, 2, \ldots$$

Aus dieser Gleichung ist zu ersehen, daß zum gleichen ω_{rs} zwei verschiedene Eigenfunktionen gehören. Diese Eigenfunktionen erhält man durch Vertauschen der Größen r und s. Sind die Koeffizienten A_{rs} so gegeben, daß die Membran eine harmonische Bewegung mit der Kreisfrequenz ω_{rs} vollführt, so ist

$$w = \left(A_{rs}\sin\frac{r\pi}{a}x\sin\frac{s\pi}{a}y + A_{sr}\sin\frac{s\pi}{a}x\sin\frac{r\pi}{a}y\right)\sin(\omega_{rs} + \vartheta).$$

Ist nun $r = s$ und $A_{rs}=A_{sr}$, so erhält man für die Knotenlinien je nach der Größe von r, bzw. s ein System von sich senkrecht schneidenden Geraden. Durch besondere Wahl der Koeffizienten r, s, A_{rs}, A_{sr} erhält man die verschiedensten Knotenlinien[1], die Chladnischen Klangfiguren.

β) Ungleichmäßige Spannung. Sind beide Spannungen S_x und S_y am Rande zwar konstant, aber verschieden groß, und bezeichnet man mit

$$c_1^2 = \frac{g}{\gamma} S_x, \qquad c_2^2 = \frac{g}{\gamma} S_y$$

und ist $q = 0$, so kann man für Gl. (200) schreiben

$$\frac{\partial^2 w}{\partial t^2} = c_1^2 \frac{\partial^2 w}{\partial x^2} + c_2^2 \frac{\partial^2 w}{\partial y^2}.$$

Daraus erhält man bei Benützung von Gl. (201 c)

$$c_1^2 \frac{\partial^2 w(x, y)}{\partial x^2} + c_2^2 \frac{\partial^2 w(x, y)}{\partial y^2} + \omega^2 w(x, y) = 0.$$

Dieser Gleichung und den vorgegebenen Randbedingungen genügt ebenfalls Gl. (203), damit erhält man für die Eigenfrequenzen

$$\omega^2 = c_1^2 \frac{r^2 \pi^2}{a^2} + c_2^2 \frac{s^2 \pi^2}{b^2}, \qquad r, s = 1, 2, \ldots$$

d) Kreisförmige Membran[2]. Auch für die kreisförmige Membran vom äußeren Radius a gilt Gl. (202), nur ist es in diesem Falle vorteilhaft, nicht die rechtwinkeligen Koordinaten x und y beizubehalten, sondern die Polarkoordinaten[3] r und φ einzuführen. Es gilt nun (s. Abb. 69)

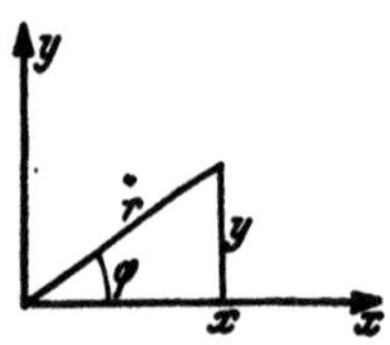

Abb. 69

$$r^2 = x^2 + y^2, \qquad y = x \operatorname{tg} \varphi.$$

Damit wird

$$\frac{\partial r}{\partial x} = \frac{x}{r} = \cos\varphi, \qquad \frac{\partial r}{\partial y} = \frac{y}{r} = \sin\varphi$$

und

$$\frac{\partial \varphi}{\partial x} = -\frac{y \cos^2\varphi}{x} = -\frac{\sin\varphi}{r}; \quad \frac{\partial \varphi}{\partial y} = \frac{\cos^2\varphi}{x} = \frac{\cos\varphi}{r}.$$

Berechnet man jetzt damit

$$\frac{\partial w}{\partial x} = \frac{\partial w}{\partial r}\frac{\partial r}{\partial x} + \frac{\partial w}{\partial \varphi}\frac{\partial \varphi}{\partial x} = \frac{\partial w}{\partial r}\cos\varphi - \frac{\partial w}{\partial \varphi}\frac{\sin\varphi}{r}$$

---

[1] Kalähne, A.: Grundzüge der mathematisch-physikalischen Akustik, Bd. 2, S. 153. Leipzig u. Berlin: 1913. — Rayleigh, a. a. O., Bd. 1, S. 340.

[2] Poisson, M., a. a. O. — Clebsch, A.: Theorie der Elastizität fester Körper, S. 344. Leipzig: 1862. — Howland, R. C. J.: On the Calculation of the Periods of Circular Membranes and Disks, Philosophical Magazine, 7. Serie, Bd. 5. 1928.

[3] Riemann, B., H. Weber, a. a. O., Bd. 1, S. 104.

und

$$\frac{\partial w}{\partial y} = \frac{\partial w}{\partial r}\frac{\partial r}{\partial y} + \frac{\partial w}{\partial \varphi}\frac{\partial \varphi}{\partial y} = \frac{\partial w}{\partial r}\sin\varphi + \frac{\partial w}{\partial \varphi}\frac{\cos\varphi}{r},$$

so kann man daraus auch $\frac{\partial^2 w}{\partial x^2}$ und $\frac{\partial^2 w}{\partial y^2}$ berechnen. Nach Unterdrückung einfacher Zwischenrechnungen erhält man

$$\Delta w(x, y) = \Delta w(r, \varphi) = \frac{\partial^2 w(r, \varphi)}{\partial r^2} + \frac{1}{r}\frac{\partial(r, \varphi)}{\partial r} + \frac{1}{r^2}\frac{\partial^2 w(r, \varphi)}{\partial \varphi^2}. \tag{206 a}$$

Setzt man dieses Ergebnis in Gl. (202) ein, so erhält man

$$\Delta w(r, \varphi) + \frac{\omega^2}{c^2} w(r, \varphi) = \frac{\partial^2 w(r, \varphi)}{\partial r^2} + \frac{1}{r}\frac{\partial w(r, \varphi)}{\partial r} + \frac{1}{r^2}\frac{\partial^2 w(r, \varphi)}{\partial \varphi^2} + \frac{\omega^2}{c^2} w(r, \varphi) \tag{206}$$

Für die Verschiebung w macht man gemäß Gl. (103) den Ansatz

$$w(r, \varphi) = R(r)\,\Phi(\varphi). \tag{207}$$

wobei $R(r)$ nur eine Funktion vom Radius r und $\Phi(\varphi)$, nur vom Polarwinkel φ abhängen soll. Setzt man Gl. (207) in Gl. (206) ein, so wird

$$\Phi\frac{d^2R}{dr^2} + \frac{\Phi}{r}\frac{dR}{dr} + \frac{R}{r^2}\frac{d^2\Phi}{d\varphi^2} + \frac{\omega^2}{c^2}R\,\Phi = 0. \tag{206 b}$$

Fügt man zu Gl. (206 b) die Größe $\pm n^2/r^2\,R\,\Phi$ hinzu, so kann man aus Gl. (206 b) die zwei voneinander unabhängigen Gleichungen

$$\frac{d^2\Phi}{d\varphi^2} + n^2\Phi = 0, \tag{208 a}$$

$$\frac{d^2R}{dr^2} + \frac{1}{r}\frac{dR}{dr} + \left(\frac{\omega^2}{c^2} - \frac{n^2}{r^2}\right)R = 0 \tag{208 b}$$

erhalten, da jede der beiden Gleichungen nur von einer Unabhängigen abhängt. Die Lösung von Gl. (208 a) ist

$$\Phi = C\sin(n\varphi + \vartheta_1). \qquad n = 1, 2, \ldots$$

Da sowohl für den Winkel φ als auch für den um 2π vergrößerten Winkel die gleiche Durchbiegung erhalten werden soll, so muß n eine ganze positive Zahl sein. Die Lösung der Gl. (208 b) muß für den Mittelpunkt z des Kreises, also für $r = 0$ einen endlichen Wert ergeben. Als partikulare Lösungen der Gl. (208 b) genügen dieser Forderung die Zylinderfunktionen[1] (Bessel-Funktionen) erster Art und n-ter Ordnung.

[1] Jahnke, E., F. Emde: Funktionentafeln, 2. Aufl., S. 192 u. f. Berlin u. Leipzig: 1933. — Hayashi, Keiichi: Tafeln der Besselschen, Theta-, Kugel- u. anderer Funktionen, S. 2. Berlin: 1930. — Lense, J.: Reihenentwicklung der mathematischen Physik. S. 24. Berlin-Leipzig: 1936.

$$R = J_n\left(\frac{\omega}{c}\,r\right),$$

welche für $r = 0$ endlich bleiben. Die Besselsche Funktion n-ter Ordnung ist durch die Reihe[1]

$$J_n(x) = \sum_{m=0}^{\infty} \frac{(-1)^m x^{n+2m}}{2^{2(n+m)} m!\,(n+m!)}$$

darstellbar. Die Funktionswerte 0-ter und erster Ordnung sind in Tafelwerken aufzufinden. Sind diese bekannt, so kann man die anderen mit Hilfe von Rekursionsformeln auffinden. Sind die Funktionswerte $J_n(x)$ und $J_{n-1}(x)$ bekannt, so erhält man den Funktionswert $J_{n+1}(x)$ für jedes x und für jedes positive n aus der Rekursionsformel

$$J_{n+1}(x) = \frac{2n}{x} J_n(x) - J_{n-1}(x).$$

Damit ist auch die Größe R berechenbar und eine partikulare Lösung der Differentialgleichung (206) lautet daher

$$w(r,\varphi) = C\,J_n\left(\frac{\omega}{c}\,r\right)\sin(n\varphi + \vartheta_1).$$

Für die Kreismembran darf für $r = a$, also am Rande keine Verschiebung auftreten, das ist dann der Fall, wenn

$$J_n\left(\frac{\omega}{c}\,a\right) = 0 \tag{209}$$

ist. Bei einem bestimmten n erhält man unendlich viele Werte $\omega/c\;a$, welche die Gl. (209) befriedigen. Aus diesem Grunde bestimmt sich die Verschiebung

$$w = \sum\sum C_{nm} J_n\left(\frac{\omega_{nm}}{c}\,r\right)\sin(n\varphi + \vartheta_n)\sin(\omega_{nm} + \vartheta). \tag{210}$$

Aus Gl. (210) ist zu ersehen, daß die Knotenlinien entweder Gerade durch den Mittelpunkt oder konzentrische Kreise sein können[2]. In der folgenden Tabelle 1, die von Bourget[3] berechnet wurde und welche man aus den Tafeln über Zylinderfunktionen[4] auffinden kann, sind die Werte $\omega/c\;a$ in Abhängigkeit von der Zahl der Knotendurchmesser und der Zahl der Knotenkreise angegeben.

---

[1] Lense, a. a. O., S. 26.

[2] Auerbach, F., W. Hort: Handbuch der physikalischen und technischen Mechanik, Bd. 3. Leipzig: 1927. — Auerbach, F.: Elastische Schwingungen und Wellen, S. 357.

[3] Rayleigh, a. a. O., Bd. I, S. 362.

[4] Jahnke, E., F. Emde, a. a. O., S. 237.

Tabelle 1.

s	$n = 0$	$n = 1$	$n = 2$	$n = 3$	$n = 4$	$n = 5$
1	2,404	3,832	5,135	6,379	7,586	8,780
2	5,520	7,016	8,417	9,760	11,064	12,339
3	8,654	10,173	11,620	13,017	14,373	15,700
4	11,792	13,323	14,796	16,224	17,616	18,972
5	14,931	16,470	17,960	19,410	20,827	22,220
6	18,071	19,616	21,117	22,583	24,018	25,431
7	21,212	22,760	24,270	25,749	27,200	28,628
8	24,353	25,903	27,421	28,909	30,371	31,813
9	27,494	29,047	30,571	32,050	33,512	34,983

e) Kreisringmembran. Auch für diesen Fall gelten die Differentialgleichungen (206), (208 a) und (208 b), nur darf man sich jetzt nicht mehr mit der einen partikularen Lösung $J_n(\omega/c\,r)$ begnügen, weil der Punkt $r = 0$ nicht mehr zur Membran gehört, sondern man muß auch die andere partikulare Lösung die Zylinderfunktionen zweiter Art, die Neumannschen Funktionen, heranziehen.

Für diese gilt[1]

$$N_n(x) \sin n\pi = J_n(x) \cos n\pi - J_{-n}(x).$$

Damit erhält man als Integral von Gl. (208 b)

$$R(r) = A\, J_n\left(\frac{\omega}{c} r\right) + B\, N_n\left(\frac{\omega}{c} r\right).$$

Da die Verschiebung sowohl am inneren als auch am äußeren Rande den Wert Null haben muß, so kann man aus

$$R(r_a) = A\, J_n\left(\frac{\varphi}{c} r_a\right) + B\, N_n\left(\frac{\omega}{c} r_a\right) = 0,$$

$$R(r_i) = A\, J_n\left(\frac{\omega}{c} r_i\right) + B\, N_n\left(\frac{\omega}{c} r_i\right) = 0$$

die Koeffizienten A und B eliminieren. Damit erhält man, weil die Koeffizientendeterminante den Wert Null haben muß, die Bedingungsgleichung für die Eigenfrequenz

$$J_n\left(\frac{\omega}{c} r_a\right) N_n\left(\frac{\omega}{c} r_i\right) - J_n\left(\frac{\omega}{c} r_i\right) N_n\left(\frac{\omega}{c} r_a\right) = 0.$$

Aus dieser Gleichung hat man die Eigenfrequenzen zu ermitteln. Da zu jedem n unendlich viele ω_{nm}/c gehören, so erhält man auf diese Weise eine Reihe von ω_{nm}, welche den Randbedingungen genügen. Bezeichnet man mit α das Verhältnis von äußerem Halbmesser zum inneren $\alpha = r_a/r_i$, so sind die zugehörigen Werte von

[1] Jahnke, E., F. Emde, a. a. O., S. 197.

$\omega_{nm} r_a/c = \lambda_{nm} r_a$ aus Tab. 2, welche von Reinstein[1] aufgefunden wurde, in Abhängigkeit von a zu entnehmen.

Tabelle 2.

$\lambda_{nm} r_a$	$a = \infty$	20	10	5	2	1,5
$\lambda_{01} r_a$	2,405	3,060	3,315	3,815	6,246	9,405
$\lambda_{02} r_a$	5,520	6,42	6,86	7,780	12,330	18,84
$\lambda_{03} r_a$	8,654	9,70	10,35	11,730	18,818	28,272
$\lambda_{04} r_a$	11,792	13,08	13,86	15,670	25,108	37,70
$\lambda_{05} r_a$	14,931	16,42	17,37	19,910	31,396	47,14
$\lambda_{11} r_a$	3,832		3,945	4,235	6,42	
$\lambda_{12} r_a$	7,016		7,33	8,055	12,66	
$\lambda_{21} r_a$	5,135		5,41	5,222	6,88	
$\lambda_{22} r_a$	8,417		8,46	8,802	13,06	
$\lambda_{31} r_a$	6,379		6,38	6,395	7,46	
$\lambda_{32} r_a$	9,760		9,7	9,875	13,66	
$\lambda_{41} r_a$	7,586		7,7	7,59	8,26	
$\lambda_{51} r_a$	8,780		8,9	8,772	9,18	
$\lambda_{61} r_a$	9,93		10,0	9,935	10,19	

f) Elliptische Membran. Will man Membranen mit anderen als den bisher behandelten Umrißformen untersuchen, so werden die mathematischen Schwierigkeiten, welche man dabei zu überwinden hat, sehr groß. So erfordert auch die Behandlung der Schwingungsformen der elliptischen Membran, welche von Mathieu[2] untersucht wurde, große mathematische Hilfsmittel. Die Eigenfrequenzen der elliptischen Membran mit den Halbachsen a und b wurden von Reinstein[3] mit Hilfe des Ritzschen Verfahrens aufgefunden. Er fand für die drei niedersten Frequenzen

$$\omega_0 = 2{,}74\, c \frac{\sqrt{a^2 - b^2}}{a}, \quad \omega_1 = 3{,}53\, c \frac{\sqrt{a^2 - b^2}}{a}, \quad \omega_2 = 4{,}01\, c \frac{\sqrt{a^2 - b^2}}{a}$$

wenn a und b die Halbachsen der Ellipse sind. Wie diese Frequenzen aufzufinden sind und wie die Differentialgleichung bei Einführung von elliptischen Koordinaten sich gestaltet, möge den Originalarbeiten entnommen werden.

[1] Reinstein, E.: Untersuchungen über die Transversalschwingungen der gleichförmig gespannten elliptisch oder kreisförmig begrenzten Vollmembran und Kreisringmembran, Dissertation, Göttingen: 1911. S. 88. Leipzig: 1911.

[2] Mathieu, E.: Memoire sur le mouvement vibratoire d'une membrane de forme elliptique, Journal de mathématiques pures et appliquées (Liouville), 2. serie, Bd. 13, 1868, S. 137.

[3] Reinstein, E.: Untersuchungen der Schwingungen gleichförmig gespannter elliptisch begrenzter Membranen, Annalen d. Physik, 4. Folge, Bd. 35, 1911, S. 109. vgl. auch Reinstein, E., a. a. O.

2. *Biegeschwingungen von ebenen Platten*

a) Herleitung der Differentialgleichung[1]. Bei Platten können Biege-, Längs- und Dehnungsschwingungen[2] beobachtet werden. Im folgenden sollen nur die Biegeschwingungen untersucht werden. Um die Bewegungsgleichung zu erhalten, schneidet man aus der ebenen Platte von der unveränderlichen Dicke $2h$ ein Element von der Fläche $dx\,dy$ heraus (s. Abb. 70). Dann greifen auf dasselbe

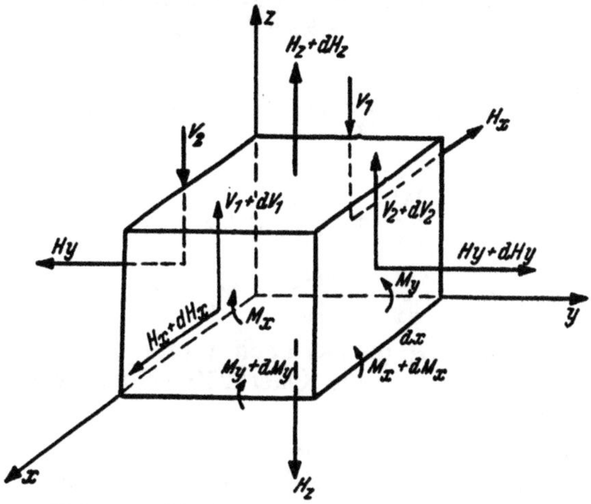

Abb. 70. Kräfte an einem Plattenelement

die in Abb. 70 angegebenen Kräfte und Momente an, diese sind bezogen auf die Flächeneinheit. Bezeichnet man mit M_x, M_y die Komponenten der Biege- und mit H_x, H_y die der Torsionsmomente in der x-, bzw. y-Richtung, mit V_1 die Querkraft, welche in der Fläche $2h\,dy$ sowie mit V_2 die in $2h\,dx$ angreift und bezeichnet man mit w die Verschiebung der Punkte der Mittelfläche in der z-Richtung, so lautet der Schwerpunktssatz, wenn γ die Wichte des Werkstoffes der Platte ist

$$2h\frac{\gamma}{g}\,dx\,dy\,\frac{\partial^2 w}{\partial t^2} = (V_1 + dV_1)\,2h\,dy - V_1\,2h\,dy + \\ + (V_2 + dV_2)\,2h\,dx - V_2\,2h\,dx.$$

Etwaige vorhandene Druckkräfte bedingen nur eine Verlagerung der Nullfläche. Es ist

$$dV_1 = \frac{\partial V_1}{\partial x}\,dx, \qquad dV_2 = \frac{\partial V_2}{\partial y}\,dy,$$

daher erhält man

---

[1] Poisson, M., a. a. O.
[2] Clebsch, A.: Theorie der Elastizität fester Stoffe. S. 309. Leipzig: 1862.

$$\frac{\gamma}{g}\frac{\partial^2 w}{\partial t^2} = \frac{\partial V_1}{\partial x} + \frac{\partial V_2}{\partial y}. \tag{211}$$

Sind die Winkeländerungen klein, so kann man die Winkelbeschleunigungen vernachlässigen und man erhält für den Momentensatz

$$(M_x + dM_x)\,2h\,dx - M_x\,2h\,dx + (H_x + dH_x)\,2h\,dy - H_x\,2h\,dy + \\ + V_2\,2h\,dx\,dy = 0,$$

bzw.

$$(M_y + dM_y)\,2h\,dy - M_y\,2h\,dy + (H_y + dH_y)\,2h\,dx - H_y\,2h\,dx - \\ - V_1\,2h\,dy\,dx = 0,$$

wegen

$$dM_x = \frac{\partial M_x}{\partial y}dy,\quad dM_y = \frac{\partial M_y}{\partial x}dx,\quad dH_x = \frac{\partial H_x}{\partial x}dx,\quad dH_y = \frac{\partial H_y}{\partial y}dy$$

erhält man die Gleichungen

$$\frac{\partial M_x}{\partial y} + \frac{\partial H_y}{\partial x} + V_2 = 0, \tag{212 a}$$

$$\frac{\partial M_y}{\partial x} + \frac{\partial H_x}{\partial y} - V_1 = 0. \tag{212 b}$$

Differentiiert man Gl. (212 a) nach y und Gl. (212 b) nach x, so kann man mittels Gl. (211) die Querkräfte eliminieren und man erhält die Gleichung

$$\frac{\gamma}{g}\frac{\partial^2 w}{\partial t^2} = \frac{\partial^2 M_y}{\partial x^2} - \frac{\partial^2 M_x}{\partial y^2} + \frac{\partial^2 H_x}{\partial x\,\partial y} - \frac{\partial^2 H_y}{\partial x\,\partial y}. \tag{213}$$

Zufolge der Verschiebung der Mittelfläche der Platte ändert jeder Punkt mit den Koordinaten x, y, z seine Lage, und zwar sind die Veränderungen ξ, η und ζ. Sind die Verformungen klein, so kann man für den Neigungswinkel der Platte gegen die x-, bzw. gegen die y-Achse den Wert seiner Tangente $\frac{\partial w}{\partial x}$, bzw. $\frac{\partial w}{\partial y}$ setzen. Damit bestimmt man

$$\xi = -z\frac{\partial w}{\partial x},\qquad \eta = -z\frac{\partial w}{\partial y}.$$

Damit erhält man die spezifische Längen- und Winkeländerung

$$\varepsilon_x = \frac{\partial \xi}{\partial x} = -z\frac{\partial^2 w}{\partial x^2},\qquad \varepsilon_y = \frac{\partial \eta}{\partial y} = -z\frac{\partial^2 w}{\partial y^2},$$

$$\gamma_{xy} = \frac{\partial \xi}{\partial y} + \frac{\partial \eta}{\partial x} = -2z\frac{\partial^2 w}{\partial x\,\partial y}. \tag{213 a}$$

Sind die Verformungen klein, so kann man annehmen, daß der in der Platte herrschende Spannungszustand nur wenig von dem ebenen abweicht, dann ist

$$\sigma_z = 0,\qquad \tau_{xz} = \tau_{xy} = 0$$

und für die Gl. (115 a) erhält man bei Benützung der für die Platte geltenden Werte

$$\sigma_x = \frac{E\,m}{m^2 - 1}(m\,\varepsilon_x + \varepsilon_y) = -\frac{E\,m}{m^2 - 1} z \left(m \frac{\partial^2 w}{\partial x^2} + \frac{\partial^2 w}{\partial y^2}\right),$$

$$\sigma_y = \frac{E\,m}{m^2 - 1}(m\,\varepsilon_y + \varepsilon_x) = -\frac{E\,m}{m^2 - 1} z \left(m \frac{\partial^2 w}{\partial y^2} + \frac{\partial^2 w}{\partial x^2}\right),$$

$$\tau_{xy} = G\,\gamma_{xy} = -2\,G\,z \frac{\partial^2 w}{\partial x\,\partial y},$$

damit bestimmt man die Biegungsmomente

$$M_x\,2\,h\,dx = \left(-\int_{-h}^{+h} z\,\sigma_y\,dz\right) dx = \left[\frac{E\,m}{m^2 - 1}\int_{-h}^{+h} z^2 \left(m \frac{\partial^2 w}{\partial y^2} + \frac{\partial^2 w}{\partial x^2}\right) dz\right] dx =$$

$$= \frac{E\,m}{m^2 - 1}\,\frac{2\,h^3}{3}\left(m \frac{\partial^2 w}{\partial y^2} + \frac{\partial^2 w}{\partial x^2}\right) dx,$$

$$M_y\,2\,h\,dy = \left(\int_{-h}^{+h} z\,\sigma_x\,dz\right) dy = -\frac{E\,m}{m^2 - 1}\,\frac{2\,h^3}{3}\left(m \frac{\partial^2 w}{\partial x^2} + \frac{\partial^2 w}{\partial y^2}\right) dy$$

und die Torsionsmomente

$$H_x\,2\,h\,dy = \left(\int_{-h}^{+h} z\,\tau_{xy}\,dz\right) dy = -\left(2\,G\int_{-h}^{+h} z^2 \frac{\partial^2 w}{\partial x\,\partial y}\,dz\right) dy = -\frac{4\,G\,h^3}{3}\,\frac{\partial^2 w}{\partial x\,\partial y}\,dy,$$

$$H_y\,2\,h\,dx = -\left(\int_{-h}^{+h} z\,\tau_{xy}\,dz\right) dx = \frac{4\,G\,h^3}{3}\,\frac{\partial^2 w}{\partial x\,\partial y}\,dx.$$

Bildet man nun die zweiten Ableitungen nach x, bzw. y oder x, y und setzt man diese in Gl. (213) ein, so erhält man bei Berücksichtigung von Gl. (116) und bei Unterdrückung einiger Zwischenrechnungen

$$\frac{\gamma}{g}\,\frac{\partial^2 w}{\partial t^2} = -\frac{E\,m^2}{m^2 - 1}\,\frac{h^2}{3}\left(\frac{\partial^4 w}{\partial x^4} + 2\,\frac{\partial^4 w}{\partial x^2\,\partial y^2} + \frac{\partial^4 w}{\partial y^4}\right). \tag{214}$$

Bezeichnet man mit

$$\Delta\,\Delta\,w = \frac{\partial^4 w}{\partial x^4} + 2\,\frac{\partial^4 w}{\partial x^2\,\partial y^2} + \frac{\partial^4 w}{\partial y^4},$$

so erhält man als Bewegungsgleichung

$$\frac{\gamma}{g}\,\frac{\partial^2 w}{\partial t^2} + \frac{E\,m^2}{m^2 - 1}\,\frac{h^2}{3}\,\Delta\,\Delta\,w = 0 \tag{214 a}$$

oder bei Berücksichtigung von Gl. (116)

$$\frac{\gamma}{g}\,\frac{\partial^2 w}{\partial t^2} + \frac{m}{m + 1}\,G\,\frac{2\,h^2}{3}\,\Delta\,\Delta\,w = 0. \tag{214 b}$$

Zur Vereinfachung der Schreibung setzt man

$$\alpha^4 = \frac{g\, m^2 h^2 E}{3\,\gamma\,(m^2 - 1)} = \frac{2\, g\, m\, h^2 G}{3\,\gamma\,(m+1)}, \tag{215}$$

damit erhält man für Gl. (214)

$$\frac{\partial^2 w}{\partial t^2} + \alpha^4 \Delta \Delta w = 0. \tag{216}$$

Um Gl. (216) zu lösen, wird der Ansatz nach Gl. (123) gemacht

$$w = w\,(x, y)\; T\,(t).$$

Wird nur eine Hauptschwingung untersucht, so ist

$$T\,(t) = C \sin(\omega\, t + \vartheta)$$

und man erhält für Gl. (216)

$$\Delta \Delta w\,(x, y) - \frac{\omega^2}{\alpha^4}\, w\,(x, y) = 0.$$

Bezeichnet man zur Vereinfachung mit

$$\lambda^4 = \frac{\omega^2}{\alpha^4}, \qquad \omega = \alpha^2 \lambda^2$$

und faßt das Zeichen Δ als Symbol auf, so wird

$$(\Delta \Delta - \lambda^4)\, w\,(x, y) = (\Delta - \lambda^2)\,(\Delta + \lambda^2)\, w\,(x, y) = 0.$$

Diese Gleichung wird erfüllt, wenn eine der beiden Gleichungen

$$(\Delta - \lambda^2)\, w\,(x, y) = 0, \qquad (\Delta + \lambda^2)\, w\,(x, y) = 0$$

gilt, dadurch erhält man für die Plattenschwingungen die zwei Differentialgleichungen

$$\Delta w\,(x, y) - \lambda^2 w\,(x, y) = 0, \tag{217 a}$$

$$\Delta w\,(x, y) + \lambda^2 w\,(x, y) = 0, \tag{217 b}$$

welche jede für sich die Differentialgleichung (216) befriedigt. Um die Eigenfrequenzen zu erhalten, hat man die vorgegebenen Randbedingungen zu berücksichtigen.

Bei dem eingespannten Rand hat die Verschiebung an der Einspannstelle den Wert Null und an dieser Stelle hat der Neigungswinkel der elastischen Fläche den unveränderlichen Wert Null, daher ist hier

$$(w)_{Rand} = 0, \qquad \left(\frac{\partial w}{\partial n}\right)_{Rand} = 0.$$

Bei dem freien Rand sind längs des Randes Verschiebung und Neigung der elastischen Fläche willkürlich, doch hat das Biegungsmoment am Rande den Wert Null

$$(M)_{Rand} = 0,$$

dies ist die erste Kirchhoffsche Grenzbedingung. Auch hat die Summe aus Querkraft und Änderung des Torsionsmomentes H

längs des Randes den Wert Null (zweite Kirchhoffsche Grenzbedingung[1]); außerdem muß an den Ecken gelten

$$\frac{\partial^2 w}{\partial x\,\partial y} = 0.$$

Ist der Rand gehalten, so hat längs diesem sowohl die Verschiebung als auch das Biegungsmoment den Wert Null

$$(w)_{Rand} = 0, \quad \left(\frac{\partial M}{\partial s}\right)_{Rand} = 0.$$

b) Biegeschwingungen der Kreisplatte[2]. Um die Schwingungen der Kreisplatte vom äußeren Radius r_a zu untersuchen, verwendet man zweckentsprechend Polarkoordinaten. Setzt man Gl. (206 a) in Gl. (217 a), bzw. Gl. (217 b) ein, so erhält man als Differentialgleichung zur Bestimmung der Schwingungsform

$$\frac{\partial^2 w(r,\varphi)}{\partial r^2} + \frac{1}{r}\frac{\partial w(r,\varphi)}{\partial r} + \frac{1}{r^2}\frac{\partial^2 w(r,\varphi)}{\partial \varphi^2} \pm \lambda^2 w(r,\varphi) = 0. \quad (218)$$

Macht man für die Verschiebung so wie bei der Membranschwingung den Ansatz nach Gl. (207)

$$w(r,\varphi) = R(r)\,\Phi(\varphi), \quad (207)$$

setzt diesen in Gl. (218) ein und fügt noch das Glied $\pm n^2/r^2\, w(r,\varphi)$ hinzu, so erhält man die Systeme von Differentialgleichungen

$$\frac{d^2\Phi}{d\varphi^2} + n^2\Phi = 0, \quad (218\text{ a})$$

$$\frac{d^2R}{dr^2} + \frac{1}{r}\frac{dR}{dr} + \left(\pm\lambda_n^2 - \frac{n^2}{r^2}\right)R = 0. \quad (218\text{ b})$$

Jedem Wert von n entspricht ein ganz bestimmter Wert λ_n, den man auch Eigenwert nennt. Da die Neumannschen Funktionen für $r = 0$ unendlich große Werte ergeben, so kommen für die volle Kreisplatte als Lösung von Gl. (218 b) nur die Besselschen Funktionen in Betracht, und zwar wegen $\pm\lambda_n^2$ die mit reellem und mit imaginärem Argument, daher erhält man für die Verschiebung

$$w(r,\varphi,t) = C\,[J_n(\lambda_n r) + A\,J_n(i\,\lambda_n r)]\sin(n\varphi + \varphi_{0n})\sin(\omega_n t + \vartheta_n). \quad (219)$$

Gl. (219) ergibt die Ausschlagsverhältnisse für *eine* Hauptschwingung, sind mehrere vorhanden, so hat man die einzelnen Schwingungsbewegungen zu überlagern.

Aus Gl. (219) ist zu ersehen, daß als Knotenlinien nur Durchmesser und konzentrische Kreise möglich sind. Um diese und die

[1] Thomson, W. u. P. G. Tait: Handbuch der Theoretischen Physik, Bd. 1, 2. Teil, S. 176. Braunschweig: 1871. — Kirchhoff, G.: Über das Gleichgewicht und Bewegung einer elastischen Scheibe, Ges. Abhandlungen, S. 237. Leipzig: 1881. Crelles Journal, Bd. 40, 1850. — Poisson, M., a. a. O.

[2] Kirchhoff, G., a. a. O. — Über die Schwingungen einer kreisförmigen elastischen Scheibe, Ges. Abh., S. 279. Pogg. Ann., Bd. 81. 1850.

Eigenfrequenzen, bzw. Eigenwerte zu erhalten, hat man die verschiedenen Randbedingungen zu berücksichtigen.

α) *Vollständig freie Kreisplatte.* Für diesen Fall lauten die Randbedingungen nach Kirchhoff

$$\left[\frac{\partial}{\partial r}\left(\frac{\partial^2 w}{\partial r^2}+\frac{1}{r}\frac{\partial w}{\partial r}+\frac{1}{r^2}\frac{\partial^2 w}{\partial \varphi^2}\right)+\frac{m-1}{m\,r^2}\frac{\partial^2}{\partial \varphi^2}\left(\frac{\partial w}{\partial r}-\frac{w}{r}\right)\right]_{r=r_a}=0$$

und

$$\left[\frac{\partial^2 w}{\partial r^2}+\frac{1}{r}\frac{\partial w}{\partial r}+\frac{1}{r^2}\frac{\partial^2 w}{\partial \varphi^2}+(m-1)\frac{\partial^2 w}{\partial r^2}\right]_{r=r_a}=0.$$

Aus diesen zwei Gleichungen sind die Werte von A und λ_n berechenbar. Wie diese berechenbar sind, ist der Untersuchung von Kirchhoff zu entnehmen. Für die niedersten Frequenzen wurde von Lamb-Southwell[1] folgende Tabelle ermittelt (welche mit $m = 10/3$ berechnet wurde), diese gibt den Wert $\frac{\gamma\, r_a^4}{g\, h^2 E}\,\omega^2$ in Abhängigkeit von der Zahl der Knotenkreise und der Knotendurchmesser an.

Zahl der Knotendurchmesser n	Zahl der Knotenkreise s			
	$s = 0$	1	2	3
0	0	0	10,61	56,97
1	29,67	154,3	443,9	1040
2	577	1222	2624	4285
3	2983	5266	8574	13287

Ist der Mittelpunkt der Scheibe festgehalten, so erhält man die Werte

	$n = 0$	1	2	3
$s = 0$	5,16	160,2	1349	5250
$s = 1$	$\sim 10{,}5$			

Die anderen Zahlenwerte bleiben ungeändert.

Für die Grundschwingung der vollkommen freien Kreisplatte erhält man also

$$\omega^2 = 10{,}61\,\frac{h^2 E}{\gamma\, r_a^4/g}$$

und für die Frequenzen höherer Ordnung ist nach Kirchhoff angenähert

$$\lambda_n = \frac{\pi}{2\, r_a}\,(n + 2\, s),$$

in dieser Formel bedeutet n die Zahl der Knotendurchmesser und s die Zahl der Knotenkreise.

[1] Lamb, H., R. V. Southwell: The Vibration of a Spinning Disk, Proceedings of the Royal Society of London, Series A, Bd. 99, 1921, S. 272.

β) Am Rande freie Platte ist in der Mitte eingespannt.[1] Ist der Einspannhalbmesser r_i gegeben, so sind außer den Besselschen noch die Neumannschen Funktionen zu berücksichtigen, daher erhält man für die Verschiebung

$$w = C\left[J(\lambda_n r) + A\,J_n(i\,\lambda_n r) + B\,N_n(\lambda_n r) + \right.$$
$$\left. + D\,N_n(i\,\lambda_n r)\right]\sin n\,(\varphi + \varphi_0)\sin(\omega_n t + \vartheta).$$

Außer den am äußeren Rande (wie bei der vollkommen freien Platte) geltenden Randbedingungen, sind noch die für den inneren Rand, die Einspannstelle zu berücksichtigen. Diese sind

$$(w)_{r_i} = 0, \qquad \left(\frac{\partial w}{\partial r}\right)_{r_i} = 0.$$

Man erhält auf diese Weise vier Gleichungen, aus denen die Werte der Konstanten A, B, D, λ_n bestimmbar sind. Für die knotenkreisfreie Schwingung wurde von Southwell die Größe $\lambda_n r_a = \sqrt{\omega}/a\, r_a$ in Abhängigkeit vom Verhältnis der inneren Halbmesser zum äußeren r_i/r_a ermittelt.

γ) Kreisplatten mit eingespanntem äußeren Rand[2]. Die für diese Anordnung geltenden Randbedingungen sind

$$r_a = (w)_{r_a} = 0, \qquad \left(\frac{\partial w}{\partial r}\right)_{r_a} = 0.$$

Da die Verschiebungen der Kreisplatte überall endlich sind, so gilt wieder Gl. (219). Berechnet man mit Hilfe der Randbedingungen $\lambda_n r_a$, so hängt diese Größe von der Zahl der Knotenkreise und der Knotendurchmesser ab und ist in der folgenden Tabelle zusammengestellt.

$\lambda_n r_a$ in Abhängigkeit von der Zahl der Knotenkreise s und der Knotendurchmesser n

s	$n = 0$	1	2	3
1	3,1961	4,6110	5,9056	7,1433
2	6,3064	7,7993	9,1967	10,537
3	9,4395	10,958	12,402	13,795
4	12,577	14,108	15,579	

δ) Biegeschwingungen profilierter Kreisscheiben. Die Differentialgleichung (217) wurde unter der Voraussetzung abgeleitet, daß die Dicke der Kreisscheibe unveränderlich ist, dies trifft bei vielen technischen Konstruktionselementen, wie bei den Laufscheiben der Dampfturbinen nicht zu. Es ist jedoch möglich, mit Hilfe des Verfahrens der Berechnung der Eigenfrequenzen bei kleinen Ände-

[1] Southwell, R. V.: On the Free Transverse Vibrations of a Uniform Circular Disc Clamped at its Centre; and on the Effects of Rotation, Proceedings of the Royal Soc. of London Series, A. Bd. 101, 1922, S. 132.
[2] Carrington, H.: The Frequencies of Vibration of Flat Circular Plates fixed at the Circumference, Phil. Magazine 1925, 6. ser. Bd. 50, S. 1261.

rungen des vorgegebenen Systems[1] (s. S. 57) die Eigenschwingungszahlen zu erhalten. Nimmt man an, daß die Hauptkoordinaten des geänderten Systems sich nur wenig von denen des ursprünglichen Systems unterscheiden, so ist bei Vernachlässigung von δc_{ij}, δa_{ij} nach Gl. (69)

$$\omega_j^2 = \frac{c_j + \delta c_j}{a_j + \delta a_j},$$

wobei man die Werte c_j und a_j aus den Gleichungen

$$L = \frac{1}{2}(a_j + \delta a_j)\,\dot{q}_j^2,$$

$$A = -\frac{1}{2}(c_j + \delta c_j)\,q_j^2$$

bestimmt. Dabei gehören die a_j und c_j zu dem ursprünglichen System. Um die Eigenfrequenzen zu erhalten, muß man für das geänderte System die kinetische Energie und die Arbeit ermitteln. Für die kinetische Energie der Scheibe gilt

$$L = \frac{1}{2}\int \left(\frac{\partial w}{\partial t}\right)^2 dm$$

und für die Formänderungsarbeit[2]

$$A = \int G\left[\varepsilon_x^2 + \varepsilon_y^2 + \varepsilon_z^2 + \frac{(\varepsilon_x + \varepsilon_y + \varepsilon_z)^2}{m-2} + \right.$$
$$\left. + \frac{1}{2}(\gamma_{xy}^2 + \gamma_{xz}^2 + \gamma_{yz}^2)\right] dx\,dy\,dz.$$

Berücksichtigt man Gl. (3), Gl. (116) und Gl. (213 a), so erhält man als den Größtwert der kinetischen Energie der gleichdicken Kreisplatte (Dicke ist $2h$)

$$L = \frac{\gamma}{g}\,\omega^2 h \int_0^{2\pi}\int_0^{r_a} w^2\, r\, dr\, d\varphi$$

und für die Formänderungsarbeit

$$A = \frac{E h^3 m^2}{3(m^2-1)}\int_0^{2\pi}\int_0^{r_a}\left\{(\Delta w)^2 - \left[\frac{\partial^2 w}{\partial r^2}\left(\frac{1}{r}\frac{\partial w}{\partial r} + \frac{1}{r^2}\frac{\partial^2 w}{\partial \varphi^2}\right) + \right.\right.$$
$$\left.\left. + \left(\frac{\partial}{\partial r}\left(\frac{1}{r}\frac{\partial w}{\partial r}\right)\right)^2\right] 2\,\frac{m-1}{m}\right\} r\, dr\, d\varphi.$$

---

[1] König, M.: Über eine Näherungsmethode zur Ermittlung der Schwingungsperioden profilierter Kreisscheiben, Dissertation. Zürich 1927. — König, M.: Über ein neues Verfahren zur Ermittlung von Schwingungsperioden von Turbinenscheiben, Verhandlungen des 2. internat. Kongr. für technische Mechanik, S. 173. Zürich: 1927.

[2] Föppl, A.—L. Föppl: Drang und Zwang, Bd. 1, 3. Aufl., S. 39. München: 1941.

Mit Hilfe des Arbeitssatzes erhält man für die Eigenfrequenz

$$\omega^2 = \frac{g\,E\,h^3 m^2 \int\limits_0^{2\pi}\int\limits_0^{r_a} \left\{ (\Delta\,w)^2 - 2\,\frac{m-1}{m}\left[\frac{\partial^2 w}{\partial r^2}\left(\frac{1}{r}\,\frac{\partial w}{\partial r} + \frac{1}{r^2}\,\frac{\partial^2 w}{\partial \varphi^2}\right) + \left(\frac{\partial}{\partial r}\left(\frac{1}{r}\,\frac{\partial w}{\partial r}\right)\right)^2\right]\right\} r\,dr\,d\varphi}{3\,(m^2-1)\,\gamma\,h \int\limits_0^{2\pi}\int\limits_0^{r_a} w^2\,r\,dr\,d\varphi},$$

sie ist aus dieser Gleichung bestimmbar, wenn man die Form der Schwingungsfläche kennt. Für die schwingende Kreisscheibe wurde diese Abhängigkeit vorher ermittelt, so daß für die profilierte Kreisscheibe die Ermittlung dieser Integrale entweder graphisch oder rechnerisch möglich ist. Ist eine Scheibe von veränderlicher Dicke (s. Abb. 71) gegeben und ist außerdem am Umfang die Masse (Gesamtmasse M) gleichmäßig verteilt angebracht, so ersetzt man diese durch eine Scheibe mit sich unstetig ändernder Dicke. Für diese gilt

$$L = \frac{\omega^2}{2}\left[2\,\frac{\gamma}{g}\sum h_j \int\limits_0^{2\pi}\int\limits_{r_{j-1}}^{r_j} w^2\,r\,dr\,d\varphi + M\int\limits_0^{2\pi} w_a^{\,2}\,d\varphi\right], \tag{220}$$

$$A = + \frac{E\,m^2}{3\,(m^2-1)}\sum h_j^3 \int\limits_0^{2\pi}\int\limits_{r_{j-1}}^{r_j}\left\{(\Delta\,w)^2 - \frac{2\,m-1}{m}\left[\frac{\partial^2 w}{\partial r^2}\left(\frac{1}{r}\,\frac{\partial w}{\partial r} + \frac{1}{r^2}\,\frac{\partial^2 w}{\partial r^2}\right) + \left(\frac{\partial}{\partial r}\left(\frac{1}{r}\,\frac{\partial w}{\partial r}\right)\right)^2\right]\right\} r\,dr\,d\varphi \tag{221}$$

und daher ermittelt man die Eigenfrequenz aus

$$\omega^2 = \frac{E\,m^2}{3\,(m^2-1)}\;\frac{\sum h_j^3 \int\limits_0^{2\pi}\int\limits_{r_{j-1}}^{r_j}\left\{(\Delta\,w)^2 - \frac{2\,m-1}{m}\left[\frac{\partial^2 w}{\partial r^2}\left(\frac{1}{r}\,\frac{\partial w}{\partial r} + \frac{1}{r^2}\,\frac{\partial^2 w}{\partial r^2}\right) + \left(\frac{\partial}{\partial r}\left(\frac{1}{r}\,\frac{\partial w}{\partial r}\right)\right)^2\right]\right\} r\,dr\,d\varphi}{\frac{\gamma}{g}\sum h_j \int\limits_0^{2\pi}\int\limits_{r_{j-1}}^{r_j} w^2\,r\,dr\,d\varphi + \frac{M}{2}\int\limits_0^{2\pi} w_a^{\,2}\,d\varphi}.$$

Um mit Hilfe dieser Gleichung die Eigenfrequenz zu erhalten, nimmt man an, daß durch die Abweichung von der Scheibe mit gleicher Dicke sich die Schwingungsform nur wenig ändern wird. Um dieses Integral zu bilden, verwendet man als Schwingungsform jene der Scheibe mit gleicher Dicke, wie sie oben ermittelt wurde. Mit dieser Annahme ist die Integration ausführbar und daher sind die Eigenfrequenzen für die verschiedenen Schwingungsarten der profilierten Kreisscheibe bestimmbar.

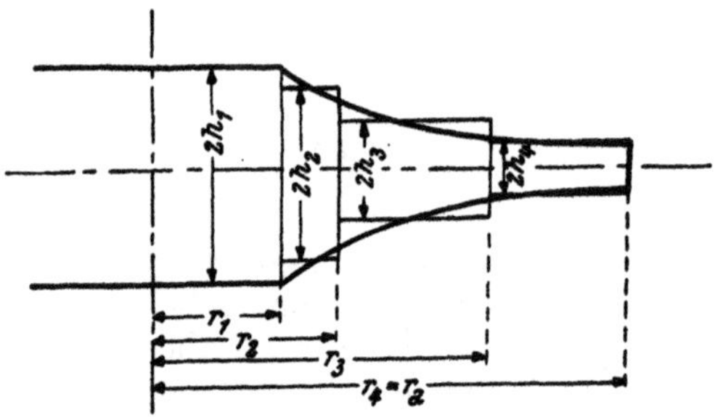

Abb. 71. Scheibe veränderlicher Dicke

Auch mit Hilfe des Rayleighschen Prinzipes[1] ist die Ermittlung der Eigenfrequenzen möglich. Zu diesem Zwecke nimmt man die Durchbiegungskurve eines Halbmessers als höhere Parabel

$$w = r^s \sin(n\varphi + \varphi_{0n}) \sin(\omega t + \vartheta) \tag{222}$$

an, dann bestimmt man die Formänderungsarbeit und die zugehörige kinetische Energiedifferenz

$$A = + \frac{E m^2}{3(m^2 - 1)} \int\int h^3 \left\{ (\Delta w)^2 - \frac{2m - 1}{m} \left[\frac{\partial^2 w}{\partial r^2} \left(\frac{1}{r} \frac{\partial w}{\partial r} + \frac{1}{r} \frac{\partial^2 w}{\partial r^2} \right) + \right.\right.$$
$$\left.\left. + \left(\frac{\partial}{\partial r} \left(\frac{1}{r} \frac{\partial w}{\partial r} \right) \right)^2 \right] \right\} r\, dr\, d\varphi, \tag{220 a}$$

$$L = \frac{\gamma}{g} \omega^2 \int_0^{2\pi} \int_0^{r_a} h w^2 r\, dr\, d\varphi + \frac{M}{2} \int_0^{2\pi} w_a{}^2\, d\varphi\, \omega^2. \tag{221 a}$$

Wird Gl. (222) in Gl. (220 a), bzw. Gl. (221 a) eingesetzt, so kann man entweder rechnerisch oder graphisch die Integration ausführen. Auf diese Weise werden die Größtwerte der Formänderungsarbeit und der kinetischen Energie L erhalten.

$$A = A(s), \qquad L = L(s)\,\omega^2,$$

(abhängig vom Parameter s, A und L sind als Funktionszeichen benützt). Sucht man jenen Wert dieses Parameters auf, für den ω^2 seinen Kleinstwert hat, so ist damit der Wert der Eigenfrequenz bestimmt.

---

[1] Stodola, A.: Über die Schwingungen von Dampfturbinen-Laufrädern, Schweizerische Bauzeitung 1914, Bd. 63 I, S. 251. Vgl. auch Dampf- und Gasturbinen, 6. Aufl., S. 903. Berlin: 1924. — Oehler, E.: Über Biegungsschwingungen von Dampfturbinenlaufrädern, Z. d. VDI., 1925, S. 335.

Es ist möglich Kurven zu ermitteln, aus denen sich der für die verschiedenen Profilformen zugehörige Parameter s ermitteln läßt, kennt man diesen, so ergibt sich damit auch die zugehörige Eigenfrequenz.

c) Biegeschwingungen der Rechteckplatte. α) *Freischwingende Rechteckplatte mit freiem Rand.* Für diese (s. Abb. 72) gelten wieder die Differentialgleichungen (217 a) und (217 b)

$$\Delta w(x, y) \pm \lambda^2 w(x y) = 0, \tag{217}$$

die erste Kirchhoffsche Randbedingung ergibt[1]

$$\left(\frac{\partial^2 w}{\partial y^2} + \frac{1}{m}\frac{\partial^2 w}{\partial x^2}\right)_{y=b} = 0 \quad \text{und} \quad \left(\frac{\partial^2 w}{\partial x^2} + \frac{1}{m}\frac{\partial^2 w}{\partial y^2}\right)_{x=a} = 0$$

Berücksichtigt man die zweite Kirchhoffsche Randbedingung, so erhält man

$$\left[\frac{\partial}{\partial x}\left(\frac{\partial^2 w}{\partial x^2} + \frac{2m-1}{m}\frac{\partial^2 w}{\partial y^2}\right)\right]_{x=a} = 0$$

und

$$\left[\frac{\partial}{\partial y}\left(\frac{\partial^2 w}{\partial y^2} + \frac{2m-1}{m}\frac{\partial^2 w}{\partial x^2}\right)\right]_{y=b} = 0,$$

an den Ecken gilt außerdem noch

$$\frac{\partial^2 w}{\partial x\,\partial y} = 0.$$

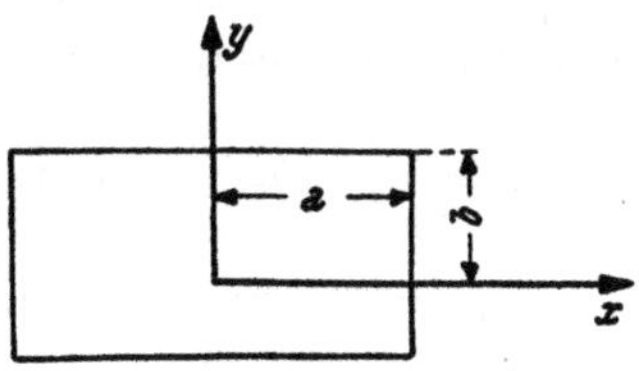

Abb. 72

Eine Funktion, welche allen diesen Bedingungen genügt, ist nur schwer aufzufinden, daher wendet Ritz[2] für den Sonderfall der quadratischen Platte sein Näherungsverfahren an. Er bestimmte die Formänderungsarbeit

$$A = -U = -\int\int\left[\left(\frac{\partial^2 w}{\partial x^2}\right)^2 + \left(\frac{\partial^2 w}{\partial y^2}\right)^2 + \frac{2}{m}\frac{\partial^2 w}{\partial x^2}\frac{\partial^2 w}{\partial y^2} + \right.$$
$$\left. + 2\frac{m-1}{m}\left(\frac{\partial^2 w}{\partial x\,\partial y}\right)^2\right]\frac{E h^3 m^2}{3(m^2-1)}\,dx\,dy$$

und die kinetische Energie

$$L = \frac{\gamma}{g}\omega^2 h\int\int w^2\,dx\,dy, \qquad \omega = \alpha^2\lambda^2, \qquad \alpha^4 = \frac{E h^2 m^2 g}{3\gamma(m^2-1)}.$$

Mit Hilfe der Annahme für die Verschiebungen

$$w = \sum\sum A_{mn}\, w_m(x)\, w_n(y)$$

---

[1] Kirchhoff, G., a. a. O.

[2] Ritz, W.: Theorie der Transversalschwingung einer quadratischen Platte mit freien Rändern, Annalen der Physik, 4. Folge, Bd. 28, 1909, S. 737. Ges. Werke, S. 265. Paris: 1911.

(in dieser Gleichung bedeuten $w_m(x)$ und $w_n(y)$ die Eigenfunktionen des schwingenden Stabes mit freien Enden) ergibt die Anwendung des Ritzschen Prinzipes

$$\frac{\partial(L-U)}{\partial A_{mn}}=0$$

eine Reihe von linearen Gleichungen, mit Hilfe deren man die Eigenfrequenzen ermitteln kann. Diese Rechnung wurde von Ritz für das Quadrat von der Seitenlänge $2a$ durchgeführt und er ermittelte die Werte

$$\lambda_n a = 12{,}34, \qquad 26{,}40, \qquad 35{,}73, \ldots,$$

welche von der Schwingungsform abhängen. Die Schwingungsform, die Gestalt der Knotenlinien und die höheren Obertöne sind der Arbeit von Ritz zu entnehmen.

β) *Rechteckplatte mit gestütztem Rand*[1]. Sind die Seitenlängen a und b, so gelten dafür die Randbedingungen

$$(w)_{x=a}=0,\ (w)_{y=b}=0,\ \left(m\frac{\partial^2 w}{\partial y^2}+\frac{\partial^2 w}{\partial x^2}\right)_{y=b}=0,\ \left(m\frac{\partial^2 w}{\partial x^2}+\frac{\partial^2 w}{\partial y^2}\right)_{x=a}=0.$$

Diesen Randbedingungen und der Differentialgleichung (217) genügt der Ansatz

$$w(x,y)=\sum\sum A_{rs}\sin\frac{r\pi}{a}x\sin\frac{s\pi}{b}y, \qquad r,s=1,2,\ldots$$

Werden die erforderlichen Differentiationen durchgeführt und die entsprechenden Werte in Gl. (217) eingesetzt, so wird

$$\lambda^2=\pi^2\left(\frac{r^2}{a^2}+\frac{s^2}{b^2}\right), \qquad r,s=1,2,\ldots$$

und damit erhält man für die Eigenfrequenzen

$$\omega=\pi^2\left(\frac{r^2}{a^2}+\frac{s^2}{b^2}\right)h\sqrt{\frac{2Gmh^2g}{3(m+1)\gamma}}.$$

γ) *Rechteckplatte mit eingespanntem Rand.* Diese wurde von Iguchi[2] untersucht. Für den Sonderfall der quadratischen Platte mit der Kantenlänge a fand er für

$$\frac{\omega a^2}{\pi^2 h}\sqrt{\frac{\gamma}{g}\frac{12(1-m^2)}{E}}$$

die Werte

3,646	7,437	10,965	13,393	16,717	24,631

[1] Rayleigh, a. a. O., S. 404.

[2] Iguchi, S.: Die Biegeschwingungen der vierseitig eingespannten rechteckigen Platte, Ing.-Archiv 1937, Bd. 8, S. 11.

3. *Drillungsschwingungen von Scheiben*[1]

Gegeben ist die Scheibe von der veränderlichen Dicke $2h$ (s. Abb. 73)

$$h = f(r)$$

und der Wichte γ. Schneidet man aus dieser Scheibe ein Ringelement von der Dicke dr und dem Halbmesser r heraus, so ist dessen Trägheitsmoment

$$4\frac{\pi\gamma r^3}{g} h\, dr.$$

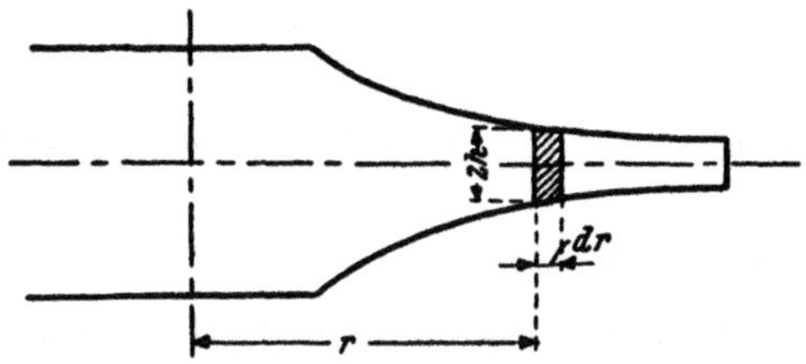

Abb. 73. Scheibe veränderlicher Dicke

Die Schubspannungen der inneren Begrenzung des Ringelementes bedingen ein Drehmoment im Sinne des abnehmenden Winkels φ von der Größe

$$4\pi r^2 h\tau,$$

die der äußeren Begrenzung eines im Sinne des zunehmenden Winkels von der Größe

$$4\pi\left(\tau r^2 h + \frac{\partial(\tau r^2 h)}{\partial r} dr\right),$$

daher ergibt der Momentensatz

$$4 r^3 \frac{\pi\gamma}{g} h\, dr \frac{\partial^2\varphi}{\partial t^2} = 4\pi \frac{\partial(\tau r^2 h)}{\partial r} dr. \tag{222}$$

Der Zusammenhang zwischen spezifischen Winkeländerungen γ_{xy} und der Schubbeanspruchung τ ist nach Gl. (115)

$$\tau = G\gamma_{xy}, \tag{115}$$

anderseits ist nach Abb. 71

$$\gamma_{xy} = \frac{(r + dr)\, d\varphi}{dr} = r\frac{\partial\varphi}{\partial r}. \tag{223}$$

Setzt man diese Gleichung in Gl. (115) und diese in Gl. (222) ein, so wird

$$\frac{\gamma}{g} r^3 h \frac{\partial^2\varphi}{\partial t^2} = G\frac{\partial}{\partial r}\left(r^3 h \frac{\partial\varphi}{\partial r}\right). \tag{224}$$

Die Lösung dieser Gleichung ist ebenfalls durch Gl. (123) gegeben und für die stehenden Schwingungen gilt Gl. (124 a). Setzt man

$$\varphi = R(r)\sin(\omega t + \vartheta), \quad \frac{\gamma\omega^2}{gG} = \lambda^2,$$

so wird Gl. (224)

[1] Grammel, R.: Drillung und Drillungsschwingungen von Scheiben, Z. a. M. M., 1925, S. 193.

$$\frac{d}{dr}\left(r^3 h \frac{dR}{dr}\right) + \lambda^2 r^3 h R = 0. \tag{225}$$

In Gl. (225) hat man die Abhängigkeit der Dicke vom Radius einzusetzen. Ist z. B.

$$r^m h = \text{const.},$$

so wird die Lösung von Gl. (225)

$$R = r^{\frac{m}{2}-1} A \left[J_{\frac{m}{2}-1}(\lambda r) + B\, N_{\frac{m}{2}-1}(\lambda r)\right],$$

darin sind $J_{\frac{m}{2}-1}$ und $N_{\frac{m}{2}-1}$ die Besselschen, bzw. die Neumannschen Funktionen $\frac{m}{2}$ — 1-ter Ordnung. Im folgenden sind für die verschiedenen Werte von m die Funktion $R(r)$ angegeben. Ist z. B.

$$m = 0, \qquad R = \frac{1}{r} A\,[J_1(\lambda r) + B\, N_{-1}(\lambda r)],$$

$$m = 1, \qquad R = \frac{1}{r} A \sin(\lambda r + \delta),$$

$$m = 2, \qquad R = A\, J_0(\lambda r) + B\, N_0(\lambda r),$$

$$m = 3, \qquad R = A \sin(\lambda r + \delta),$$

$$m = 4, \qquad R = r A\,[J_1(\lambda r) + B\, N_1(\lambda r)],$$

um nun die Eigenwerte λ und damit die Eigenfrequenzen ω zu erhalten, muß man die entsprechenden Randbedingungen berücksichtigen.

Ist der Innenrand ($r = r_i$) fest, so gilt

$$r = r_i, \qquad \varphi_i = 0, \qquad \text{daher } R = 0.$$

Am freien Rand $r = r_a$ hat die Schubspannung den Wert Null, daher ist nach Gl. (115) und Gl. (223)

$$\frac{dR}{dr} = 0.$$

Ist die Scheibe auf einer elastischen Welle befestigt und hat diese die Federkonstante c und bezeichnet man mit φ_0 den Verdrehungswinkel, bezogen auf den Schwingungsknoten der Welle (welchen man auch als Einspannstelle auffassen kann), so bedingen die Spannungen am Innenrande der Scheibe die Verdrehung der Welle. Aus diesem Grunde ist zufolge der Gleichheit der Momente

$$4\pi r_0^2 h_0 \tau = c\, \varphi_0$$

und daher erhält man als Randbedingung wegen Gl. (115) und Gl. (223)

$$4\pi G r_0^3 h_0 \frac{dR_0}{dr} = c\, R_0.$$

Ist die Kurve $h(r)$ durch die Zeichnung gegeben, so ersetzt man die gegebene Scheibe durch einzelne Teilscheiben, für die

$$h r^3 = \text{const.}$$

gilt, mit einer Konstante, welche von Teilscheibe zu Teilscheibe verschieden ist. Für $m = 3$ ist die Rechnung einfach durchzuführen. An den Stellen, an denen eine Teilscheibe beginnt, hat man die Integrationskonstanten von neuem zu bestimmen. Dazu dienen die Bedingungen, daß die Verschiebungen und auch die Drehmomente der Schubspannungen sich stetig ändern. Berücksichtigt man noch die geltenden Randbedingungen, so sind die Eigenwerte der vorgegebenen Scheibe bestimmbar.

F. Schwingungen rotierender Stäbe und Scheiben

Bei den Propellern der Flugzeuge, den Scheiben und den Schaufeln der Dampfturbinen können Brüche und Betriebsstörungen auftreten, welche durch Schwingungen dieser Konstruktionsteile verursacht werden. Es ist deshalb wichtig, die Eigenfrequenzen der rotierenden Systeme zu ermitteln. Es genügt nun nicht, diejenigen der ruhenden Körper zu kennen, da durch die Drehung und den damit auftretenden Normalbeschleunigungen eine Verlagerung der Frequenzen und damit der Schwingungszahlen, welche man zu vermeiden hat, bedingt ist. Man muß also den Einfluß der Rotation auf die Schwingungszahlen berücksichtigen. Im allgemeinen kann man sagen, daß durch die Drehung die Körper „steifer" werden — bei schneller Drehung verhält sich Seidenpapier wie ein starrer Körper, man kann dann damit Papier zerschneiden — und dadurch werden auch die Schwingungszahlen größer.

1. Biegeschwingungen rotierender Stäbe

Vorausgesetzt sei ein gerader Stab mit vorgegebenem Querschnittsverlauf. Dieser Stab sei an dem einen Ende, welches näher zu der Drehachse gelegen ist, fest eingespannt (s. Abb. 74). Die Richtung, in der die Biegeschwingungen erfolgen, sind durch die Hauptträgheitsachsen vorgegeben. Sind diese bei jedem Querschnitt parallel, so bezeichnet man den Stab als unverwunden. Der verwundene Stab wurde von Reißner[1] untersucht. Im folgenden wird immer ein

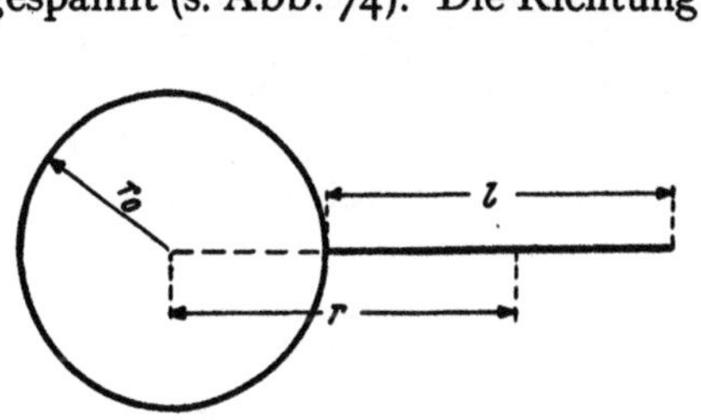

Abb. 74

[1] Reißner, H.: Formänderung, Spannung und kleine Schwingungen von Stäben mit anfänglicher Krümmung und Verwindung, die um eine Querachse rotieren, Ing.-Arch., Bd. 4, 1933, S. 557.

unverwundener Stab vorausgesetzt. Bei dieser Anordnung hat das Verhältnis der Stablänge zum Einspannradius einen wesentlichen Einfluß auf die Schwingungszahlen. Ist der Einspannradius vernachlässigbar klein, so entspricht dies der Anordnung, wie sie bei den Flugzeugpropellern vorhanden ist, ist er groß, so sind dies Verhältnisse, wie sie bei den Dampfturbinenschaufeln vorgegeben sind.

a) Der Einspannradius hat den Wert Null. Mitunter ist es von Vorteil, eine Koordinatentransformation durchzuführen. Bezeichnet man mit x die Entfernung des Stabes von der Länge l von der Einspannstelle und mit ξ die dimensionslose Größe

$$\xi = \frac{x}{l},$$

dann ist zufolge $0 \leqq x \leqq l$ Null und Eins der kleinste und der größte Wert, welchen die Größe ξ annehmen kann.

Bezeichnet man wie bisher mit v die Verschiebung senkrecht zur Stabachse, mit α den Winkel zwischen der Schwingungsebene und der Umfangsrichtung, mit f die Querschnittsfläche und mit J das zugehörige Trägheitsmoment in der Entfernung x und dreht sich der Stab mit der Winkelgeschwindigkeit k, so kann man die für die Schwingungsbewegung gültige Differentialgleichung[1] ermitteln. Nimmt man an, daß die Richtung der Normalbeschleunigung für jeden Stabpunkt die gleiche ist, so sind die Schwingungsbewegungen in den Richtungen der Hauptträgheitsachsen voneinander unabhängig.

Berücksichtigt man die verschiedenen Richtungen der Beschleunigungen, so erhält man eine Kopplung dieser beiden Schwingungsbewegungen[2]. Bei den Propellern und Dampfturbinenschaufeln, für welche solche Rechnungen durchzuführen sind, ist der Verlauf der Querschnittsflächen und der Trägheitsmomente in Abhängigkeit von x graphisch gegeben, daher ist in geschlossener Form eine Lösung dieser Differentialgleichung nur schwer möglich. Mit Hilfe der Näherungsverfahren, wie z. B. von Rayleigh oder von Ritz, kann man jedoch Näherungslösungen für die Eigenschwingungszahlen mit genügender Genauigkeit erhalten.

Um die Eigenfrequenzen zu erhalten, setzt man nach Liebers[3] für die Querschnittfläche

$$f = f_0 (1 - \xi)^p \tag{226}$$

und für das Trägheitsmoment

$$J = J_0 (1 - \xi)^q. \tag{226 a}$$

In Gl. (226) bedeuten f_0 die Fläche und J_0 das Trägheitsmoment an der Einspannstelle.

---

[1] Lohmann, W.: Eigenschwingungen von Dampfturbinenschaufeln unter allgemeinen Bedingungen, Dissertation, Hannover: 1930, S. 17. Jena: 1932.

[2] Grammel, R., a. a. O., S. 757.

[3] Liebers, F.: Zur Theorie der Luftschraubenschwingungen, Zeitschr. f. techn. Physik, Bd. 10, 1929, S. 361. Resonanzschwingungen von Luftschrauben, Luftfahrtforschung. Bd. 7, 1930, S. 137.

Nun hat man, weil man den Arbeitssatz anwenden will, die kinetische Energie der Schwingungsbewegung zu bestimmen, der Größtwert dieser beträgt

$$L = \frac{1}{2}\int_0^l \left(\frac{\partial v}{\partial t}\right)^2 dm = \frac{\gamma\,\omega^2}{2\,g}\int_0^l f\,v^2\,dx. \qquad (227)$$

Bedeutet r_0 den Radius an der Einspannstelle, so erhält man für die Arbeit der Massenbeschleunigung

$$A_1^b = \int_0^l b_n\,dm\,\zeta = -\frac{1}{2}\int_0^l \frac{\gamma}{g}\,k^2\,(r_0 + x)\,f\,\zeta\,dx, \qquad (228)$$

dabei ist ζ die radiale Verschiebung. Ist ds ein Bogenelement des Stabes, so berechnet sich ζ bei Schwingungen in der achsialen Richtung aus

$$\zeta = \int_0^x (ds - dx) = \int_0^x \left[\sqrt{1 + \left(\frac{\partial v}{\partial x}\right)^2} - 1\right] dx \doteq \frac{1}{2}\int_0^x \left(\frac{\partial v}{\partial x}\right)^2 dx. \qquad (229)$$

Bei der tangentialen Schwingungsbewegung ist die auftretende Radialverschiebung ζ' kleiner als ζ, und zwar um die Pfeilhöhe η (s. Abb. 75), das ist die des Kreisbogens mit dem Radius r und der Sehne $2\,v$, daher ist in diesem Falle die radiale Verschiebung

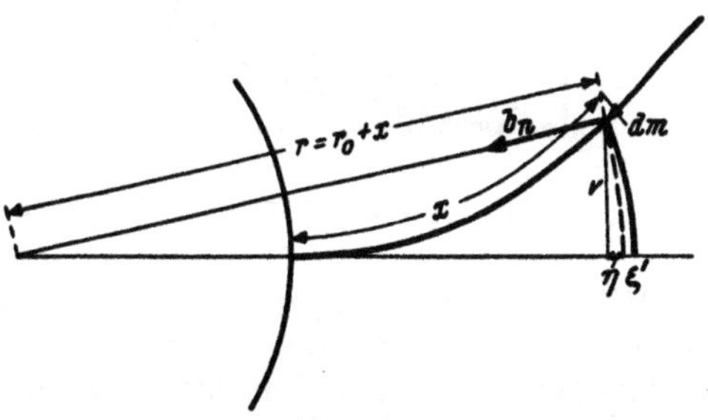

Abb. 75

$$\zeta' = \frac{1}{2}\int_0^x \left(\frac{\partial v}{\partial x}\right)^2 dx - \frac{v^2}{2\,r}. \qquad (229\text{ a})$$

Schließt die Schwingungsebene mit der Kreisebene den Winkel α ein, so ist (s. Abb. 76) die tangentiale Komponente der Verschiebung

$$v_t = v\cos\alpha$$

und daher

$$\zeta' = \frac{1}{2}\int_0^x \left(\frac{\partial v}{\partial x}\right)^2 dx - \frac{(v\cos\alpha)^2}{2\,r}. \qquad (229\text{ b})$$

Abb. 76

Zufolge Gl. (229), bzw. Gl. (229 b) ist $A_1^{(b)}$ berechenbar. Um die Eigenfrequenz zu bestimmen, ist die Kenntnis der Formänderungsarbeit erforderlich, diese bestimmt sich durch

$$A_1 = \frac{1}{2}\int_0^l E J \left(\frac{\partial^2 v}{\partial x^2}\right)^2 dx = \frac{1}{2}\int_0^l \frac{M^2}{E J} dx = \frac{1}{2}\int_0^l P_s\, ds. \qquad (230)$$

Belanglos ist, mit Hilfe welcher der einzelnen dieser Gleichungen man die Formänderungsarbeit ermittelt. Je nach dem Rechnungsverfahren wird die eine oder die andere Form dieser Gleichungen von Vorteil sein. Nach dem Arbeitssatz ist nun

$$L + A_1^b = A_1,$$

daher erhält man mit Hilfe von Gl. (227) bis Gl. (229)

$$\frac{\gamma}{2g}\omega^2 \int_0^l f v^2 dx - \frac{\gamma}{2g} k^2 \int_0^l f (r_0 + x)\, \zeta\, dx = \frac{1}{2}\int_0^l E J \left(\frac{\partial^2 v}{\partial x^2}\right)^2 dx. \qquad (231)$$

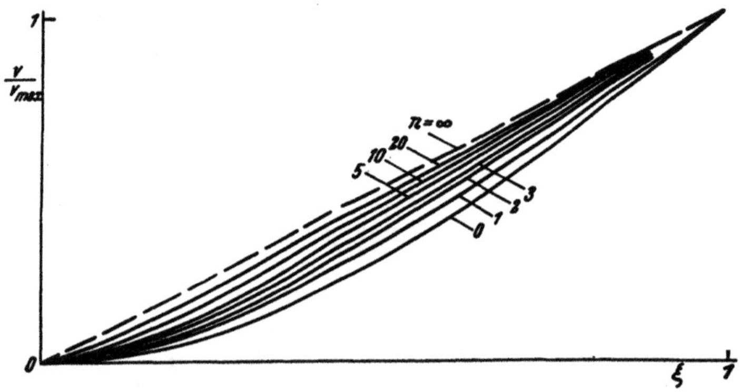

Abb. 77. Schwingungsformen des schwingenden Stabes für verschiedene Werte des Parameters n nach Liebers

Will man das Rayleighsche Prinzip anwenden, um die Grundschwingung zu erhalten, so hat man die Durchbiegung v in Abhängigkeit von einem Parameter n anzunehmen. Setzt man für die Verschiebung an der Stelle x[1]

$$v(x, n) = v_{max} \frac{1}{n+2} \left[(1 - \xi)^{n+3} + (n+3)\,\xi - 1\right], \qquad (232)$$

so zeigt Abb. 77 die Schwingungsform für verschiedene Parameter n. Aus Gl. (231) berechnet man die Eigenfrequenz ω des sich drehenden Stabes

$$\omega^2 = \frac{\int_0^l E J \left(\frac{\partial^2 v}{\partial x^2}\right)^2 dx + \frac{\gamma}{g} k^2 \int_0^l f (r_0 + x)\, \zeta\, dx}{\frac{\gamma}{g}\int_0^l f v^2 dx.} \qquad (231\text{ a})$$

[1] Liebers, F., a. a. O.

Hat die Winkelgeschwindigkeit k den Wert Null, so erhält man die Eigenfrequenz des ruhenden Stabes ω_0, daher ist angenähert die des rotierenden Stabes ω

$$\omega^2 = \omega_0^2 + k^2 \frac{\int_0^l f(r_0 + x)\,\zeta\,dx}{\int_0^l f v^2\,dx}. \tag{231 a}$$

Setzt man Gl. (226), Gl. (226 a) und Gl. (232) in Gl. (231 a) ein, so erhält man die Eigenfrequenz

$$\omega^2 = \omega_0^2 + k^2 F\,(p\,q\,n),$$

abhängig von den Koeffizienten p und q sowie von dem Parameter n. Diesen hat man nach Rayleigh so zu bestimmen, daß die Eigenfrequenz ein Minimum wird. Für den Propeller, bei welchem der Einspannradius r_0 den Wert Null hat, wurden von Liebers die dazu erforderlichen Rechnungen durchgeführt und Abb. 78 gibt für die Grundschwingung ω/ω_0 in Abhängigkeit von k/ω_0 für die gebräuchlichsten Schrauben, bei welchen $p \sim 1$ und q ungefähr $q \sim 2 \div 2{,}5$ ist, an. Wenn man auch aus Abb. 78 sofort das Verhältnis ω/ω_0 in Abhängigkeit von k/ω_0 ablesen kann, so ist eine Näherungsformel mitunter besser zu verwenden. Aus diesem Grunde wurde aus Abb. 78 von Liebers[1] für die Grundschwingung des rotierenden Stabes eine Näherungsformel, gültig für $0 \leqq k/\omega \leqq 1{,}5$, abgeleitet, diese lautet

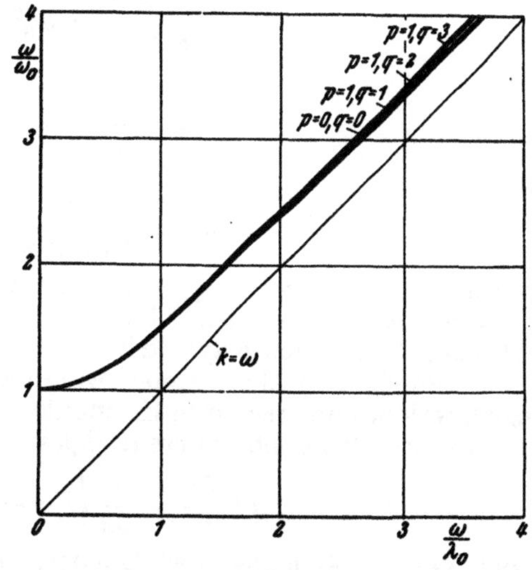

Abb. 78. ω/ω_0 in Abhängigkeit von k/ω_0 für verschiedene Werte von p und q nach Liebers. (In dieser Abbildung gehört ω/λ_0 durch k/ω_0 ersetzt)

[1] Liebers, F.: Zur Berechnung der drei tiefsten Biegefrequenzen der umlaufenden Schraube, Luftfahrtforschung, Bd. 12, 1935, S. 155.

$$\left(\frac{\omega}{\omega_0}\right)^2 = 1 + 1{,}43\left(\frac{k}{\omega_0}\right)^2 - 0{,}20\left(\frac{k}{\omega_0}\right)^4 + 0{,}05\left(\frac{k}{\omega_0}\right)^6. \qquad (232\text{ a})$$

Andere sind in der angegebenen Literatur[1] aufzufinden. Rechnet man aus Gl. (231) die Frequenz der Schwingung ω aus, so erhält man

$$\omega^2 = \omega_0^2 + \omega_1^2. \qquad (233)$$

Da zwei Potentialfelder vorhanden sind, nämlich das elastische Feld und das Beschleunigungsfeld, so ist nach dem Satz von Southwell[2] eine Näherungslösung auffindbar. Nach diesem ist in diesem Falle die Eigenfrequenz gleich der Summe derjenigen, welche man bei Berücksichtigung nur eines Feldes erhält. Man vernachlässigt zuerst das Beschleunigungsfeld, dann entspricht ω_0 in Gl. (233) der Frequenz des ruhenden Stabes. Hierauf berücksichtigt man nur das Beschleunigungsfeld und vernachlässigt die Biegesteifigkeit, dann ist ω_1 die Schwingungsfrequenz des rotierenden idealen Seiles. Denn ist der Größtwert der kinetischen Energie der Schwingungsbewegung

$$L = \omega^2 L(u, v, w)$$

und $-A^{(b)}$ der der Arbeit der Massenbeschleunigung und A derjenige der Arbeit der inneren Kräfte, so erhält man für die Eigenfrequenzen

$$\omega^2 = \frac{A + A_1^{(b)}}{L(u, v, w)} = \omega_0^2 + \omega_1^2,$$

wenn

$$\omega_1^2 = \frac{A_1^{(b)}}{L(u, v, w)}$$

und

$$\omega_0^2 = \frac{A}{L(u, v, w)}$$

gegeben ist. Da die Schwingungsformen, welche man der Berechnung von ω_0 und ω_1 zugrundegelegt hat, der wirklichen benachbart ist, so erhält man damit nach Rayleigh eine etwas zu hohe Eigenfrequenz.

Zur Berechnung der Querschwingungen eines Seiles von der Länge l, welches um den einen Endpunkt mit der Winkelgeschwindigkeit k rotiert, dient die Differentialgleichung (129 a)

$$\mu F \frac{\partial^2 v}{\partial t^2} = \frac{\partial}{\partial x}\left(F\sigma \frac{\partial v}{\partial x}\right). \qquad (129\text{ a})$$

Bei Vernachlässigung von Gliedern zweiter Kleinheitsordnung bestimmt man die Spannung des Seiles aus der Gleichung

$$F\sigma = \int_x^l b_m\, dm = \int_x^l \mu F k^2 x\, dx. \qquad (234)$$

---

[1] Hansen, M.—G. Mesmer: Luftschraubenschwingungen, Zeitschr. f. Flugtechnik u. Motorluftschiffahrt, Bd. 24, 1933, S. 298.

[2] Lamb, H.—R. v. Southwell: The Vibration of a Spinning Disc, Proceedings of the Royal Soc. of London Ser. A. Bd. 99, 1921, S. 272.

Setzt man Gl. (234) in Gl. (129 a) ein, so erhält man

$$F\frac{\partial^2 v}{\partial t^2} = k^2\frac{\partial^2 v}{\partial x^2}\int_x^l F\,x\,dx - F\,k^2\,x\frac{\partial v}{\partial x}.$$

Will man nur die stehenden Schwingungen untersuchen, so gilt dafür

$$k^2\frac{d^2 v(x)}{dx^2}\int_x^l F\,x\,dx - F\,k^2\,x\frac{dv(x)}{dx} + \omega_1^2 F\,v(x) = 0. \qquad (234\text{ a})$$

Bisher wurde über die Fläche F nichts vorausgesetzt, sie kann beliebig von x abhängen, nur wird dann die Lösung der Differentialgleichung (234 a) nicht leicht sein, ist der Stab von konstanter Fläche, dann lautet Gl. (234 a)

$$\frac{1}{2}k^2(l^2 - x^2)\frac{d^2 v(x)}{dx^2} - k^2\,x\frac{dv(x)}{dx} + \omega_1^2 v(x) = 0. \qquad (234\text{ b})$$

Die Lösung von Gl. (234 b) kann durch Ansetzen einer Potenzreihe, welche die vorgegebenen Randbedingungen erfüllt (an der Stelle $x = 0$ hat die Verschiebung v den Wert Null), aufgefunden werden. Setzt man diese Reihe in Gl. (234 b) ein und vergleicht die Glieder gleicher Potenzen von x, so erhält man die Werte der einzelnen Koeffizienten dieser Reihe. Liebers führte diese Rechnung durch und bestimmte das Verhältnis ω_1^2/k^2 zu[1]

$$\frac{\omega_1^2}{k^2} = 1;\ 6;\ 15\ldots n(2n-1).$$

Ist die Fläche des Stabes nicht konstant, sondern verhältnisgleich der Entfernung $l - x$

$$F = m(l - x),$$

so erhält man aus Gl. (234 a)

$$k^2(l^2 + l\,x - 2x^2)\frac{d^2 v(x)}{dx^2} - 6k^2\frac{dv(x)}{dx} + 6\,\omega_1^2 v(x) = 0. \qquad (234\text{ c})$$

Gl. (234 c) ist wieder durch einen Potenzreihenansatz lösbar, die Werte der einzelnen Koeffizienten werden wie oben durch Koeffizientenvergleich erhalten. Berücksichtigt man die Randbedingung, welche besagt, daß an der Einspannstelle die Verschiebung den Wert Null hat, so bestimmt man die Frequenzen ω_1

$$\frac{\omega_1^2}{k^2} = 1;\ 4{,}15;\ 9{,}2;\ldots$$

Somit erhält man nach den Southwellschen Überlegungen für die erste Oberschwingung dieses Stabes

$$\omega^2 = \omega_{01}^2 + 4{,}15\,k^2 \qquad (232\text{ b})$$

[1] Liebers, F.: Luftfahrtforschung 1935, S. 159.

und für dessen zweite Oberschwingung

$$\omega^2 = \omega_{02}{}^2 + 9{,}2\, k^2. \tag{232 c}$$

In Gl. (232 b) und Gl. (232 c) bedeuten ω_{01}, bzw. ω_{02} die erste, bzw. die zweite Oberschwingung des ruhenden Stabes (s. S. 111).

Für die Frequenz der ersten und zweiten Oberschwingung des rotierenden Stabes hat Hohenemser[1] nach seinem Verfahren den Einfluß der Drehung bestimmt. An Stelle der Zahlen 4,15 und 9,2 in Gl. (232 b) und Gl. (232 c) erhielt er die Zahlen 3,9, bzw. 12,2.

Ist die Massenverteilung nicht eine lineare, sondern durch

$$F = F_0 \left(1 - \frac{x}{l}\right)^n$$

gegeben, wobei l die Länge des Propellers ist und hat der Nabendurchmesser r_0 einen von Null verschiedenen Wert, so bestimmt J. Meyer[2] die Größe $\omega_1{}^2/k^2$ für die Grund- und erste Oberschwingung in Abhängigkeit von dem Exponenten n und r_0/l. Die Ergebnisse seiner Untersuchung sind in Abb. 79 dargestellt.

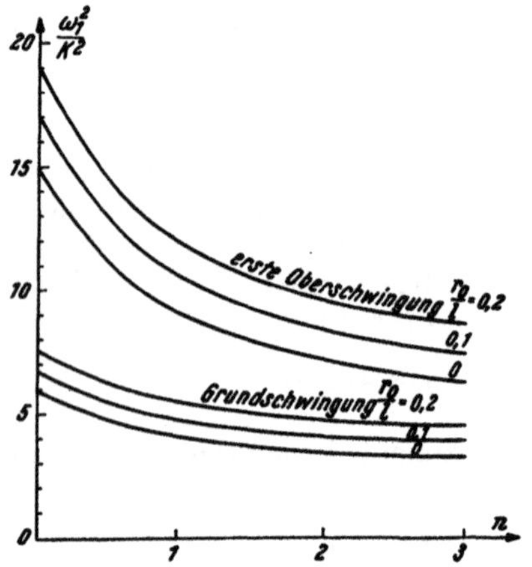

Abb. 79. $\omega_1{}^2/k^2$ für das Seil von veränderlichem Querschnitt nach J. Meyer

Zu klären ist noch die Frage nach den Resonanzverhältnissen und damit die nach der Größe der sogenannten „Kritischen" auch kritischen Winkelgeschwindigkeit (auch kritische Drehzahl), darunter versteht man jene Winkelgeschwindigkeit k oder die dazu gehörige Drehzahl n_k, bei welcher die größten Schwingungsausschläge auftreten. Nimmt man an, daß die erregenden Kräfte von der Frequenz k und damit von der Umlaufgeschwindigkeit des Stabes abhängen, so hat die erregende Frequenz die Größe $i\,k$, wobei i die Ordnung der Schwingung angibt und eine ganze Zahl ist. Somit erhält man mit $\omega = i\,k$ für die Grundschwingung aus Gl. (232 a)

$$i^2 k^2 = \omega_0{}^2 + 1{,}43\, k^2.$$

Aus dieser Gleichung ist zu ersehen, daß nur für

$$i > 1{,}2$$

[1] Hohenemser, F.: Beitrag zur Dynamik des elastischen Stabes mit Anwendung auf den Propeller, Zeitschr. f. Flugtechnik u. Motorluftschiffahrt, Bd. 23, 1932, S. 37.

[2] Meyer, J.: Zur Berücksichtigung des Fliehkrafteinflusses auf die Biegeeigenfrequenzen von Luftschrauben, Luftfahrtforschung, Bd. 16, 1939, S. 429.

reelle Resonanzdrehzahlen möglich sind, analog erhält man für die erste Oberschwingung

$$i > 2{,}03$$

und für die zweite Oberschwingung

$$i > 3{,}03.$$

Mit Hilfe von Gl. (232) kann man die Eigenfrequenzen ermitteln und dann hat man zu untersuchen, ob erregende Kräfte von der gleichen Frequenz vorhanden sind. Zufolge des Zusammenhanges der Frequenz der erregenden Kräfte mit der Winkelgeschwindigkeit des rotierenden Stabes erhält man damit auch jene Winkelgeschwindigkeiten, bei denen die Schwingungsausschläge des Stabes groß werden.

b) Der Einspannradius ist wesentlich von Null verschieden. Ist der Einspannradius r_0 wesentlich von Null verschieden, so sind zwei verschiedene Anordnungen möglich. Bei der einen hat jeder Punkt des Stabes den gleichen Abstand von der Drehachse, das ist eine Anordnung wie sie z. B. bei den Schaufeln der Radialdampfturbinen vorkommt. Bei der anderen steht der Stab auf die Drehachse senkrecht, diese entspricht z. B. den Schaufeln der achsialen Dampfturbinen. Hat der Stab von der Drehachse überall den gleichen Abstand und vernachlässigt man Größen zweiter Kleinheitsordnung, so hat die Drehbewegung keinen Einfluß auf die Eigenschwingungszahlen, diese sind die gleichen wie die der ruhenden Schaufel. Steht der Stab auf die Drehachse senkrecht und ist er an einem Ende fest eingespannt, sonst jedoch frei, so gilt wieder Gl. (231) zur Bestimmung der Eigenschwingungszahlen. Auch in diesem Fall ist eine Lösung in geschlossener Form nahezu unmöglich. Um Lösungen zu erhalten, muß man ein Näherungsverfahren anwenden.

Sörensen[1] verwendet das Rayleighsche, und zwar berücksichtigt er, daß die Fehler klein sind, welche man bei der Berechnung der Eigenschwingungszahl macht, wenn man statt der genauen Schwingungslinie nur eine genäherte benützt. Aus diesem Grunde nimmt Sörensen für den geraden Stab mit überall gleichem Querschnitt an, daß die durch das Eigengewicht des horizontalen Stabes bedingte Biegelinie nur wenig von der Schwingungsform des rotierenden Stabes verschieden ist. Bezeichnet man mit

$$r_m = r_0 + \frac{l}{2},$$

so erhält man aus Gl. (231) für die Frequenz der Grundschwingung

$$\omega^2 = 12{,}46 \frac{g\,E\,J}{\gamma\,F\,l^4} + k^2 \left(1{,}558 \frac{r_m}{l} + 0{,}3942 - \cos^2 \alpha\right),$$

in dieser Gleichung bedeutet α wieder den Winkel zwischen Umfangs- und Schwingungsrichtung.

---

[1] Sörensen, E.: Berechnung der Eigenschwingungszahlen von Dampfturbinenschaufeln, Werft Reederei Hafen Bd. 9, 1928, S. 67.

Von Sörensen wurde nicht nur die Frequenz des drehenden Stabes von konstantem Querschnitt berechnet, er gab auch ein Verfahren zur Berechnung von Stäben mit veränderlichen Querschnittsflächen und Trägheitsmomenten an. Für den Querschnitt setzte er

$$f = f_0\left(1 - p\frac{x}{l}\right)$$

und für das Trägheitsmoment

$$J = J_0 \frac{1}{1 + q\,x/l}.$$

Die genäherte Lösung erhält man nach Sörensen auf folgendem Wege: Für den Stab mit veränderlichem Trägheitsmoment, welcher durch eine spezifische Belastung $c\,x\,f$ belastet ist, wird die elastische Linie ermittelt und die so erhaltene Linie nimmt man als genäherte Schwingungsform an. Wird diese in Gl. (231) eingesetzt und führt man die notwendigen Integrationen durch, so erhält man für die Frequenz der Grundschwingung

$$\omega^2 = \frac{g E J_0}{\gamma f_0 l^4} A + k^2\left(\frac{2\,r_m}{l} B + C - \cos^2\alpha\right).$$

Die Werte der einzelnen Größen sind vom Querschnitt, also von p und q abhängig und sind aus den Abb. 80 zu entnehmen. Eine andere Stabform legt H. Melan[1] seinen Untersuchungen zugrunde.

Für den Querschnittsverlauf der Dampfturbinenschaufeln kann man mit entsprechender Genauigkeit

$$f = f_0\, e^{-a x}$$

setzen. In dieser Gleichung bedeutet f_0 den Schaufelquerschnitt an der Einspannstelle und f denjenigen in der Entfernung x. Dann kann man auch angenähert den Trägheitsmomentenverlauf darstellen durch

$$J = J_0\, e^{-b x}.$$

Für praktische ausgeführte Dampfturbinenschaufeln ist

$$\frac{b}{a} \sim 2 - 2{,}5.$$

Macht man für den Verlauf der Schwingungsform die Annahme

$$v = v_0\left(1 - \cos\frac{\pi}{2\,l}x\right),$$

worin v_0 den größten Größtausschlag bedeutet, so kann man wegen

$$\int e^{\alpha x}\cos\beta\,x\,dx = \frac{\alpha\cos\beta\,x + \beta\sin\beta\,x}{\alpha^2 + \beta^2} e^{\alpha x}$$

die Gleichungen (227), (228) und (229) berechnen und nach Gl. (231) erhält man die Frequenzen der Grundschwingung des rotierenden

[1] Melan, H.: Über eine Näherungsrechnung für Schaufelschwingungszahlen bei Grenzturbinen, Forschung, Bd. 4, 1933, S. 188.

Stabes. Hat die Größe $a\,l$ den Wert 1,2—1,8 und ist $b/a \sim 2 - 2{,}5$, so erhält man als Näherungsgleichung für die Frequenz der Grundschwingung der Einzelschaufel

$$\omega^2 = \frac{16{,}2\,E\,J_0\,g}{\gamma\,f_0\,l^3}\,a + (4{,}41 + 0{,}25\,a\,l)\,k^2.$$

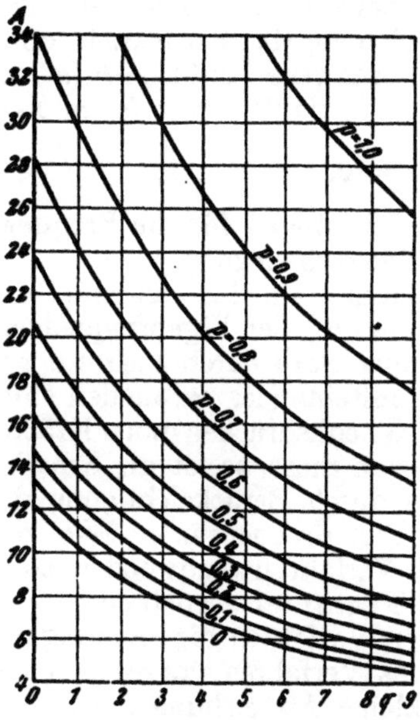

Abb. 80. Abhängigkeit der Werte von A, B und C von p und q nach Sörensen

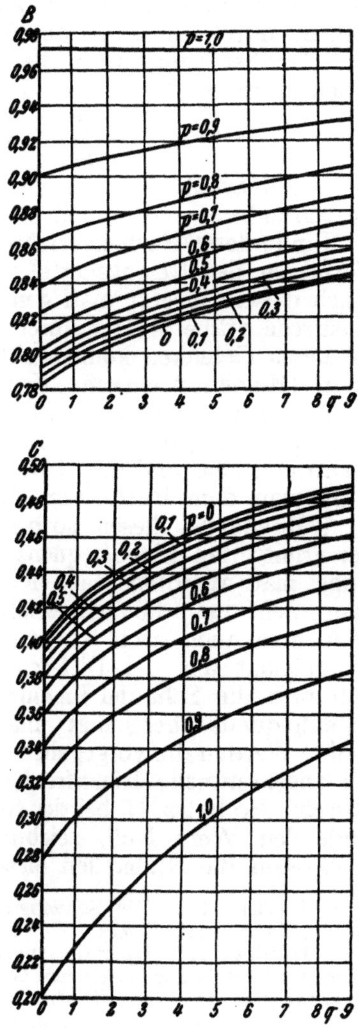

Die bisher besprochenen Verfahren verwenden das Rayleighsche Verfahren, das Ritzsche wird von Lohmann[1] zur Berechnung der Frequenzen der rotierenden Schaufel benützt. Er setzt für

$$v(x) = a_1 v_1 + a_2 v_2.$$

In dieser Gleichung bedeuten v_1 und v_2

$$v_1 = A_1 + B_1 x + C_1 \frac{x^2}{2!} + D_1 \frac{x^3}{3!} + E_1 \frac{x^4}{4!},$$

[1] Lohmann, W.: Eigenschwingungen von Dampfturbinenschaufeln unter allgem. Bedingungen, Dissertation, Hannover 1930, S. 36. Jena: 1932.

$$v_2 = A_2 \frac{x^5}{5!} + B_2 \frac{x^6}{6!} + C_2 \frac{x^7}{7!}$$

zwei Funktionen von x. v_1 bzw. v_2 sollen allein die vorgegebenen Randbedingungen (s. S. 111) befriedigen, dadurch bestimmt man die Werte der Konstanten A_1, B_1, C_1, D_1, E_1, bzw. A_2, B_2, C_2. Die Größen a_1, a_2 sind zwei Parameter, welche so zu bestimmen sind, daß die durch Einsetzen der obigen Gleichung (bei Berücksichtigung der Randbedingungen) in die Gl. (231) erhaltene Funktion $F(a_1, a_2)$ einen extremen Wert hat. Die Bedingung dafür lautet (s. S. 131)

$$\frac{\partial F}{\partial a_1} = 0, \qquad \frac{\partial F}{\partial a_2} = 0.$$

Damit erhält man die Bedingungsgleichungen für die Frequenz der Grundschwingung und der ersten Oberschwingung.

Ein anderes Rechenverfahren gab Karas[1] an. Er verwendet das Verfahren der Gelenkskette[2] zur Berechnung der Eigenfrequenzen. Nach diesem ersetzt man den elastischen Stab durch mehrere unelastische Stäbe, welche durch Gelenke miteinander verbunden sind, in diesen Gelenken können außer den Gelenksdrücken noch Kräftepaare (Momente) wirken. Kennt man nun diese, so ist die Schwingungsform des Stabes berechenbar und durch Berücksichtigung der Randbedingungen erhält man die Eigenfrequenzen. Wie das Grammelsche und das Galerkinsche Verfahren anzuwenden sind, kann man dem Buche von Biezeno-Grammel entnehmen[3].

Während bei diesen so besprochenen Verfahren die Genauigkeit der ermittelten Eigenfrequenz durch das Verfahren vorgegeben ist, wobei man allerdings nach Ritz nur kleine Abweichungen zulassen kann, wenn man die dazu erforderlichen Rechnungen durchführt, so kann man auch nach Sörensen[4] die Eigenfrequenz mit beliebiger Genauigkeit aus der Differentialgleichung bestimmen. Nach ihm teilt man die Schaufel in einzelne Teile und unter Annahme einer Eigenfrequenz berechnet man die Ordinaten der elastischen Linie. Werden die vorgegebenen Randbedingungen erfüllt, so stimmt die angenommene Eigenfrequenz mit der tatsächlich vorhandenen überein. So hat z. B. bei der freien Schaufel die Querkraft am freien Ende den Wert Null, zeichnet man ein Querkraft-ω-Diagramm, so ergeben die Nullstellen dieses Diagrammes die Eigenfrequenzen.

---

[1] Karas, K.: Die Schwingungen von Dampfturbinenschaufeln, Ing.-Archiv, Bd. 5, 1934, S. 325.

[2] Henky, H.: Über die angenäherte Lösung von Stabilitätsproblemen im Raum mittels der elastischen Gelenkkette, Eisenbau, Bd. 11, 1920, S. 437. — Grüning, M.: Theorie der Baukonstruktionen, Encyklopädie d. math. Wissenschaften, Bd. 4, Teilbd. 4, S. 505.

[3] Biezeno, C. B., R. Grammel, a. a. O., S. 756 u. flgd.

[4] Sörensen, E.: Freie und erzwungene Schwingungen elastischer Systeme, Z. a. M. M., Bd. 16, 1936, S. 359. — Über Schwingungen von Dampfturbinenschaufeln, Ing.-Archiv, Bd. 8, 1937, S. 381. — Mesmer, G.: Freie Schwingungen stabförmiger Körper, insbes. Schwingungen von Turbinenschaufeln, Ing.-Archiv, Bd. 8, 1937, S. 396.

Bisher wurden nur rechnerische Verfahren zur Ermittlung der Eigenfrequenzen behandelt. An graphischen liegt dasjenige von Stodola[1] vor. Ist die Schwingungsform der mit der Winkelgeschwindigkeit k rotierenden Schaufel (s. Abb. 81) vorgegeben (wenn nicht, so wird die Durchbiegung η angenommen), so teilt man diesen Stab in einzelne Teile mit konstanter Fläche und konstantem Trägheitsmoment.

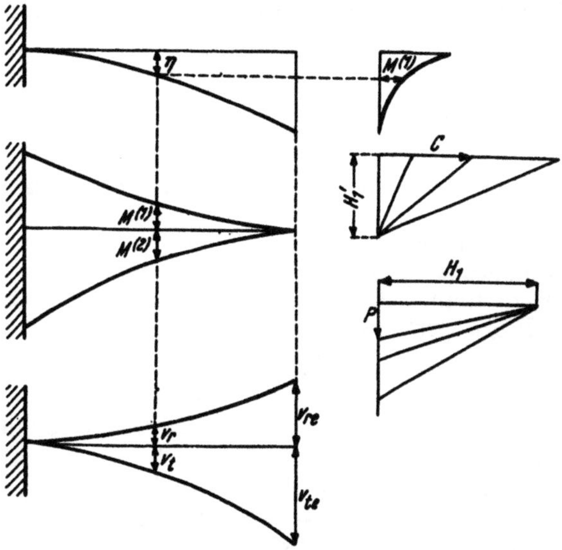

Abb. 81. Ermittlung der Eigenschwingungszahlen rotierender Stäbe nach Stodola

$M^{(1)}$ Biegemomente bedingt durch radiale Scheinkräfte. $M^{(2)}$ Biegemomente bedingt durch tangentiale Scheinkräfte. v_r Verschiebungen bedingt durch radiale Scheinkräfte. v_t Verschiebungen bedingt durch tangentiale Scheinkräfte

Auf das im Abstand r von der Drehachse befindliche Teilchen, $dm = \gamma/g\, f\, dx$, wirken Scheinkräfte (das sind die negativen Massenbeschleunigungen), und zwar eine in radialer und eine in tangentialer Richtung. Die radiale

$$dC = \frac{\gamma}{g} r\, f\, k^2\, dx$$

wird durch die Drehbewegung und die tangentiale

$$dP = \frac{\gamma}{g} \eta\, f\, \omega^2\, dx,$$

durch die Schwingungsbewegung hervorgerufen. Ermittelt man mit deren Hilfe unter Annahme einer Schwingungsfrequenz ω_0 die Schwingungsform, so muß man die Schwingungsform des Stabes wieder er-

[1] Stodola, A.: Die Gas- und Dampfturbinen, 6. Aufl., S. 946. Berlin: 1924.

halten. Zweckmäßig wird für jede der Scheinkräfte eine elastische Linie ermittelt. Die Überlagerung der beiden elastischen Linien gibt die tatsächliche Verformung an. Diese Konstruktion erfolgt nach dem Verfahren von Mohr. Für die elastische Linie gilt

$$\varrho = \frac{EJ}{M},$$

dabei ist M das an der Stelle x vorhandene Biegungsmoment. Wegen

$$\varrho\, d\varphi = dx$$

erhält man

$$d\varphi = \frac{M}{EJ}\, dx$$

die Änderung der Neigung der Tangente an die elastische Linie. Trägt man $M\,dx$ im entsprechenden Maßstab auf, so kann man die Winkeländerung sofort ermitteln. Dies geschieht durch Zeichnen eines Kräfteplanes (s. Abb. 81). Ist das Trägheitsmoment J veränderlich, so bezieht man sich auf ein bestimmtes J_0 und berechnet die reduzierten Biegungsmomente M_r

$$M_r = M \frac{J_0}{J}$$

und führt die weitere Rechnung mit konstantem Trägheitsmoment J_0 und reduziertem Biegungsmoment M_r durch. Ist an einer Stelle die Verschiebung und die Neigung der Tangente an die elastische Linie bekannt, so kann man sofort graphisch die entsprechenden Größen für den benachbarten Punkt bestimmen, denn die Änderung des Neigungswinkels ist nach der obigen Gleichung bekannt und die Änderung der Verschiebung erhält man durch

$$\Delta v = \Delta \varphi\, \Delta x,$$

dadurch ist die elastische Linie bestimmbar. Auf diese Weise ermittelt man die Verschiebung v_r, welche durch die radialen und v_t, welche durch die tangentialen Scheinkräfte bedingt sind. Die Verschiebungen sind verhältnisgleich den Kräften, durch welche sie entstehen. Daher ist die durch radiale Scheinkräfte hervorgerufene Verschiebung dem Quadrat der Winkelgeschwindigkeit k^2 und die durch tangentiale Scheinkräfte hervorgerufene Verformung dem Quadrat der Schwingungsfrequenz ω_0^2 verhältnisgleich. Für die auftretende Verschiebung, also am Stabende gilt

$$v_{re} = c_1 v_0 k^2, \qquad \text{bzw.} \qquad v_{te} = c_2 v_0 \omega_0^2.$$

Dabei sind v_0 die größte angenommene Verschiebung und c_1 und c_2 Konstante. Damit sind bei Benützung der Zeichnungsgrößen die Werte der Koeffizienten c_1 und c_2 berechenbar. Für diese erhält man

$$c_1 = \frac{v_{re}}{v_0 k^2}, \qquad c_2 = \frac{v_{te}}{v_0 \omega_0^2},$$

wobei v_{re} und v_0 der Zeichnung zu entnehmen sind.

Da v_0, das ist die Verschiebung am Stabende, der Summe der einzelnen Verschiebungen v_r und v_t gleichkommt, wobei die Verschiebungsrichtungen zu berücksichtigen sind, so ist

$$v_0 = v_r - v_t = c_2 v_0 \omega^2 - c_1 v_0 k^2.$$

Aus dieser Gleichung ist die Frequenz der Eigenschwingung

$$\omega^2 = \frac{1 + c_1 k^2}{c_2}$$

berechenbar.

Einen anderen Weg geht Schamschula[1]. Für den geraden Träger gilt für die spezifische Belastung

$$q = \frac{\partial^2 M}{\partial x^2},$$

wenn M das Biegungsmoment an der Stelle x ist. Untersucht man den schwingenden und rotierenden Stab, so ist

$$q = \omega^2 \frac{\gamma}{g} f(x) = \frac{\partial^2 M}{\partial x^2}. \qquad (235)$$

Um das Biegungsmoment M zu berechnen, berücksichtigt Schamschula das von den inneren Spannungen hervorgerufene Moment M_i und dasjenige, welches durch die zufolge der Rotation hervorgerufenen Scheinkräfte bedingt ist (M_a), also es werden nur Scheinkräfte in radialer Richtung und Kräftepaare berücksichtigt. Es ist

$$M = M_i + M_a. \qquad (235\text{ a})$$

Für M_i gilt

$$M_i = E\,J \frac{\partial^2 v}{\partial x^2} \qquad (236)$$

und für das Moment M_a (s. Abb. 75 b) an der Stelle x

$$M_a = \int_x^l \frac{\gamma}{g} k^2 f(r_0 + \xi)(v_\xi - v_x)\, d\xi + m_d k^2 (r_0 + l)(v_e - v_x). \qquad (235\text{ b})$$

m_d bedeutet eine Einzelmasse, welche an der Stabspitze angebracht ist und bei den Dampfturbinenschaufeln den Einfluß des sogenannten Deckbandes berücksichtigt. In dieser Gleichung bedeuten ξ, x die Stellen, für die man die Verschiebung zu nehmen hat. Nach Schamschula führt man die Konstruktion nun folgendermaßen durch: Man nimmt die Frequenz der Schwingung ω, die Durchbiegung und den Neigungswinkel am Stabende an. Teilt man nun den Stab in n Teile, so bekommt man durch diese Annahmen sofort die Verschiebung des $n - 1$-ten Teiles, denn zufolge Gl. (235) erhält man entweder rechnerisch oder graphisch das Biegungsmoment

[1] Schamschula, R.: Ein graphisches Verfahren zur Ermittlung der Eigenschwingungszahl von Dampfturbinenschaufeln, Dissertation T. H. Wien: 1938.

M und zufolge Gl. (236) ist dann die Neigungsänderung der elastischen Linie bekannt. Damit wurde v_{n-1} und $(\partial v/\partial x)_{n-1}$ bestimmt und mit diesen Werten hat man die Rechnung, bzw. Konstruktion zu wiederholen, damit ist aber von Punkt zu Punkt Biegungsmoment und Durchbiegung berechenbar. Zum Schlusse hat man nur zu kontrollieren, ob die vorgegebenen Randbedingungen erfüllt sind, also für $x = 0$

$$v(0) = 0, \qquad \left(\frac{\partial v}{\partial x}\right)_{x=0} = 0.$$

Um diese zu erfüllen, hat man die Frequenz ω und die Anfangsneigung so lange zu ändern, bis diese befriedigt werden.

Bei den bisherigen Untersuchungen wurde immer angenommen, daß der Stab an einem Ende fest eingespannt ist. Möglich ist es aber, daß diese Einspannung nicht so vorhanden ist, wie man sie vorausgesetzt hat, man sagt, die Einspannung ist locker. Nach Lohmann[1] kann man nun näherungsweise diese Randbedingung erfassen, indem man den Neigungswinkel des Stabes an der Einspannstelle verhältnisgleich der zweiten Ableitung setzt

$$\left(\frac{\partial v}{\partial x}\right)_{x=0} = c\,l\left(\frac{\partial^2 v}{\partial x^2}\right)_{x=0},$$

in dieser Gleichung bedeutet c eine dimensionslose Konstante. Den Wert dieser Konstanten kann man aus Versuchen bestimmen. Schamschula[2] spannte eine einzelne Dampfturbinenschaufel fest im Schraubstock ein und lockerte die Einspannung etwas, dabei ergab sich

$$c = 0{,}037,$$

eine weitere Lockerung der Einspannung ergab

$$c = 0{,}12.$$

Es wurde auch von ihm ein Paket von Dampfturbinenschaufeln untersucht und für diese erhielt er

$$c = 1{,}87.$$

Zufolge der Annahme über die Abhängigkeit der Neigung der elastischen Linie von dem Biegungsmomente an der Einspannstelle gilt für die Formänderungsarbeit A_2, welche durch die Verbiegung an der Einspannstelle bedingt ist

$$A_2 = \frac{1}{2} M_d \varphi_0 = \frac{1}{2}\left(EJ\frac{\partial^2 v}{\partial x^2}\right)_{x=0} \varphi_0,$$

wegen der Kleinheit der Winkeländerung φ

$$\varphi \doteq \operatorname{tg}\varphi = \frac{\partial v}{\partial x}$$

erhält man für A_2

[1] Lohmann, W., a. a. O., S. 7.
[2] Schamschula, R., a. a. O., S. 132 u. 168.

$$A_2 = \frac{1}{2} E \left(J \frac{\partial^2 v}{\partial x^2} \right)_{x=0} \left(\frac{\partial v}{\partial x} \right)_{x=0} = \frac{1}{2} c\, l\, E\, J \left(\frac{\partial^2 v}{\partial x^2} \right)^2_{x=0}. \qquad (237)$$

Die Größen $L, A, A_1^{(b)}$ und A_2 (s. S. 183) sind die Energien welche man bei der Berechnung eines einzigen Stabes zu berücksichtigen hat. Werden mehrere Stäbe zu einem Paket zusammengefaßt, so kann dies derart geschehen, daß an einem Ende ein Band, das sogenannte Deckband befestigt wird oder daß die einzelnen Stäbe durch Drähte, die sogenannten Bindedrähte, welche an die einzelnen Stäbe angelötet werden, zusammengefaßt sind, wodurch eine feste Verbindung der Stäbe entsteht. Zufolge dieser Verbindung, wie sie bei den Dampfturbinenschaufeln vorkommt, bedingt eine Verformung der Schaufel auch eine Deformierung des Deckbandes, bzw. der Bindedrähte. Will man den Einfluß dieser Verformung genau berücksichtigen, so würde dies langwierige Rechnungen erfordern[1]. Die freie Dampfturbinenschaufel schwingt nun in der Richtung einer Hauptträgheitsachse, ist nun α der Winkel zwischen Umfangs- und Schwingungsrichtung, so setzt man nach Stodola[2] näherungsweise für das Moment, welches von dem Deckband, bzw. Bindedraht an der Stelle $x = a$ auf die Schaufel ausgeübt wird

$$M_a = \frac{12\, J_D E_D}{l_D \cos^2 \alpha} \left(\frac{\partial v}{\partial x} \right)_{x=a} = -J(a)\, E \frac{\partial^2 v}{\partial x^2}.$$

Darin bedeutet J_D, E_D Trägheitsmoment, bzw. Elastizitätsmodul des Deckbandes, bzw. Bindedraht und l_D die Entfernung zweier Stäbe, bzw. Schaufeln. Bei der Verformung des Stabes bedingt dieses Moment eine Formänderungsarbeit

$$A_3 = -\frac{1}{2} J(a)\, E \left(\frac{\partial^2 v}{\partial x^2} \frac{\partial v}{\partial x} \right)_{x=a} = -\frac{1}{24} \frac{J^2(a)\, E^2}{J_D E_D} l_D \cos^2 \alpha \left(\frac{\partial^2 v}{\partial x^2} \right)^2_{x=a}. \quad (238)$$

Bei der Bewegung des Deckbandes im Beschleunigungsfeld muß auch gegen die Normalbeschleunigung Arbeit geleistet werden, bedeutet M_D die Masse des Deckbandes, bzw. Bindedrahtes je Schaufel, so bestimmt sich diese ähnlich wie $A_1^{(b)}$ zu

$$A_2^{(b)} = -\frac{M_D\, \omega^2 R_a}{2} \int_0^l \left(\frac{\partial v}{\partial x} \right)^2 dx + \frac{1}{2} M_D\, \omega^2 \cos^2 \alpha\, v^2(a). \qquad (239)$$

Die kinetische Energie der Schwingungsbewegung des Deckbandes ermittelt man zu

$$L_1 = M_D\, \omega^2 v^2(a).$$

Ist das Deckband, bzw. der Bindedraht mit jeder Schaufel starr verbunden, so kann jeder einzelne Stab nicht mehr frei schwingen. Diese Schwingungsart der Stäbe bezeichnet man als Paketschwin-

[1] Schwerin, E.: Über die Eigenfrequenzen der Schaufelgruppen von Dampfturbinen, Zeitschr. f. techn. Physik, Bd. 8, 1927, S. 313.
[2] Stodola, A., a. a. O., S. 949.

gungen. In diesem Fall schwingen im allgemeinen die Stäbe nicht mehr in einer Trägheitshauptachse. Um die Eigenfrequenzen für diese Anordnung zu finden, macht man mit Sörensen[1] die folgenden Annahmen:

1. die auftretenden Schwingungen sind reine Achsialschwingungen,
2. die Größtausschläge der einzelnen Stäbe sind sinus-, bzw. kosinusförmig über den Umfang verteilt,
3. die Schwingungsform der freischwingenden Schaufel, bzw. des Stabes ist nur wenig von derjenigen im Paket verschieden, sie kann also beibehalten werden,
4. die Schaufelkräfte, bzw. Energien sind stetig über das Segment verteilt.

Da die Verbindung des Stabes mit dem Deckband als starr angesehen werden kann, so verdrehen sich auch die Schaufeln bei Gültigkeit der soeben getroffenen Annahmen. Die dazu benötigte Verdrehungsarbeit berechnet sich folgendermaßen: Nach Annahme 2 gilt für den Größtausschlag

$$v = v_m \sin \frac{m\pi}{z t}\,\xi, \tag{240}$$

in dieser Gleichung bedeutet v_m den größten Ausschlag, m die Zahl der Knoten, z die Zahl der Stäbe des Schaufelpaketes, t deren Entfernung und ξ die Umfangskoordinate, beide gemessen am Fußkreis r_0. Zufolge der starren Verbindung zwischen Stab und Deckband ist der Winkel, den die elastische Linie des Deckbandes gegen die Umfangsrichtung einschließt, gleich dem Verdrehungswinkel φ des Stabes. Wegen der Kleinheit der auftretenden Winkeländerung ist

$$\varphi = \frac{\partial v}{\partial \xi} = v_m \frac{m\pi}{z t} \cos \frac{m\pi}{z t}\,\xi. \tag{240 a}$$

Ist die Querschnittsfläche veränderlich, so gilt für den Verdrehungswinkel

$$d\varphi = \frac{M_d}{G\,J_d}\,dl,$$

wobei J_d der Drillungswiderstand ist. Für diesen gilt für Stäbe mit kleiner Breite nach St. Venant[2]

$$J_d = \frac{f^4}{4\pi^2 J_p},$$

Auf diese Weise ersetzt man die gegebene Querschnittsform durch eine Ellipse. Ist der Trägheitsmomenten-, bzw. Drillungsverlauf gegeben durch

$$J = \frac{1}{1 + q\,x/l}\,J_0, \qquad \text{bzw.} \qquad J_d = \frac{1}{1 + q'\,x/l}\,J_{d_0},$$

so wird

---

[1] Sörensen, E.: Werft, Reederei und Hafen 1928.
[2] Timoshenko, S., I. M. Lessels, a. a. O., S. 32.

$$\varphi = \int \frac{M_d}{G J_d} dx = \frac{M_d l}{G J_{d_0}} \left(1 + \frac{q'}{2}\right), \quad \text{bzw.} \quad M_d = \frac{G J_{d_0}}{l(1 + q'/2)} \varphi.$$

Mit Hilfe dieser Gleichungen erhält man für die Verdrehungsarbeit eines Einzelstabes

$$A_4 = \frac{1}{2} M_d \varphi = \frac{G J_{d_0}}{l(2 + q')} \varphi^2. \tag{241}$$

Die Gleichungen (227), (228), (230), (238), (239) und (241) geben die kinetischen Energien und Formänderungsarbeiten eines Stabes an, da aber ein ganzes Paket solcher Stäbe mit der gleichen Frequenz schwingt, so hat man die entsprechenden Größen für ein Paket mit m Stäben zu berechnen. Bezeichnet man mit dem Zeiger P die Werte, welche man für das ganze Paket erhält und ohne diesem Zeiger die entsprechenden Werte der Einzelschaufel, so kann man mit Hilfe von Gl. (240) und Gl. (227) die kinetische Energie der Schwingungsbewegung des Schaufelpaketes L_P berechnen.

$$L_P = \frac{\gamma}{2g} \omega^2 \int_0^z \int_0^l f\, v_m^2 \sin^2 \frac{m\pi}{zt} \xi\, dx \frac{d\xi}{t} = \frac{z}{2} L.$$

Für die Arbeit der Massenbeschleunigungen der Stäbe erhält man analog mit Hilfe der Gl. (228)

$$A_{1P} = \frac{z}{2} A_1^{(b)}.$$

Mit Berücksichtigung der Gl. (230) erhält man für die Formänderungsarbeit

$$A_{1P} = \frac{z}{2} A_1.$$

Setzt man Gl. (240 a) in Gl. (241) ein und summiert über alle Stäbe, so erhält man die Verdrehungsarbeit des ganzen Paketes

$$A_{4P} = \frac{z}{2} A_{4\,max} = \frac{G J_d}{2 l (2 + q^2)} \frac{m^2 \pi^2}{z t^2}.$$

Die entsprechenden Energien, bzw. Arbeiten für die Bindedrähte, bzw. für das Deckband bestimmt man für einen Stab durch Gl. (238), (239), (240). Da das Deckband, bzw. Bindedraht konstanten Querschnitt besitzt und durch Gl. (240 a) die elastische Linie des an der Stelle $x = a$ angebrachten Bindedrahtes gegeben ist, so gilt für dessen Formänderungsarbeit

$$A_{3P} = \frac{1}{2} \int E J \left(\frac{\partial^2 v}{\partial \xi^2}\right)_{x=a} d\xi = \frac{1}{4} \frac{m^4 \pi^4}{z^3 t^3} v^2(a).$$

Bedeutet M_D die Gesamtmasse der Bindung, so erhält man angenähert für die Arbeit der Normalbeschleunigungen der Bindung

$$A_{2P}^{(b)} = -\frac{1}{2} \zeta(a) M_D k^2 r(a),$$

schließlich erhält man für die kinetische Energie der gesamten Bindung

$$L_{1P} = \frac{1}{4} M_D \, \omega^2 \, v^2(a).$$

Hervorgehoben soll noch werden, wie dies auch schon unter Annahme drei geschah, daß alle diese Arbeiten, bzw. kinetische Energien unter Verwendung der elastischen Linie, bzw. Schwingungsform und daher auch der Schwingungsausschläge der freien Schaufel zu berechnen sind. Aus diesem Grunde ergibt diese Rechnung zwar ein genügend genaues, jedoch nur angenähertes Ergebnis. Wendet man nun den Arbeitssatz an, so erhält man

$$L_P + A_{1P}^{(b)} + L_{1P} + A_{2P}^{(b)} = A_{1P} + A_{4P} + A_{3P}$$

und dadurch eine Gleichung zur Berechnung der Eigenfrequenzen ω.

Ist das Stabpaket in Ruhe, so kann man die Lösung der Differentialgleichung mit Berücksichtigung der Randbedingungen, welche zufolge der vorhandenen Bindungen gelten, auf rechnerischem Wege finden und die Erhöhung der Eigenfrequenz der gebundenen Schaufel (verglichen mit derjenigen der freien Schaufel, bzw. Stabes) feststellen. Ist

$$q = 12 \frac{l}{t} \frac{J_0 E_0}{J E} \sin^2 \alpha,$$

so hat Peter[1], welcher die Rechnungen für einen Stab mit konstantem Querschnitt durchgeführt hat, die Erhöhung in Abhängigkeit von q ermittelt. Peter führt die Rechnungen für einen Stab mit einem Bindedraht am Stabende durch, dann für einen mit zwei Bindedrähten, und zwar einen am Stabende und einen in der Mitte und schließlich für den dreifach gebundenen Stab, wenn die Bindedrähte in $l/3$, $2\,l/3$ und am Stabende angebracht sind. Das Ergebnis seiner Rechnungen ist in Abb. 82 zu ersehen, welches das Verhältnis der Eigenfrequenzen der gebundenen Schaufel und der der freien Schaufel in Abhängigkeit von q angibt. Versuche[2] ergaben, daß zwischen Rechnung und Versuch eine gute Übereinstimmung besteht.

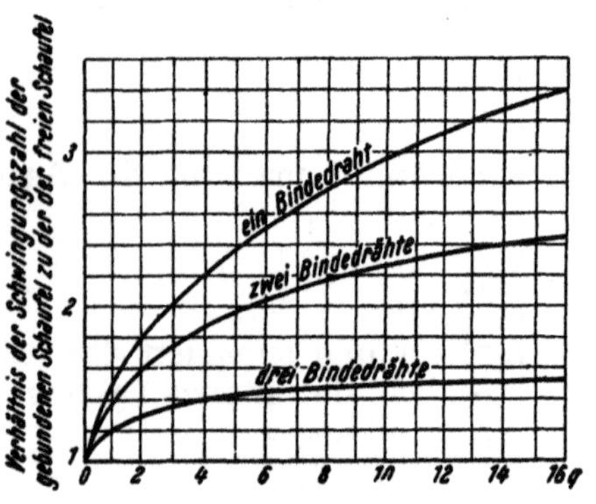

Abb. 82. Einfluß der Art der Schaufelbindung auf die Eigenschwingungszahl nach Peter

[1] Peter, E. Beitrag zur Berechnung der Schaufelschwingungen bei Dampfturbinen, B. B. C. Mitteilungen, Bd. 21, 1934, S. 79 u. 123.

[2] Rotter, H.: Untersuchungen über die Eigenschwingungszahlen von gebundenen Dampfturbinenschaufeln, Dissertation. Wien: 1938.

2. *Schwingungen rotierender Kreisscheiben*

a) Biegeschwingungen. Um die Schwingungsfrequenzen der mit der Winkelgeschwindigkeit k rotierenden Kreisscheibe zu erhalten, sei das Verfahren von Rayleigh angewendet. Vorausgesetzt sei immer, daß der äußere Rand der Scheibe durch einen Kreiszylinder gebildet wird und daß die Dicke der Scheibe im Verhältnis zum Durchmesser klein sei. Bezeichnet man wieder mit w die Verschiebungen eines Elementes der Scheibe in achsialer Richtung, so ist es offensichtlich, daß die Verwendung von Zylinderkoordinaten vorteilhaft ist. Zufolge der Drehbewegung sind zwei Potentialfelder vorhanden und man kann nach Southwell[1] die Eigenfrequenzen ω der rotierenden Scheibe durch

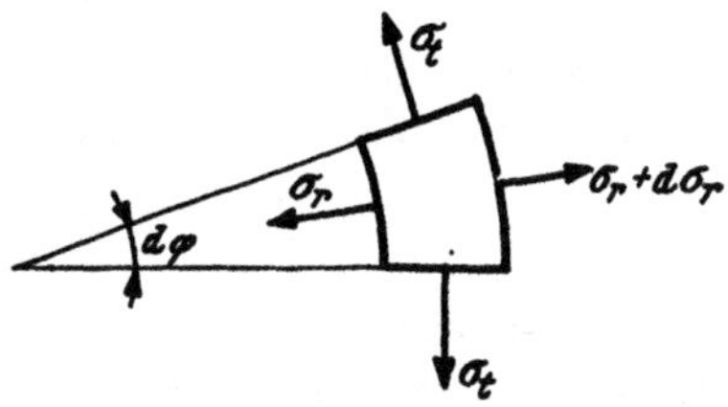

Abb. 83

$$\omega^2 = \omega_0{}^2 + \omega_1{}^2$$

auffinden. Darin bedeutet ω_0 die Eigenfrequenz der ruhenden Scheibe und ω_1 diejenige der rotierenden, jedoch vollkommen biegungsweichen Scheibe; ω_0 wurde vorher auf S. 172 ermittelt. Lamb und Southwell[1] bestimmten ω_1 für die ebene Scheibe von überall gleicher Dicke auf folgende Weise. Durch die Verformung w in achsialer Richtung ist die Neigung der Tangente an die elastische Fläche der Scheibe in radialer Richtung durch $\frac{\partial w}{\partial r}$ und in tangentialer Richtung durch $\frac{\partial w}{r\,\partial \varphi}$ gegeben und für die Neigungsänderung der Tangente gilt

$$\frac{\partial}{\partial r}\left(\frac{\partial w}{\partial r}\right) dr, \qquad \text{bzw.} \qquad \frac{\partial}{\partial \varphi}\left(\frac{\partial w}{r\,\partial \varphi}\right) d\varphi.$$

Schneidet man aus der Scheibe einen Keil (s. Abb. 83) heraus, so greift an der inneren Fläche die Kraft $\sigma_r\, 2\, h\, r\, d\varphi$ an. Die Komponente dieser Kraft in achsialer Richtung ist $\sigma_r\, 2\, h\, r\, d\varphi\, \partial w/\partial r$. Die an der äußeren Fläche angreifende Kraft hat die Komponente

$$\sigma_r\, 2\, h\, r\, d\varphi \frac{\partial w}{\partial r} + \frac{\partial}{\partial r}\left(\sigma_r\, 2\, h\, r\, d\varphi \frac{\partial w}{\partial r}\right) dr.$$

Die Kräfte an den Seitenflächen $\sigma_t\, 2\, h\, dr$ haben in achsialer Richtung die Komponenten

$$\sigma_t\, 2\, h\, dr \frac{\partial w}{r\,\partial \varphi}, \qquad \text{bzw.} \qquad \sigma_t\, 2\, h\, dr \frac{\partial w}{r\,\partial \varphi} + \sigma_t\, 2\, h\, dr \frac{\partial}{\partial \varphi}\left(\frac{\partial w}{r\,\partial \varphi}\right) d\varphi.$$

[1] Lamb, H.—R. V. Southwell: The Vibration of a Spinning Disk, Proc. of the Royal Soc. London, Bd. 99, Ser. A, 1921, S. 272.

Daher erhält man durch Anwendung der Grundgleichung der Mechanik

$$r\,d\varphi\,dr\,2\,h\frac{\gamma}{g}\frac{\partial^2 w}{\partial t^2} = -\sigma_r\,r\,d\varphi\,2\,h\frac{\partial w}{\partial r} + \sigma_r\,r\,d\varphi\,2\,h\frac{\partial w}{\partial r} +$$

$$+\frac{\partial}{\partial r}\left(\sigma_r\,r\,d\varphi\,2\,h\frac{\partial w}{\partial r}\right)dr - \sigma_t\,dr\,2\,h\frac{\partial w}{r\,\partial\varphi} + \sigma_t\,dr\,2\,h\frac{\partial w}{r\,\partial\varphi} +$$

$$+\sigma_t\,dr\,2\,h\frac{\partial}{\partial\varphi}\left(\frac{\partial w}{r\,\partial\varphi}\right)d\varphi.$$

Da $2\,h$ die konstante Dicke der untersuchten Scheibe ist, so erhält man als Bewegungsgleichung

$$\frac{\gamma}{g}\frac{\partial^2 w}{\partial t^2} = \frac{1}{r}\frac{\partial}{\partial r}\left(r\,\sigma_r\frac{\partial w}{\partial r}\right) + \frac{\sigma_t}{r^2}\frac{\partial^2 w}{\partial\varphi^2}. \tag{242}$$

In Gl. (242) sind σ_r und σ_t noch unbekannt, da jedoch die auftretenden Schwingungsausschläge nur von kleiner Größe sind, so werden die radialen und tangentialen Spannungen der drehenden biegungsweichen Scheibe nur wenig von denjenigen der schwingungsfreien Scheibe verschieden sein. Bedeutet r_a den Radius der äußeren und r_i den der inneren Begrenzung, dann erhält man die Spannungen im Abstand r von der Achse durch[1]

$$\sigma_r = \frac{3\,m+1}{8\,m}(r_a^2 - r^2)\frac{\gamma}{g}k^2,\ \sigma_t = \frac{1}{8\,m}\frac{\gamma}{g}k^2\left[(3\,m+1)\,r_a^2 - (m+3)\,r^2\right]. \tag{243}$$

Setzt man Gl. (243) in Gl. (242) ein, so erhält man als Differentialgleichung für die Scheibe gleicher Dicke

$$\frac{\partial^2 w}{\partial t^2} = \frac{3\,m+1}{8\,m\,r}k^2\frac{\partial}{\partial r}\left[(r_a^2 - r^2)\frac{\partial w}{\partial r}\right] + \frac{k^2}{8\,m\,r^2}\left[(3\,m+1)\,r_a^2 - \right.$$

$$\left. -(m+3)\,r^2\right]\frac{\partial^2 w}{\partial\varphi^2}, \tag{242 a}$$

welche vom Werkstoff der Scheibe völlig unabhängig ist. Untersucht man nur die stehenden Schwingungen, so kann die Lösung von Gl. (242 a) durch die Reihe

$$w = \sum\sum C_s\left(\frac{r}{r_a}\right)^s \cos n\varphi \cos\omega_1 t \qquad s,\ n = 1, 2\ldots$$

gefunden werden. In dieser Gleichung muß n eine ganze Zahl sein, und zwar bedeutet es die Zahl der vorhandenen Knotendurchmesser, hat n den Wert Null, so spricht man von Schirmschwingungen, ist es von Null verschieden, so bezeichnet man diese Schwingungen der Scheibe als Fächerschwingungen. Durch Einsetzen dieses Ansatzes in Gl. (242 a) und durch Koeffizientenvergleich erhält man für die Verschiebung

[1] Föppl, A. — L. Föppl: Drang und Zwang, Bd. 1, S. 320. München u. Berlin: 1920.

$$w = \sum \sum C_s \left(\frac{r}{r_a}\right)^s \left[1 - \frac{s(n+s+1)}{1(n+1)} \frac{r^2}{r_a^2} + \right.$$
$$\left. + \frac{(s-1)(n+s+1)(n+s+2)}{1 \cdot 2(n+1)(n+2)} \frac{r^4}{r_a^4} \ldots \right] \cos n\varphi \cos \omega_1 t. \quad s,\, n = 1, 2, \ldots .$$

Sind die Werte s und n gegeben, so weist die Schwingungsform der Scheibe n Knotendurchmesser und s Knotenkreise auf. Für die Schwingungsfrequenz erhält man

$$\frac{\omega_1^2}{k^2} = (n + 2s)(n + 2s + 2)\frac{3m + 1}{8m} - n^2 \frac{m + 3}{8n},$$

ein Ergebnis, welches vom Werkstoff und von der Dicke der Platte unabhängig ist. Die folgende Zahlentafel[1] gibt ω_1^2/k^2 in Abhängigkeit von der Zahl der Knotenkreise und derjenigen der Knotendurchmesser bei einem $m = 10/3$ an.

Zahl der Knotenkreise		Zahl der Knotendurchmesser			
n	$s =$	0	1	2	3
0		0	1	2,35	4,05
1		3,3	5,95	8,95	12,3
2		9,9	14,2	18,85	23,85
3		19,8	25,75	32,05	38,7

Soll der Einfluß der Drehung nicht nach dem Prinzip von Southwell berücksichtigt werden, so hat man der linken Seite der Gl. (242 a) noch das Glied $-\dfrac{E\, m^2 h^2}{3\,(m^2-1)} \Delta \Delta w$ hinzuzufügen, welches von der Berücksichtigung der Biegungssteifigkeit herrührt. Die Auffindung der Lösung dieser Differentialgleichung, welche die vorgegebenen Randbedingungen erfüllt, ist sehr schwierig.

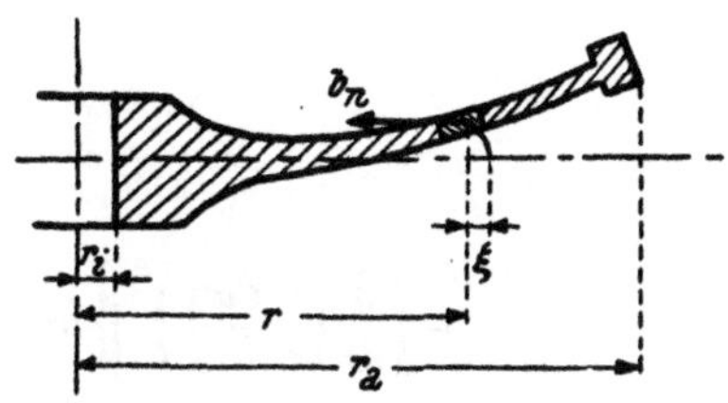

Abb. 84. Schwingende Scheibe

Will man mit Hilfe des Energiesatzes die Eigenfrequenz der rotierenden Scheibe erhalten, so muß man außer der Arbeit der elastischen Kräfte [s. Gl. (220)] und der Bewegungsenergie der schwingenden Scheibe [Gl. (221)] noch die Arbeit der Massenbeschleunigungen, bzw. der Scheinkräfte, welche von der Drehung herrühren, bestimmen. Hat man die Schwingungsform der Scheibe nach Abb. 84 gegeben und ist ζ die Verschiebung in radialer Richtung, so ist die Arbeit der Massenbeschleunigung

[1] Southwell, R. V.: On the Free-Transverse Vibrations of a Uniform Circular Disc Clamped at its Centre, and on the Effects of Rotation, Proceeding of the Royal Society of London, Series A, Bd. 101, 1921, S. 133.

$$A_2^{(b)} = \int dm\, b_n\, \zeta = \int\limits_{r_i}^{r_a}\int\limits_0^{2\pi} \frac{\gamma}{g}\, 2\, h\, r\, d\varphi\, dr\, r\, k^2\, \zeta. \tag{244}$$

Nach Gl. (229) bestimmt man die radiale Verschiebung

$$\zeta = \frac{1}{2}\int\limits_0^h \left(\frac{\partial w}{\partial r}\right)^2 dr. \tag{229}$$

Um nach dem Rayleighschen Prinzip die Eigenfrequenzen zu berechnen, macht man mit Stodola[1] und Oehler[2] für die Verschiebung den Ansatz

$$w = C\,(r^\lambda - r_i^\lambda) \cos n\,\varphi \cos \omega\, t \tag{245}$$

oder mit Lamb-Southwell

$$w = C\left(1 + \lambda \frac{r^2}{r_a^2}\right)\left(\frac{r}{r_a}\right)^n \cos n\,\varphi \cos \omega\, t. \tag{245 a}$$

In dieser Gleichung bedeuten r_i und r_a den inneren und den äußeren Halbmesser der Scheibe, n die Zahl der Knotendurchmesser und λ einen Parameter, der so zu bestimmen ist, daß ω einen Extremwert annimmt. Nach dem Arbeitssatz gilt

$$A_2^{(b)} + L = A_1$$

Ist am Rande die Masse M gleichmäßig verteilt, so erhält man aus Gl. (220), Gl. (221) und Gl. (244) für die Eigenfrequenz der rotierenden Scheibe

$$\omega^2 = \frac{\dfrac{E\, m^2\, h^3}{3\,(m^2-1)} \displaystyle\int\limits_0^{2\pi}\int\limits_{r_i}^{r_a} \left\{(\Delta w)^2 - \frac{2\,m-1}{m}\left[\frac{\partial^2 w}{\partial r^2}\left(\frac{1}{r}\frac{\partial w}{\partial r} + \frac{1}{r^2}\frac{\partial^2 w}{\partial \varphi^2}\right) + \left(\frac{\partial}{\partial r}\left(\frac{1}{r}\frac{\partial w}{\partial r}\right)\right)^2\right]\right\} h^3\, r\, dr\, d\varphi + \dfrac{\gamma}{g}\, 2\, k^2 \displaystyle\int\limits_{r_i}^{r_a}\int\limits_0^{2\pi} r^2\, h\, \zeta\, dr}{\dfrac{\gamma}{g}\displaystyle\int\limits_0^{2\pi}\int\limits_{r_i}^{r_a} h\, w^2\, r\, dr\, d\varphi + \dfrac{M}{2}\int\limits_0^{2\pi} w^2\, d\varphi}. \tag{246}$$

---

[1] Stodola, A.: Über die Schwingungen von Dampfturbinenlaufrädern, Schweiz. Bauzeitung 1914, Bd. 63, S. 251 u. S. 271. — Stodola, A.: Les Vibrations transversales des roues a aubes des turbines a vapeur, Revue de Mécanique, Bd. 34, 1914, S. 244.

[2] Oehler, E.: Über Biegeschwingungen von Dampfturbinenlaufrädern, Z. d. VDI., Bd. 69, 1925, S. 335.

Gl. (246) wurde unter der Voraussetzung aufgefunden, daß die Masse M über den Umfang der Scheibe gleichförmig verteilt ist. Diese Annahme trifft bei den Scheiben der Dampfturbinenlaufräder zu, wenn man die Schaufelmasse mitberücksichtigt. Eine Näherungslösung für die Eigenfrequenz erhält man, wenn man Gl. (245), bzw. Gl. (245 a) in Gl. (246) einsetzt. Auf diese Weise erhält man ω als Funktion von dem Parameter λ und dieser ist nun so zu bestimmen, daß die Größe ω zu einem Minimum wird. Die Rechenarbeit kann verringert werden, wenn man das Southwellsche Prinzip verwendet, danach ist

$$\omega^2 = \omega_0^2 + \omega_1^2,$$

wie schon hervorgehoben, bedeutet ω_0 die Frequenz der Biegungsschwingung der ruhenden Scheibe und ω_1 diejenige der biegungsweichen im Beschleunigungsfeld.

Timoshenko[1] verwendet das Ritzsche Verfahren und setzt für die Verschiebung

$$w = [a_1 (r - r_i)^2 + a_2 (r - r_i)^3 + a_3 (r - r_i)^4 \ldots] \sin \omega t.$$

Die Koeffizienten a_1, a_2, a_3 sind nun so zu bestimmen, daß die Größe $L + U$ zu einem Minimum wird (s. S. 131), aus dieser Bedingung erhält man die Bestimmungsgleichungen für die Eigenfrequenzen.

Bei diesen Rechnungen wurde vorausgesetzt, daß die Scheibe überall die gleiche Temperatur besitzt, daß also keine Wärmespannungen in der Scheibe vorhanden sind. Bestimmt man die Formänderungsarbeit der Wärmespannungen[2], so findet man, daß diese verhältnisgleich der Temperaturdifferenz T zwischen Kranz und Nabe ist, daher gilt für die Eigenfrequenz ω_T der ungleich erwärmten und rotierenden Scheibe

$$\omega_T^2 = A + B k^2 - C T. \tag{247}$$

Die Werte der Koeffizienten A, B und C bestimmt man aus den vorgegebenen Abmessungen der Scheibe und der Temperaturverteilung. Bei einer ganz bestimmten Temperaturdifferenz T_k, der kritischen, hat die Eigenfrequenz den Wert Null. T_k bestimmt sich aus

$$0 = A + B k^2 - C T_k. \tag{247 a}$$

Bezeichnet man mit ω die Eigenfrequenz der gleichmäßig erwärmten Scheibe, so wird

$$\omega_T^2 = \omega^2 \left(1 - \frac{T}{T_k}\right),$$

das heißt eine ungleichmäßige Temperaturverteilung bedingt eine Verkleinerung der Eigenfrequenz.

---

[1] Timoshenko, S., a. a. O., S. 251.

[2] Stodola, A.: Dampf- und Gasturbinen, 6. Aufl., S. 326, Nachtrag S. 13. Berlin: 1924.

b) Torsions- und Dehnungsschwingungen.[1] Gegeben ist die Scheibe nach Abb. 85, dann schneidet man, um die Bewegungsgleichung aufzufinden, aus dieser ein Element heraus (s. Abb. 86). Vorausgesetzt sei, daß bei der durch die Schwingung bedingten Defor-

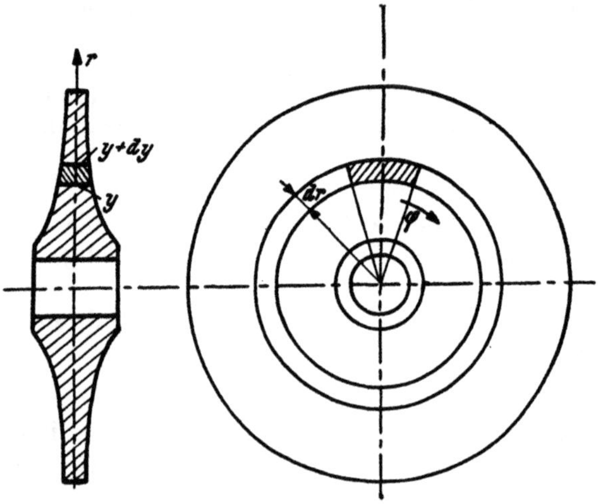

Abb. 85

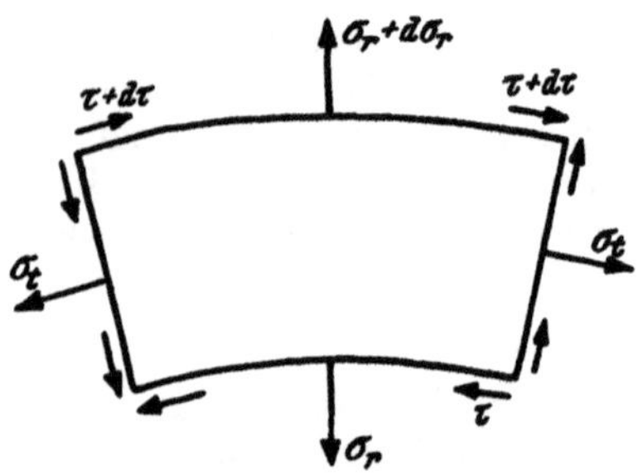

Abb. 86. Spannungen am Scheibenelement

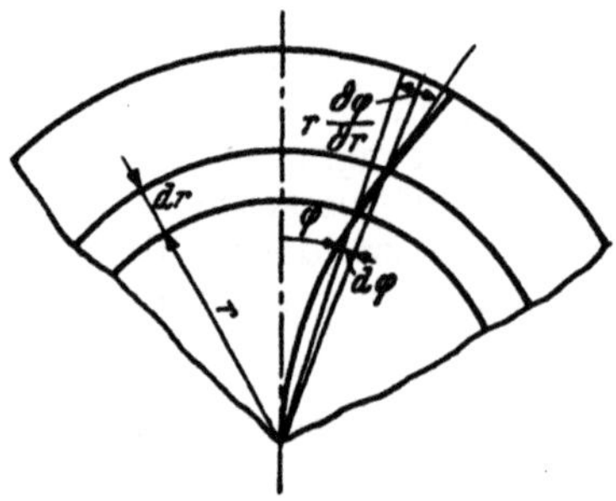

Abb. 87. Tordierte Scheibe

mation jeder Punkt der Scheibe eine ebene Bewegung vollführt, dann werden die ursprünglich geraden Halbmesser der Scheibe krumme ebene Linien (s. Abb. 87). Außer den tangentialen Verschiebungen können noch radiale Verschiebungen u auftreten, rotiert die Scheibe mit der mittleren Winkelgeschwindigkeit k, so entstehen Coriolisbeschleunigungen von der Größe

$$b_c = 2\,\omega_f\,v_{rel} = 2\left(k + \frac{\partial\varphi}{\partial t}\right)\frac{\partial u}{\partial t}.$$

[1] Grammel, R.: Drillungs- und Dehnungsschwingungen von achsensymmetrischen Scheiben beliebigen Profils, Ing.-Archiv, Bd. 6, 1935, S. 256.

k ist die Winkelgeschwindigkeit der Grundbewegung und $(k + \partial\varphi/\partial t)$ ist die Winkelgeschwindigkeit der Führungsbewegung. Die Größe der Relativgeschwindigkeit ist $\partial u/dt$.

Die Normalbeschleunigungen der Führungsbewegung haben dann die Größe

$$b_n = \varrho\,\omega^2 = (r + u)\left(k + \frac{\partial\varphi}{\partial t}\right)^2.$$

Es bedeutet r einen Radius der spannungsfreien Scheibe, der sich bei der Deformation in $r + u$ ändert. Das resultierende Moment der Schubspannungen, welche am Element von der Masse

$$\frac{\gamma}{g}\,2\,h\,(r + u)\,d\varphi\,dr$$

angreifen, ist

$$\frac{\partial}{\partial r}\,[2\,h\,(r + u)^2\,\tau]\,dr\,d\varphi,$$

vgl. S. 179. Daher erhält man mit Hilfe des Momentensatzes

$$\frac{\gamma}{g}\,2\,h\,(r + u)^3\,dr\,d\varphi\,\frac{\partial^2\varphi}{\partial t^2} + \frac{\gamma}{g}\,2\,h\,(r + u)^2\,2\,dr\,d\varphi\,\frac{\partial u}{\partial t}\left(k + \frac{\partial\varphi}{\partial t}\right) =$$

$$= \frac{\partial}{\partial r}\,[2\,h\,(r + u)^2\,\tau]\,dr\,d\varphi \tag{248 a}$$

An der inneren Fläche greift die Kraft $\sigma_r\,2\,h\,(r + u)\,d\varphi$, an der äußeren $\sigma_r\,2\,h\,(r + u)\,d\varphi + \partial/\partial r\,[\sigma_r\,2\,h\,(r + u)\,d\varphi]\,dr$ an. Die Resultierende der Spannungen der Seitenfläche ist $-2\,h\,\sigma_t\,dr\,d\varphi$. Daher erhält man bei Anwendung des Schwerpunktssatzes

$$\frac{\gamma}{g}\,2\,h\,(r + u)\,dr\,d\varphi\,\frac{\partial^2 u}{\partial t^2} - \frac{\gamma}{g}\,2\,h\,(r + u)^2\left(k + \frac{\partial\varphi}{\partial t}\right)^2 dr\,d\varphi =$$

$$= \frac{\partial}{\partial r}\,[2\,h\,(r + u)\,\sigma_r]\,dr\,d\varphi - 2\,h\,\sigma_t\,dr\,d\varphi. \tag{248 b}$$

Die Spannungen kann man aus den spezifischen Längenänderungen berechnen, es ist

$$\sigma_r = \frac{E\,m}{m^2 - 1}\left(\frac{u}{r} + m\,\frac{\partial u}{\partial r}\right), \quad \sigma_t = \frac{E\,m}{m^2 - 1}\left(m\,\frac{u}{r} + \frac{\partial u}{\partial r}\right), \quad \tau = G\,r\,\frac{\partial\varphi}{\partial r}.$$

Setzt man diese Gleichungen in Gl. (248) ein und berücksichtigt man, daß nur kleine Schwingungen auftreten, so erhält man bei Vernachlässigung von Gliedern kleinerer Größenordnung die Differentialgleichungen

$$h\,r^3\,\frac{\partial^2\varphi}{\partial t^2} - \frac{g\,G}{\gamma}\,\frac{\partial}{\partial r}\left(h\,r^3\,\frac{\partial\varphi}{\partial r}\right) + 2\,h\,r^2\,k\,\frac{\partial u}{\partial t} = 0, \tag{249 a}$$

$$h\,r\frac{\partial^2 u}{\partial t^2}-r^2 h\,k^2-2\,h\,r\,k^2 u-2\,r^2 h\,k\frac{\partial\varphi}{\partial t}-$$

$$-\frac{g\,E\,m}{\gamma\,(m^2-1)}\left[\frac{\partial}{\partial r}\left(h\,u+m\,h\,r\frac{\partial u}{\partial r}\right)-h\left(m\frac{u}{r}\frac{\partial u}{\partial r}\right)\right]=0. \qquad (249\text{ b})$$

Aus Gl. (249 a) und Gl. (249 b) ist zu ersehen, daß eine Kopplung zwischen der Dehnungs- und der Torsionsschwingung vorhanden ist. Nach den Untersuchungen von Grammel[1] ist jedoch bei den heute verwendeten Drehzahlen der zahlenmäßige Einfluß der Drehbewegung auf die Eigenfrequenzen nur sehr gering.

G. Schwingungen in Flüssigkeiten und Gasen

Vorausgesetzt sei eine Flüssigkeit von der spezifischen Masse μ, mit dem Koeffizienten $\varkappa$ der inneren Reibung, an welcher die Massenkräfte X, Y, Z angreifen. Bedeuten p den Flüssigkeitsdruck und v_x, v_y, v_z die orthogonalen Komponenten der Geschwindigkeit, so gelten für diese die Stokes-Navierschen Gleichungen

$$\mu\,b_x=\mu\,X+\frac{\varkappa}{3}\frac{\partial}{\partial x}\left(\frac{\partial v_x}{\partial x}+\frac{\partial v_y}{\partial y}+\frac{\partial v_z}{\partial z}\right)+\varkappa\,\Delta\,v_x,$$

$$\mu\,b_y=\mu\,Y+\frac{\varkappa}{3}\frac{\partial}{\partial y}\left(\frac{\partial v_x}{\partial x}+\frac{\partial v_y}{\partial y}+\frac{\partial v_z}{\partial z}\right)+\varkappa\,\Delta\,v_y,$$

$$\mu\,b_z=\mu\,Z+\frac{\varkappa}{3}\frac{\partial}{\partial z}\left(\frac{\partial v_x}{\partial x}+\frac{\partial v_y}{\partial y}+\frac{\partial v_z}{\partial z}\right)+\varkappa\,\Delta\,v_z.$$

In diesen Gleichungen bedeuten

$$b_x=\frac{\partial v_x}{\partial t}+v_x\frac{\partial v_x}{\partial x}+v_y\frac{\partial v_y}{\partial y}+v_z\frac{\partial v_z}{\partial z},$$

analoge Gleichungen gelten für die Größen b_y und b_z. Zu den Stokes-Navierschen Gleichungen tritt noch die Kontinuitätsgleichung hinzu, welche besagt, daß die Flüssigkeitsmasse sich nicht ändert.

$$\frac{\partial\mu}{\partial t}+\frac{\partial\mu\,v_x}{\partial x}+\frac{\partial\mu\,v_y}{\partial y}+\frac{\partial\mu\,v_z}{\partial z}=0.$$

Ist die Flüssigkeit zusammendrückbar, so gilt noch die sogenannte Zustandsgleichung, welche eine Beziehung zwischen Flüssigkeitsdruck, spezifischer Masse und der Temperatur angibt. Ist die Flüssigkeit unzusammendrückbar, so ist die spezifische Masse konstant und es tritt eine Vereinfachung der Aufgabe ein. Wenn man beachtet, daß selbst bei den Behandlungen von stationären Strömungen von Flüssigkeiten mathematische Schwierigkeiten auftreten, welche

---

[1] Grammel, R., a. a. O.

— von Ausnahmsfällen abgesehen — schwer zu überwinden sind, so ist einzusehen, daß jede Strömungsart eine eigene Untersuchung[1] bedingt und daß nur Näherungslösungen möglich sind und Experimente[2] zur Klärung der einzelnen Fragen wichtig sind.

V. Schwingungen mechanischer Systeme

Die Grundlagen zur Untersuchung der Schwingungsvorgänge wurden in den vorhergehenden Kapiteln gebracht. In jedem Spezialfalle hat man die vorhergehenden Ergebnisse sinngemäß zu verwenden und mit dem gezeigten Verfahren ist es möglich, die zu erwartenden Kreisfrequenzen schwingungsfähiger Systeme vorauszuberechnen, Versuchsergebnisse zu analysieren und die Theorie der mechanischen Meßinstrumente zu geben. Nötig ist nur eine eingehende Analyse der mechanischen Vorgänge, welche man jedesmal von neuem vorzunehmen hat. Eine Beschreibung aller schwingungsfähigen Systeme ist begreiflicherweise nicht möglich — wäre eine reine Beispielsammlung —, daher sollen im folgenden nur einige Sonderfälle behandelt werden sowie einige Verfahren, welche zur Vereinfachung der einzelnen Rechnungen entwickelt wurden und rasch die Werte der Eigenfrequenzen ergeben.

Wenn sich auch die Schwingungen in Konstruktionsteilen vielfach störend bemerkbar machen, so darf doch nicht vergessen werden, daß viele Arbeitsmaschinen[3] (Schwingsiebe[4], Antrieb des Läutwerkes von Glocken[5]), Prüfmaschinen (Auswuchtmaschinen[6], Materialprüfmaschinen) und Meßinstrumente[7] mit Erfolg schwingende Konstruktionsteile verwenden.

---

[1] Lutz, O.: Grundsätzliche Betrachtungen über den Spülvorgang bei Zweitaktmaschinen, Forschung auf dem Gebiete des Ing.-Wesens, Bd. 5, 1934, S. 275. — Müller, W.: Schwingungen mit linearer und quadratischer Dämpfung und das Wasserschloßproblem, Ing.-Archiv, Bd. 6, 1935, S. 270. — Aschenbrenner, J.: Nichtstationäre Gasströmung in Leitungen veränderlichen Querschnittes, Forschung, Bd. 8, 1937, S. 118.

[2] Pischinger, A.: Bewegungsvorgänge in Gassäulen, insbesondere beim Auspuff und Spülvorgang von Zweitaktmaschinen, Forschung, Bd. 6, 1935, S. 245. — Schmidt, R.: Schwingungen großer Amplituden von Gassäulen, Z. d. VDI., Bd. 79, 1935, S. 671. — Lettau, E.: Messungen an Gasschwingungen großer Amplituden in Rohrleitungen, Deutsche Kraftfahrforschung, H. 6. — Pfriem, H.: Die ebene ungedämpfte Druckwelle großer Schwingungsweite, Forschung Bd. 12, 1941, S. 51. — Schmidt, T.: Schwingungen in Auspuffleitungen von Verbrennungsmotoren, Forschung Bd. 5, 1934, S. 226. — Lutz, O.: Über Resonanzschwingungen in den Ansaug- und Auspuffleitungen von Reihenmotoren, Luftfahrtforschung, Bd. 16, 1939, S. 139.

[3] Schieferstein, H.: Über mechanische und elektromechanische Schwingungen, Maschinenbau-Gestaltung, Bd. 2, 1922/23, S. 47.

[4] Schieferstein, H.: Wirtschaftlichkeit der in Resonanz betriebenen Kraft- und Arbeitsmaschinen, Zeitschr. d. VDI., Bd. 77, 1933, S. 69.

[5] Lehr, E., a. a. O., Bd. 2, S. 195.

[6] Heidebrock, E.: Das Auswuchten umlaufender Maschinenteile, Z. d. VDI, Bd. 60, 1916, S. 11.

[7] Steuding, H.: Messung mech. Schwingungen. Berlin: 1928.

A. Schwingender Zug-Druck-Pulser[1]

Als Beispiel für eine Prüfmaschine sei die Wirkungsweise des Zug-Druck-Pulsers der Firma Schenk erläutert. Das Schema dieser Maschine zeigt Abb. 88. Der Probestab 1 wird durch die Schrauben 2 vorgespannt, außerdem sind noch die Federn 3 und 4 vorhanden. Am Ende der Stabfedern 4 ist die Erregung 5 angebracht. Diese besteht aus einem Motor, welcher eine Scheibe mit ausmittig angebrachter Masse antreibt, dadurch werden harmonische Kräfte, deren Frequenz durch die Umdrehungszahl des Motors bestimmt ist, auf die Stabfeder 4 ausgeübt. Beim Zusammenfallen der Erregerfrequenz mit der Feder treten sehr große Ausschläge auf und dementsprechend werden große Beanspruchungen hervorgerufen, wodurch große Kräfte auf den Probestab ausgeübt werden. Durch Veränderung der Exzentrizität der Masse ist die Größe der erregenden Kraft einstellbar. Die Größe der Prüffrequenz ist im wesentlichen durch die Abmessungen der Stabfeder bestimmt. Wie diese zu berechnen ist, wurde im Abschn. 4 gezeigt.

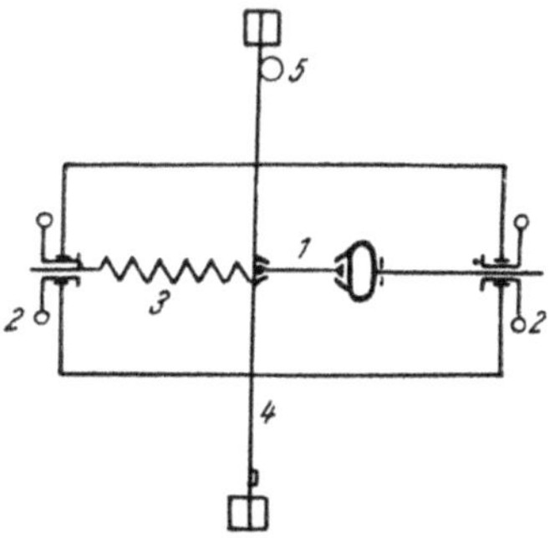

Abb. 88. Zug-Druck-Pulser nach Schenk. 1 Probestab, 2 Spannschrauben, 3 und 4 Federn, 5 Erregung

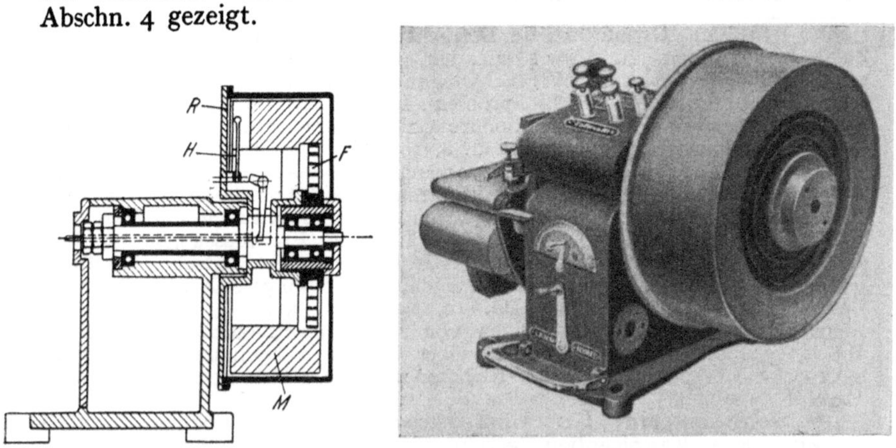

Abb. 89. Torsiograph von Geiger. *M* Schwungscheibe, *F* Spiralfeder, *R* Riemenscheibe, *H* Winkelhebel

[1] Erlinger, E.: Eine Prüfmaschine zur Erzeugung wechselnder Zug-Druck-Kräfte, Archiv f. Eisenhüttenwesen, Bd. 10, 1936/37, S. 317

B. Torsiograph von Geiger[1]

Als Beispiel für die Wirkungsweise eines Meßinstrumentes, welches ändernde Bewegungsverhältnisse aufzeichnen soll, sei der Torsiograph von Geiger angeführt. Dieser Apparat (s. Abb. 89) besteht aus einer leichten Riemenscheibe R, welche durch ein festes Band mit der zu prüfenden Maschine gekuppelt ist. Da das Trägheitsmoment der Scheibe klein ist und das Band so bemessen ist, daß die Eigenschwingungszahl der Maschine und der Scheibe groß wird, so fällt die Betriebsdrehzahl weit unterhalb der Resonanzdrehzahl und demzufolge sind nach Abb. 17 die Schwingungsausschläge der Riemenscheibe klein, das heißt die Scheibe vollführt die gleiche Bewegung wie die zu prüfende Maschine. Diese Scheibe ist durch eine sehr weiche Spiralfeder F mit einer Schwungscheibe M von großem Trägheitsmoment gekuppelt. Da die Federkonstante klein und die Trägheitsmomente groß sind, so ist nach Gl. 19 eine niedere Eigenfrequenz vorhanden und bei großer Erregungsfrequenz treten nach Abb. 17 kleine erzwungene Schwingungsausschläge auf. Mißt man die Relativbewegung zwischen Scheibe und Schwungrad — wie es beim Geigerschen Torsiograph durch zwei Winkelhebel H geschieht, welche ein Schreibzeug betätigen —, so gibt diese sofort die Bewegungsverhältnisse der zu untersuchenden Maschine an. Zeit- und Umdrehungsmarkierung auf den aufzunehmenden Diagrammen sind vorgesehen, der Maßstab für die Winkeländerung ist bekannt, so daß es möglich ist, die Diagramme auszuwerten. Als Beispiel eines mit dem Geigerschen Torsiograph aufgenommenen Diagrammes s. Abb. 90.

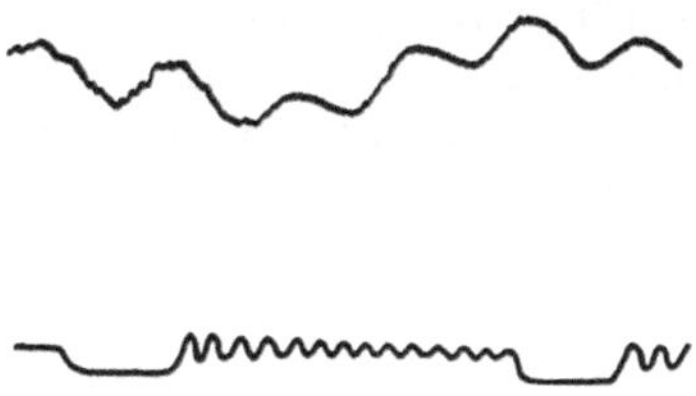

Abb. 90. Torsiogramm aufgenommen mit dem Geigerschen Torsiographen. Die untere Kurve ist die Zeitmarkierung

C. Schwingungen von Riementrieben[2]

Als Beispiel für die Schwingungen eines Zweimassensystems seien die Schwingungen eines Seil-, bzw. Riementriebes untersucht. Abb. 91 stellt das Schema dieser Anordnung dar. Gegeben sind J_1 das Massenträgheitsmoment, φ_1 der Drehwinkel, r_1 der Halbmesser, P_1 die Kraft an der treibenden und J_2, φ_2, r_2, P_2 die entsprechenden Werte der angetriebenen Scheibe. Hat der Riemen von der Gesamtlänge l, den Querschnitt f, sowie den Elastizitätsmodul E und berücksichtigt man bei Vernachlässigung der Vorspannung,

[1] Geiger, J.: Mechanische Schwingungen, S. 213. Berlin: 1927.
[2] Röhrich, C.: Über den Einfluß der elastischen Kupplung auf den Ungleichförmigkeitsgrad, Zeitschr. f. Mathem. u. Physik, Bd. 60, 1907, S. 225.

daß beim laufenden Riementrieb durch die Riemenkraft P nur eine Hälfte gespannt wird, so besteht zwischen Längenänderung und Riemenkraft die Beziehung

$$P = f E \frac{2 \Delta l}{l}.$$

Eine Längenänderung im Riemen ist nur durch das Auftreten einer Relativverdrehung der beiden Scheiben möglich, daher ist

$$\Delta l = r_1 \varphi_1 - r_2 \varphi_2.$$

Nach dem Momentensatz erhält man

$$J_1 \ddot{\varphi}_1 = P_1 r_1 - 2 f E \frac{r_1}{l} (r_1 \varphi_1 - r_2 \varphi_2),$$

$$J_2 \ddot{\varphi}_2 = P_2 r_2 + 2 f E \frac{r_2}{l} (r_1 \varphi_1 - r_2 \varphi_2).$$

Die gegebenen Kräfte P_1 und P_2 können konstante oder periodisch veränderliche Größe haben. Wichtig ist die Kenntnis der Resonanzfrequenz, bei welcher große Relativverdrehungen auftreten. Um diese zu ermitteln, setzt man $P_1 = 0$ und $P_2 = 0$ und damit erhält man

$$J_1 \ddot{\varphi}_1 + 2 f E \frac{r_1}{l} (r_1 \varphi_1 - r_2 \varphi_2) = 0, \qquad (250)$$

$$J_2 \ddot{\varphi}_2 + 2 f E \frac{r_2}{l} (r_2 \varphi_2 - r_1 \varphi_1) = 0.$$

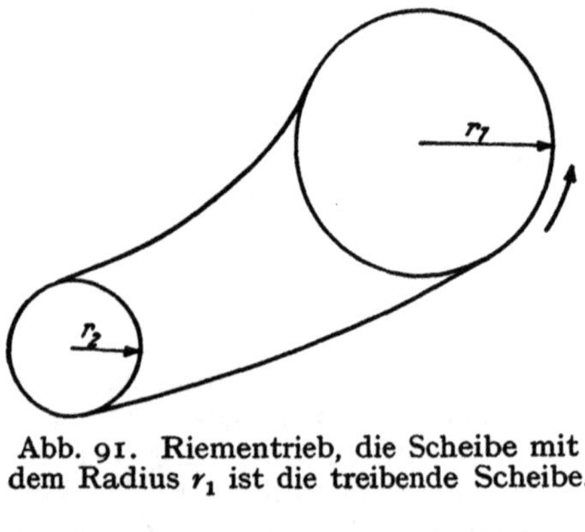

Abb. 91. Riementrieb, die Scheibe mit dem Radius r_1 ist die treibende Scheibe.

Vertauscht man in Gl. (250) die Buchstaben J und φ durch m und x, so erhält man Gl. (59), daher kann man die Ergebnisse, welche man auf S. 52 erhalten hat, hier sinngemäß anwenden. Aus diesem Grunde erhält man für die freie Schwingung

$$\varphi = C \sin(\omega t + \vartheta)$$

mit einer Eigenfrequenz

$$\omega = \sqrt{\frac{2 E f}{l} \frac{r_1^2 J_2 + r_2^2 J_1}{J_1 J_2}}.$$

Fällt irgendeine der Frequenzen der erregenden Kraft mit dieser Kreisfrequenz zusammen, so ist Resonanz vorhanden und bei dieser treten große Ausschläge auf. Diese bedingen aber große Beanspruchungen und dadurch eine Gefährdung der Maschinenanlage. Die Erregerfrequenzen sind in den meisten Fällen der Drehzahl verhältnisgleich, daher bezeichnet man diese Winkelgeschwindigkeit und die zugehörige Drehzahl der Maschinenwelle

$$n_k = \frac{30\,\omega_k}{\pi}$$

als kritische Winkelgeschwindigkeit, bzw. Drehzahl, mitunter auch nur als Kritische.

D. Schwingungen des Lasthakens eines Krans beim Abbremsen

Hängt das Gewicht G am Lasthaken an einem Seil s von der Länge l (s. Abb. 92) und wird der Kran, dessen Masse als sehr groß angenommen wird, mit der Beschleunigung b abgebremst, so beschreibt die Differentialgleichung

$$\frac{G}{g} l^2 \ddot{\varphi} = -l G \varphi - \frac{G}{g} l b$$

die Bewegung des Gewichtes. Erfolgt die Bremsung derart, daß die Verzögerung des Kranes verhältnisgleich der Zeit ist und bedeutet v_0 die Anfangsgeschwindigkeit des Kranes sowie z_1 die Bremszeit, so gilt für die Geschwindigkeit und Beschleunigung des Kranes

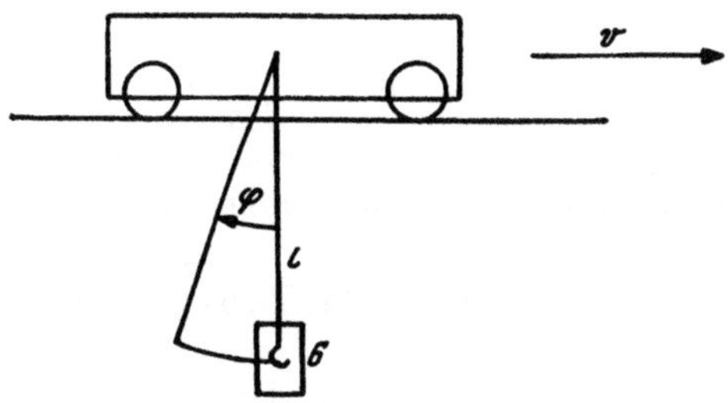

Abb. 92. Schema eines Kranes mit Last

$$v = v_0 - \frac{v_0}{t_1^2} t^2, \qquad b = -\frac{2 v_0}{t_1^2} t,$$

damit erhält man

$$\frac{l}{g} \ddot{\varphi} + \varphi = \frac{2 v_0}{g t_1^2} t.$$

Dieser Differentialgleichung genügt als Lösung

$$\varphi = \frac{2 v_0}{g t_1^2} t + C \sin\left(\sqrt{\frac{g}{l}}\, t + \vartheta\right).$$

Dabei gelten als Anfangsbedingungen $t_0 = 0$, $\varphi_0 = 0$, $\dot{\varphi}_0 = 0$ und damit erhält man die Werte der Konstanten

$$\vartheta = 0, \qquad C = -\frac{2 v_0}{g t_1^2} \sqrt{\frac{l}{g}}.$$

Daher gilt für den Winkelausschlag

$$\varphi = \frac{2 v_0}{g t_1^2}\left(t - \sqrt{\frac{l}{g}} \sin \sqrt{\frac{g}{l}}\, t\right)$$

und für die Winkelgeschwindigkeit

$$\dot{\varphi} = \frac{2 v_0}{g t_1^2}\left(1 - \cos \sqrt{\frac{g}{l}}\, t\right).$$

Diese Gleichung gibt die Ausschlagsverhältnisse während der Bremsperiode an. Nachher, also für $t > t_1$ vollführt die Last freie Schwingungen mit den Anfangswerten für $t = t_1$ ($\varphi = \varphi_1$, $\dot{\varphi} = \dot{\varphi}_1$)

$$\varphi_1 = \frac{2 v_0}{g t_1^2}\left(t_1 - \sqrt{\frac{l}{g}} \sin \sqrt{\frac{g}{l}} t_1\right),$$

$$\dot\varphi_1 = \frac{2 v_0}{g t_1^2}\left(1 - \cos \sqrt{\frac{g}{l}} t_1\right).$$

Als Größtamplitude erhält man (s. S. 14)

$$\varphi_{max} = \sqrt{\varphi_1^2 + \frac{l \dot\varphi_1^2}{g}}.$$

Bezeichnet man mit

$$u = \sqrt{\frac{g}{l}} t_1$$

so wird

$$\varphi_{max} = \frac{2 v_0}{g t_1^2} \sqrt{\frac{l}{g}(u^2 - 2 u \sin u - 2 \cos u + 2)}\,.$$

Der Wert von u bei welchem der Kleinstwert von φ_{max} vorhanden ist, berechnet man aus der Gleichung

$$\frac{d\varphi_{max}}{du} = 0, \quad \sqrt{\frac{g}{l_1}} t \left(1 - \cos \sqrt{\frac{g}{l}} t_1\right) = 0, \quad \sqrt{\frac{g}{l}} t_1 = i \pi \qquad i = 0, 2, \ldots$$

Damit erhält man jene Seillänge l_1, bei welcher die kleinsten Schwingungsausschläge vorhanden sind

$$l_1 = \frac{t_1^2}{g} i^2 \pi^2 \qquad i = 2, 4, \ldots$$

Der zugehörige Größtausschlag

$$\varphi_{max} = \frac{2 v_0}{g t_1}$$

ist von der Seillänge unabhängig.

E. Schwingungen von Kolbenmaschinenwellen

Die genaue Untersuchung der Schwingungen der Kolbenmaschinenwellen ist nicht einfach durchzuführen; denn die Drücke auf die Kolben der Maschine ergeben Kräfte auf den Kurbelzapfen mit einer Komponente, welche in die Richtung des Kurbelhalbmessers — die Radialkraft — fällt und eine zu dieser senkrecht stehend in die Tangente an den Kurbelkreis fallend — die Tangentialkraft. Diese Kräfte sind veränderlich, daher wird die Welle schwingen. Durch die Radialkräfte entstehen die Biegeschwingungen und durch die Tangentialkräfte die Drehschwingungen. Von den äußeren Kräften werden also sowohl die Biege- als auch die Drehschwingungen gleichzeitig erregt. Durch die Art des Baues der Kurbeln sind beide Schwingungsbewegungen gekoppelt. Wollte man eine genaue Untersuchung der Vorgänge anstellen, so müßten beide Schwingungsarten gleichzeitig behandelt und die Kopplung beider berücksichtigt werden. Zur Vereinfachung der Rechnung nimmt man an, daß der Einfluß der einen Schwingungsart auf die andere so gering ist, daß er vernachlässigbar ist. Aus diesem Grunde werden Dreh- und Biegeschwingungen unabhängig voneinander untersucht.

I. Drehschwingungen

1. Ermittlung der Trägheitsmomente und der „reduzierten Massen"

In vielen Fällen „reduziert" man[1] die Massen auf einen bestimmten Radius, das heißt man ermittelt jene Ersatzmasse, welche in der Entfernung r — auf welche man die einzelnen Massen „reduziert" — angebracht werden muß, um die Gesamtmasse dynamisch zu ersetzen. Da jedoch Massenträgheitsmomente — auch kurz Drehmassen genannt — bekannte physikalische Begriffe für den Ingenieur sein sollen, so ist es nicht einzusehen, warum diese Reduktionsrechnungen durchgeführt werden sollen. Das Trägheitsmoment eines Körpers ist leicht zu berechnen, sobald das GD^2 bekannt ist, es ist

$$J = \frac{1}{4g} G D^2.$$

Näherungsweise kann der Einfluß der hin- und hergehenden schwingenden Teile beim Schubkurbelbetrieb berücksichtigt werden. Gl. (9) ergibt die Bewegungsgleichung für das Schubkurbelgetriebe. Setzt man voraus, daß die Schwingungsbewegungen nur klein sind, so kann man sich mit der Berücksichtigung der vom Winkel unabhängigen Glieder dieser Gleichung begnügen und man erhält als Massenträgheitsmoment J_r, mit dem man die Rechnung durchzuführen hat.

$$J_r = J_1 + \frac{M_2}{2}\left[r^2 + (l-s)^2 \lambda^2\right] + \frac{M_3}{2} r^2.$$

In dieser Gleichung bedeutet (s. Abb. 7) J_1 das Massenträgheitsmoment der rotierenden Teile, M_2 die Masse der Schubstange (schwingenden Teile), M_3 die der hin- und hergehenden, r den Kurbelhalbmesser, l die Schubstangenlänge, s den Abstand des Schwerpunktes der Schubstange vom Kurbelzapfen und $\lambda = r/l$.

Rotieren Propeller in Flüssigkeiten, so haben die Reibungskräfte ein Mitrotieren der Flüssigkeit zur Folge. Um diesen Einfluß zu berücksichtigen, welcher eine scheinbare Vergrößerung des Trägheitsmomentes des Propellers bewirkt, macht man zum Propellerträgheitsmoment einen entsprechenden Zuschlag, und zwar nach Frahm[2] einen von 25%.

[1] Holzer, H.: Die Berechnung der Drehschwingungen und ihre Anwendung im Maschinenbau, S. 14. Berlin: 1921.

[2] Frahm, H.: Neue Untersuchungen über die dynamischen Vorgänge in den Wellenleitungen von Schiffsmaschinen mit besonderer Berücksichtigung von Resonanzschwingungen, Z. d. VDI., Bd. 46, 1902, S. 797. Porter, F. P.: The Range and Severity of Torsional Vibrations in Reciprocating Shafts Transact. Amer. Soc. Mech. Eng. 1927/28, Bd. 49/50, APM—50—8.

Um den Einfluß der hin- und hergehenden Massen[1] zu untersuchen, wurden Untersuchungen, für einen Einzylindermotor nach einem Ansatz von Trefftz[2], von Kluge[3]; von Grammel[4] und von Schunk[5] nach der Methode von Rayleigh (s. S. 57) für einen Mehrzylindermotor durchgeführt. Bei genauer Berücksichtigung des Einflusses der hin- und hergehenden Massen erfolgt eine Aufspaltung der kritischen Drehzahlen, man erhält einen kritischen Drehzahlenbereich[6]. Diese Untersuchungen ergaben aber auch, daß bei Berücksichtigung dieses Einflusses die Abweichung von der kritischen Drehzahl klein ist, so daß es zulässig ist, mit einem konstanten Trägheitsmoment zu rechnen. Zweifel kann es geben, wie die Trägheitsmomente bei Zahnradgetrieben einzuführen sind. Bedeuten φ die Verdrehungswinkel und sind vom Zahntrieb die Trägheitsmomente J_1, J_2, J_3, J_4, die Federkonstante (s. Abb. 93) $c_{12} = \frac{G J_p}{l_{12}}$, $c_{34} = \frac{G J_p}{l_{34}}$ sowie das Übersetzungsverhältnis n gegeben $\varphi_3 = n\,\varphi_2$, dann gilt für die kinetische Energie

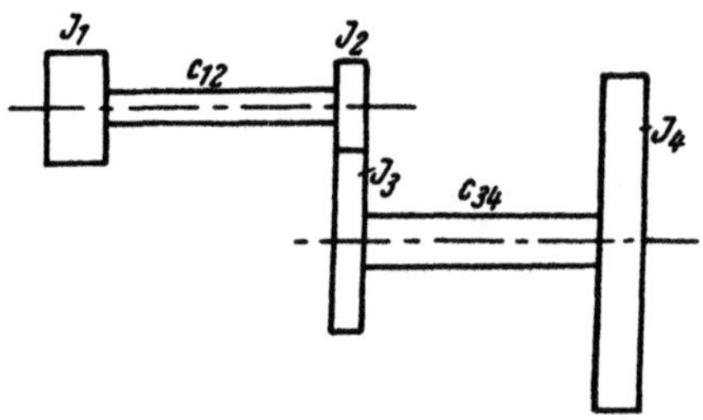

Abb. 93. Zahnradübersetzung

$$L = \frac{J_1\dot\varphi_1^2}{2} + \frac{J_2\dot\varphi_2^2}{2} + \frac{J_3\dot\varphi_3^2}{2} + \frac{J_4\dot\varphi_4^2}{2} = \frac{J_1\dot\varphi_1^2}{2} + (J_2 + n^2 J_3)\frac{\dot\varphi_2^2}{2} + \frac{J_4\dot\varphi_4^2}{2}$$

und für die potentielle Energie

$$U = -A = \frac{c_{12}}{2}(\varphi_1 - \varphi_2)^2 + \frac{c_{34}}{2}(\varphi_3 - \varphi_4)^2 = \frac{c_{12}}{2}(\varphi_1 - \varphi_2)^2 +$$

$$+ \frac{c_{34}}{2}(n\,\varphi_2 - \varphi_4)^2.$$

Dabei ist vorausgesetzt, daß die Zahnräder nahezu unelastisch sind. Die Lagrangesche Gleichung (7) ergibt dann

---

[1] Goldsbrought, G. R.: Torsional Vibrations in Reciprocating Engine Shafts Proc. of the Royal Society London, Serie A, Bd. 109, 1925, S. 99; Bd. 113, 1927, S. 259.

[2] Trefftz, E.: Zur Berechnung der Schwingungen von Kurbelwellen, Vorträge aus dem Gebiete der Aerodynamik und verwandter Gebiete, S. 214. Aachen: 1929.

[3] Kluge, F.: Zur Ermittlung kritischer Drehzahlen von Kurbelwellen, Ing.-Archiv, Bd. 2, 1931, S. 119. — Bestimmung kritischer Drehschwingungszahlen durch Versuch und Rechnung, Forschung, Bd. 5, 1934, S. 260.

[4] Grammel, R.: Die kritischen Drehzahlen der Kolbenmotoren, Z. a. M. M. Bd. 15, 1935, S. 47.

[5] Schunck, T. E.: Berechnung der kritischen Umlaufzahlen für die Welle eines Flugzeugmotors, Ing.-Archiv, Bd. 2, 1932, S. 591.

[6] Geiger, J.: Über Verdrehungsschwingungen, S. 33.

$$J_1\ddot{\varphi}_1 + c_{12}(\varphi_1 - \varphi_2) = 0,$$
$$(J_2 + n^2 J_3)\ddot{\varphi}_2 - c_{12}(\varphi_1 - \varphi_2) + n\,c_{34}(n\,\varphi_2 - \varphi_4) = 0,$$
$$J_4\ddot{\varphi}_4 - c_{34}(n\,\varphi_2 - \varphi_4) = 0.$$

Vertauscht man in dieser Gleichung die Größe $n^2 c_{34}$ mit c_{23}, $J_2 + n^2 J_3$ mit m_2 und $J_4 n$ mit m_3, so erhält man Gl. (63 a). Aus diesem Grunde gelten auch für diese Aufgabenstellung sinngemäß angewendet alle aus dieser Gleichung gezogenen Folgerungen.

Setzt man für den Verdrehungswinkel

$$\varphi = A \sin \omega t,$$

so erhält man als Bestimmungsgleichung für die Eigenfrequenz ω

$$\begin{vmatrix} c_{12} - J_1\omega^2, & -c_{12} & 0 \\ -c_{12}, & c_{12} + n^2 c_{34} - (J_2 + n^2 J_3)\,\omega^2, & -n^2 c_{34} \\ 0, & -n^2 c_{34}, & n^2 c_{34} - J_4 n\,\omega^2 \end{vmatrix} = 0$$

Die Frequenz der Eigenschwingung bestimmt man aus Gl. (63) zu

$$\omega^2 = \frac{1}{2}\left[c_{12}\left(\frac{1}{J_1} + \frac{1}{J_2 + n^2 J_3}\right) + n^2 c_{34}\left(\frac{1}{J_2 + n^2 J_3} + \frac{1}{n\,J_4}\right)\right] \pm$$
$$\pm\sqrt{\frac{1}{4}\left[c_{12}\left(\frac{1}{J_1} + \frac{1}{J_2+n^2 J_3}\right) - n^2 c_{34}\left(\frac{1}{J_2+n^2 J_3} + \frac{1}{n J_4}\right)\right]^2 + \frac{n^2 c_{12} c_{34}}{(J_2+n^2 J_3)^2}}\,.$$

2. *Drehelastizitäten*

Um die Schwingungsrechnung durchzuführen, ist die Kenntnis der Federkonstanten nötig. Um diese zu erhalten, muß man die Verformung der Welle bestimmen. Diese kann man bei abgesetzten Wellenstücken durch einfache Rechnung erhalten. Bei Kröpfungen von Kurbelwellen erfordert deren Berücksichtigung einen größeren Aufwand von Rechenarbeit[1]. Die Schwingungsrechnung ist leichter zu überblicken, wenn man die Formwelle mit den Kröpfungen durch eine Welle von überall gleichen Durchmessern ersetzt, die einzelnen Wellenlängen „reduziert". Diese Welle nennt man die Bezugswelle. Je nach der Art, wie man die Kräfte anbringt, welche die Verformung hervorrufen, unterscheidet man die Torsion erster und zweiter Art.

Wird die Welle nur durch Kräftepaare (Momente) belastet, so spricht man von Torsion erster Art. Die Winkeländerungen und die reduzierten Längen, welche bei dieser Belastungsart auftreten, wurden von A. Föppl[2] berechnet. Das Ersatzschema für diese Wellen-

[1] Enßlin, M.: Mehrfach gelagerte Kurbelwellen mit einfacher und doppelter Kröpfung. Stuttgart: 1902. — Gessner, A.: Mehrfach gelagerte, abgesetzte und gekröpfte Kurbelwellen. Berlin: 1926. — Heidebrock, E.: Berechnung von mehrfach gekröpften schnellaufenden Wellen, Gestaltung, Bd. 2, 1922, S. 31. — Geiger, J.: Biegungsbeanspruchungen in mehrfach gekröpften Kurbelwellen mit mehreren Lagern, Maschinenbau, Gestaltung, Betrieb, Bd. 4, 1925, S. 889.

[2] Holzer, H.: Die Berechnungen der Drehschwingungen und ihre Anwendung im Maschinenbau, S. 6. Berlin: 1921.

reduktion zeigt Abb. 94. Es sind zwischen den Scheiben vom Trägheitsmoment J_ν die Drehfedern mit der Federkonstante $c_{\nu-1,\nu}$ angebracht.

Greifen Einzelkräfte senkrecht zur Kröpfungsebene in den Kurbelzapfen an, so bezeichnet man diese Art der Torsion, welche von

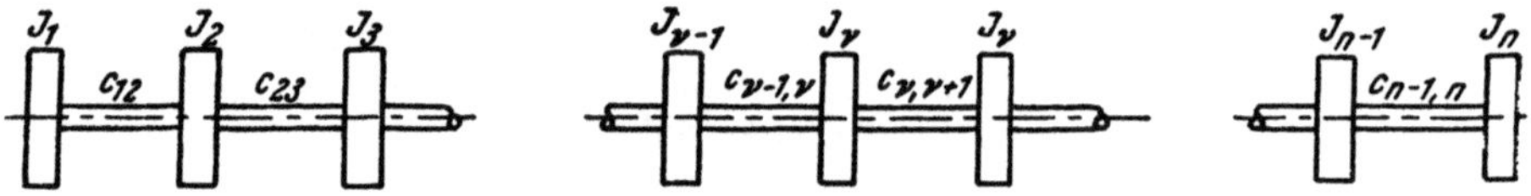

Abb. 94. Welle mit n Scheiben

Grammel[1] untersucht wurde, als Torsion zweiter Art. Neben der „Haupttorsion" (das ist jene Verformung, welche durch das Drehmoment zwischen zwei benachbarten Kurbeln bedingt ist) treten hier noch Nebentorsionen auf, das heißt die Kraft an irgendeiner Kurbel beeinflußt die Verdrehung jeder Kurbel und als Schema der elastischen Kopplung bei dieser Torsionsart s. Abb. 95. Um rasch die reduzierten Längen zu erhalten, wurden empirische Formeln für die reduzierten Längen der Kurbelkröpfungen ermittelt. Geiger fand auf Grund von Messungen an Kurbelwellen[2] von Dieselmaschinen die folgende:

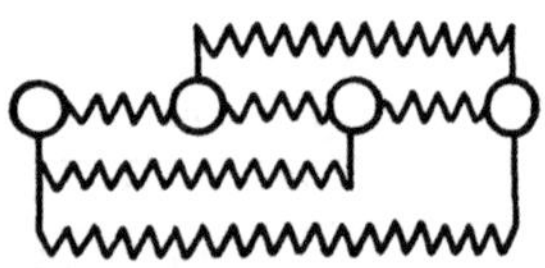

Abb. 95. Schema der Kopplung durch Haupt- und Nebentorsion

$$l_1 = c + 0{,}4\,h,$$

$$l_2 = 0{,}773\,(R - z\,d)\,\frac{J_{pw}}{J_1},$$

$$l_3 = (a + 0{,}4\,h)\,\frac{J_{pw}}{J_{pk}},$$

$$l_{red} = l_1 + l_2 + l_3.$$

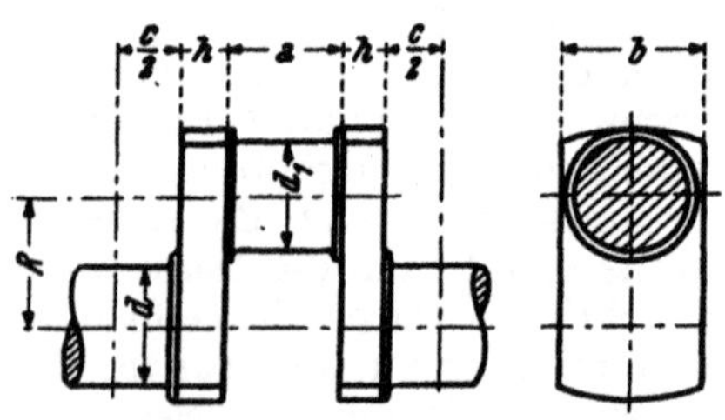

Abb. 96. Kurbelwelle

Nach Abb. 96 bedeutet b die Breite, h die Dicke des Kurbelschenkels, R den Kurbelradius, d den Durchmesser der Reduktionswelle (das ist der Wellenzapfen), a die Kurbelzapfen, c die Wellenzapfenlänge, J_{pw} das polare Träg-

[1] Grammel, R.: Über die Torsion von Kurbelwellen, Ing.-Archiv, Bd. 4, 1933, S. 287. — Grammel, R., K. Klotter, K. v. Sanden: Die elastischen Verformungen von Kurbelwellen bei Torsionsschwingungen, Ing.-Archiv, Bd. 7, 1936, S. 439. — Kimmel, A.: Über die Torsionssteifigkeit von Kurbelwellen mit durchgehender Zwischenwange, Dissertation. Stuttgart: 1933. — Meyer, J.: Zur Frage der bei den Drehschwingungen von Kurbelwellen maßgebenden Drehsteifigkeit, Luftfahrtforschung, Bd. 17, 1940, S. 54.

[2] Geiger, J., a. a. O., S. 172.

heitsmoment des Wellenzapfens, J_{pk} das des Kurbelzapfens, $J_1 = \frac{b^3 h}{12}$ das Trägheitsmoment des Kurbelschenkels.

Setzt man alle Größen dieser Formel in cm ein, dann hat der Beiwert z die folgenden Werte

$$z = 0 \quad \text{für} \quad \frac{b}{d} = 1{,}6 - 1{,}63 \quad \text{und} \quad \frac{R}{d} = 1{,}2 - 0{,}92,$$

$$z = 0{,}4 \quad \frac{b}{d} = 1{,}49 \quad \frac{R}{d} = 0{,}84.$$

Außer den oben angeführten sind noch andere Näherungsformeln[1] veröffentlicht worden. Berechnet man nach diesen die reduzierte Länge einer Kröpfung, bezogen auf den Wellenzapfen und vergleicht man diese Werte mit der tatsächlichen Länge, so ist[2]

$$0{,}85\, l < l_{red} < 1{,}08\, l.$$

Dabei entspricht der kleinere Wert den kleineren Kurbeln mit steifen Armen, der größere den großen Kurbeln. Haben Kurbel- und Wellenzapfen gleiche Durchmesser, so kann man für Überschlagsrechnungen die tatsächliche Länge für die reduzierte Länge einer Kurbelkröpfung nehmen. Lehr[3] verglich die reduzierte Länge der Kröpfung mit der Kurbelzapfenlänge a

$$l_{red} = k\, a$$

und erhielt für Dieselmotorenkurbelwellen $k = 2{,}0 - 2{,}2$,
6 Zylinder Flugmotor $k = 2{,}27$,
6 Zylinder Automobilmotor $k = 3$,
8 Zylinder Automobilmotor $k = 3{,}5$.

Wurde die Welle auf eine von überall gleichem Durchmesser reduziert, so erhält man die Federkonstante $c_{\nu-1,\nu}$ mit Hilfe der Gleichung

$$c_{\nu-1,\nu} = \frac{G J_p}{l_{\nu-1,\nu}}.$$

3. Erregende Kräfte

Die gleichförmige Drehung der Welle (mittlere Winkelgeschwindigkeit ist k) ist gegeben durch $\varphi_1 = \varphi_0 + k\,t$.

Sind die auftretenden Geschwindigkeitsschwankungen klein, so kann man für den Drehwinkel der Maschine φ_1

$$\varphi_1 = \varphi_0 + k\,t + \varphi$$

setzen, wobei φ die Abweichung von der gleichförmigen Drehung ist. Diese ist bei den vorkommenden Ungleichförmigkeitsgraden eine

[1] Carter, B. C.: An Empirical Formula for Crankshaft Stiftness in Torsion, Engineering, Bd. 126, 1928, S. 36. — Tuplin, W. A.: The Torsional Rigidity of Crankshafts, Engineering, Bd. 144, 1937, S. 275.

[2] Hartog, J. P. den: Mechanische Schwingungen, S. 172. Berlin: 1936.

[3] Lehr, E.: Schwingungstechnik, Bd. I, S. 155—162. Berlin: 1930.

kleine Größe, daher kann man für das Quadrat der Geschwindigkeit mit genügender Näherung k^2 setzen und man erhält aus Gl. (9) für die sogenannte Massenkraft

$$T_m = \frac{1}{4} M_3 \lambda r^2 k^2 \sin k t - \frac{k^2}{2} \{M_2 [r - (l-s)^2 \lambda^2] + M_3 r^2\} \sin 2 k t -$$

$$- \frac{3}{4} M_3 \lambda r^2 k^2 \sin 3 k t + \ldots$$

In dieser Gleichung bedeutet (s. S. 10) M_3 die Masse der hin- und hergehenden Massen, M_2 die der Schubstange, l die Schubstangenlänge, s den Abstand des Schwerpunktes der Schubstange vom Kurbelzapfen und λ das Verhältnis r/l. Bei Vernachlässigung der Glieder mit λ^2 und höheren Potenzen erhält man für die Massendrehkraft drei Glieder. Außer den Massenkräften wirken noch Kräfte P_k auf den Kolben, welche von dem Dampf, bzw. von den Verbrennungsdrücken herrühren. Von diesen Kräften kann man das Tangentialdrehkraftdiagramm zeichnen und aus diesem durch Fouriersche Analyse die einzelnen Amplituden der Oberschwingungen T_i — die Drehkraftharmonischen — ermitteln. Die Periode der Grundschwingung ist durch die mittlere Winkelgeschwindigkeit k der Maschine vorgegeben. Bei der Zweitaktmaschine oder der doppelt wirkenden Viertaktmaschine sind die Ordnungszahlen der Harmonischen ganze Zahlen, deren Kreisfrequenzen also ganze Vielfache von der Winkelgeschwindigkeit k, da nach jeder Umdrehung eine Explosion erfolgt; denn nach der Zeit $\tau = 2\pi/k$ hat die Tangentialdrehkraft immer den gleichen Wert, daher ist

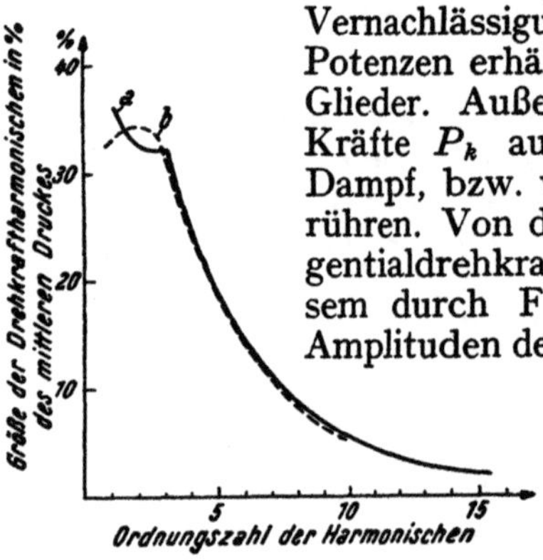

Abb. 97. Drehkraftharmonische nach *a* Stieglitz, *b* Plüntzke

$$T_P = \Sigma T_i \sin (i k t + \vartheta_i).$$

Für die Viertaktmaschine gilt

$$T_P = \Sigma T_i \sin \left(\frac{1}{2} i k t + \vartheta_i\right),$$

weil eine Zündung erst nach zwei Umdrehungen auftritt.

Die Größe T_P hängt von der Kolbenfläche F, dem Kurbelradius r und bei vorgegebenem Schubstangenverhältnis vom mittleren indizierten Druck p_{mi} ab. Es ist

$$T_i = F r C_i.$$

Die Werte der Drehkraftharmonischen eines Viertaktvergasermotors wurden von Stieglitz[1] bei einem $p_{mi} = 5{,}46$ kg/cm² und von Plüntzke[2] bei $p_{mi} = 7$ kg/cm² ermittelt (s. Abb. 97).

In der Abb. 98 sind die Ergebnisse der Untersuchungen an einem Viertaktdieselmotor mit Lufteinspritzung von Wydler[3] dargestellt. Bei diesem wurden Indikatordiagramme mit einem Verdichtungsdruck von 34 kg/cm² verwendet. Wie jedoch O. Kraemer in seinen Vorlesungen gezeigt hat, wird die Größe der einzelnen Harmonischen wesentlich vom Zünddruck beeinflußt (s. Abb. 99).

Die Drehkraftharmonische eines Viertaktdieselmotors mit kompressorlosem Betrieb wurde von Scheuermeyer[4] untersucht. Bei diesem stimmen bei Normallast die Größen und Phasenwinkel der einzelnen Harmonischen ziemlich genau mit den von Wydler ermittelten überein.

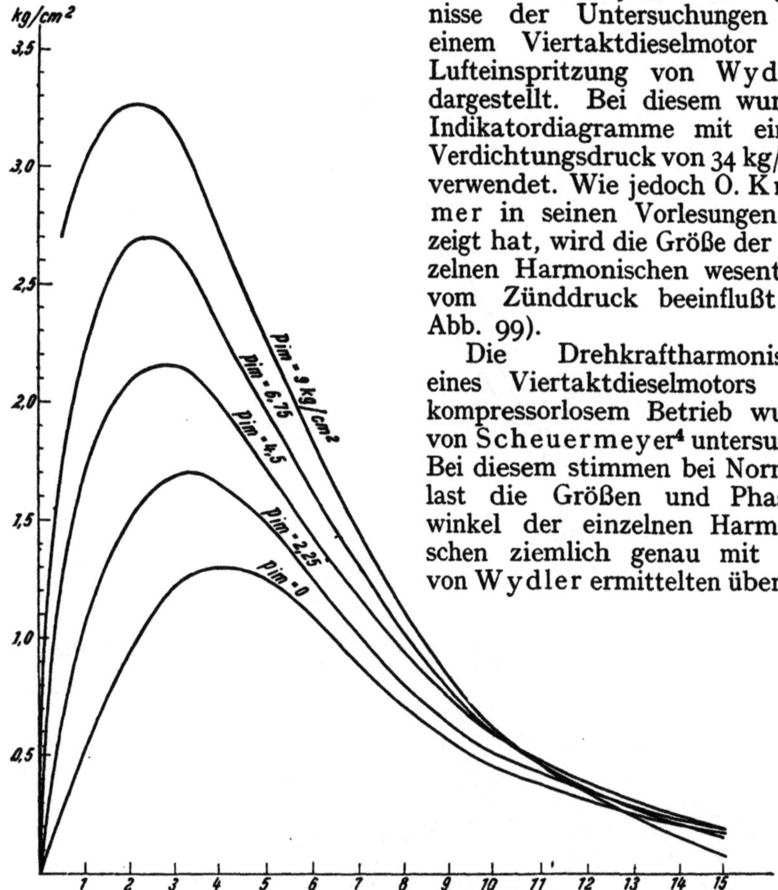

Abb. 98. Drehkraftharmonische C_i eines Viertaktdieselmotors nach Wydler in Abhängigkeit vom mittleren indizierten Druck p_{im}

---

[1] Stieglitz, A.: Drehschwingungen in Reihenmotoren, Luftfahrtforschung, Bd. 4, 1929, S. 133.

[2] Plüntzke, J.: Drehschwingungen des Automobilmotors, Motorwagen, Bd. 29, 1926, S. 115.

[3] Wydler, H.: Drehschwingungen in Kolbenmaschinen und die Gesetze ihres Ausgleiches, S. 35. Berlin: 1922.

[4] Scheuermeyer, M.: Einfluß der Zündfolge auf die Drehschwingungen von Reihenmotoren, Dissertation, S. 7. München: 1932.

Arbeitet die Maschine nach dem Zweitaktverfahren, so gibt Abb. 100 die Größen der Drehkraftharmonischen des einfach wirkenden und die des doppelt wirkenden Dieselmotors nach Bauer[1] und Scheuermeyer[2] an. Die Abhängigkeit der Drehkraftharmonischen

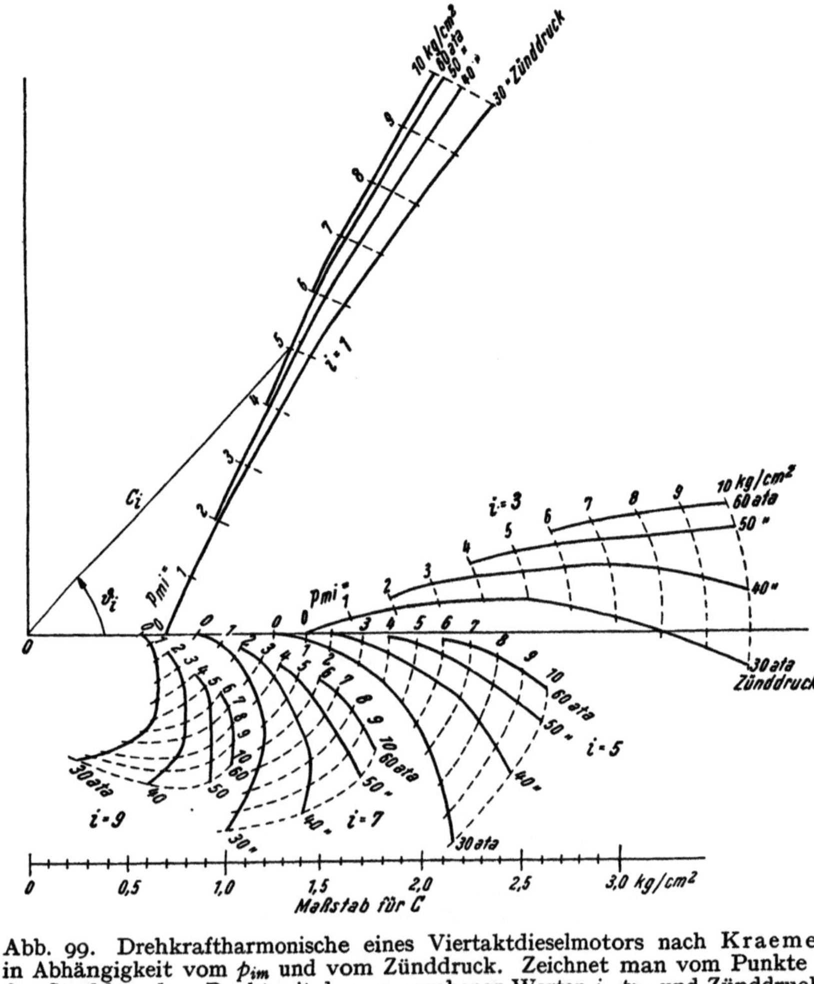

Abb. 99. Drehkraftharmonische eines Viertaktdieselmotors nach Kraemer in Abhängigkeit vom p_{im} und vom Zünddruck. Zeichnet man vom Punkte o den Strahl zu dem Punkt mit den vorgegebenen Werten i, p_{im} und Zünddruck, so erhält man den Wert der Drehkraftharmonischen C_i und den Phasenwinkel ϑ_i

[1] Bauer, G.: Fortschritte im Schiffsantrieb durch übersetzte Dieselmotoren und hydraulische Kupplungen, Schiffsbau, Schiffahrt und Hafenbau, Bd. 39, 1938, S. 33, S. 112, S. 133.

[2] Scheuermeyer, M., a. a. O., S. 28.

vom mittleren indizierten Druck wurde für den Zweitaktdiesel von Schröder[1] ermittelt.

Wegen der Wichtigkeit der erregenden Kräfte wurden die Drehkraftdiagramme vielfach analysiert. Außer den obgenannten analysierten Lewis[2] eingehend die Diagramme von Dieselmotoren und Frahm[3] und Bauer[4] die der Dampfmaschine.

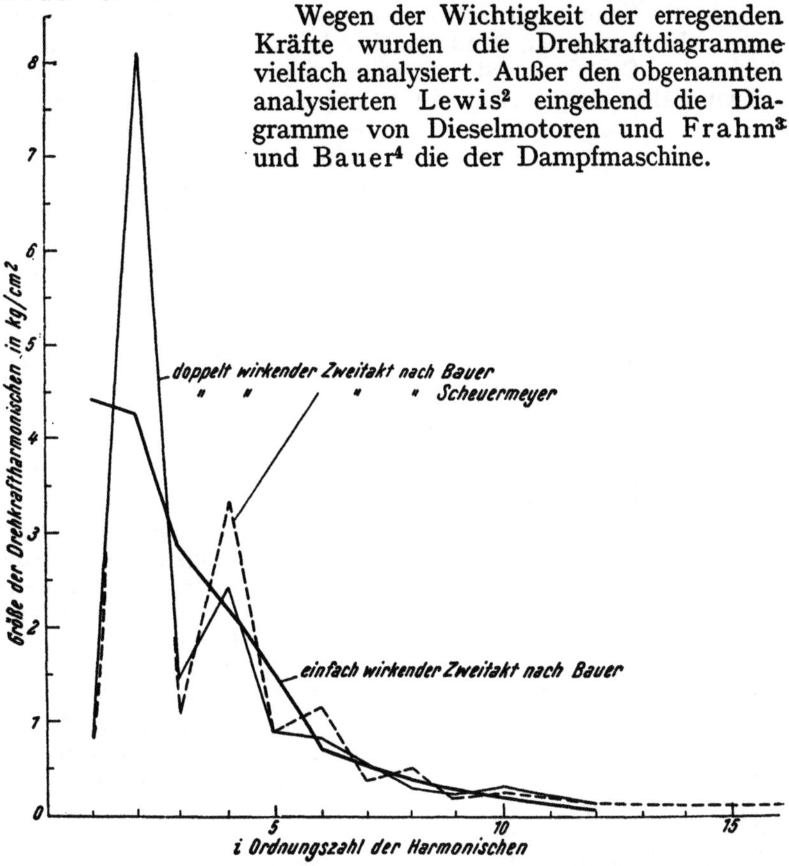

Abb. 100. Größe der Drehkraftharmonischen C des einfach und doppelt wirkenden Zweitaktdieselmotors nach Bauer und Scheuermeyer

4. *Dämpfende Kräfte*

Bei der Ermittlung der in einer Kolbenmaschine auftretenden dämpfenden Kräfte, das sind jene, welche der Bewegung entgegengesetzt wirken, hat man die einzelnen Bewegungswiderstände ein-

[1] Schröder, A.: Zusammenhang der Indikator- und Drehkraftdiagramme der Verbrennungskraftmaschinen mit den Drehschwingungen ihrer Wellen und ein neues Verfahren der harmonischen Analyse, Der Motorwagen, Bd. 30, 1927, S. 449.

[2] Lewis, F. M.: Torsional Vibration in the Diesel Engine, Trans. of the Soc. of Naval Architects and Marine Engineers, Bd. 33, 1925,

[3] Frahm, H., a. a. O.

[4] Bauer, G.: Der Schiffsmaschinenbau, 1. Aufl., Anhang, S. 99. München u. Berlin: 1923.

gehend zu untersuchen. Widerstände treten überall dort auf, wo Relativbewegungen vorhanden sind. Alle Gleitstellen, wie z. B. die Lager, die Kreuzkopfbahnen, müssen gut geschmiert sein, sollen sie einwandfrei arbeiten, dann ist aber immer „flüssige" Reibung vorhanden[1]. Bei dieser ist der Bewegungswiderstand der Relativgeschwindigkeit der gegeneinander gleitenden Flächen verhältnisgleich.

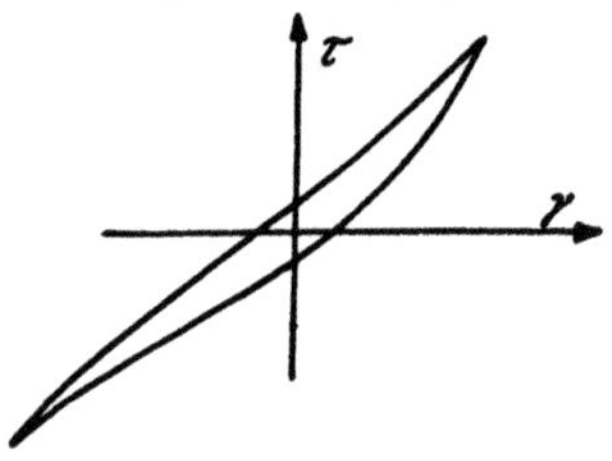

Abb. 101. Hysteresisschleife (Tordiertes Werkstück)

Rotieren Arme, Kurbeln, Scheiben und so weiter, so treten dann die Radreibungs- und Ventilationsverluste auf. Diese sind wie Stodola[2], versuchsmäßig feststellte, ebenfalls von der Geschwindigkeit abhängig, und zwar ist der Leistungsverlust der dritten Potenz der Geschwindigkeit verhältnisgleich, damit wird der dämpfende Widerstand proportional dem Quadrate der Geschwindigkeit. Ist die Kraftmaschine mit einem Propeller oder einer Pumpe gekuppelt, so ergibt die Leistungscharakteristik die Abhängigkeit der dämpfenden Kraft von der Geschwindigkeit.

Kann man diese dämpfenden Kräfte verhältnismäßig zuverlässig berechnen, so ist es nahezu unmöglich, die Reibungskräfte des Kolbens von Verbrennungsmotoren vorher zu bestimmen. Die Verbrennungsrückstände ergeben bei jeder Umdrehung geänderte Reibungsverhältnisse. Auch die Dämpfung durch den Werkstoff hat außer den bisher behandelten Widerstandskräften eine Verringerung der Schwingungsausschläge zur Folge. Wird ein Werkstück belastet und dann entlastet, so ergibt das Spannungsformänderungsdiagramm eine Schleife, die sogenannte Hysteresisschleife (s. Abb. 101). Der Flächeninhalt dieser Schleife ist verhältnisgleich der Formänderungsarbeit A, welche bei diesem Bewegungsvorgang in Wärme

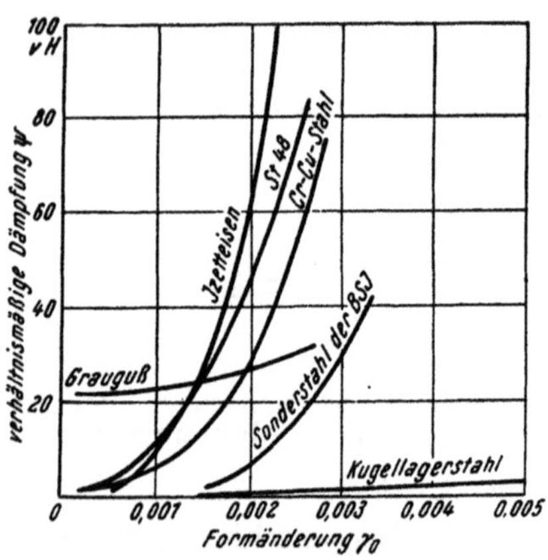

Abb. 102. Verhältnismäßige mittlere Dämpfung ψ in Abhängigkeit von der Randformänderung γ_0 für verschiedene Eisensorten nach O. Föppl (Z. d. VDI. 1930)

[1] Heidebrock, E.: Maschinenteile und Werkstoffkunde, Zeitschr. d. VDI., Bd. 74, 1930, S. 1263. — Gümbel, L. — Everling E. A.: Reibung und Schmierung im Maschinenbau. Berlin: 1925.

[2] Stodola, A., a. a. O., S. 160. — Ribary, F.: Radreibung von Dampfturbinenlaufrädern, BBC. Mitteilungen, Bd. 21, 1934, S. 120.

übergeführt wird. Bezeichnet man mit ψ die verhältnisgleiche Werkstoffdämpfung

$$\psi = \frac{A_{belastend} - A_{entlastend}}{A_m},$$

so ist für die Schwingungsrechnung deren Kenntnis wichtig.

Nach O. Föppl ist die Werkstoffdämpfung von der Verformungsgeschwindigkeit unabhängig[1] und nur von der größten Schubbeanspruchung abhängig[2]. Abb. 102 zeigt ψ in Abhängigkeit von der Randformänderung[2]. Nach den Untersuchungen am Wöhlerinstitut in Braunschweig ist der Zeiteinfluß bei Frequenzen von 100 bis 2000 1/min. vernachlässigbar[3] und nur dann zu berücksichtigen, wenn bildsame Verformungen auftreten[4]. Zu wesentlich anderen Ergebnissen kamen Ludwik-Scheu[5], A. Thum[6]. Nach diesen ist die Dämpfungszahl, bzw. die Hysteresisarbeit von der Lastwechselzahl abhängig und wird mit zunehmender Lastwechselzahl immer kleiner (s. Abb. 103). Matthaes[7] kam zu dem Ergebnis, daß die Dämpfungsfähigkeit der meisten Kurbelwellenstähle

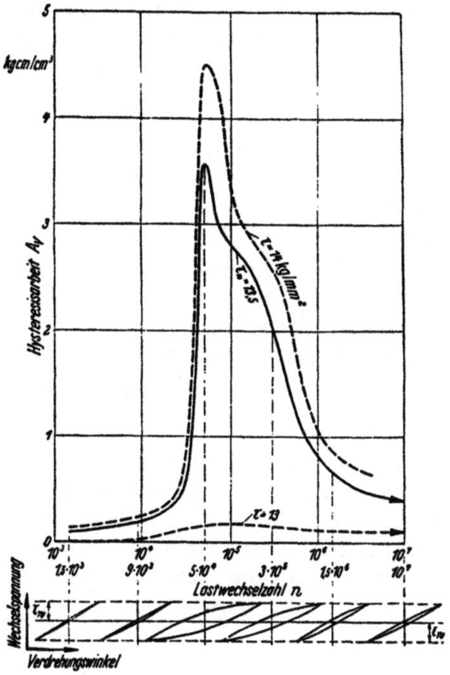

Abb. 103. Änderung der Hysteresisarbeit A_v mit der Wechselzahl n, Hysteresisschleifen für $\tau_w = 13{,}5$ kg/mm² nach Ludwik-Scheu

[1] Becker, E. — O. Föppl: Dauerversuche zur Bestimmung der Festigkeitseigenschaften, Beziehung zwischen Baustoffdämpfung und Verformungsgeschwindigkeit, Forschungsarbeit auf dem Gebiete des Ing.-Wesens, H. 304. Berlin: 1928.

[2] Föppl, O.: Die Dämpfung der Werkstoffe bei wechselnden Normalspannungen und bei wechselnden Schubspannungen, VDI., 1930, Bd. 74, S. 1391.

[3] Föppl, O.: The practical Importance of the Damping Capacity of Metals, especially Steels, Journal of the Iron and Steel Institute, 1936, S. 393 P.

[4] Föppl, O.: Die Abhängigkeit der Dämpfung von der Verformungsgeschwindigkeit, Archiv für Eisenhüttenwesen, Bd. 4, 1930/31, S. 607.

[5] Ludwik, P. — R. Scheu: Die Veränderlichkeit der Werkstoffdämpfung, Zeitschr. d. VDI., Bd. 76, 1932, S. 683.

[6] Thum, A.: Zur Frage der Sicherheit in der Konstruktionslehre, Z. d. VDI., Bd. 75, 1934, S. 707.

[7] Matthaes, K.: Kurbelwellenbrüche und Werkstoffragen, Luftfahrtforschung, Bd. 8, 1930, S. 91.

auch bei wesentlich über der Wechselfähigkeit des Werkstoffes gesteigerten Beanspruchung noch sehr gering ist und nach F. Neugebauer[1] ist die Werkstoffdämpfung nur dann zu beachten, wenn es gelingt, wesentlich dämpfungsfähigere Stähle herzustellen (mit den vorhandenen kann man im Leichttriebwerksbau nur jene Schwingungen beherrschen, bei denen die Größe des erregenden Momentes höchstens 1,3% von dem des Nutzmomentes ist). Beachtet man alle diese dämpfenden Kräfte, so ist einzusehen, daß für diese das Kraftgesetz keinen einfachen Aufbau haben wird. Vereinfachen kann man die Rechnung, wenn man eine Ersatz- oder mittlere Dämpfung verhältnisgleich der Winkelgeschwindigkeit $\beta\,\dot{\varphi}$ einführt, dabei ist β die Dämpfungskonstante. Da die auftretenden Schwingungsausschläge und damit die Winkelgeschwindigkeitsänderungen von kleiner Größenordnung sind, so erscheint die Einführung einer linearen Geschwindigkeitsdämpfung zulässig.

Die Dämpfungskonstante β wurde von Wydler[2] zu 0,00473 — — 0,00788 kgsekcm ermittelt. Mansa[3] ermittelte experimentell die Dämpfungskonstante. Auf Grund theoretischer Überlegungen gab Holzer[4] die Formel für die Dämpfungszahl eines Zylinders

$$\beta = 0{,}04\,J\,k, \qquad \text{cmkgsek}$$

an. Es ist jedoch möglich, bei Kenntnis des Wirkungsgrades der Maschine die Dämpfungszahl zu berechnen[5]. Zu diesem Zwecke ist die Kenntnis der Differentialgleichung der Schwingungsbewegung nötig. Hat man ein System nach Abb. 94 gegeben, an welchem dämpfende und erregende Kräfte angreifen und wendet man auf dieses den Momentensatz an, so erhält man das Gleichungssystem

$$J_\nu\,\ddot{\varphi}_\nu + \beta_\nu\,\dot{\varphi}_\nu + c_{\nu-1,\,\nu}\,(\varphi_\nu - \varphi_{\nu-1}) + c_{\nu,\,\nu+1}\,(\varphi_\nu - \varphi_{\nu+1}) =$$
$$= T_{0\nu} + \sum_{i=1}^{n} T_{i\nu} \sin(i\,k\,t + \vartheta_{i\nu}). \qquad (251)$$

Vergleicht man Gl. (251) mit Gl. (76), so sieht man, daß die Form der Gl. (251) dieselbe ist, wie die der Gl. (76). Die eine geht in die andere über, sobald x mit φ und m mit J vertauscht wird. Man braucht daher in den auf S. 71 erhaltenen Ergebnissen nur x durch φ und m durch J zu ersetzen, um die für die Drehschwingungen gültigen Er-

[1] Neugebauer, F.: Die Baustoffdämpfung in den Wellen leichter Triebwerke, Luftfahrtforschung, Bd. 13, 1936, S. 57.

[2] Wydler, H., a. a. O., S. 54.

[3] Mansa, J. L.: Die Bestimmung der Dämpfung von Drehschwingungen einer Flugmotorkurbelwelle, Dissertation. Karlsruhe: 1932.

[4] Holzer, H.: Die Berechnung der Drehschwingungen und ihre Anwendung im Maschinenbau, S. 101. Berlin: 1921.

[5] Söchting, F.: Schwingungshöchstbeanspruchung in Wellen, Automobiltechnische Zeitschrift, Bd. 37, 1934, S. 546. — Zur Ermittlung der Dämpfungszahlen von Maschinenanlagen, Automobiltechnische Zeitschrift, Bd. 42, 1939, S. 44.

gebnisse zu erhalten. Nach S. 71 bekommt man als Lösung für die stationäre Schwingung

$$\varphi = \varphi_0 + k\,t + \sum a_i \sin(i\,k\,t + \vartheta_i). \tag{252}$$

Setzt man Gl. (252) in Gl. (251) ein, so bekommt man durch Koeffizientenvergleich die Werte der einzelnen Koeffizienten. Voraussetzung für den Ansatz nach Gl. (252) ist, daß sich die Welle mit konstanter mittlerer Winkelgeschwindigkeit dreht, die Bedingung dafür erhält man durch Vergleich der Glieder o-ter Ordnung

$$\sum_{\nu=1}^{n} k\,\beta_\nu = \sum_{\nu=1}^{n} T_{0\nu} = T_m - W_m = M^{(R)}.$$

T_m bedeutet das der indizierten Leistung entsprechende mittlere Moment und W_m das der Nutzleistung entsprechende, daher ist $M^{(R)}$ das zur Reibungsarbeit A_R gehörige Moment. A_R ist jene Verlustarbeit, welche bei einer Umdrehung in Wärme umgewandelt wird. Für den mechanischen Wirkungsgrad gilt

$$\eta_m = \frac{W_m}{T_m}.$$

Daher ist

$$\eta_m = \frac{T_m - \sum_{\nu=1}^{n} k\,\beta_\nu}{T_m} = 1 - \frac{\sum_{\nu=1}^{n} k\,\beta_\nu}{T_m}$$

und damit

$$\sum_{\nu=1}^{n} k\,\beta_\nu = T_m(1 - \eta_m). \tag{253}$$

Sind die Wirkungsgrade der Last- und Arbeitsseite eines Zweimassensystems sehr verschieden (eine Einzylindermaschine ist mit einem Generator, bzw. ein Elektromotor ist mit einer Pumpe gekuppelt), so überwiegt die Dämpfung der Schwingung von der einen Stelle und die andere Dämpfung ist vernachlässigbar. Aus diesem Grunde erhält man aus Gl. (253)

$$k\,\beta = T_m(1 - \eta_m), \qquad \beta = \frac{T_m(1 - \eta_m)}{k}, \tag{254}$$

Bei einem Reihenmotor werden die Dämpfungszahlen der einzelnen Zylinder gleich groß sein, daher ist bei diesen

$$\beta = \frac{T_m(1 - \eta_m)}{n\,k}. \tag{254 a}$$

Sind die einzelnen Dämpfungszahlen nicht gleich groß, so kann man diese mit Hilfe der Gl. (254 a) nicht berechnen. Auf Grund der Gl. (253) ist eine Abschätzung der Größe der Dämpfungszahlen möglich. Wurden nach Söchting[1] die Dämpfungszahlen mit Hilfe der „Kräftebilanz" berechnet, so kann man nach Wydler[2] auch aus der „Arbeitsbilanz" die Dämpfungszahlen erhalten. Hat die erregende Kraft $P_{\nu_0} \sin k t$ und der Ausschlag $a_\nu \sin (k t + \vartheta_\nu)$ die Phasendifferenz ϑ_ν, so ist nach S. 11 die Arbeit, welche während einer vollen Schwingung geleistet wird

$$A_\nu = \pi a_\nu P_\nu \sin \vartheta_\nu.$$

Daher leisten die Dämpfungskräfte $\beta_\nu \dot{\varphi}_\nu = k a_\nu \beta_\nu \cos (k t + \vartheta_\nu)$ bei einer vollen Schwingung die Arbeit $A_{1\nu}$

$$A_{1\nu} = \pi \beta_\nu a_\nu^2 k.$$

Sind n Kräfte vorhanden, so ist nach dem Arbeitssatz

$$A = A_1 = \pi \sum_{\nu=1}^{n} a_\nu P_\nu \sin \vartheta_\nu = \pi \sum_{\nu=1}^{n} \beta_\nu a_\nu^2 k.$$

Bei Resonanz ist $k = \omega$ und $\vartheta_\nu = \pi/2$ (s. S. 33) und damit wird

$$\sum_{\nu=1} a_\nu P_\nu = \sum_{\nu=1} \beta_\nu a_\nu^2 \omega.$$

Sind alle Dämpfungszahlen gleich groß und die Ausschläge durch Messungen bekannt, so kann man aus dieser Gleichung β berechnen.

$$\beta = \frac{\sum\limits_{\nu=1}^{n} a_\nu P_\nu}{\sum\limits_{\nu=1} a_\nu^2 \omega}.$$

5. *Ermittlung der Eigenfrequenzen und der Schwingungsform*

Im folgenden sei der Einfluß der Nebentorsionen (s. S. 218) vernachlässigbar. Grammel[3] gibt den Weg an, wie man diese auch berücksichtigen kann. Wie hervorgehoben, erhält man durch Vertauschen von m mit J und x mit φ die Gl. (76). Da die Form der beiden Differentialgleichungen in beiden Fällen die gleiche ist, so kann man als Lösung der Gl. (251) sinngemäß die der Gl. (76) verwenden, man muß nur m mit J und x mit φ vertauschen. Alle Folgerungen, welche man aus der Gl. (76) zog, kann man sinngemäß für die Drehschwingungen verwenden. Aus diesem Grunde gilt zur Berechnung der Eigenfrequenzen ω die Gleichung

$$-J_\nu \omega^2 a_\nu + c_{\nu-1,\nu} (a_\nu - a_{\nu-1}) + c_{\nu,\nu+1} (a_\nu - a_{\nu+1}) = 0. \qquad (255\text{ a})$$

---

[1] Söchting, F.: ATZ 1934.

[2] Wydler, H., a. a. O., S. 53.

[3] Biezeno, C. B. und R. Grammel, a. a. O., S. 1030.

Um die Eigenschwingungszahl zu berechnen, hat man die Koeffizientendeterminante des Gleichungssystems (255 a) zu ermitteln, die man auch mit Hilfe von Kettenbrüchen berechnen kann[1]. Es wurden auch Rechenverfahren ausgearbeitet, welche die Berechnung der Determinante vermeiden.

a) Verfahren von Gümbel[2]. Greift zwischen den Querschnitten ν und $\nu + 1$ vom Abstand l das Drehmoment M_d an, so ist die dadurch bedingte Änderung des Verdrehungswinkels φ

$$\Delta\varphi = \frac{M_d}{G\,J_p}\,l = \frac{M_d}{H}\,l,$$

$$H = G\,J_p.$$

Damit erhält man das Verhältnis

$$\frac{\Delta\varphi}{l} = \frac{M_d}{H}. \qquad (255\text{ b})$$

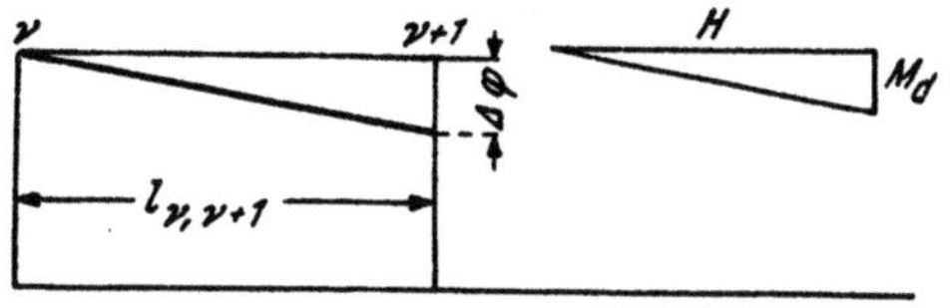

Abb. 104. Ermittlung von $\Delta\varphi = \varphi_{\nu+1} - \varphi_\nu$ nach Gümbel

Auf Grund dieser Gleichung folgt die Konstruktion der Schwingungsform nach Gümbel. Trägt man (s. Abb. 104) im „Kräfteplan" die Momente [s. Gl. (251)]

$$M_d = T_\nu - c_{\nu-1,\nu}(\varphi_\nu - \varphi_{\nu-1}) - J_\nu\ddot{\varphi}_\nu = c_{\nu,\nu+1}(\varphi_\nu - \varphi_{\nu+1}) =$$

$$= \frac{G\,J_p}{l_{\nu,\nu+1}}(\varphi_\nu - \varphi_{\nu+1}) \qquad \nu = 1, 2, \ldots n \qquad (255\text{ c})$$

auf und nimmt den ersten Ausschlag und als Polabstand H an, dann ist die linke Seite der Gleichung bekannt. Durch Zeichnung der Seilstrahlen kann man $\Delta\varphi = \varphi_{\nu+1} - \varphi_\nu$ erhalten. Da die Größtausschläge außerhalb des n-Massensystems φ_1 bzw. φ_n sind, so folgt daraus, daß erster und letzter Seilstrahl parallel zur Wellenachse sind. Die Größtamplitude a_1 hat man so anzunehmen, daß diese Bedingung erfüllt ist.

Wie dies für ein Mehrmassensystem durchzuführen ist, zeigt Abb. 105. In dieser Abbildung soll die Eigenfrequenz des Fünfmassensystems

$$J_1 = J_2 = J_3 = J_4 = 0{,}004 \text{ kgmsek}^2, \qquad J_5 = 0{,}130 \text{ kgmsek}^2,$$
$$G\,J_p = 1{,}2\,.\,10^4 \text{ m}^2\text{kg}, \qquad l_{12} = 150 \text{ mm}, \qquad l_{23} = 218 \text{ mm},$$
$$l_{34} = 150 \text{ mm}, \qquad l_{45} = 100 \text{ mm}$$

ermittelt werden. Da keine äußeren Kraftmomente vorhanden sind, ist $T_\nu = 0$. Zufolge des Ansatzes

$$\varphi = a \sin \omega t$$

[1] Brauchitsch, E.: Beitrag zur Untersuchung von Drehschwingungen bei Maschinen, Zeitschr. f. techn. Physik, Bd. 4, 1923, S. 426.

[2] Gümbel, L.: Verdrehungsschwingungen eines Stabes mit fester Drehachse und beliebiger zur Drehachse symmetrischer Massenverteilung unter dem Einfluß beliebiger harmonischer Kräfte, Zeitschr. d. VDI., Bd. 56, 1912, S. 1025.

erhält man für den Größtwert des Drehmomentes

$$M_d = c_{\nu,\nu+1}(a_\nu - a_{\nu+1}) = J_\nu a_\nu \omega^2 - c_{\nu,\nu-1}(a_\nu - a_{\nu-1}) =$$
$$= \sum_{i=1}^{\nu} J_\nu a_\nu \omega^2. \tag{255}$$

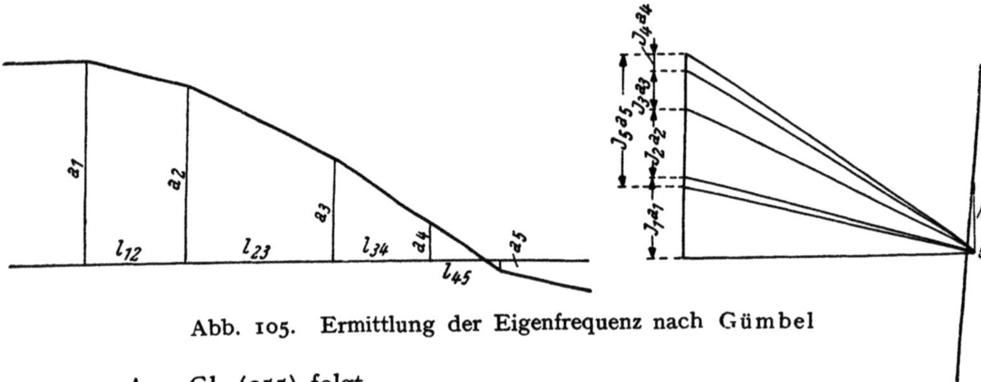

Abb. 105. Ermittlung der Eigenfrequenz nach Gümbel

Aus Gl. (255) folgt

$$\frac{a_\nu - a_{\nu+1}}{l} = \frac{\omega^2 \sum_{i=1}^{\nu} J_i a_i}{G J_p} = \frac{\sum_{i=1}^{\nu} J_i a_i}{\frac{G J_p}{\omega^2}}.$$

Eine Vereinfachung des Gümbelschen Verfahrens erhält man, wenn man als Polentfernung nicht $H = G J_p$, sondern

$$H' = \frac{G J_p}{\omega^2}$$

aufträgt, dann hat man als Kräfte die Größen

$$\sum_{i=1}^{\nu} J_i a_i$$

aufzufassen. Zeichnet man zu diesen das Seilpolygon, indem man einen beliebigen Anfangsausschlag, z. B. $a = 1$ annimmt, so gilt für die Eigenschwingung

$$\sum_{i=1}^{n} J_i a_i = 0. \tag{255 d}$$

Dies bedingt eine ganz bestimmte Größe des Polabstandes H'. Der Pol ist so anzunehmen, daß der erste Seilstrahl entsprechend der Verformung der Welle waagrecht verläuft. Die Bedingung Gl. (255 d) wird bei beliebig angenommener Polentfernung nicht erfüllt sein. Man erhält ein sogenanntes Restglied R. Trägt man das Restglied in Abhängigkeit von der Lage des Momentenpols C auf[1], so erhält man ein Diagramm und die Nullstelle ergibt die richtige Polentfernung und damit die Eigenfrequenz. Für das oben angegebene Beispiel wird für die Grundschwingung

$$\omega = 1670{,}9 \ 1/\text{sek}, \quad \text{bzw.} \quad n_k = 15\,955{,}9 \ 1/\text{min}$$

erhalten. Hat man die Schwingungsform für die erzwungene Schwingung zu ermitteln, so müßte man den ersten Ausschlag durch Probieren (Restglied $R = 0$) auffinden. Geiger zeigte[2] nun, daß es genügt, zwei Schwingungsbilder zu zeichnen, um die endgültige Schwingungsform der erzwungenen Schwingung zu erhalten. Er fand, daß bei festgehaltenem Pol und beliebig angenommenen Anfangsausschlägen sich zusammengehörige Seilstrahlen immer in einem Punkte schneiden. Da die Welle masselos ist, so sind die freien Wellenstücke untordiert und der erste und der letzte Seilstrahl waagrecht. Aus diesen Bedingungen kann man bei Kenntnis zweier falscher Schwingungsformen die richtige ermitteln.

Eine andere Konstruktionsdurchführung gab Kutzbach[3] an.

b) Verfahren von Holzer-Tolle. Gümbel ermittelt auf graphischem Wege die Schwingungsform. Holzer und Tolle berechnen aus Gl. (255 c), bzw. Gl. (255) die einzelnen Schwingungsausschläge. Rechnet man nach Holzer[4], so ist

$$a_{\nu+1} = a_\nu - \frac{1}{c_{\nu,\nu+1}}\left(\sum_{i=1}^{\nu} J_i a_i k^2 + \sum_{i=1}^{\nu} T_i\right). \tag{256}$$

Will man für eine vorgegebene Massenanordnung die zugehörigen Schwingungsausschläge berechnen, so nimmt man den ersten Ausschlag a_1 beliebig an und rechnet aus $n - 1$ Gleichungen des Gleichungssystems (256) die anderen a_ν' aus. Setzt man diese in die n-te Gleichung von Gl. (256) ein, so ergibt dies im allgemeinen

$$k^2 \sum_{i=1}^{n} J_i a_i' = -\sum_{i=1}^{n} T_i + R'.$$

Hat man die Eigenfrequenz zu berechnen, so ist $k = \omega$ und $T_\nu = 0$. Den richtigen Wert von ω, bzw. denjenigen des ersten Ausschlages bei der erzwungenen Schwingung, hat man durch Probieren, bzw. wie oben durch Zeichnen der Restmomentenkurve aufzufinden. Rechnet man nach Tolle[5] und bezeichnet man mit $e_{\nu,\nu+1}$ das elastische Kraftmoment

[1] Waimann, K.: Zeichnerisches Verfahren zur Berechnung von Wellen auf Drehschwingungen, Zeitschr. d. VDI., Bd. 78, 1934, S. 1083.
[2] Geiger, J.: Über Verdrehungsschwingungen von Wellen, insbesonders von mehrkurbeligen Schiffsmaschinenwellen, Dissertation. Berlin: 1914.
[3] Kutzbach, K.: Untersuchung über Wirkung und Anwendung von Pendeln und Pendelketten im Maschinenbau, Z. d. VDI., Bd. 61, 1917, S. 917. Bd. 62, 1918, S. 100.
[4] Holzer, H., a. a. O., S. 33.
[5] Tolle, M.: Regelung der Kraftmaschinen, 3. Aufl., S. 205. Berlin: 1921.

$$e_{\nu,\nu+1} = c_{\nu,\nu+1}(a_{\nu+1} - a_\nu), \tag{256 a}$$

so kann man mit Hilfe der zwei Gleichungspaare

$$e_{\nu,\nu+1} = e_{\nu-1,\nu} - J_\nu k^2 a_\nu - T_\nu,$$

$$a_{\nu+1} = a_\nu + \frac{c_{\nu,\nu+1}}{e_{\nu,\nu+1}},$$

bei Kenntnis des vorhergehenden Ausschlages den folgenden sofort berechnen. Aus zwei Rechnungen, also bei Kenntnis der Ausschläge a_ν' und des Restgliedes R', bzw. a_ν'' und R'' kann man die richtigen Ausschläge erhalten, denn für lineare Gleichungen[1]

$$\sum_{i=1}^{n} c_{ki}\, a_i = T_i, \qquad k, i = 1, 2, \ldots n \tag{257}$$

gilt die Umkehrung

$$a_i = \sum_{k=1}^{n} C_{ki}\, T_k, \qquad k, i = 1, 2, \ldots n \tag{258}$$

Nimmt man a_1' beliebig an und berechnet aus $n - 1$ Gleichungen des vorhergegebenen Gleichungssystems die zugehörigen a_i' $(i = 1, 2, \ldots n)$, so erhält man aus der letzten Gleichung von Gl. (257)

$$\sum_{i=1}^{n} c_{ni}\, a_i' = T_n + R'.$$

das sogenannte Restglied. Wiederholt man die gleiche Rechnung mit einem beliebigen a_i'', so wird

$$\sum_{i=1}^{n} c_{ni}\, a_i'' = R'' + T_n.$$

Aus Gl. (258) folgt

$$a_i' = \sum_{k=1}^{n} C_{ki}\, T_k + C_{ni}\, R' = a_i + C_{ni}\, R',$$

bzw.

$$a_i'' = \sum_{k=1}^{n} C_{ki}\, T_k + C_{ni}\, R'' = a_i + C_{ni}\, R''.$$

Aus diesen zwei Gleichungen erhält man sofort die richtige Lösung[2]

$$a_i = \frac{R''\, a_i - R'\, a_i''}{R'' - R'}.$$

Eine andere Lösungsmöglichkeit ist dadurch gegeben, daß man die Rechnung mit einem willkürlichen Wert a_1' durchführt und R' bestimmt, dann löst man das Gleichungssystem

---

[1] Söchting, F.: Auflösung von linearen Vektorgleichungen, Monatshefte für Mathematik und Physik, Bd. 41, 1934. S. 126.

[2] Tolle, M., a. a. O., S. 207.

$$\sum_{i=1}^{n} c_{ki}\, a_i'' = T_k' \quad (T_k' = 0 \quad \text{für} \quad i \neq n \quad \text{und} \quad T_k' = R' \quad \text{für} \quad i = n).$$

Nach früherem ist

$$a_i' = \sum_{k=1}^{n} C_{ki}\, T_k + C_{ni}\, R',$$

da bei dem soeben gelösten Gleichungssystem jedes Glied T_k den Wert Null hat, so folgt, daß

$$a_i'' = C_{ni}\, R' \tag{258 a}$$

und den Ausschlag a_i bestimmt man aus[1]

$$a_i = a_i' - a_i''.$$

Der Wert von a'' kann leicht aufgefunden werden, da diese Ausschläge verhältnisgleich dem Restglied sind[2].

Es wurde hervorgehoben, daß bei der freien Schwingung sämtliche erregenden Kräfte den Wert Null haben. Aus dieser Bedingung ermittelt sich die Eigenfrequenz, denn hat man für verschiedene Frequenzen die zugehörigen Restmomente durch Rechnung bestimmt, so kann man das Restmoment-Frequenzdiagramm zeichnen. Die Nullstellen dieses Diagramms ergeben die Eigenfrequenzen. Zur Durchführung der Zahlenrechnung kann man die verschiedensten Rechenblätter anfertigen, wie z. B. eines in der folgenden Zahlentafel zu ersehen ist.

i	1	2	3	4	5
kgmsek² J_i	0,004	0,004	0,004	0,004	0,130
mkg $c_{i,i+1}$	8,0.10⁴	5,5.10⁴	8,0.10⁴	12.10⁴	
a_i	1,0	0,875	0,534	0,233	0,013
$-J_i\,\omega^2\, a_i$	−1,0.10⁴	−0,875.10⁴	−0,534.10⁴	−0,233.10⁴	−0,4056.10⁴
$e_{i-1,i}$	0	−1,0.10⁴	−1,875.10⁴	−2,409.10⁴	−2,642.10⁴
$e_{i,i+1}$	−1,0.10⁴	−1,875.10⁴	−2,409.10⁴	−2,642.10⁴	
$\frac{e_{i,i+1}}{c_{i,i+1}}$	−0,125	−0,341	−0,3011	0,220	
a_{i+1}	0,875	0,534	0,233	0,013	
R					−3,0476.10⁴

[1] Vollmar, M.: Beitrag zur Berechnung von Drehschwingungen und Dämpfern, Technische Mechanik und Thermodynamik, Bd. 1, 1930, S. 382.

[2] Vgl. auch Stodola, A.: Drehschwingungen von Mehrkurbelwellen, Z. a. M. M., Bd. 9, 1929, S. 348.

Um die Rechnung nicht allzuoft wiederholen zu müssen, ist es vorteilhaft, wenn man die ungefähre Größe der Eigenfrequenz kennt. Haben mehrere Massen die gleiche Größe, so ist die Schwingungsform der Grundschwingung (s. Abb. 105) wenig von einer Geraden verschieden. Werden die gleich großen Massen in ihrem Schwerpunkt zusammengefaßt, so vereinfacht sich das vorgegebene Massensystem sehr, so z. B. erhält man bei $n - 1$ gleichen Massen ein Zweimassensystem und die Eigenschwingungszahl des neuen Systems ist nur wenig von der des ursprünglichen verschieden, da sich der Schwingungsknoten nur wenig ändert. Werden in dem oben angeführten Beispiel die gleichen Massen durch eine einzige ersetzt, so erhält man wegen Gl. (60)

$$\omega_1 = \sqrt{\frac{1{,}2 \cdot 10^4}{0{,}359} \frac{0{,}016 + 0{,}13}{0{,}016 \cdot 0{,}13}} = 1\,531{,}8 \text{ sek}^{-1}.$$

Hat man mit dieser Näherungsrechnung die Eigenfrequenz ermittelt, so kann man nach Ker Wilson[1] mit Hilfe der Gleichung

$$\omega = \frac{\omega_1}{\varkappa}$$

die Lösung verbessern.

Sind $n - 1$ Massen gleich, so ermittelt man den Zahlenfaktor $\varkappa$ aus der folgenden Tabelle

Zahl der gleichen Massen	1	2	3	4	5	∞
$\varkappa$	1,0	0,93	0,92	0,91	0,91	0,90

Mit Hilfe dieser Tabelle erhält man für das obige Beispiel

$$\omega = \frac{1531{,}8}{0{,}91} = 1683 \text{ sek}^{-1},$$

ein Ergebnis mit einem Fehler von 0,742%.

Es ist auch möglich, mit Hilfe des Energiesatzes die Rechenarbeit zu vereinfachen, bzw. das Aufzeichnen der Restmomentenkurve[2] zu vermeiden. Für die kinetische Energie gilt

$$L = \frac{1}{2} \sum_{i=1}^{n} J_i \left(\frac{\partial \varphi_i}{\partial t}\right)^2 = \frac{1}{2} \sum_{i=1}^{n} J_i a_i^2 \omega^2 \cos^2 \omega t$$

und für die Formänderungsarbeit

$$A = -\frac{1}{2} \sum_{i=1}^{n} c_{i-1,\,i} (a_i - a_{i-1})^2 \sin^2 \omega t.$$

Betrachtet man die Arbeit, welche in der Zeit zwischen $\omega t = 0$ und $\pi/2$ geleistet wird, so folgt nach dem Arbeitssatz

[1] Wilson, Ker: Practical Solution of Torsional Vibration Problems, S. 40. London: 1935.

[2] Söchting, F.: Zur Berechnung der Eigenschwingungszahlen von Wellenleitungen, Automobiltechnische Zeitschrift, Bd. 40, 1937, S. 259.

$$A = L - L_0,$$

daß für die Eigenschwingung die Gleichung

$$\sum_{i=1}^{n} c_{i-1,i}\,(a_i - a_{i-1})^2 = \omega^2 \sum_{i=1}^{n} J_i\, a_i^2$$

gilt. Aus dieser erhält man für die Eigenfrequenz

$$\omega^2 = \frac{\sum\limits_{i=1}^{n} c_{i-1,i}\,(a_i - a_{i-1})^2}{\sum\limits_{i=1}^{n} J_i\, a_i^2}\,. \tag{259}$$

Gl. (259) kann dazu dienen, bei bekannten, z. B. gemessenen Ausschlägen die Eigenfrequenz zu berechnen, man kann aber mit ihr auch die Lösung verbessern, indem man in Gl. (259) die Ausschläge der ersten Rechnung einsetzt und damit die Frequenz ω berechnet. Durch mehrmaliges Wiederholen dieses Verfahrens läßt sich die Frequenz der Grundschwingungen durch willkürliche Annahme des Wertes der Eigenschwingungszahl genau bestimmen.

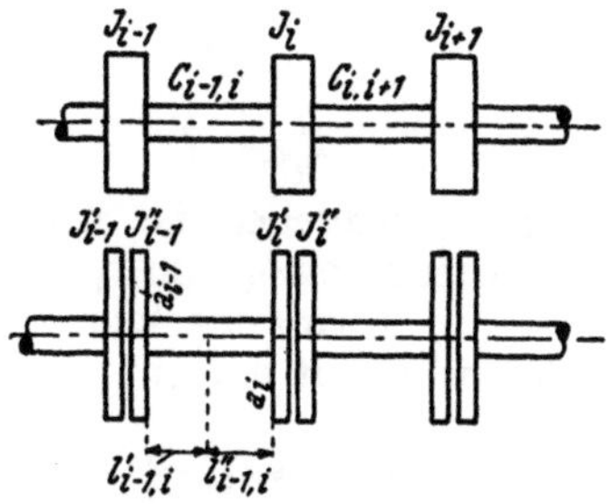

Abb. 106. Ermittlung der Eigenfrequenz nach O. Föppl

c) Verfahren von O. Föppl[1]**.** Für das Einmassensystem kann man rasch und einfach die Eigenfrequenzen berechnen. O. Föppl führt das vorgegebene Massensystem auf ein System von $2\,n$ Einzelmassen zurück, indem er die einzelnen Drehmassen J_i derart in die Teilmassen J_i', J_i'' zerteilt (s. Abb. 106), daß die Gesamtmasse, bzw. Massenträgheitsmoment sich nicht ändert

$$J_i = J_i' + J_i'',$$

dabei beläßt er die Federkonstanten

$$c_{i-1,i} = \frac{G\,J_p}{l_{i-1,i}}$$

unverändert. Durch Zerteilen der Massen erhält man Zweimassensysteme, mit einer Schwingungsform, welche einen Schwingungsknoten hat. Dieser kann reell[2], das heißt zwischen den Massen liegen oder

[1] Föppl, O.: Drehschwingungen von Wellen und geradlinigen Schwingungen von Massen zwischen Federn, Zeitschr. f. angew. Math. u. Mechanik, Bd. 1, 1921, S. 367.

[2] Dreves, R: Neues graphisches Verfahren auf stationärer Grundlage zur Untersuchung beliebiger Wellen-Massensysteme auf freie Drehschwingungen, Zeitschr. d. VDI., Bd. 62, 1918, S. 610.

er kann imaginär sein, das heißt er liegt außerhalb der beiden Massen und ist durch Verlängerung der Schwingungsform aufzufinden. Sind diese Schwingungsknoten bekannt, so erhält man durch Zerteilen der Feder in den Knotenpunkten Einzelmassensysteme von unveränderlicher Eigenschwingungszahl, damit ersetzt man das n-Massensystem durch $2\,n$-Einzelmassensysteme. Für die Federlängen der Teilsysteme gilt

$$l = l' + l''.$$

Ein Zerteilen der Federn und der Massen ist nur dann zulässig, wenn dadurch die Eigenfrequenz der Systeme nicht geändert wird und mit der des ursprünglichen zusammenfällt. Damit erhält man eine Bedingung für die Teilung der Federn und der Massen, es gilt

$$\omega = \sqrt{\frac{G\,J_p}{l_{i,i+1}'\,J_i''}} = \sqrt{\frac{G\,J_p}{l_{i,i+1}''\,J_{i+1}'}} = \text{const.}$$

oder

$$l_{i,i+1}'\,J_i'' = l_{i,i+1}''\,J_{i+1}' = \text{const.} = h^2 = a. \tag{260}$$

Hervorzuheben ist noch, daß die Teillängen, bzw. die Federkonstanten sowohl positiv als auch negativ sein können, je nachdem ob der Schwingungsknoten bezüglich der Masse auf der Seite der Feder oder auf der entgegengesetzten Seite liegt.

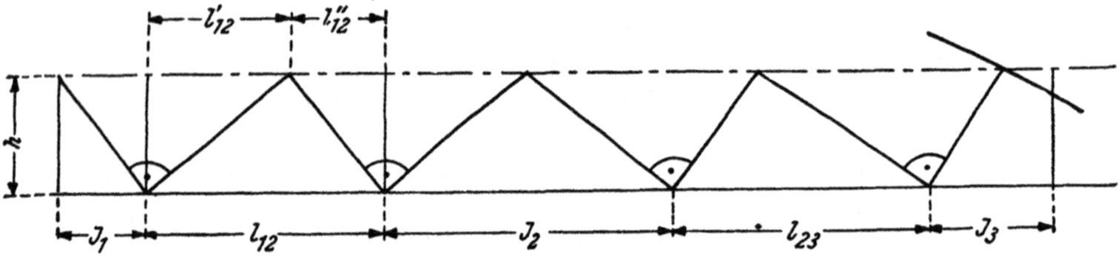

Abb. 107. Ermittlung der Eigenfrequenz nach P. Kohn

Auf Grund des Verfahrens von O. Föppl leitete P. Kohn[1] ein graphisches Verfahren her, welches rasch die Eigenfrequenz aufzufinden gestattet. Trägt man $l_{i,i+1}$ und J_i'' in entsprechenden Maßstäben auf, so ist h die mittlere geometrische Proportionale und da das Produkt aus den beiden Hypothenusenabschnitten dem Quadrat der Höhe gleichkommt, so hat jedes rechtwinkelige Dreieck mit den Hypothenusenabschnitten $l_{i,i+1}'$ und J_i'' zufolge Gl. (260) die gleiche Höhe h und damit ist auch der Nachweis der Richtigkeit der Konstruktion nach Abb. 107 gegeben. Man trägt auf einer Geraden im entsprechenden Maßstab die Massenträgheitsmomente J und die Federlängen l auf, zeichnet im Abstand h zur Trägergeraden eine parallele Gerade und kann damit die rechtwinkeligen Dreiecke

[1] Kohn, P.: Zeichnerisches Verfahren zur Bestimmung der Torsionseigenschwingungen von Wellen, Maschinenbau, Bd. 5, 1926, S. 220.

in der Abb. 107 auffinden. Dann erhält man sofort (s. Abb. 107) die Größen J_i', J_i'', l_i' und $l_{i,i+1}''$. Für die letzte Masse hat J_n'' den Wert Null, daher muß bei der freien Schwingung der Schnittpunkt der letzten Geraden mit der zuerst angenommenen Geraden, oberhalb des Endpunktes der letzten Masse liegen, das heißt der Punkt 9 liegt oberhalb des Punktes 8. Bei willkürlicher Annahme der Größe h wird diese Bedingung nicht erfüllt sein. Durch Zeichnen der Fehlerkurve kann man jenen Wert h auffinden, welcher der Bedingung Gl. (260) entspricht und damit den Wert der Eigenfrequenz

$$\omega = \sqrt{\frac{G J_p}{a}} = \frac{\sqrt{G J_p}}{h}$$

berechnen.

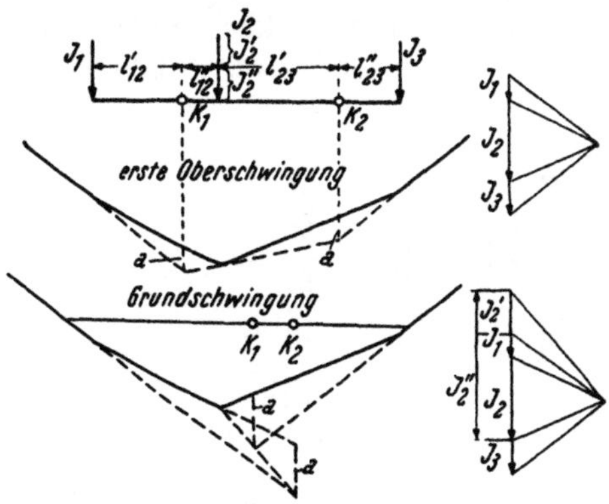

Abb. 108. Ermittlung der Eigenfrequenz nach E. Rausch

Unter Zugrundelegung der Gl. (260) leitet Rausch[1] seine Konstruktion zur Ermittlung der Eigenschwingungszahlen her. Gl. (260) besagt auch, daß die auf die einzelnen Knoten bezogenen Momente der benachbarten Teildrehmassen J' für jeden Knoten gleich groß sind. Die Größe dieser Momente kann man durch Zeichnen des Seileckes auffinden. Dies geschieht auf die folgende Weise. Zu J_1, $J_2, \ldots$ zeichnet man ein zugehöriges erstes Seilpolygon[2], dann zerlegt man die Massenträgheitsmomente durch Zeichnen eines zweiten Seilpolygons derart, daß für jeden Knoten Gl. (260) erfüllt ist (s. Abb. 108). Kennt man a, so ist der Wert der Eigenfrequenz berechenbar.

d) Verfahren von Wydler[3]. Wydler teilt nur die Massen, zerlegt also das vorgegebene n-Massensystem in $n - 1$ Zweimassensysteme, welche alle mit der gleichen Eigenschwingungszahl ω schwingen. Mit den Bezeichnungen nach Abb. 106 wird

$$\omega = \frac{c_{i,i+1}\,(J_i'' + J_{i+1}')}{J_i''\,J_{i+1}'}$$

und damit erhält man als Bedingung für die Teilung der Drehmassen

$$\frac{c_{i,i+1}\,(J_i'' + J_{i+1}')}{J_i''\,J_{i+1}'} = \text{const.}$$

---

[1] Rausch, E.: Graphisches Verfahren zur Bestimmung der Eigenfrequenzen bei mehrgliedrigen Schwingungsanordnungen, Ing.-Archiv, Bd. 1, 1930, S. 203.

[2] Jene Seilstrahlen, welche im J-Plan das Trägheitsmoment J_i einschließen, schneiden sich im Lageplan auf den zu J_i zugehörigen Ordnern.

[3] Wydler, H., a. a. O., S. 9.

Auf Grund dieser Bedingungsgleichung ist es möglich, J_i', J_i'' und damit die Eigenschwingungszahlen und aus Gl. (255 a) die Ausschlagsverhältnisse zu berechnen.

e) Teilung der Drehfedern in den Knotenpunkten. Eine andere Methode zur Berechnung der Eigenschwingungszahlen besteht in der Teilung der Feder in den Knotenpunkten[1]. Werden die Knoten festgehalten und die Federn in diesen Stellen durchgeschnitten, so ändert man dadurch die Eigenschwingungszahlen nicht. Wie schon oben hervorgehoben, hat man nur darauf zu achten, daß die Knoten wirklich vorhanden sein können oder erst durch Verlängerung der Schwingungsform aufzufinden sind. Durch Teilung der Feder in den Knotenpunkten erhält man eine Massenanordnung nach Abb. 109 und für diese gilt

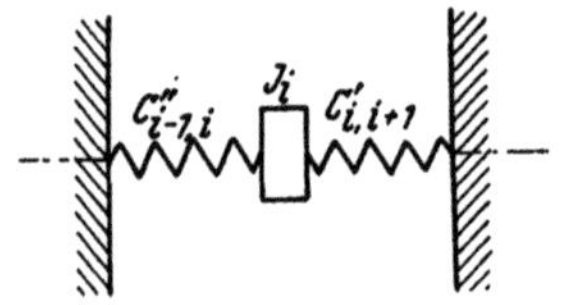

Abb. 109. Teilung der Drehfeder in den Knotenpunkten

$$\omega = \sqrt{\frac{c_{i-1,i}'' + c_{i,i+1}'}{J_i}}.$$

Mit

$$c_{i-1,i}'' = \frac{G J_p}{l_{i-1,i}''}$$

erhält man als Bedingungsgleichung für die Lage der einzelnen Knotenpunkte, da jedes der auf diese Weise erhaltenen Massensysteme die gleiche Eigenschwingungszahl hat

$$\frac{1}{l_{i-1,i}'' J_i} + \frac{1}{l_{i\,i+1}' J_i} = \text{const.}$$

Hat man die Knotenabstände berechnet, so kennt man die entsprechenden Federkonstanten und damit die Eigenschwingungszahl.

f) Verfahren zur Berechnung der Eigenfrequenzen von Reihenmotoren.[2] Bei den bisher behandelten Methoden wurde keine Rücksicht auf die Größe der einzelnen Drehmassen und Federkonstanten genommen. Für diese Rechenmethoden war es belanglos, wie die Größe der einzelnen Konstruktionselemente gegeben ist. Beim Reihenmotor sind mehrere Drehmassen und Federkonstanten gleich groß und nur wenige sind von diesen verschieden. Es wurden Verfahren entwickelt, welche die Gleichheit der einzelnen Teile berücksichtigt und rasch die Eigenschwingungszahlen auffinden lassen.

---

[1] Söchting, F.: Berechnung der Eigenschwingungszahlen von Wellenleitungen durch Teilung der Feder in den Knotenpunkten, Zeitschr. f. angew. Math. u. Mechanik, Bd. 14, 1934, S. 378.

[2] Funk, P.: Über die Berechnung der kritischen Drehzahlen bei homogenen und fast homogenen Maschinen. Zeitschr. f. ang. Math. u. Mech. Bd. 15, 1935, S. 113.

a) Verfahren von Behrens[1]. Gegeben hat man die Massenanordnung nach Abb. 94. Bei dieser ist jedoch $c_{12} = c_{23} = \ldots c_{n-2,\,n-1} = = \varkappa\, c_{n-1,\,n}$ und $J_1 = J_2 = \ldots = J_{n-1}$ mit $J_n = \lambda\, J_1$ gegeben. Setzt man diese Werte in Gl. (225 a) ein und addiert die ersten $n - 1$ Gleichungen von Gl. (225 a), so erhält man

$$-\omega^2 J_1 \sum_{i=1}^{n-1} a_i + c_{n-1,\,n}\,(a_{n-1} - a_n) = 0,$$

$$-\omega^2 J_n a_n + c_{n-1,\,n}\,(a_n - a_{n-1}) = 0.$$

Diese zwei Gleichungen besagen, daß man das homogene Massensystem durch Einführung eines „reduzierten Massenträgheitsmomentes“[2] mittels einer Drehmasse ersetzen kann. Es ist

$$J_r = J_1 \frac{\sum\limits_{i=1}^{n-1} a_i}{a_{n-1}}. \tag{261 a}$$

Damit erhält man für die Eigenfrequenz

$$\omega^2 = \frac{\left(J_1 \frac{\sum\limits_{i=1}^{n-1} a_i}{a_{n-1}} + J_n\right) c_{n-1,\,n}}{J_1 J_n \frac{\sum\limits_{i=1}^{n-1} a_i}{a_{n-1}}} = \frac{c_{n-1,\,n}\left(\frac{1}{\lambda} + \frac{a_{n-1}}{\sum\limits_{i=1}^{n-1} a_i}\right)}{J_1}$$

Bezeichnet man mit

$$\omega'^2 = \frac{J_1\,\omega^2}{c_{12}} = \varkappa\left(\frac{1}{\lambda} + \frac{a_{n-1}}{\sum\limits_{i=1}^{n-1} a_i}\right), \tag{261}$$

so kann man bei Kenntnis von ω' die Eigenfrequenz berechnen. Die Größe von ω'^2 hängt von $\frac{a_{n-1}}{\sum\limits_{i=1}^{n-1} a_i}$ ab und diese Abhängigkeit kann man aus Gl. (255 a) berechnen. Behrens führte für verschiedene Massenanordnungen diese Rechnung durch und fand als Ergebnis

[1] Behrens, H.: Näherungsrechnung der Drehschwingungszahlen von Mehrzylindermaschinen, Werft-Reederei-Hafen, Bd. 11, 1930, S. 55. — Bestimmung der Drehschwingungszahlen von Mehrmassensystemen, Werft-Reederei-Hafen, Bd. 11, 1930, S. 141. — Die Berechnung erzwungener Drehschwingungen von Mehrmassensystemen, mit besonderer Berücksichtigung der Verhältnisse bei Motorenanlagen, Werft-Reederei-Hafen, Bd. 11, 1930, S. 489. — Bestimmung von Drehschwingungszahlen von Motorenanlagen, Zeitschr. d. VDI., Bd. 74, 1930, S. 640.

[2] Saß, F.: Berechnung kritischer Torsions-Drehzahlen, Zeitschr. d. VDI., Bd. 65, 1921, S. 67.

Abb. 110. Mit Hilfe dieser Abbildung kann man nach Gl. (261) die Eigenfrequenz ermitteln, es ist

$$\frac{a_{n-1}}{\sum\limits_{i=1}^{n-1} a_i} = \frac{\omega'^2}{\varkappa} - \frac{1}{\lambda}.$$

In dieser Gleichung ist die Abhängigkeit der Größe ω' von $\frac{a_{n-1}}{\sum\limits_{i=1}^{n-1} a_i}$ durch Abb. 110 bekannt. Löst man diese Gleichung graphisch, das heißt zeichnet man eine Gerade unter dem Neigungswinkel $\operatorname{tg} \alpha = 1/\varkappa$ mit der Nullpunktsabszisse $-1/\lambda$, so ergeben die Schnittpunkte der Geraden mit den entsprechenden Kurven die Werte von ω'^2 und damit ist die Eigenfrequenz zufolge Gl. (261) berechenbar.

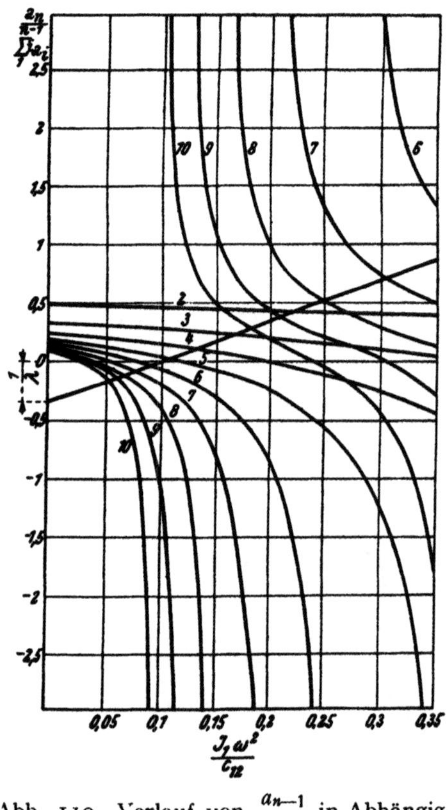

Abb. 110. Verlauf von $\frac{a_{n-1}}{\sum\limits_{1}^{n-1} a_i}$ in Abhängigkeit von $\frac{J_1 \omega^2}{c_{12}}$ für verschiedene Zylinderzahlen nach Behrens

Aus Abb. 110 und mit Hilfe von Gl. (261 a) ist zu jedem ω' das reduzierte Massenträgheitsmoment J_r berechenbar. Kennt man dieses, so kann man auch für eine geänderte Massenanordnung rasch die Eigenschwingungszahl berechnen. So z. B. für eine Verbrennungsmaschine mit Schwungrad, welche direkt mit einem Generator gekuppelt ist, diese läßt sich damit auf ein Dreimassensystem zurückführen und für dieses wurden auf S. 55 die Eigenschwingungszahlen berechnet. Am zweckmäßigsten wird die Rechnung folgendermassen durchgeführt: Zuerst nimmt man einen Wert für ω an und bestimmt damit aus Abb. 110 die reduzierte Drehmasse J_r, dann berechnet man damit die Eigenfrequenz und überprüft ob Annahme und Ergebnis übereinstimmen. Sind die Zusatzmassen an beiden Seiten des homogenen Systems angebracht, so kann man, wie Frank[1] gezeigt hat, auch für diese Massenanordnung die reduzierte Drehmasse bestimmen und damit rasch die Eigenfrequenz erhalten.

β) Verfahren von Biber[2]. Biber untersucht homogene Maschinen von 1 bis 15 gleichen Drehmassen, das sind Massenanordnungen, bei denen jede Masse und jede Federkonstante gleich groß ist. Die Werte der von Biber untersuchten Maschine sind: Massenträgheitsmoment $J = 1$ kgcmsek², polares Trägheitsmoment der Welle $J_p = 1$ cm⁴ und die Wellenlängen sind $l_{i,i+1} = 1$ cm, also $e_{i,i+1} = 8{,}28 \cdot 10^5$ cm kg. Er ermittelt für diese Systeme bei Annahme des Ausschlages der ersten Drehmasse von 100 cm die Schwingungsformen, die sogenannte Einheitsschwingungsform. Nach Gl. (255 b) gelten für die Größtausschläge

$$\frac{\Delta a}{l} = \frac{M_d}{H}.$$

Fehlen äußere Kraftmomente, so gilt Gl. (255) und die Momente der elastischen Kräfte sind dem Quadrat der Eigenfrequenz ω' verhältnisgleich

$$M_d = J\,a\,\omega'^2.$$

Aus diesem Grunde gilt für die Einheitsschwingungsform

$$\frac{\Delta a}{1} = \frac{1\,a\,\omega'^2}{1\,G}. \qquad (262\text{ a})$$

Außerdem hat man ein Massensystem mit gleichen Massenträgheitsmomenten J_1 und gleichen Wellenlängen l_{12} und polarem Trägheitsmoment der Welle J_p gegeben. Er vergleicht die Eigenfrequenzen der beiden Massensysteme bei Zugrundelegung der gleichen Schwingungsform. Es gilt

$$a_i J_1 \omega^2 = \frac{G J_p}{l_{12}}(a_i - a_{i-1} + a_i - a_{i+1}). \qquad (262\text{ b})$$

Vorausgesetzt wurde, daß die Schwingungsform sich nicht ändert, dies ist nur dann möglich, wenn die Schwingungsfrequenzen der beiden Massensysteme verschieden sind. Aus Gl. (262 a) und Gl. (262 b) erhält man das Verhältnis der beiden Frequenzen

$$\frac{\omega^2}{\omega'^2} = \frac{J_p}{l_{12} J_1}. \qquad (263)$$

Mit Hilfe von Gl. (263) ist jenes ω berechenbar, das zur vorgegebenen Massenanordnung und zur vorgegebenen Einheitsschwingungsform gehört. Für die Eigenschwingung gilt, daß die Gesamt-

---

[1] Frank, B.: Abgekürzte Drehschwingungsrechnung mit Hilfe der Ersatzmasse und der Ersatzkraft, Dissertation Karlsruhe 1939, Ing.-Archiv, Bd. 10, 1940, S. 371.

[2] Biber, W.: Praktische Verfahren zur Berechnung von Torsionsschwingungen, Dissertation München 1932.

summe der Momente der sogenannten Trägheitskräfte $\sum_{i=1}^{n} J_i \omega^2 a_i$ den Wert Null hat. Um feststellen zu können, ob die angenommene Einheitsschwingungsform die der freien Schwingung ist, ist die Kenntnis der Größe

$$M_1 = \sum_{i=1}^{n} M_i = \sum_{i=1}^{n} J_i \omega^2 a_i$$

nötig. Für die Einheitsschwingungsform ist

$$M_1' = \sum M' = \sum_{i=1}^{n} 1\, \omega'^2 a_i$$

berechnet worden, dann ist bei gleicher Schwingungsform und wenn die Drehmassen nicht die Größe Eins sondern $J_i = J_1$ haben, aus

$$\frac{M_1}{M_1'} = \frac{\sum M}{\sum M'} = \frac{\sum J_i \omega^2 a_i}{\sum 1\, \omega'^2 a_i} = \frac{J_1 \omega^2}{\omega'^2} = \frac{J_p}{l_{12}}$$

die Größe von M berechenbar. Die Einheitsschwingungsform a_i und M_i wurden von Biber in Tabellen (s. Zahlentafel I) angegeben, daher braucht man für die Maschine mit gleichen Massen die Rechnung nach Holzer-Tolle nicht durchführen, sondern kann die Tafelwerte mit Hilfe der obigen Formel umrechnen. Ist die Maschine inhomogen, so kann man die Schwingungsform und die Größe

$$\sum_{i=1}^{n} J_i \omega^2 a_i$$

für den homogenen Teil der Maschine aus der Tafel sofort erhalten und dann die Rechnung nach Holzer-Tolle fortsetzen.

γ) *Verfahren von Grammel*[1]. Aus der Gl. (255 a)

$$-J_i \omega^2 a_i + c_{i-1,i}(a_i - a_{i-1}) + c_{i,i+1}(a_i - a_{i+1}) = 0 \qquad (255\text{ a})$$

und der Gleichung für das elastische Moment Gl. (256 a)

$$e_{i,i+1} = c_{i,i+1}(a_{i+1} - a_i) \qquad (256\text{ a})$$

eliminiert Grammel die Ausschläge a_i und erhält die Gleichung

$$e_{i,i+1} = \frac{1}{J_{i-1}}\left(J_{i-1} + J_i - \frac{J_{i-1} - J_i}{c_{i-1,i}}\omega^2\right) e_{i-1,i} - \frac{J_i}{J_{i-1}} e_{i-2,i-1}, \quad i = 1, 2, \dots n, \qquad (264)$$

[1] Grammel, R.: Ein neues Verfahren zur Berechnung der Drehschwingungen von Kurbelwellen, Ing.-Archiv, Bd. 2, 1931, S. 228. — Die erzwungenen Drehschwingungen von Kurbelwellen, Ing.-Archiv, Bd. 3, 1932, S. 76. — Die Berechnung der Drehschwingungen von Kurbelwellen mit der Frequenzfunktionentafel, Ing.-Archiv, Bd. 3, 1932, S. 277. — A. a. O., S. 980.

dabei hat e_{01}, $e_{n,n+1}$ den Wert Null. Mit Hilfe dieser Rekursionsformel erhält man aus der Bedingung $e_{n,n+1} = 0$ eine Gleichung zur Berechnung der Eigenschwingungszahl ω. Nach Grammel kann man aber die Rechnung vereinfachen, wenn man eine Funktion $f(\omega^2)$ einführt, welche durch die Gleichung

$$e_{i+1,i+2} = (-1)^i \frac{e_{12}}{\frac{c_{12}}{J_2} + \frac{c_{23}}{J_3} + \ldots + \frac{c_{i,i+1}}{J_{i+1}}} f_i(\omega^2) \qquad (264\,\mathrm{a})$$

definiert ist. Setzt man Gl. (264 a) in Gl. (264) ein, so erhält man mit

$$f_i(\omega^2) = \left(\omega^2 - \frac{c_{i,i+1}}{J_{i-1}} - \frac{c_{i,i+1}}{J_i}\right) f_{i-1}(\omega^2) - \frac{c_{i-1,i}\, c_{i,i+1}}{J_{i-1}^2} f_{i-2}(\omega^2) \qquad (265\,\mathrm{a})$$

eine neue Rekursionsformel. Diese Gleichung, die sogenannte Frequenzgleichung, hat für die homogene Maschine, das ist die mit gleichen Trägheitsmomenten und Federkonstanten eine besonders einfache Gestalt. Bezeichnet man mit

$$c_{i,i+1} = c_{12}, \qquad J_i = J_1, \qquad \psi_i = \frac{f_i}{c_{12}^i} J_1^i, \qquad \omega^2 \frac{J_1}{c_{12}} = \zeta,$$

so erhält man als Frequenzgleichung

$$\psi_i = \zeta^i - \binom{2i}{1} \zeta^{i-1} + \binom{2i-1}{2} \zeta^{i-2} - \ldots + \ldots (-1)^i (i+1). \qquad (265)$$

Aus Gl. (264 a) folgt, daß für $i = n - 1$

$$\psi_{n-1} = 0$$

gilt, mit dieser Gleichung erhält man eine Bedingungsgleichung zur Berechnung für ζ und damit der Eigenschwingungszahl ω. Setzt man für ζ verschiedene Werte in Gl. (265) ein, so erhält man ψ_i, die sogenannte reduzierte Frequenzfunktion, in Abhängigkeit von ζ. Grammel berechnet diese für $i = 1 - 11$ und $\zeta = 0 - 0{,}4$ (s. Anhang III). Mit Hilfe dieser Tafel lassen sich rasch die Eigenfrequenzen zusammengesetzter und parallelgeschalteter Maschinenaggregate berechnen. So erhält man z. B. für die Anordnung nach Abb. 111 zwei verschiedene Frequenzfunktionen, je nachdem ob beide Reihenmaschinen im gleichen oder im entgegengesetzten Sinne schwingen. Berechnet man zuerst mit den Bezeichnungen nach Abb. 111 die Hilfsfunktionen

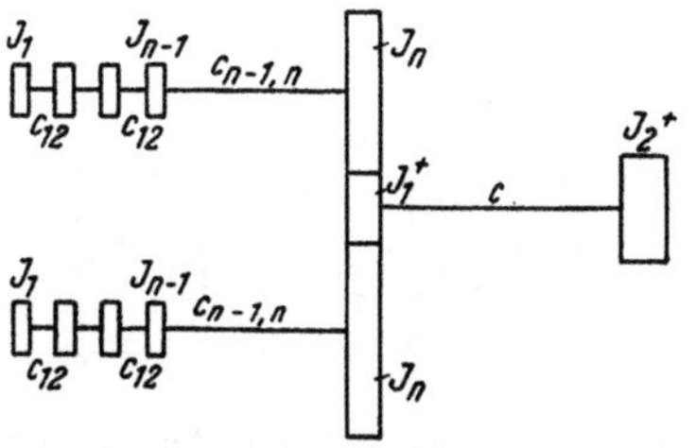

Abb. 111. Eine Arbeitsmaschine wird durch zwei parallelgeschaltete n-zyl. Motore angetrieben

$$\zeta' = \zeta - \left(\frac{c_{n-1,\,n}}{c_{12}}\frac{J_1}{J_n} + \frac{c_{n-1,\,n}}{c_{12}}\right), \qquad \bar{\zeta}' = \zeta - \frac{c_{n-1,\,n}}{c_{12}},$$

$$\zeta'' = \zeta - \left(\frac{c}{c_{12}}\frac{J_1}{J_1{}^+} + \frac{c}{c_{12}}\frac{J_1}{J_2{}^+}\right), \qquad \bar{\zeta}'' = \zeta + \frac{c}{c_{12}}\frac{J_1}{J_1{}^+},$$

$$\zeta''' = \zeta''\zeta' - \frac{c_{n-1,\,n}}{c_{12}}\frac{J_1}{J_n}\zeta'',$$

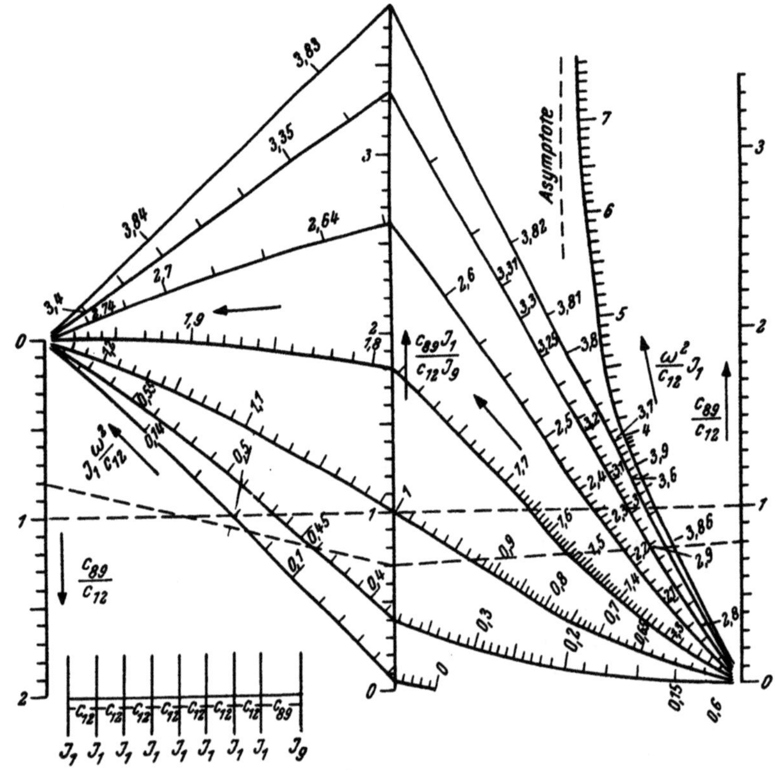

Abb. 112. Ermittlung der Eigenfrequenz der 8-zyl. Maschine mit Schwungrad nach Pöschl-Collatz

so hat mit Hilfe dieser Hilfsfunktionen Grammel die erste Frequenzfunktion[1]

$$\psi_{n+1}{}' = \zeta'''\,\psi_{n-1} - \frac{c_{n-1,\,n}}{c_{12}}\,\zeta''\,\psi_{n-2},$$

bzw. die zweite Frequenzfunktion

$$\psi_n{}'' = \bar{\zeta}'\,\psi_{n-1} - \frac{c_{n-1,\,n}}{c_{12}}\,\psi_{n-2}$$

ermittelt. Die Nullstellen dieser Frequenzfunktionen ergeben wie oben die Werte für ζ und damit nach der Gleichung

[1] Grammel, R., a. a. O., 1002.

$$\omega = \sqrt{\frac{c_{12}}{J}\zeta}$$

die Eigenfrequenzen der Maschinenanlagen. Die Werte der ψ_{n-1}, ψ_{n-2} sind aus der Tafel für die homogene Maschine abzulesen.

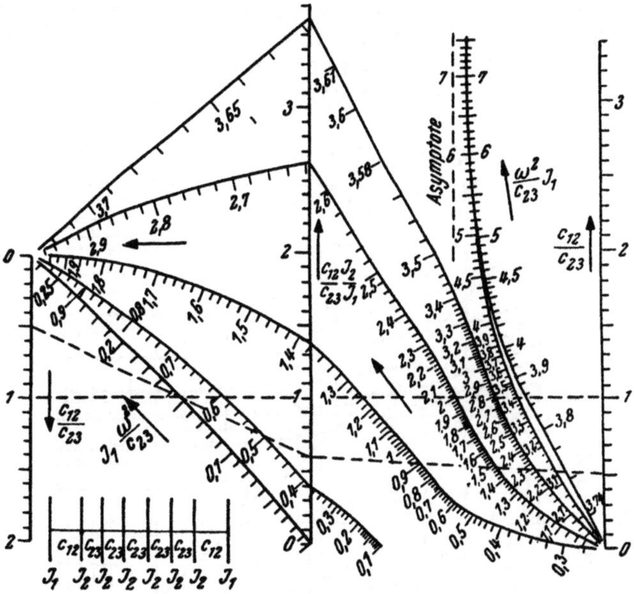

Abb. 113. Ermittlung der Eigenfrequenz einer 6-zyl. Maschine mit je einem Schwungrad an beiden Seiten nach Pöschl-Collatz

Pöschl und Collatz[1] bestimmen für die homogene Maschine die Lösung der Gl. (264) durch den Ansatz

$$e_{i,\,i+1} = \sin (i + 1)\, s, \qquad i = 1, 2, \ldots n.$$

Den Parameter s ermittelt man aus der Gleichung

$$e_{n,\,n+1} = \sin (n + 2)\, s = 0.$$

Die Eigenfrequenz der homogenen Maschine bestimmt sich zufolge Gl. (264) zu

$$\omega^2 = \frac{c_{12}}{J_1} 2 (1 - \cos s).$$

Auch auf die homogene Maschine mit Zusatzmassen läßt sich wie Pöschl und Collatz gezeigt haben, dieser Gedankengang anwenden und man kann Nomogramme zur Ermittlung der Eigenfrequenzen aufstellen, so erhält man z. B. Abb. 112 für eine Achtzylindermaschine mit Zusatzmasse und Abb. 113 für eine Sechszylindermaschine mit der gleichen Zusatzmasse an jeder Seite der Maschine.

[1] Pöschl, T., L. Collatz: Über die Berechnung und Darstellung der Eigenfrequenzen homogener Maschinen mit Zusatzdrehmassen, Z. a. M. M., Bd. 18, 1938, S. 186.

δ) *Verfahren von Söchting*[1]. Berechnet man aus Gl. (255 a) die Eigenfrequenz ω

$$\omega^2 = \frac{c_{i-1,\,i}\,(a_i - a_{i-2}) + c_{i,\,i+1}\,(a_i - a_{i+1})}{a_i\, J_i}, \quad i = 1, 2, \ldots n, \qquad (266)$$

so erhält man damit n homogene Gleichungen zwischen den einzelnen Ausschlägen a_i. Wird von einem ein willkürlicher Wert vorgegeben, so z. B. für $a_1 = 1$, so sind die anderen berechenbar. Kennt man jedoch den Ausschlag a_2, so folgt aus Gl. (266)

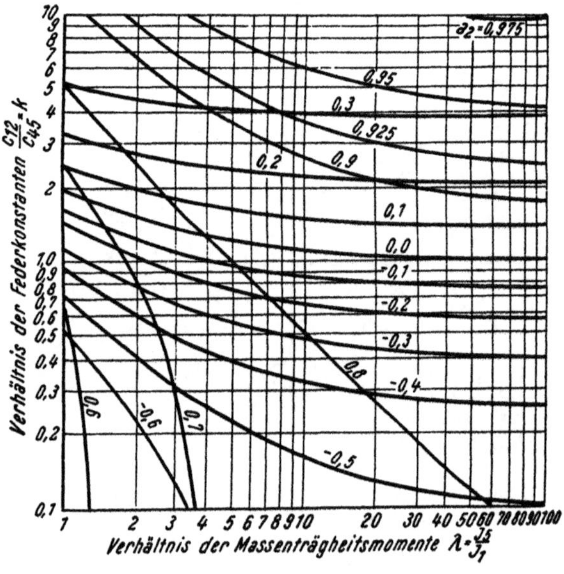

Abb. 114. Ermittlung der Eigenfrequenz eines 4-zyl. Motors mit Schwungrad nach Söchting

$$\omega = \sqrt{\frac{c_{12}}{J_1}\,(1 - a_2)} \qquad (266\,\text{a})$$

der Wert der Eigenfrequenz ω. Den Wert von a_2 — entsprechend den $n - 1$ Eigenschwingungszahlen erhält man $n - 1$ verschiedene Größen des Ausschlages a_2 — bestimmt man mit Hilfe der Gl. (266).

Bei Serienanordnung der einzelnen Massen lassen sich einfach die Eigenfrequenzen der Maschinenanlagen auffinden. So folgt z. B. für eine Vierzylindermaschine mit Schwungrad bei $J_1 = J_2 = J_3 = J_4$, $J_5 = \lambda J_1$ und $c_{12} = c_{23} = c_{34} = \varkappa\, c_{45}$ für den Ausschlag a_2

$$a_2^3 + 3\,a_2^2 + a_2 - 1 + \lambda\,[\varkappa\,(a_2^4 + 2\,a_2^3 - 2\,a_2^2 - 2\,a_2 + 1) + \\ + a_2^3 + 2\,a_2^2 - a_2 + 1] = 0.$$

[1] Söchting, F.: Rechentafeln zur Berechnung der Eigenschwingungszahlen von Vier- und Sechszylindermotoren mit gleichen Triebwerksmassen, Automobiltechn., Zeitschrift, Bd. 37, 1934, S. 266.

Bei vorgegebenen Werten von $\varkappa$ und λ hätte man die Wurzeln dieser Gleichung aufzufinden und dann in Gl. (266 a) einzusetzen, um die Eigenfrequenzen zu erhalten.

Das Aufsuchen der Wurzel dieser Gleichung kann durch Zeichnen von Kurventafeln vereinfacht werden. In Abb. 114 sind für den Vierzylindermotor mit Schwungrad die Kurven $a_2 = \text{const.}$ in Abhängigkeit von $\varkappa$ und λ dargestellt. Abb. 115 gibt das entsprechende Schaubild für den Sechszylindermotor mit Schwungrad, bei welchem $J_1 = J_2 = J_3 = J_4 = J_5 = J_6$ und $J_7 = \lambda J_1$ mit $c_{12} = c_{23} = c_{34} = c_{45} = c_{56} = \varkappa c_{67}$. Diese Kurvenblätter können auch verwendet

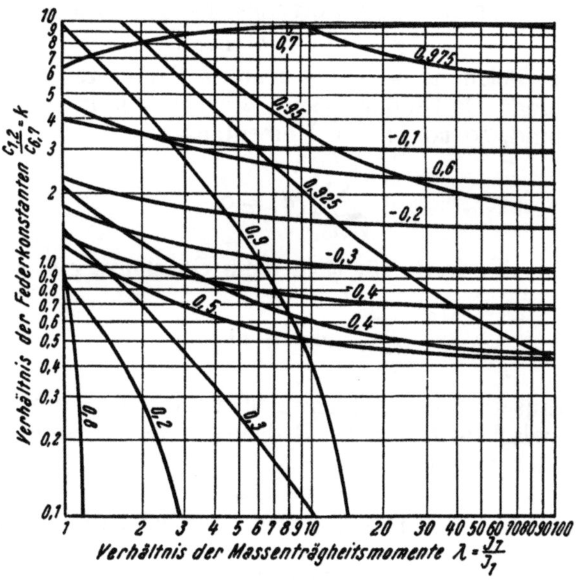

Abb. 115. Ermittlung der Eigenfrequenz eines 6-zyl. Motors mit Schwungrad nach Söchting

werden, wenn die homogene Maschine nicht mit einer, sondern z. B. mit drei Zusatzmassen gekoppelt ist. Man teilt dann die erste Zusatzdrehmasse in zwei Teilmassen J' und J''. Für das homogene Massensystem mit einer Zusatzdrehmasse ergibt die Kurventafel a_2 und damit die Eigenschwingungszahl, während man für das Dreimassensystem mit Hilfe von Gl. (63) die Eigenschwingungszahl erhält. J' und J'' hat man so lange zu ändern, bis die beiden Frequenzen übereinstimmen.

g) Ermittlung der Eigenfrequenzen mit Hilfe des Prinzipes von Rayleigh. Will man das Rayleighsche Prinzip zur Ermittlung der Eigenschwingungszahlen anwenden, so bereitet dies vorerst Schwierigkeiten. Man kennt den Schwingungsknoten nicht, daher ist die Schwingungsform — ob man sie als Gerade, Parabel oder als Sinuskurve annimmt, ist belanglos — auch der Lage nach unbestimmt. Timoshenko[1] nimmt als Schwingungsform eine Parabel mit vorerst unbekanntem Anfangs- und Endausschlag an. Diese unbekannten Ausschläge kann man mit Timoshenko als generalisierte Koordinaten ansehen und hat man Formänderungsarbeit und kinetische Energie ermittelt, so ergeben die Lagrangeschen Gleichungen (s. S. 9) die Differentialgleichung der Bewegung, integriert man diese, so erhält man dann die Eigenfrequenz. Es ist jedoch möglich, ohne Verwendung der Lagrangeschen Gleichungen mit Hilfe des Rayleighschen Prinzipes die Eigenfrequenzen zu erhalten. Nimmt man die Schwingungsform, z. B. als Gerade an, so ist

$$\varphi = (a\,x + b)\sin\omega\,t.$$

In dieser Gleichung bedeuten a und b Parameter, welche erst zu bestimmen sind. Da bei der freien Schwingung keine äußeren Kräfte vorhanden sind, so lautet der Momentensatz

$$\sum_{i=1}^{n} J_i\,\ddot{\varphi}_i = 0.$$

Setzt man die Werte für $\ddot{\varphi}$ in diese Gleichung ein, so wird

$$\sum_{i=1}^{n} J_i\,(a\,x_i + b) = 0.$$

Durch Einsetzen der Zahlenwerte für x_i und J_i erhält man eine Gleichung zwischen a und b. Bedeutet l die gesamte Wellenlänge und bezeichnet man mit

$$C = G\,J_p,$$

so erhält man für den Größtwert der Formänderungsarbeit

$$A = -\frac{1}{2}\,C\int_0^l \left(\frac{\partial\varphi}{\partial x}\right)^2 dx = -\frac{1}{2}\,C\,a^2\,l$$

und für den Größtwert der kinetischen Energie

$$L = \frac{\omega^2}{2}\sum_{i=1}^{n} J_i\,(a\,x_i + b)^2.$$

Aus diesen beiden Gleichungen ermittelt sich der Wert der Eigenfrequenz

$$\omega^2 = \frac{C\,a^2\,l}{\sum_{i=1}^{n} J_i\,(a\,x_i + b)^2}. \qquad (267)$$

[1] Timoshenko, S., a. a. O., S. 161.

Bei vielen Massenanordnungen wird die Annahme eines geknickten Linienzuges für die Schwingungsform (s. Abb. 116) verbessert, dies ist z. B. dann der Fall, wenn zwei Massen wesentlich verschieden von den übrigen sind. Dann setzt man für den Schwingungsausschlag

$$\varphi = (a_2 + a\,x) \sin \omega t$$

und für den Größtausschlag der ersten Masse a_1. Die Entfernung x zählt man von der Masse 2 und die Länge l bedeutet somit die Entfernung der Masse 2 vom Wellenende. Für den Momentensatz erhält man

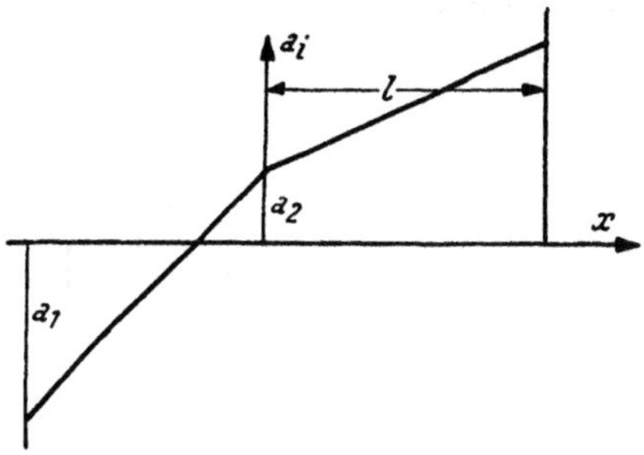

Abb. 116. Genäherte Schwingungsform

$$\sum_{i=1}^{n} J_i \ddot{\varphi}_i = 0, \quad J_1 a_1 \omega^2 + \sum_{i=2}^{n} J_i (a_2 + a\,x_i)\,\omega^2 = 0.$$

Anderseits besteht zwischen den Größtausschlägen a_1 und a_2 die Gleichung

$$-J_1 \omega^2 a_1 + c_{12}(a_1 - a_2) = 0,$$

daraus folgt

$$a_2 = \left(1 - \frac{J_1 \omega^2}{c_{12}}\right) a_1$$

und es gilt

$$a \sum_{i=2}^{n} J_i x_i + \left[J_1 + \left(1 - \frac{J_1}{c_{12}} \omega^2\right) \sum_{i=2}^{n} J_i\right] a_1 = 0.$$

Nimmt man a_1 an, so ist a berechenbar. Für den Größtwert der Formänderungsarbeit gilt jetzt

$$A = -\frac{1}{2} c_{12} (a_1 - a_2)^2 - \frac{1}{2} C \int_0^l \left(\frac{\partial \varphi}{\partial x}\right)^2 dx = -\frac{1}{2} \frac{J_1^2}{c_{12}} \omega^4 a_1^2 - \frac{1}{2} C\, a^2 l \tag{268 a}$$

und für den der kinetischen Energie

$$L = \frac{1}{2} J_1 \omega^2 a_1^2 + \frac{1}{2} \sum_{i=2}^{n} J_i (a_2 + a\,x_i)^2 \omega^2. \tag{268 b}$$

Diese sind in Abhängigkeit von a_1 und ω berechenbar. Aus dem Energiesatz

$$A = L - L_0$$

folgt der Wert für die Eigenfrequenz.

Für das von Wydler[1] angegebene System nach Abb. 117 mit der Frequenz der Grundschwingung $\omega = 143{,}2\ \text{sek}^{-1}$ und der der ersten Oberschwingung $\omega = 232{,}4\ \text{sek}^{-1}$ wurde das obige Verfahren angewendet, die erforderlichen Summen berechnet. Ermittelt man den Wert der Eigenfrequenz nach Gl. (267), so erhält man

$$\omega' = 155{,}2\ \text{sek}^{-1},$$

also einen um 8,42% zu großen Wert. Das zweite Verfahren führt auf eine Gleichung dritten Grades für ω, doch hat dieselbe Doppelwurzeln und die Wurzeln dieser Gleichung kann man durch Lösung einer Gleichung zweiten Grades auffinden. Man erhält nach Gl. (268 a) und Gl. (268 b) für die Grundschwingung

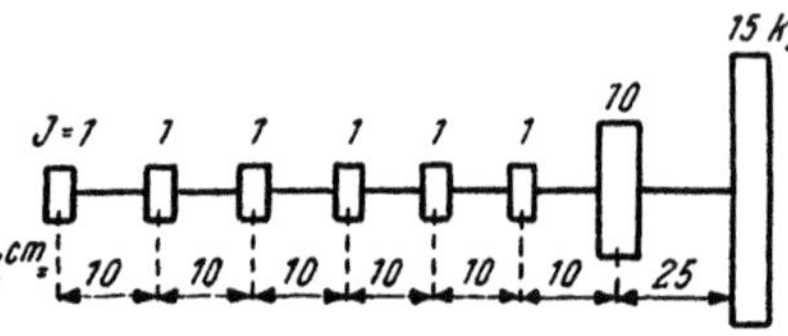

Abb. 117. Achtmassensystem $J_1 = \ldots = J_6 = 1\ \text{kgmsek}^2$, $J_7 = 10\ \text{kgmsek}^2$, $J_8 = 15\ \text{kgmsek}^2$, $l_{12} = \ldots = l_{67} = 10\ \text{cm}$, $l_{78} = 25\ \text{cm}$, $J_p = 602\ \text{cm}^4$

$$\omega'' = 153{,}48\ \text{sek}^{-1},$$

also einen um 7,18% zu großen und für die erste Oberschwingung

$$\omega = 239{,}4\ \text{sek}^{-1}$$

einen um 3,8% zu großen Wert.

Ersetzt man die Schwingungsform zwischen a_2 und a_n durch die Parabel[2],

$$a_i = a_n \frac{(2\,l - x)\,x}{l^2} + a_2 \frac{(l - a)^2}{l^2},$$

so erfordert die Ermittlung der Eigenfrequenzen einen größeren Aufwand an Rechenarbeit, doch erhält man damit sehr genau die Frequenz der Grundschwingung. Gezeigt wurde, wie man mit Hilfe des Rayleighschen Verfahrens durch Annahme einer geradlinigen Schwingungsform die Eigenschwingung erhält; es bietet keine Schwierigkeit, an Stelle der geraden Linie eine Parabel anzunehmen, die Rechnung wird zwar etwas umständlicher, doch wird ein genaueres Ergebnis erhalten.

6. *Ermittlung der Ausschläge bei Resonanz*

Da die Resonanzfrequenz von der Dämpfung abhängt, so hätte man zuerst diesen Einfluß zu berücksichtigen, da jedoch die Dämpfungskräfte relativ klein sind, so kann man, wie beim Einmassensystem gezeigt wurde, diesen Einfluß vernachlässigen und als Eigenschwingungszahl, die der ungedämpften annehmen. Um über das Verhalten der Welle Aussagen machen zu können, ist es nötig, jene Drehzahl zu ermitteln, bei welcher große Ausschläge auftreten können,

[1] Wydler, H., a. a. O., S. 29.
[2] Timoshenko, S., a. a. O., S. 161.

das heißt die Resonanzdrehzahlen, welche man auch die „kritischen Drehzahlen" nennt. Große Ausschläge sind zu erwarten, wenn die Frequenz der erregenden Kraft mit der Resonanzfrequenz zusammenfällt. Da die Frequenz der erregenden Kräfte verhältnisgleich der Drehzahl ist, erhält man beim Viertaktverfahren die kritischen Drehzahlen aus der Gleichung[1]

$$\omega = \frac{i}{2} \frac{n_k}{30}, \qquad i = 1, 2, \ldots$$

und beim Zweitaktverfahren durch

$$\omega = i \frac{n_k}{30}, \qquad i = 1, 2, \ldots$$

Die Größe der erregenden Kräfte ist durch die Analyse des Drehkraftdiagrammes gegeben. Auf die Schwingungsausschläge haben nicht nur die Maschinenabmessungen einen Einfluß, sondern bei V-Motoren auch der Reihenwinkel; es ist möglich, diesen so zu bestimmen, daß die Größtausschläge am kleinsten werden. Werden die Wellenabmessungen entsprechend gewählt, so ist es möglich, wie Holzer[2] gezeigt hat, daß trotzdem endliche Schwingungsausschläge vorhanden sind. Diesen Schwingungszustand nennt man Scheinresonanz, die Bedeutung dieser ist nicht sehr groß[3], da beim Reihenmotor Massen, Längen und erregende Kräfte schon vorgegeben sind, so daß die Bedingungen für das Auftreten der Scheinresonanz nur schwer zu erfüllen sind.

Auch die Zündfolge der einzelnen Zylinder hat einen Einfluß auf die Größtausschläge, diesen Einfluß kann man nach Bauer[4] aus Abb. 118 ersehen. Bei anderen Zylinderzahlen und Zündfolgen wurde dieser Einfluß von Scheuermeyer[5] untersucht. Bei V-Motoren sind die Schwingungsausschläge vom V-Winkel abhängig und es läßt sich jener bestimmen[6], bei welchem die kleinsten Beanspruchungen in der Kurbelwelle auftreten. Es bietet keine Schwierigkeit mit Hilfe der Determinanten die Größtausschläge bei der erzwungenen

[1] Schrön, H.: Die Dynamik der Verbrennungskraftmaschine, S. 159, Wien: 1942; 8. H., 2. Teil von H. List: Die Verbrennungskraftmaschine.

[2] Holzer, H.: Gefahrlose Resonanz, Maschinenbaugestaltung, Bd. 2, 1922/23, S. 280. — Holzer, H.: Gefahrlose Resonanz, Festschrift Prof. Stodola, S. 234. Zürich u. Leipzig: 1929.

[3] Grammel, R., a. a. O., S. 1025.

[4] Bauer, G.: Fortschritte im Schiffsantrieb durch übersetzte Dieselmotoren u. hydraulische Kupplungen, Schiffbau, Schiffahrt und Hafenbau, Bd. 39, 1938, S. 33.

[5] Scheuermeyer, M.: Einfluß der Zündfolge auf die Drehschwingungen von Reihenmotoren, Dissertation. München: 1932.

[6] Brandt, R.: Untersuchung über die Erregungen von Drehschwingungen in Reihenmotoren, Jahrbuch 1931 der DVL., S. 343. — Schlaefke, K.: Der Einfluß des V-Winkels auf Kurbelwellen, Drehschwingungen von V-Motoren, Z. d. VDI., Bd. 80, 1936, S. 1253.

gedämpften Drehschwingung zu erhalten (s. S. 71). Es wurden jedoch Näherungsverfahren angegeben, welche rasch die Ausschläge bei Resonanz zu ermitteln gestatten.

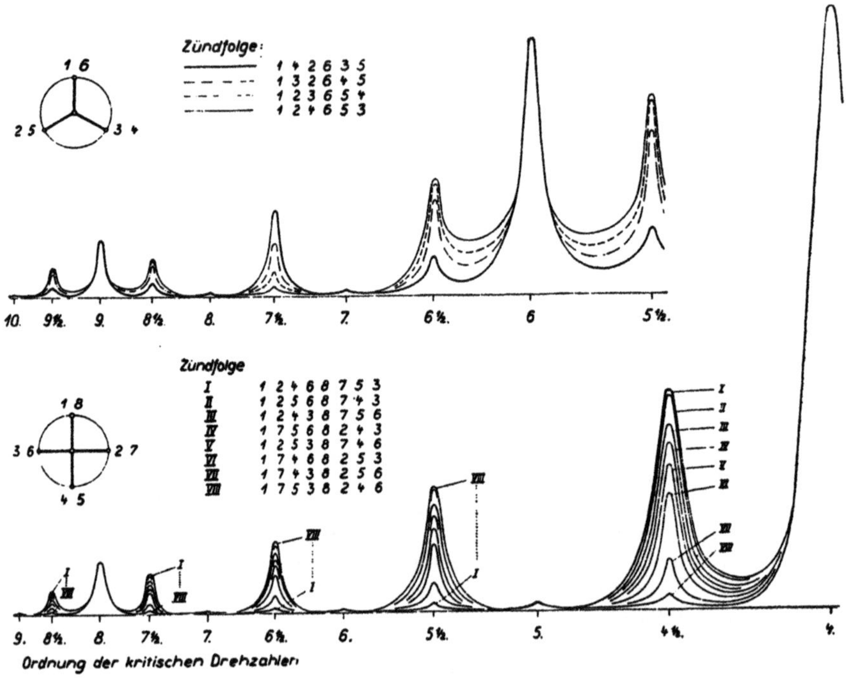

Abb. 118. Einfluß der Zündfolge auf die Schwingungsausschläge nach Bauer

a) Verfahren von Eichelberg[1]**.** Vorerst sei angenommen, daß die Kraft

$$P_i = T_i \sin(\omega t + \delta_i)$$

und der Ausschlag φ

$$\varphi_i = a_i \sin(\omega t + \vartheta_i)$$

gegeben sei, somit gilt für die Arbeit dieser Kraft während einer vollen Schwingungsperiode (s. S. 12)

$$A_i = \pi T_i a_i \sin(\vartheta_i - \delta_i).$$

Wirken auf mehrere Massen verschiedene Kräfte, so gilt für deren Arbeit

$$A = \sum_{i=1}^{n} A_i = \sum_{i=1}^{n} \pi T_i a_i \sin(\vartheta_i - \delta_i).$$

[1] Eichelberg, G.: Torsionsschwingungsausschlag in Resonanz, Festschrift Prof. Stodola, S. 122. Zürich und Leipzig: 1929.

Macht man die Voraussetzung, daß sämtliche Massen in der gleichen Phase schwingen, so ist jedes ϑ_i gleich ϑ und man erhält

$$A = \pi \sum_{i=1}^{n} T_i a_i \sin(\vartheta - \delta_i) = \pi \sin \vartheta \sum_{i=1}^{n} T_i a_i \cos \delta_i - \\ - \pi \cos \vartheta \sum_{i=1}^{n} T_i a_i \sin \delta_i. \tag{269}$$

Die Größen $\pi T_i a_i \cos \delta_i$ und $\pi T_i a_i \sin \delta_i$ kann man als Komponenten eines Vektors auffassen, welcher die Richtung der erregenden Kraft hat (s. diese Darstellung S. 2). Bildet man die Vektorsumme (s. Abb. 119)

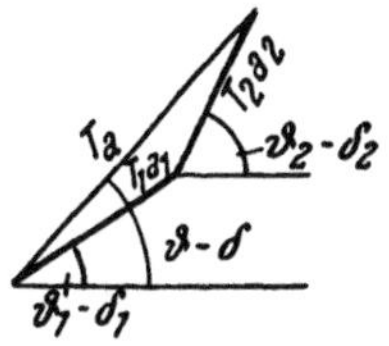

Abb. 119

$$\overline{T a} = \sum_{i=1}^{n} \overline{T_i a_i}$$

und bezeichnet δ den Winkel des resultierenden Vektors $\overline{T a}$ mit dem Ausschlagvektor, so erhält man für die Arbeit nach Gl. (269)

$$A = \pi T a \sin \vartheta \cos \delta - \pi T a \cos \vartheta \sin \delta = \pi T a \sin(\vartheta - \delta) \tag{269 a}$$

Gl. (269 a) gilt für jede beliebige Frequenz der erregenden Kraft. Beachtet man, daß bei Resonanz der Phasenwinkel zwischen erregender Kraft und Ausschlag $\pi/2$ beträgt, so gilt bei Resonanz $A = \pi T a$. Bildet man die Arbeit A_1 sämtlicher Dämpfungskräfte $\beta_i \dot{\varphi}_i$ während einer Periode, so erhält man (s. S. 228)

$$A_1 = \sum_{i=1}^{n} \pi \beta_i \omega a_i^2 = \pi \omega \sum_{i=1}^{n} \beta_i a_i^2.$$

Soll die Bewegung der Welle eine stationäre sein, so müssen beide Arbeiten gleich groß sein, daher wird

$$\pi T a = \pi \omega \sum_{i=1}^{n} \beta_i a_i^2. \tag{270}$$

Da die Dämpfungskräfte klein sind, so folgt, wie später gezeigt werden soll, daß die Schwingungsform bei Resonanz ähnlich[1] jener der freien Schwingung ist, diese Schwingungsform kennt man durch die Ermittlung der Eigenfrequenz. Ist $a_1' = 1$ und bezeichnet man die zugehörigen Ausschläge der freien Schwingung mit a_i', dann erhält man für die entsprechenden Ausschläge bei $a_1 \neq 1$

$$a_i = a_1 a_i'.$$

[1] Wydler, H., a. a. O., S. 66.

Damit erhält man für die Arbeit der erregenden Kräfte

$$A = \pi T a = \sum_{i=1}^{n} \overline{T_i a_i} = \pi a_1 \sum_{i=1}^{n} \overline{T_i a_i'}$$

und für die Arbeit der Dämpfungskräfte

$$A_1 = \pi \omega a_1^2 \sum_{i=1}^{n} \beta_i a_i'^2.$$

Da beide Arbeiten gleich groß sein müssen, so erhält man damit eine Bestimmungsgleichung für den Ausschlag der ersten Masse

$$a_1 = \frac{\sum_{i=1}^{n} \overline{T_i a_i'}}{\omega \sum_{i=1}^{n} \beta_i a_i'^2}.$$

Mit der Kenntnis dieses Ausschlages kennt man die Schwingungsform und damit die in der Welle auftretenden Beanspruchungen.

b) Verfahren von Söchting[1]. Gegeben sei das n-Massensystem auf welches erregende Kräfte $P_i \sin \omega t$ mit der Resonanzfrequenz ω wirken, dann gilt für die erzwungene gedämpfte Schwingung

$$J_i \ddot{\varphi}_i + c_{i-1,i}(\varphi_i - \varphi_{i-1}) + c_{i,i+1}(\varphi_i - \varphi_{i+1}) + \beta_i \dot{\varphi}_i = P_i \sin \omega t. \quad (271)$$

Haben die erregenden Kräfte auch Kosinuskomponenten, so gilt eine entsprechende analoge Gleichung. Vorausgesetzt sei wieder, daß die Dämpfung schwach sei, dann ist die Eigenschwingungszahl der gedämpften Schwingung annähernd gleich der der ungedämpften Schwingung. Für diese gilt jedoch

$$J_i \ddot{\varphi}_i + c_{i-1,i}(\varphi_i - \varphi_{i-1}) + c_{i,i+1}(\varphi_i - \varphi_{i+1}) = 0. \quad (271\,a)$$

Damit folgt, daß die Schwingungsform bei Resonanz ähnlich der der freien Schwingung ist. Dadurch erhält man als Gleichung zur Bestimmung der Ausschläge

$$\beta_i \dot{\varphi}_i = P_i \sin \omega t. \quad (271\,b)$$

Gl. (271 b) genügt der Ansatz

$$\varphi_i = -b_i \cos \omega t, \quad (272)$$

das heißt zwischen erregender Kraft und dem Ausschlag besteht eine Phasendifferenz von $\pi/2$. Setzt man Gl. (272) in Gleichungssystem (271) ein, addiert sämtliche n Gleichungen und achtet man, daß auch Gl. (271 a) gilt, so wird

[1] Söchting, F.: Erzwungene gedämpfte Schwingungen von Mehrmassensystemen, Sitzungsber. d. Akad. d. Wissensch. Wien, math. naturw. Kl., Abt. IIa, Bd. 144, 1935, S. 577.

$$\sum_{i=1}^{n} \beta_i \omega b_i = \sum_{i=1}^{n} P_i$$

erhalten. Rechnet man mit einem mittleren Dämpfungskoeffizienten β_m, so gilt

$$\beta_m \omega \sum_{i=1}^{n} b_i = \sum_{i=1}^{n} P_i. \tag{271 c}$$

Mit a_i' bezeichnet man die Ausschläge der freien Schwingung bei a_1', bzw. $b_1' = 1$, diese hat man schon bei der Ermittlung der Eigenschwingungszahl berechnet. Kennt man den bei der erzwungenen Schwingung vorhandenen Ausschlag b_1, so berechnet sich ein beliebiges b_i aus

$$b_i = b_1 a_i'.$$

Setzt man diese Gleichung in Gl. (271 c) ein, so ist b_1 berechenbar und man erhält

$$b_1 = \frac{\sum_{i=1}^{n} P_i}{\beta_m \omega \sum_{i=1}^{n} a_i'}. \tag{273}$$

Gl. (273) ist, den gemachten Voraussetzungen entsprechend, nur eine Näherungslösung, doch ersieht man daraus, daß die Summe der erregenden Kräfte für die Größe des Ausschlages maßgebend ist.

c) Beanspruchung bei Resonanz[1]**.** Die größten Torsionsbeanspruchungen in den Wellen treten dort auf, wo die größten Verdrehungswinkel vorhanden sind. Bei den Wellenschwingungen sind die größten Torsionswinkel in den Schwingungsknoten beobachtbar, aus diesem Grunde brechen die Wellen durch Schwingungsbeanspruchung nahe bei den Knoten der Schwingungslinie. Will man die Beanspruchung bei Resonanz ermitteln, so ist es zweckmäßig mit Hilfe von Gl. (261 a) das vorgegebene Massensystem auf ein Zweimassensystem zurückzuführen, daher beschränken sich die weiteren Untersuchungen auf ein Zweimassensystem.

α) *Die Dämpfungskraft greift an der Kraftseite an.* Für diesen Fall gibt Gl. (72 b) die Relativverdrehung bei Resonanz, also bei $i\,k = \omega$

$$\vartheta = b_1 - b_2 = \frac{P_i J_2 \omega^2}{\beta \omega (J_2 \omega^2 - c)} = \frac{P_i}{\beta \omega} \frac{J_1 + J_2}{J_2}. \tag{72 b}$$

Bezeichnet man mit λ_i das Verhältnis der erregenden Kraft i-ter Ordnung P_i zur mittleren Kraft T_m

$$\lambda_i = \frac{P_i}{T_m}, \tag{273}$$

[1] Söchting, F.: Schwingungshöchstbeanspruchungen bei Resonanz, ATZ, Bd. 37, 1934, S. 546.

Die Dämpfungskonstante ist nach Gl. (254 a) von dem mechanischen Wirkungsgrad η_m abhängig

$$\beta = \frac{T_m(1-\eta_m)}{k}, \tag{254 a}$$

somit erhält man für die Relativverdrehung zufolge Gl. (72 b), Gl. (273) und Gl. (254 a)

$$\vartheta = \frac{\lambda_i J_2 \omega^2}{i(1-\eta_m)(J_2\omega^2 - c)} = \frac{\lambda_i (J_1 + J_2)}{i(1-\eta_m) J_2}. \tag{274}$$

Bedeutet r den Halbmesser und l die Länge der Welle zwischen den beiden Drehmassen, so ist die Beanspruchung in diesem Stücke

$$\tau = \frac{G r}{l}\vartheta. \tag{275}$$

Setzt man Gl. (274) in Gl. (275) ein, so wird

$$\tau = G\frac{r}{l}\frac{\lambda_i}{i}\frac{J_1 + J_2}{(1-\eta_m) J_2}. \tag{276}$$

β) *Die Dämpfung greift an der Lastseite an.* Die Größtverdrehungen bei dieser Dämpfungsart bestimmen sich durch Gl. (74)

$$\vartheta = b_2 - b_1 = \frac{P_i}{\beta\omega}\frac{J_2\omega^2}{J_1\omega^2 - c} = \frac{P_i}{\beta\omega}\frac{J_2(J_1+J_2)}{J_1^2}. \tag{74}$$

Setzt man Gl. (273) und Gl. (254 a) in Gl. (74) ein, so erhält man für die Größtverdrehung

$$\vartheta = \frac{\lambda_i}{i}\frac{J_2(J_1+J_2)}{(1-\eta_m) J_1^2}.$$

Durch Benützung von Gl. (275) bestimmt sich die Größtbeanspruchung zu

$$\tau = G\frac{r}{l}\frac{\lambda_i}{i}\frac{J_2(J_1+J_2)}{(1-\eta_m) J_1^2}. \tag{277}$$

Gl. (276) und Gl. (277) können verwendet werden, um für eine vorgegebene Maschine bei bekannten erregenden Kräften jene Ordnungszahlen i und damit jene Maschinendrehzahlen zu bestimmen, bei welchen große Beanspruchungen auftreten, welche den Betrieb der Maschinenanlage gefährden. Dies geschieht dadurch, indem man λ_i/i für $i = 1, 2, \ldots$ in Gl. (276) und Gl. (277) einsetzt und die Größe der auftretenden Beanspruchung ermittelt. Bei Kenntnis dieser kann man jene Drehzahlen feststellen, bei welchen eine Gefährdung der Maschinenanlage durch Schwingungsbeanspruchungen auftreten können.

7. *Mittel zur Kleinhaltung der Schwingungsausschläge*

Zufolge Abb. 17 sind die Schwingungsausschläge und damit die Beanspruchungen dann klein, wenn die Erreger- mit der Eigenfrequenz nicht zusammenfällt, wenn eine „Verstimmung" vorhanden ist. Bei vorgegebener Erregerfrequenz müßte man die Eigenschwingungszahl durch Änderung der Größe der einzelnen Massen, bzw. der Federkonstanten so festlegen, daß keine Maschinenschäden durch Schwingungsbrüche auftreten können. Vielfach bedingen bauliche Erfordernisse, daß diese Größen vorgegeben sind, damit ist die Anbringung von Schwingungstilger und Dämpfer notwendig.

Der einfachste Fall ist durch Anbringung einer Zusatzmasse, welche elastisch angekuppelt[1] wird, gegeben. An Stelle einer Zusatzmasse kann auch eine elastische Kupplung verwendet werden. Dadurch verändert man die Massenanordnung und es ist möglich, daß bei den Betriebsdrehzahlen die Ausschläge klein bleiben, dagegen erhält man bei anderen Frequenzen — den neuen kritischen Drehzahlen — große Ausschläge.

Ansicht

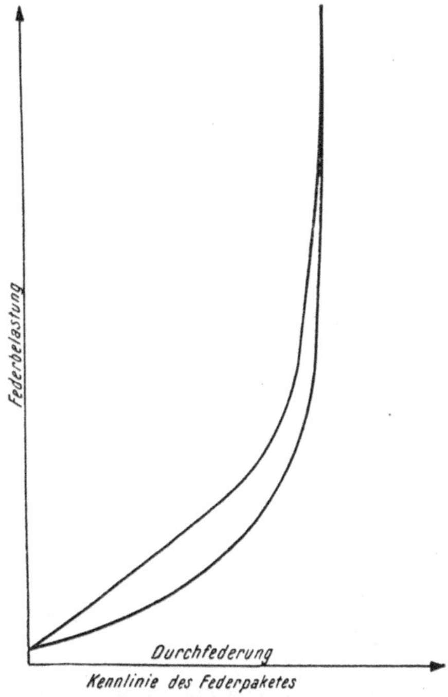

Federkennlinie

Abb. 120. MAN-Renk-Kupplung

Durch die Verwendung von Kupplungen mit nichtlinearen Federcharakteristiken[2], wie sie z. B. die MAN-Renk-Kupplung besitzt (s. Abb. 120), kann man wesentlich verkleinerte Ausschläge erhalten,

[1] Ormondroyd, J, J. P. den Hartog: The Theory of the Dynamic Vibration Absorber, Trans. of the Amer. Soc. of. Mech. Eng., Bd. 49/50, 1927/28, APM 50—7. — Hartog, J. P. den: Mechanische Schwingungen, S. 85. Berlin: 1936.

[2] Geiger, J.: Die Beseitigung kritischer Torsionsdrehzahlen durch elastische Kupplungen, Werft, Reederei, Hafen, Bd. 15, 1934, S. 341. — M. A. N. Dieselmotoren-Nachrichten 1937, S. 26.

auch ein Einbau von Kupplungen mit geknickter, sonst geradliniger Federcharakteristik[1] kann schwingungstechnisch von Vorteil sein.

Wie auf S. 81 gezeigt wurde, bedingt eine Kupplung durch Flüssigkeitskräfte wesentlich verkleinerte Schwingungsausschläge [s. Gl. (91)], die Größen derselben sind mit Hilfe von Gl. (91 a) berechenbar. Durch Flüssigkeitskupplungen, wie z. B. die Vulcan-

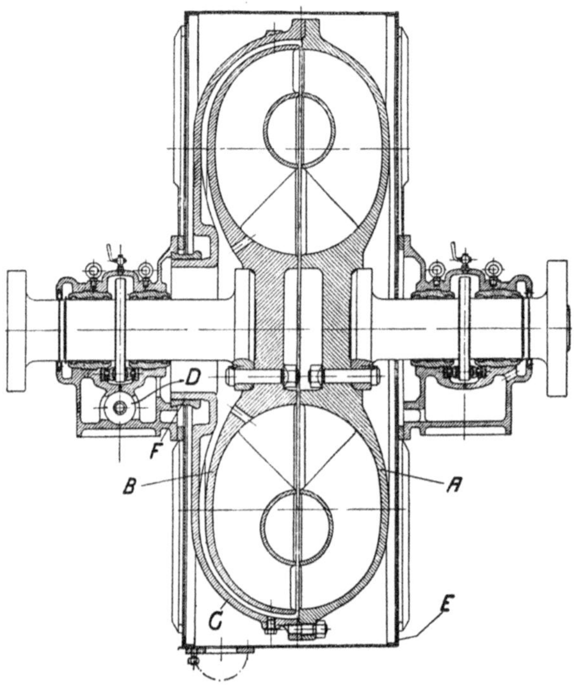

Abb. 121. Vulcankupplung, *A* Pumpenrad (Primärrad), *B* Turbinenrad (Sekundärrad), *C* Deckel

kupplung (s. Abb. 121), kann man daher ein schwingungstechnisch einwandfreies Arbeiten von Maschinenanlagen erzielen. Abb. 122 zeigt Torsiogramme, welche zu beiden Seiten der beiden Kupplungshälften aufgenommen wurden, aus diesen ist zu ersehen, daß durch eine hydraulische Kupplung die Schwingungsausschläge sehr stark gedämpft werden.

[1] Vgl. den Vorschlag von E. O. Waters in der Diskussion zum Vortrag Ormondroyd, den Hartog. Trans. Amer. Soc. Mech. Eng., Bd. 49/50.

Eine andere Möglichkeit, die Schwingungsausschläge klein zu halten, ist in der Verwendung von Schwingungsdämpfern[1] gegeben. Eine zusätzliche Masse wird durch Reibungs- oder durch Flüssigkeitskräfte mit dem vorgegebenen System gekoppelt. Auf S. 73 ff. wurden die Grundlagen zur Ermittlung der Schwingungsdämpfer gegeben, die günstigsten Kopplungskonstanten und die Größtausschläge berechnet Gl. (84), (87 a), (95), (110), (111). Diese Gleichungen lassen die in den Wellenteilen auftretenden Beanspruchungen

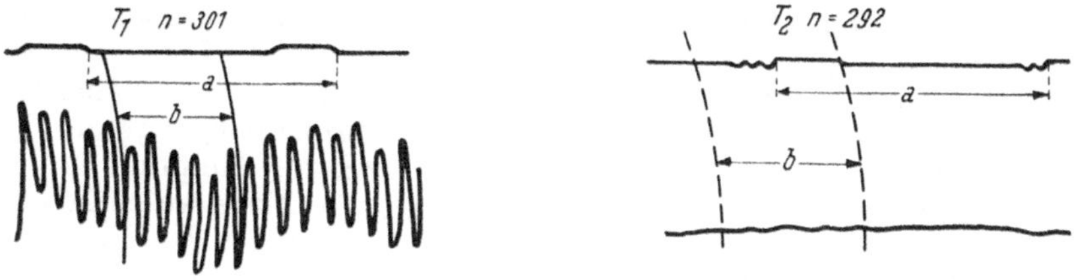

vor nach

Abb. 122. Torsiogramme aufgenommen vor und nach der Vulcan-Kupplung

vorausberechnen. Vielfach werden jedoch die Beanspruchungen und damit die Schwingungsausschläge nicht vorausberechnet, sondern man begnügt sich mit der Tatsache, daß durch Schwingungsdämpfer die Schwingungsausschläge klein gehalten werden können und stellt versuchsmäßig die Dämpfer ein. Man sollte jedoch in jedem Falle die Größtbeanspruchungen vorausberechnen und Mittel zum Kleinhalten der Schwingungsausschläge suchen, denn wie Geiger[2], Wydler[3] und andere hinweisen, sollen die Schwingungsdämpfer kein Allheilmittel sein. Auch die Kurbelwellen des Luftschiffes „Graf Zeppelin" sind durch Schwingungsbrüche zerstört worden, obwohl sie mit Schwingungsdämpfern versehen waren[4].

Der schwingungsdämpfende Einfluß der Dämpfer wurde für das Zweimassensystem untersucht. Ist ein Mehrmassensystem vorgegeben,

---

[1] Holzer, H., a. a. O., S. 146. — Ormondroyd, J.: Friction Dampers and their Application to Engines, Verh. d. 3. Intern. Kongr. f. techn. Mechanik, S. 221. Stockholm: 1930. — Vollmar, M.: Beitrag zur Berechnung von Drehschwingungen und Dämpfern, Techn. Mechanik u. Thermodynamik, Bd. 1, 1930, S. 382. — Neugebauer, F.: Schwingungsdämpfung bei endlicher Dämpferträgheit mit Anwendung auf die Drehschwingungen von Kurbelwellen für Flugmotoren, Techn. Mechanik u. Thermodynamik, Bd. 1, 1930, S. 137.

[2] Aussprache auf der Hauptvers. d. DVL. 1929, Zeitschr. d. VDI., Bd. 73, 1929, S. 1863.

[3] Aussprache zu J. P. den Hartog — J. Ormondroyd: Torsional Vibration Dampers, Trans. of the Amer. Soc. of Mech. Eng., Bd. 52, 1930, APM 52—13.

[4] Thoma, H.: Untersuchungen an der Maschinenanlage des Luftschiffes „Graf Zeppelin", Zeitschr. d. VDI., Bd. 73, 1929, S. 1383. — Kamm, W— A. Stieglitz: Schwingungsuntersuchung an der Maschinenanlage des „Graf Zeppelin", Zeitschr. f. Flugtechnik u. Motorluftschiffahrt, Bd. 20, 1929, S. 465.

so kann man näherungsweise mit Hilfe von Gl. (261 a) das n-Massensystem auf ein Zweimassensystem zurückführen. Sinngemäß kann man die Dämpferdrehmassen J_D, bzw. die Kopplungskonstante β durch die Gleichungen

$$J_{D\,red}' = J_D \frac{a_D}{a_{n-1}}, \qquad \beta_{red}' = \frac{a_D}{a_{n-1}} \beta$$

reduzieren, dabei bedeutet a_D den Ausschlag der Dämpfermasse und a_{n-1} den Ausschlag jener Stelle des n-Massensystems, auf die reduziert werden soll. Andere Reduktionsarten und Näherungsmethoden zur Berechnung der Schwingungsdämpfer sind von Neugebauer, Vollmar und Ormondroyd angegeben. Außer diesen Dämpfern wird der von O. Föppl[1] angegebene Resonanzschwingungsdämpfer vielfach verwendet, bei diesen wird die Werkstoffdämpfung z. B. von Gummi verwendet, um die Schwingungsausschläge wesentlich zu verkleinern. Der Dämpfer wird so bemessen, daß er bei der Frequenz, bei welcher er die Schwingungsausschläge der Maschinenanlage klein halten soll, dem System möglichst viel an Schwingungsenergie entzieht.

Bedingung für das ordnungsmäßige Wirken jedes Dämpfers ist, daß er richtig bemessen und eingestellt ist. So kann ein Reibungsschwingungsdämpfer trotz richtiger Bemessung der Dämpfermassen nicht einwandfrei arbeiten, wenn durch Änderung der Reibungswerte die Kopplungsverhältnisse geändert werden.

Eine andere Möglichkeit, die Schwingungsausschläge bei einer bestimmten Frequenz klein zu halten, besteht in der Anwendung von Fliehkraftpendeln. Die von Samson und Sarazin erfundene und oft nach Taylor benannte Anordnung besteht in der Ankopplung eines Pendels von der Masse m und dem Massenträgheitsmoment J_2 an eine Drehmasse J_1 (s. Abb. 123), diese sei wieder mit einer unendlich großen elastisch gekoppelt. Die Winkelgeschwindigkeit der gleichförmigen Grundbewegung sei k und die Abweichung, die Pulsation, von dieser Bewegung sei mit φ_1 bezeichnet. Die Relativbewegung des Pendels zur Drehmasse J_1 sei durch φ_2 gegeben. Um die Bewegungsgleichungen aufzufinden, verwendet man am zweckmäßigsten die Lagrangeschen Gleichungen (s. S. 9). Zu diesem Zwecke muß man zuerst die kinetische Energie bestimmen. Da sich das Pendel mit der Winkelgeschwindigkeit $k + \dot{\varphi}_1 + \dot{\varphi}_2$ bewegt, bestimmt sich die Schwerpunktsgeschwindigkeit der Pendelmasse v (s. Abb. 123) durch[2]

$$v^2 = r^2 (k + \dot{\varphi}_1)^2 + r_1^2 (k + \dot{\varphi}_1 + \dot{\varphi}_2)^2 + 2 r r_1 (k + \dot{\varphi}_1)(k + \dot{\varphi}_1 + \dot{\varphi}_2) \cos \varphi_2 .$$

[1] Föppl, O.: Grundzüge der Technischen Schwingungslehre, Bd. 1, 2. Aufl., S. 112, Berlin: 1931; Bd. 2, S. 52, Berlin: 1936. — Resonanzschwingungsdämpfer, Ing.-Archiv, Bd. 2, 1931, S. 347. — Küchler, E.: Untersuchungen an scheibenförmigen Resonanz-Drehschwingungsdämpfern bei höheren Schwingungszahlen, Mitteilungen des Wöhler-Institutes, Braunschweig, H. 23. Berlin: 1934.

[2] Lechner, A.: Enzyklopädie der Mechanik, S. 159. Wien: 1923.

Daher erhält man für die kinetische Energie

$$L = \frac{1}{2} J_1 (k + \dot{\varphi}_1)^2 + \frac{1}{2} m v^2 + \frac{1}{2} J_2 (k + \dot{\varphi}_1 + \dot{\varphi}_2)^2$$

die Gleichung

$$L = \frac{1}{2} J_1 (k + \dot{\varphi}_1)^2 + \frac{1}{2} [m r^2 (k + \dot{\varphi}_1)^2 + m r_1^2 (k + \dot{\varphi}_1 + \dot{\varphi}_2)^2 +$$
$$+ 2 m r r_1 (k + \dot{\varphi}_1)(k + \dot{\varphi}_1 + \dot{\varphi}_2) \cos \varphi_2 + J_2 (k + \dot{\varphi}_1 + \dot{\varphi}_2)^2].$$

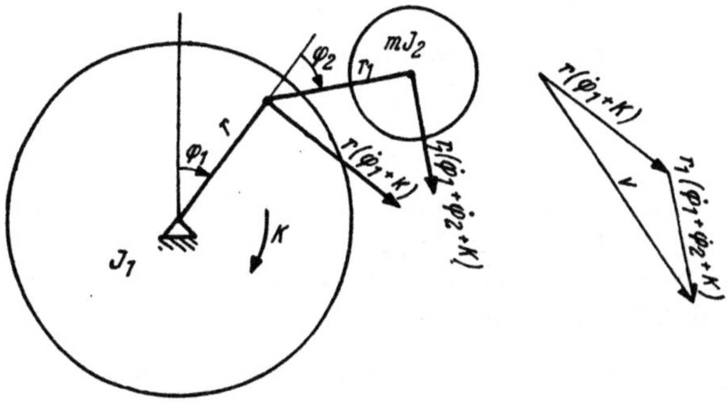

Abb. 123. Schema der Anordnung des Fliehkraftpendels

Vernachlässigt man die Arbeit, welche gegen die Schwerkraft zu leisten ist, so erhält man für die potentielle Energie

$$U = -A = \frac{1}{2} c \varphi_1^2.$$

Faßt man φ_1 und φ_2 als generalisierte Koordinaten auf und wendet man die Lagrangeschen Gleichungen an, so hat man vorerst

$$\frac{d}{dt}\left(\frac{\partial L}{\partial \dot{\varphi}_1}\right) = J_1 \ddot{\varphi}_1 + m [r^2 \ddot{\varphi}_1 + r_1^2 (\ddot{\varphi}_1 + \ddot{\varphi}_2) + r r_1 (2 \ddot{\varphi}_1 + \ddot{\varphi}_2) \cos \varphi_2 -$$
$$- r r_1 (2 k + 2 \dot{\varphi}_1 + \dot{\varphi}_2) \dot{\varphi}_2 \sin \varphi_2] + J_2 (\ddot{\varphi}_1 + \ddot{\varphi}_2),$$

$$\frac{d}{dt}\left(\frac{\partial L}{\partial \dot{\varphi}_2}\right) = m r_1^2 (\ddot{\varphi}_1 + \ddot{\varphi}_2) + m r r_1 \ddot{\varphi}_1 \cos \varphi_2 - m r r_1 (k + \dot{\varphi}_1) \dot{\varphi}_2 \sin \dot{\varphi}_2 +$$
$$+ J_2 (\ddot{\varphi}_1 + \ddot{\varphi}_2)$$

$$\frac{\partial L}{\partial \varphi_1} = 0, \qquad \frac{\partial L}{\partial \varphi_2} = - m r r_1 (k + \dot{\varphi}_1)(k + \dot{\varphi}_1 + \dot{\varphi}_2) \sin \varphi_2$$

zu berechnen. Setzt man voraus, daß die Schwingungsausschläge klein sind und klein bleiben, so kann man statt $\sin \varphi_2$ angenähert die Größe φ_2 und statt $\cos \varphi_2$ den Wert 1 setzen, außerdem kann man noch die Produkte $\dot{\varphi}_1$, $\dot{\varphi}_2$ als Glieder kleinerer Größenordnung vernachlässigen. Wirkt noch auf J_1 das erregende Moment $P \sin i k t$, so erhält man als Bewegungsgleichung

$$[J_1 + m (r + r_1)^2 + J_2] \ddot{\varphi}_1 + [m (r_1^2 + r r_1) + J_2] \ddot{\varphi}_2 + c \varphi_1 = P \sin i k t,$$
$$[m (r_1^2 + r r_1) + J_2] \ddot{\varphi}_1 + (m r_1^2 + J_2) \ddot{\varphi}_2 + m r r_1 k^2 \varphi_2 = 0. \qquad (278)$$

Diesen Differentialgleichungen genügt der Ansatz

$$\varphi_1 = a_1 \sin i\,k\,t, \qquad \varphi_2 = a_2 \sin i\,k\,t.$$

Berechnet man aus Gl. (278) den Wert von a_1, so erhält man

$$a_1 = \frac{[m\,r r_1 k^2 - (m\,r_1{}^2 + J_2)\,i^2 k^2]\,P}{\{c - [J_1 + m\,(r + r_1)^2 + J_2]\,i^2 k^2\}\,\{m\,r r_1 k^2 - (m\,r_1{}^2 + J_2)\,i^2 k^2\} - [m\,(r_1{}^2 + r r_1) + J_2]^2\,i^4 k^4}.$$

Werden die Abmessungen derart gewählt, daß die Werte der einzelnen Größen die Gleichung

$$[m\,r r_1 - (m\,r_1{}^2 + J_2)\,i^2]\,k^2 = 0$$

erfüllen, so haben die Schwingungsausschläge der Drehmasse J_1 bei der Ordnungszahl i unabhängig von der Größe der Frequenz der erregenden Kraft den Wert Null[1], allerdings bei jenen Frequenzen, welche man aus der Gleichung

$$\{c - [J_1 + m\,(r + r_1)^2 + J_2]\,i^2 k^2\}\,\{m\,r r_1 k^2 - (m\,r_1{}^2 + J_2)\,i^2 k^2\} - [m\,(r_1{}^2 + r r_1) + J_2]^2\,i^4 k^4 = 0 \qquad (279)$$

bestimmt, werden sie unendlich groß. Mit Hilfe des Fliehkraftpendels ist es möglich, bei den Resonanzdrehzahlen des ursprünglichen Systems verschwindende Ausschläge zu erhalten, allerdings erhält man bei denjenigen, welche sich nach Gl. (279) bestimmen, sehr große. Man kann für den ganzen Drehzahlenbereich bei bestimmten Ordnungszahlen verschwindende Ausschläge — getilgte Ausschläge — erhalten.

Will man bei einem Mehrmassensystem die Ausschläge mehrerer Ordnungszahlen tilgen, so muß man mehrere Pendel anbringen[2]. Zweckentsprechend verwendet man die Gegengewichte für die Fliehkraftpendel[3]. Dies kann auf die Weise geschehen, daß man die Gewichte durch Bolzen anlenkt, welche in zylindrischen Löchern abrollen können, dadurch erhält man auch keine Gewichtsvermehrung bei Verwendung von Fliehkraftpendeln. Beim Reihenmotor ist es mitunter zweckmäßig, mehrere Fliehkraftpendel zu verwenden[4].

---

[1] Kraemer, O.: Schwingungstilgung durch das Taylor-Pendel, Z. d. VDI., Bd. 82, 1938, S. 1297. — Schick, W.: Wirkung und Abstimmung von Fliehkraftpendeln an Mehrzylindermotoren, Ing.-Archiv, Bd. 10, 1939, S. 303.

[2] Stieglitz, A.: Beeinflussungen von Drehschwingungen durch pendelnde Massen, Jahrbuch 1938 d. deutsch. Luftfahrtforschung, II, S. 164.

[3] Kraemer, O.: Schwingungstilgung durch das Taylor-Pendel, Z. d. VDI., Bd. 82, 1938, S. 1297.

[4] Lambrich, R.: Fliehkraftpendel im Reihenmotor, Vortrag auf der Arbeitstagung des VDI.-Fachausschusses für Schwingung und Schalltechnik, Z. d. VDI., Bd. 85, 1941, S. 827.

II. Biegeschwingungen

Die Eigenfrequenz der freien Biegeschwingung einer mit Punktmassen belegten Welle kann man mit Hilfe von Gl. (81) berechnen[1]. Berechnet man diese Determinante, so erhält man sowohl die Grund- als auch die einzelnen Oberschwingungen; es wurden auch hier Verfahren entwickelt, welche die Berechnung der Frequenzdeterminante vermeiden. Diese, hauptsächlich graphischen Verfahren ermöglichen die Ermittlung der Grund- und Oberschwingungszahlen der Biegeschwingungen von Wellen. Vorerst sollen jene Verfahren behandelt werden, welche die Grundschwingungszahlen von Wellen zu ermitteln gestatten.

1. *Verfahren von Dunkerley*[2]

Für die Grundfrequenz fand Dunkerley auf Grund von Versuchen die Gleichung

$$\frac{1}{\omega^2} = \sum_{i=1}^{n} \frac{1}{\omega_i^2}.$$

In dieser Gleichung bedeutet ω die Grundfrequenz, ω_i die Eigenfrequenz, der nur mit der Masse m_i versehenen Welle, wenn sämtliche anderen Massen entfernt worden sind, diese ist auch für die abgesetzte[3] Welle rechnerisch oder graphisch leicht zu ermitteln. Mit Hilfe des Verfahrens von Dunkerley erhält man die Frequenzen um ungefähr 3—10% zu klein[4].

2. *Verfahren von Stodola*[5]

Stodola benützt zur Ermittlung der Eigenfrequenzen der mit Massen belegten Welle die Tatsache, daß bei der freien Schwingung die Ausschläge willkürlich sind und nur die Schwingungsform bestimmt ist. Beachtet man die Größtausschläge, so ist die auf die Welle rückwirkende Kraft jeder Masse durch

$$P_i = m_i\, a_i\, \omega^2$$

gegeben. Mit Benützung dieser Kräfte kann man die Schwingungsform der Welle bestimmen. Stodola erhält durch Anwendung des Verfahrens von Mohr, indem er einen Gedankengang von Vianello[6] benützt, die Eigenfrequenz, indem er zuerst die Schwingungsform und

---

[1] Karas, K.: Die kritischen Drehzahlen wichtiger Rotorformen. Wien: 1935.

[2] Dunkerley, S.: On the Whirling and Vibration of Shafts, Philosophical Transactions of the Royal Soc. of London, Serie A, Bd. 185, 1894, Teil I, S. 279.

[3] Krause, M.: Zur Berechnung der kritischen Drehzahlen schnellaufender Wellen, Z. d. VDI., Bd. 58, 1914, S. 878.

[4] Holba, J. J.: Die kritischen Drehzahlen von geraden Wellen, S. 62. Wien: 1936.

[5] Stodola, A.: Dampf- und Gas-Turbinen, 6. Aufl., S. 381. Berlin 1924.

[6] Vianello, L.: Graphische Untersuchungen der Knickfähigkeit gerader Stäbe, Z. d. VDI., Bd. 42, 1898, S. 1436.

damit die Ausschläge f willkürlich annimmt, um mit diesen die tatsächliche Schwingungsform zu bestimmen (s. Abb. 124).

Da die Größe der Eigenfrequenz unbekannt ist, so wird ein willkürlicher Wert, zweckmäßig $\omega_0 = \pi/30\, n_k = \pi/30 \,.\, 2990 = 313{,}1$ sek^{-1} gewählt, für diesen wird

$$P_i = 100\, G_i\, f_i.$$

Mit diesen Kräften ermittelt man die elastische Linie, wobei man das veränderliche Wellenträgheitsmoment durch Zeichnen einer „reduzierten Momentenfläche" berücksichtigen kann. Es sei ange-

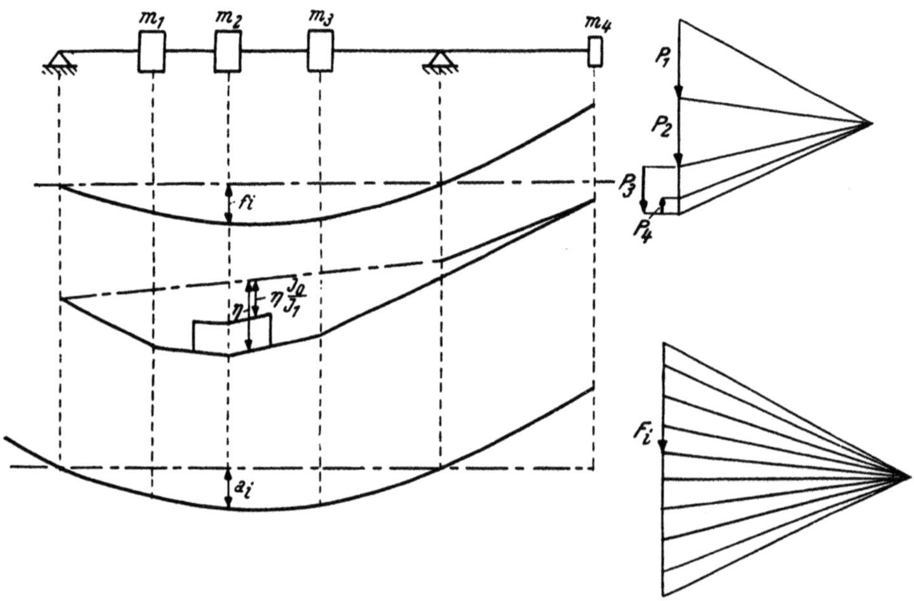

Abb. 124. Ermittlung der Eigenfrequenzen nach dem Stodolaschen Verfahren Längenmaßstab 1 cm ... l_1 cm, Kräftemaßstab 1 cm ... l_2 kg, Momentenflächenmaßstab 1 cm ... l_3 cm^2, H_1 erster Polabstand in cm, H_2 zweiter Polabstand in cm,

Maßstab der Durchbiegungen a_i 1 cm ... $\dfrac{l_1^3\, l_2\, l_3\, H_1\, H_2}{E\, J_0}$ cm

nommen, daß die so erhaltene Schwingungsform die der Eigenschwingung sei, die jetzt erhaltenen Ausschläge seien mit a_i bezeichnet, welche verhältnisgleich den Kräften und damit dem Quadrat der gewählten Winkelgeschwindigkeit sind. Entspricht die angenommene Schwingungsform der Eigenschwingung, so ist die neu erhaltene ähnlich der zuerst angenommenen. Die Ausschläge verhalten sich so wie die Kräfte

$$m_i\, a_i\, \omega^2 = m_i\, f_i\, \omega_0^2, \qquad a_i\, \omega^2 = f_i\, \omega_0^2 \tag{280}$$

also wie

$$\frac{a_i}{f_i} = \frac{\omega_0^2}{\omega^2}, \qquad i = 1, 2, \ldots n. \tag{280 a}$$

Man hat nur nachzuprüfen, ob diese Gleichungen an jeder Stelle der Welle erfüllt sind. Bei größeren Abweichungen hat man mit der soeben erhaltenen Kurve als neue Ausgangskurve das Verfahren zu wiederholen.

Durch mehrmaliges Wiederholen des Verfahrens kann man die Eigenfrequenzen mit jeder gewünschten Genauigkeit erhalten, näherungsweise kann man aus Gl. (280 a) die Eigenfrequenz erhalten. Durch Mittelwertsbildungen[1] kann man einen genaueren Wert der Eigenschwingung erhalten. Einen verbesserten Wert erhält man, wenn man sämtliche n-Gleichungen (280 a) addiert, damit wird

$$\frac{\omega^2}{\omega_0^2} = \frac{1}{n} \sum_{i=1}^{n} \frac{f_i}{a_i}$$

oder durch Addition der Gl. (280) erhält man

$$\frac{\omega^2}{\omega_0^2} = \frac{\sum\limits_{i=1}^{n} f_i}{\sum\limits_{i=1}^{n} a_i}.$$

Hat man die Schwingungsform aus der zuerst angenommenen ermittelt, so kann man nach Blaeß[2] mit Hilfe des Arbeitssatzes die Eigenfrequenz erhalten, es ist

$$\Delta L = A.$$

Die Änderung der kinetischen Energie bestimmt man durch

$$\Delta L = \frac{1}{2} \sum_{i=1}^{n} \frac{G_i}{g} \omega^2 a_i^2$$

und die Formänderungsarbeit durch

$$A = \frac{1}{2} \int_0^l \frac{M^2}{EJ} dx.$$

Für den mit der Frequenz ω_0 schwingenden Stab kann man die Größe des an jeder Stelle vorhandenen Biegungsmomentes M' aus

[1] Grammel, R.: Neuere Untersuchungen über kritische Zustände rasch laufender Wellen, Ergebnisse der exakten Naturwissenschaften, Bd. 1, 1922, S. 92. — Pöschl, T.: Über die Bestimmung der kritischen Drehzahlen von elastischen Wellen und deren Stabilität, Z. f. angew. Math. u. Mech., Bd. 3, 1923, S. 297.

[2] Blaeß, V.: Zur graphischen Berechnung der kritischen Drehzahlen rasch laufender Wellen, Z. d. VDI., Bd. 58, 1914, S. 183.

dem Momentendiagramm ablesen. Schwingt der Stab mit der Frequenz ω, so hat das Biegungsmoment M die Größe

$$M = \frac{\omega^2}{\omega_0^2} M',$$

daher wird

$$A = \frac{1}{2} \frac{\omega^4}{\omega_0^4} \int_0^l \frac{M'^2}{E J} dx.$$

Somit bestimmt sich die Frequenz der Grundschwingung aus

$$\omega^2 = \frac{E \omega_0^4 \sum_{i=1}^{n} G_i a_i^2}{g \int_0^l \frac{M'^2}{J} dx}.$$

Die Größe des bei dieser Rechnung benötigten Integrals kann entweder graphisch oder rechnerisch ermittelt werden.

3. *Verfahren von Delaporte*[1]

Nach Delaporte multipliziert man jede einzelne Gleichung der Gl. (280) mit $m_i f_i$ und addiert sämtliche, damit wird

$$\sum_{i=1}^{n} m_i f_i^2 = \frac{\omega^2}{\omega_0^2} \sum_{i=1}^{n} m_i a_i f_i$$

und daraus erhält man

$$\omega = \omega_0 \sqrt{\frac{\Sigma m_i f_i^2}{\Sigma m_i a_i f_i}}.$$

Man nimmt, so wie bei dem Verfahren von Stodola die Durchbiegungslinie mit den Ordinaten f_i sowie den Wert der Eigenschwingungsfrequenz ω_0 beliebig an, ermittelt mit diesen die neue Schwingungsform mit den Ordinaten a_i und dann bestimmt man mit Hilfe der obigen Gleichung die Eigenfrequenz der Welle.

4. *Verfahren von Morley*[2]

Um die Eigenfrequenz zu erhalten, genügt nach dem Rayleighschen Prinzipe die Kenntnis einer Schwingungsform, welche der wirklichen benachbart ist. Morley nimmt als Näherungslösung die

[1] Delaporte, M.: Methode de calcul des arbres chargés animés de grandes vitesses de rotation, Revue de mecanique, Bd. 12, 1903, S. 517.

[2] Morley, A.: The Calculation of Vibration and Whirling Speeds, Engineering, Bd. 88, 1909, S. 135. — The Whirling Speed of Shafts supported in three Bearings, Engineering, Bd. 106, 1918, S. 573. — Kull, G.: Neue Beiträge zum Kapitel: Kritische Drehzahlen schnellaufender Wellen, Z. d. VDI., Bd. 62, 1918, S. 249.

statische Biegelinie an, welche man mit Hilfe der Belastung durch die Eigengewichte erhält. Hat der Träger überhängende Lasten, so muß man die Kraftwirkung der einzelnen Felder umkehren[1], damit die elastische Linie der Eigenschwingungsform so nahe wie möglich kommt. Wurde die elastische Linie (s. Abb. 125) ermittelt, so gilt nach dem Arbeitssatz

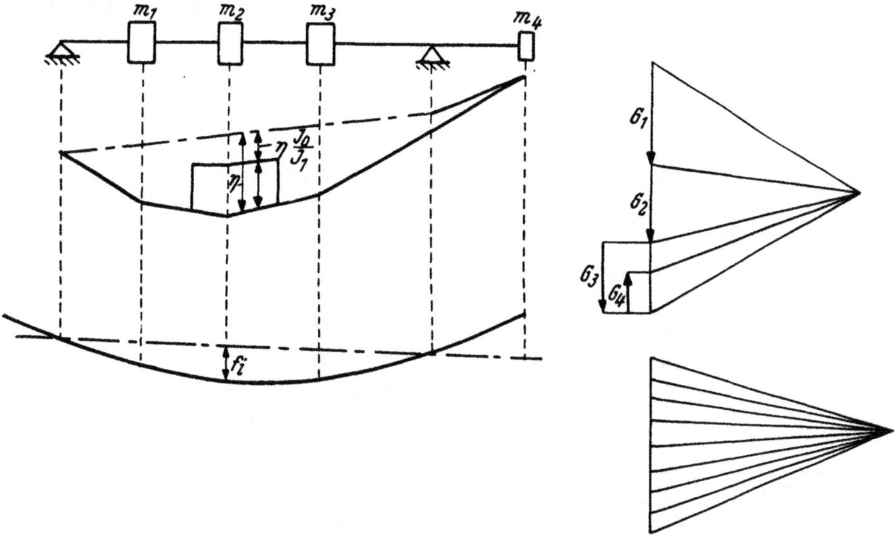

Abb. 125. Ermittlung der Eigenfrequenzen nach dem Morleyschen Verfahren (Maßstäbe siehe Stodolasches Verfahren)

$$\frac{1}{2}\sum_{i=1}^{n} m_i a_i^2 \omega^2 = \frac{1}{2}\sum_{i=1}^{n} G_i a_i, \qquad i = 1, 2, \ldots n,$$

daraus bestimmt man den Wert der Eigenfrequenz

$$\omega = \sqrt{\frac{g\,\Sigma G_i a_i}{\Sigma G_i a_i^2}},$$

da aus der biegungselastischen Linie zu jedem Gewicht die entsprechende Verschiebung a_i bekannt ist.

5. *Verfahren von O. Föppl*[2]

Gegeben sei die mit den Massen m_i belegte Welle. Die Abstände der einzelnen Massen von der einen Lagerstelle seien durch l_i gegeben. Für jede Masse gilt nach dem Arbeitssatz

[1] Borowicz, W. v.: Beitrag zur Berechnung der kritischen Geschwindigkeit von zwei und mehrfach gelagerten Wellen, Dissertation, München: 1915.

[2] Föppl, O.: Berechnung der Biegungsschwingungszahl einer Welle, die mit mehreren Lasten belastet ist, Z. a. M. M., Bd. 7, 1927, S. 72.

$$\frac{G_i}{g} a_i^2 \omega^2 = G_i a_i, \qquad i = 1, \ldots n$$

und durch Multiplikation mit l_i erhält man

$$\frac{G_i}{g} l_i a^2 \omega^2 = l_i G_i a_i, \qquad i = 1, \ldots n,$$

summiert man sämtliche m-Gleichungen, so kann man daraus die Eigenfrequenzen berechnen

$$\omega = \sqrt{\frac{g \Sigma G_i l_i a_i}{\Sigma G_i l_i a_i^2}}.$$

Föppl nimmt in erster Näherung statt der Schwingungslinie die durch die Eigengewichte bedingte elastische Linie, wobei Kräfte zwischen zwei Lager — in einem Feld — das gleiche, in benachbarten Feldern jedoch entgegengesetztes Vorzeichen haben.

6. *Verfahren von v. Borowicz*[1]

v. Borowicz ermittelt die Eigenschwingungszahlen von überhängenden sowie von mehrfach gestützten Wellen. Zuerst ermittelt er die von jedem einzelnen Gewichte bedingte elastische Linie mit den Verschiebungen f_i, wobei nach Borowicz die Gewichte benachbarter Felder die Welle in entgegengesetzter Richtung belasten. Diese elastische Linie sieht er als erste Näherung für die Schwingungsform an und ermittelt für jede der auf die Welle ausgeübten Kräfte $G_i/g\, f_i\, \omega^2$ die einzelnen elastischen Linien. Ist die Anordnung nach Abb. 126 gegeben, so erhält man zufolge $G_1/g\, f_i\, \omega_0^2$ die Ausschläge y_{11} und y_{12} und zufolge $G_2/g\, f_2\, \omega_0^2$ die Ausschläge y_{21} und y_{22}, daher bestimmen sich die Gesamtausschläge

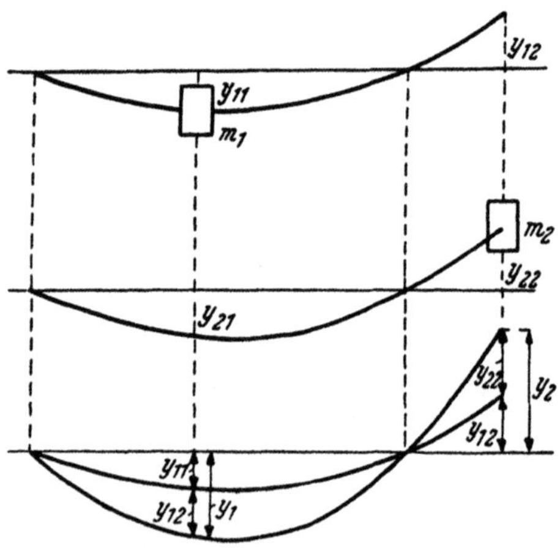

Abb. 126. Ermittlung der Eigenfrequenzen nach Borowicz

$$y_1 = y_{11} + y_{21}, \quad \text{bzw.} \quad y_2 = y_{12} + y_{22}.$$

Nach dem Verfahren von Stodola gilt für die Eigenfrequenz angenähert

$$\omega^2 = \frac{f_1}{y_1} \omega_0^2 = \frac{f_2}{y_2} \omega_0^2.$$

---

[1] Borowicz, W. v., a. a. O., S. 35.

Diese beiden Gleichungen werden, wenn man — wie oben angegeben — die Konstruktion durchführt, nicht genau befriedigt sein. Um eine bessere Übereinstimmung zu erhalten, ändert man die erste Näherung derart, daß man die Amplitude f_1 ungeändert läßt und nur f_2 durch $\varkappa f_2$ ersetzt, die Zahl $\varkappa$ soll vorerst noch unbestimmt bleiben. Durch die Abänderung der Ausgangskurve ändert sich y_{21} in $\varkappa y_{21}$ und y_{22} in $\varkappa y_{22}$, dadurch erhält man

$$y_1 = y_{11} + \varkappa y_{21}, \quad \text{bzw.} \quad y_2 = y_{12} + \varkappa y_{22}$$

und die Eigenfrequenz bestimmt man durch die Gleichung

$$\omega^2 = \frac{f_1}{y_1}\omega_0^2 = \frac{\varkappa f_2}{y_2}\omega_0^2 = \frac{f_1}{y_{11} + \varkappa y_{21}}\omega_0^2 = \frac{\varkappa f_2}{y_{12} + \varkappa y_{22}}\omega_0^2.$$

Da die einzelnen Verschiebungen aus der Zeichnung abzulesen sind, so kann man aus dieser Gleichung die Größe von $\varkappa$ bestimmen. Man erhält für $\varkappa$ eine quadratische Gleichung. Von den beiden Wurzeln dieser Gleichung hat nur die positive eine Bedeutung, da sie die größere Verschiebung und damit kleinere Werte der Eigenschwingungszahl bedingt. Das Verfahren von Borowicz läßt sich auch auf mehrfach gelagerte Wellen anwenden[1], nicht aber zur Bestimmung der Oberschwingungszahlen, da es dann nach Grammel[2] divergent ist.

7. *Verfahren von Zerkowitz*[3]

Nach Gl. (80) ist der Ausschlag der ν-ten Masse x_ν durch

$$x_\nu = \sum_{i=1}^{n} m_i \alpha_{i\nu} x_i \omega^2, \qquad i = 1, 2, \ldots n \tag{80}$$

gegeben. Multipliziert man jede der n Gleichungen (80) mit m_ν und summiert sie, so wird

$$\sum_{\nu=1}^{n} m_\nu x_\nu = \sum_{\nu=1}^{n} m_\nu \left(\sum_{i=1}^{n} m_i \alpha_{i\nu} x_i \omega^2 \right) = \sum_{i=1}^{n} \left(\sum_{\nu=1}^{n} m_\nu \alpha_{i\nu} \right) m_i x_i \omega^2. \tag{281}$$

Nun bestimmt sich die statische Verschiebung a_i der i-ten Masse durch

$$a_i = \sum_{\nu=1}^{n} g\, m_i \alpha_{i\nu}.$$

Setzt man diese in Gl. (281) ein, so wird

$$g \sum_{i=1}^{n} m_i x_i = \omega^2 \sum_{i=1}^{n} m_i x_i a_i,$$

---

[1] Borowicz, W. v., a. a. O., S. 43. — Holba, J. J., a. a. O., S. 131.
[2] Holba, J. J., a. a. O., S. 79.
[3] Zerkowitz, G.: Zur praktischen Berechnung von Biegeschwingungen umlaufender Maschinenaggregate, Z. a. M. M., Bd. 9, 1929, S. 487. — Zur Berechnung kritischer Drehzahlen raschlaufender Maschinenaggregate, Turbinen und Pumpen, Bd. 1, 1930, S. 59.

daher erhält man für die Eigenfrequenz[1]

$$\omega = \sqrt{\frac{g \sum_{i=1}^{n} m_i x_i}{\sum_{i=1}^{n} m_i x_i a_i}}. \tag{282}$$

Nun nimmt Zerkowitz, ähnlich wie v. Borowicz, die elastische Linie als erste Näherung an, und zwar ermittelt er diese durch Überlagerung der Ordinate f_{1i}, f_{2i} der elastischen Linien, welche durch die Belastungen der einzelnen Felder bedingt sind. Betrachtet man zwei verschiedene Stellen der Felder, z. B. die der größten Durchbiegungen, so setzt man (s. Abb. 127)

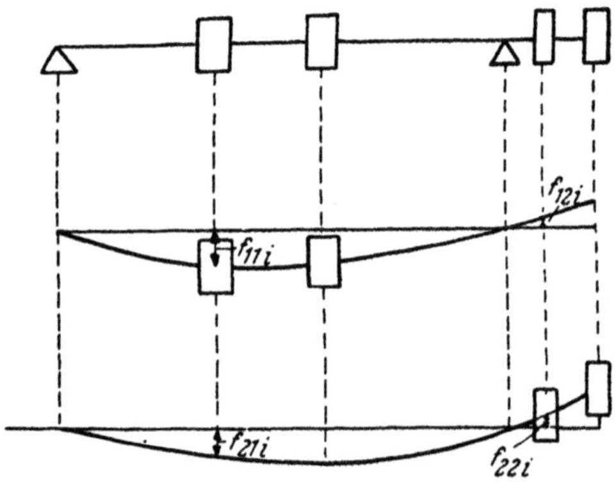

Abb. 127. Ermittlung der Eigenfrequenzen nach Zerkowitz

$$x_i = f_{11i} + \varkappa f_{21i},$$

bzw.

$$x_\nu = f_{12\nu} + \varkappa f_{22\nu}.$$

Die Größe von $\varkappa$ ist aus der Gl. (80) bestimmbar. Ist $\varkappa$ bekannt, so erhält man nach Zerkowitz die Größe der Eigenschwingungszahl mit Hilfe der Gl. (282)

$$\omega = \sqrt{g \frac{\Sigma m_i (f_{11i} + \varkappa f_{22i}) + \Sigma m_i (f_{21i} + \varkappa f_{22i})}{\Sigma m_i (f_{11i} + f_{21i})(f_{11i} + \varkappa f_{21i}) + \Sigma m_i (f_{12i} + f_{12i})(f_{12i} + \varkappa f_{22i})}}.$$

8. *Verfahren von Grammel*[2]

Aus Gl. (80)

$$a_\nu = \sum_{i=1}^{n} m_i a_{i\nu} a_i \omega^2, \qquad i, \nu = 1, 2, \ldots n \tag{80}$$

kann man den Wert der Eigenfrequenz berechnen, sofern die Ausschläge a_i und die Größe der Einflußzahlen bekannt sind. Die Werte $a_{i\nu}$ kann man durch Zeichnen einer elastischen Linie mit einer Wellenbelastung $P = 1$ an der Stelle ν bestimmen. Es ist

---

[1] Grammel, R.: Neuere Untersuchungen über kritische Zustände rasch laufender Wellen, Ergebnisse der exakten Naturwissenschaften, Bd. 1, 1922, S. 92.

[2] Grammel, R., a. a. O. — Biezeno, C. B.—R. Grammel, a. a. O. S. 825.

$$\omega^2 = \frac{a_\nu}{\sum\limits_{i=1}^{n} m_i \alpha_{i\nu} a_i}, \quad \nu, i = 1, 2, \ldots n.$$

Nimmt man für a_i die Werte einer angenommenen Näherungslösung, so erhält man einen Näherungswert der Eigenschwingungszahl. Als angenäherte Schwingungsform kann man die statische Biegelinie verwenden, welche man durch Belastung der Welle mit einer Einzelkraft $P = 1$ an der Stelle ν erhält. Bei Verwendung der letzteren wird $a_i = \alpha_{i\nu}$ und

$$\omega^2 = \frac{\alpha_{\nu\nu}}{\sum\limits_{i=1}^{n} m_i \alpha_{i\nu}^2}, \quad i = 1, 2, \ldots n.$$

9. *Verfahren von J. Koch*[1]

Die Verschiebung f_1 ist der Schwingungsform der freien Schwingung, z. B. der Grundschwingung benachbart. Kennt man die Eigenfunktionen ξ_i

$$\xi_i = A_i \sin \omega_i t,$$

so kann man die Verschiebung f_1 berechnen (man kann jede beliebige Verschiebung durch Überlagerung von Grund- und Oberschwingungen darstellen). Es ist daher

$$f_1 = \sum_{i=1}^{n} a_i \xi_i. \quad i = 1, 2, \ldots n.$$

Nimmt man eine erste Schwingungsform f_1 an und ermittelt mit $\omega_0 = 1$ so wie beim Stodolaschen Verfahren die Verschiebung f_2, so gilt für diese nach Gl. (280 a)

$$f_2 = \sum_{i=1}^{n} a_i \frac{\xi_i}{\omega_i^2}, \quad i = 1, 2, \ldots n.$$

Die Frequenz der Grundschwingung ist kleiner als die der Oberschwingung, daher ist $f_2 \omega_1^2$

$$f_2 \omega_1^2 = a_1 \xi_1 + \sum_{i=2}^{n} \frac{\omega_1^2}{\omega_i^2} \xi_i, \quad i = 2, \ldots n.$$

Für $a_1 \xi_1$ eine bessere Näherung als die Größe f_1. Bildet man nun das Verhältnis

$$\frac{f_1}{f_2} \sim \omega^2,$$

[1] Koch, J. J.: Bestimmung höherer kritischer Drehzahlen schnell laufender Wellen, Verhandlungen des 2. Intern. Kongr. f. techn. Mech., Zürich 1926, S. 213.

so erhält man den ungefähren Wert des Quadrates der Frequenz der Grundschwingung, damit hat man wieder einen Nachweis der Stodolaschen Konstruktion gegeben. Bei n-facher Wiederholung dieses Verfahrens erhält man

$$f_n = \sum_{i=1}^{n} a_i \frac{\xi_i}{\omega_i^{2n-2}}, \qquad i = 1, \ldots n$$

und daher wird $f_n \cdot \omega_1^{2n-2}$ zufolge der oben angeführten Gründe nur wenig von $a_i\, \xi_i$ verschieden sein, so daß $\frac{f_{n-1}}{f_n}$ mit großer Genauigkeit dem Quadrate der Frequenz der Grundschwingung gleichkommen wird. Aus den beiden Schwingungsformen — der zuerst angenommenen und der damit ermittelten — kann man einen brauchbaren Näherungswert für die Eigenfrequenz der Grundschwingung erhalten. Bezeichnet man mit γ das Gewicht der Welle je Längeneinheit und bildet man das Integral

$$\int_0^l \gamma f_1 f_2 \, dx = \int_0^l \gamma \left(\sum_{i=1}^{n} a_i \xi_i\right) \left(\sum_{i=1}^{n} a_i \frac{\xi_i}{\omega_i^2}\right) dx,$$

so bestimmt sich dieses zufolge der Eigenschaften der Normal-, bzw. Orthogonalfunktionen[1] zu

$$\int_0^l \gamma f_1 f_2 \, dx = \sum_{i=1}^{n} \frac{a_i^2}{\omega_i^2} \int_0^l \gamma \xi_i^2 \, dx.$$

Hat man die Funktionen ξ_i so bestimmt, daß

$$\int_0^l \gamma \xi_i^2 \, dx = 1$$

ist, so wird

$$\int_0^l \gamma f_1 f_2 \, dx = \sum_{i=1}^{n} \frac{a_i^2}{\omega_i^2}, \qquad \int_0^l \gamma f_2^2 \, dx = \sum_{i=1}^{n} \frac{a_i^2}{\omega_i^4}, \qquad i = 1, 2, \ldots n.$$

Berücksichtigt man nur die Grund- und die erste Oberschwingung, so erhält man bei Vernachlässigung sämtlicher Glieder höherer Ordnung

---

[1] Lense, J.: Reihenentwicklung der mathematischen Physik. — Geiger, H., K. Scheel: Hdb. d. Physik, Bd. 3, Mathematische Hilfsmittel in der Physik, S. 267. Berlin: 1928.

$$\frac{\int\limits_0^l \gamma f_1 f_2 \, dx}{\int\limits_0^l \gamma f_2^2 \, dx} = \frac{\frac{a_1^2}{\omega_1^2} + \frac{a_2^2}{\omega_2^2}}{\frac{a_1^2}{\omega_1^4} + \frac{a_2^2}{\omega_2^4}} \doteq \omega_1^2 \left(1 + \frac{\omega_1^2}{\omega_2^2} \frac{a_1^2}{a_2^2}\right) \sim \omega_1^2.$$

Der auf diese Weise erhaltene Wert gibt genügend genau das Quadrat der Grundschwingung. Ein noch besseres Ergebnis wird erhalten, wenn man die zweite und die dritte Näherungslösung verwendet.

Durch mehrmaliges Wiederholen dieses Verfahrens ist es möglich, genau die erste Eigenfunktion $a_1 \xi_1$ zu ermitteln. Berechnet man

$$f_1' = f_1 - a_1 \xi_1$$

und wendet man auf diese Funktion das soeben beschriebene Verfahren an, so ist die Berechnung von $a_2 \xi_2$ und damit von ω_2 möglich. Zur Berechnung der Oberschwingungen genügt nach Koch die Genauigkeit der Seileckkonstruktion nicht mehr, man muß dazu irgend eine rechnerische Integrationsmethode[1] verwenden.

10. *Verfahren von Traenkle*[2]

Traenkle verwendet das Verfahren von Ritz und berechnet nicht nur die Frequenzen der Grund-, sondern auch die der Oberschwingungen. Man setzt nach ihm für die Schwingungsform z. B.

$$f = c_1 f_1 + c_2 f_2.$$

Die Schwingungsformen f_1 und f_2, welche die vorgegebenen Randbedingungen erfüllen, sollen nur wenig von der Grund- und einer Oberschwingung der Welle verschieden sein. Die konstanten, jedoch unbekannten Koeffizienten c_1 und c_2 bestimmen sich nach Ritz (s. S. 129) derart, daß

$$H = \Delta L - A$$

bei der wirklichen Bewegung einen Kleinstwert annimmt. Wie beim Stodola'schen Verfahren wird diese Schwingungsform verwendet, um eine neue mit den Größtausschlägen a zu erhalten, indem man eine beliebige Kreisfrequenz ω_0 annimmt und rechnerisch oder graphisch die Rechnung (s. S. 263) durchführt. Für diese gilt wieder

$$a = c_1 a_1 + c_2 a_2.$$

[1] Sanden, H. v.: Praktische Analysis, S. 162. Berlin: 1923. — Runge, C. —H. König: Vorlesungen über numerisches Rechnen, S. 286. Berlin: 1924. — Willers, F. A.: Methoden der praktischen Analysis, S. 295. Berlin: 1928. — Blaeß, V.: Zur angenäherten Lösung gewöhnlicher Differentialgleichungen, Z. d. VDI., Bd. 81, 1937, S. 587. — Zurmühl, R.: Zur numerischen Integration gewöhnlicher Differentialgleichungen zweiter und höherer Ordnung, Z. a. M. M., Bd. 20, 1940, S. 104.

[2] Traenkle, A.: Berechnung kritischer Drehzahlen beliebiger Ordnung nach dem Verfahren von Ritz, Ing.-Archiv, Bd. 1, 1930, S. 499.

Dann berechnet man die Änderung der kinetischen Energie bei einer Viertelschwingung

$$\Delta L = \frac{1}{2} \sum_{i=1}^{n} m_i\, a^2\, \omega^2 = \frac{\omega^2}{2} \sum_{i=1}^{n} m_i\, (c_1\, a_1 + c_2\, a_2)^2.$$

Bei Berechnung der Formänderungsarbeit einer Viertelschwingung muß man beachten, daß sowohl die Kräfte als auch die Verschiebung bei der Frequenz ω um das ω^2/ω_0^2-fache größer werden, daher erhält man für die Arbeit der elastischen Kräfte bei der wirklichen Schwingung

$$A = \frac{\omega^4}{2\,\omega_0^4} \sum_{i=1}^{n} m_i\, f\, \omega_0^2\, a = \frac{\omega^4}{2\,\omega_0^2} \sum_{i=1}^{n} m_i\, (c_1\, f_1 + c_2\, f_2)\, (c_1\, a_1 + c_2\, a_2).$$

Nach dem Ritzschen Verfahren sind die Werte der Koeffizienten c_1 und c_2 derart zu bestimmen, daß H einen extremen Wert annimmt, dafür gilt

$$\frac{\partial H}{\partial c_1} = 0, \qquad \frac{\partial H}{\partial c_2} = 0.$$

Aus diesen zwei homogenen linearen Gleichungen mit konstanten Koeffizienten erhält man durch die Koeffizientendeterminante die Bedingungsgleichung für die Frequenz der Grund- und der entsprechenden Oberschwingung.

11. Methode von Hohenemser[1]

Hohenemser ermittelt die Frequenz der n-ten Oberschwingung derart, daß er die Lage der Schwingungsknoten schätzt und an diesen Stellen feste Lager anbringt. Dann kann man für dieses um n Lager und daher um n Schwingungsknoten veränderte System nach irgendeinem der obigen Verfahren die Frequenz der Grundschwingung berechnen. Für verschiedene Knotenstellen wird die Rechnung wiederholt und jene Knotenlagen gesucht, für welche die Frequenz der Grundschwingung des veränderten Systems den größten Wert annimmt, dann ist diese Frequenz diejenige der n-ten Oberschwingung des ursprünglichen Systems. Ermittelt man die in den zusätzlichen Lagerstellen auftretenden Kräfte, so hat diese bei der wirklichen Schwingungsform den Wert Null. Nach diesem Gedankengang hat man die Möglichkeit, die Schwingungsform und damit die Frequenz der n-ten Oberschwingung zu erhalten.

[1] Hohenemser, K.: Praktische Wege zur angenäherten Schwingungsberechnung elastischer Systeme, Ing.-Archiv, Bd. 1, 1930, S. 271. — Beitrag zur Dynamik des elastischen Stabes mit Anwendung auf den Propeller, Z. f. Flugtechnik u. Motorluftschiffahrt, Bd. 23, 1932, S. 37.

III. Kritische Zustände rasch laufender Wellen

Eng verwandt mit den Schwingungsproblemen der ruhenden oder der langsam laufenden Wellen ist die Aufgabe, die kritischen Zustände rasch laufender Wellen zu ermitteln. Man soll jene Winkelgeschwindigkeiten, bzw. Drehzahlen der Welle aufsuchen, bei welchen der Betrieb der Maschinenanlage gefährdet wird. Verwendet man die elementare Biegungstheorie, so werden beim kritischen Zustand die Ausschläge unendlich groß. Will man die Durchbiegung erhalten, so muß man die elastische Linie der mit der Winkelgeschwindigkeit k rotierenden Welle bestimmen. Wesentlich ist auch das Verhalten der Welle, wenn der vorgegebene Bewegungszustand irgendwie gestört wird.

1. *Scheibe in der Mitte zweier Lager*[1]

a) Die Welle ist vertikal gelagert. *α) Der Scheibenschwerpunkt fällt mit der Wellenachse zusammen.* Ist die Welle massenlos, die Bewegung widerstandsfrei, die Scheibe von der Masse m in der Mitte befestigt und wurde die mit der Winkelgeschwindigkeit k rotierende Welle aus der geraden Form herausgebogen (s. Abb. 128), so ist $m\,r\,k^2$ die Massenbeschleunigung der Scheibe. Die rückwirkende Kraft der Welle hat die Größe $c\,r$, daher gilt für die Scheibe die Gleichung

$$c\,r = m\,r\,k^2.$$

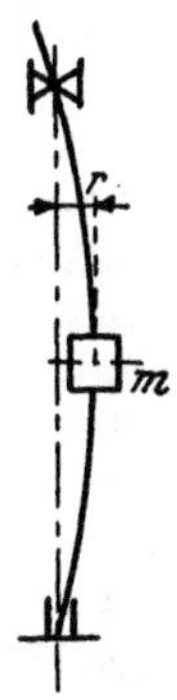

Abb. 128. Kritischer Zustand einer rasch laufenden Welle

Diese Gleichung ist nur möglich, wenn entweder r den Wert Null hat und die Winkelgeschwindigkeit der Welle beliebig groß ist, das heißt die Welle bleibt gerade oder es ist r beliebig und

$$k = \omega = \sqrt{\frac{c}{m}},$$

das heißt die Winkelgeschwindigkeit kommt gleich der Schwingungszahl der freien Biegeschwingungen. Diese Tatsache, daß bei dieser Winkelgeschwindigkeit — der sogenannten kritischen — jede beliebige Verschiebung möglich ist, wurde bei dem Stodolaschen Verfahren zur Ermittlung der Eigenschwingungszahlen gerader Wellen benützt.

β) Der Scheibenmittelpunkt fällt nicht mit der Wellenachse zusammen. Fällt der Scheibenmittelpunkt nicht mit der Wellenachse zusammen und ist seine Exzentrizität e bekannt (s. Abb. 129a), so gilt die Gleichung

$$m\,(r + e)\,k^2 = c\,r.$$

---

[1] Föppl, A.: Das Problem der Lavalschen Turbinenwelle, Der Civilingenieur, Bd. 41, 1895, S. 332. — Vereinfachte Darstellung meiner Theorie der Lavalschen Turbinenwelle, Der Civilingenieur, Bd. 42, 1896, S. 249.

Dabei wurde vorausgesetzt, daß der Wellendurchstoßpunkt der unverbogenen und der verbogenen Welle mit dem Scheibenmittelpunkt auf einer Geraden liegt. Aus dieser Gleichung erhält man für die Durchbiegung der Wellenachse

$$r = \frac{m e k^2}{c - m k^2},$$

das heißt die Durchbiegung hat bei jeder Winkelgeschwindigkeit einen bestimmten, der Exzentrizität verhältnisgleichen Wert. Weil die Durchbiegung der Welle von der Größe der Exzentrizität bestimmt wird, so muß diese so klein wie möglich sein, man muß die Welle „auswuchten"[1]. Bei der Winkelgeschwindigkeit

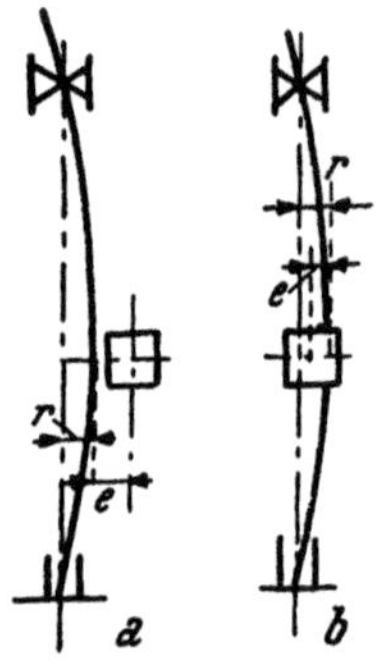

Abb. 129. Kritischer Zustand einer rasch laufenden Welle. *a*) unterkritisches, *b*) überkritisches Verhalten

$$k = \omega = \sqrt{\frac{c}{m}}$$

wird die Durchbiegung der Welle unendlich groß und damit hat man die Begründung, daß man diese Winkelgeschwindigkeit als kritische bezeichnet. Außerdem ist zu ersehen, da die Wellenverschiebung verhältnisgleich der Exzentrizität e ist, daß ein sorgfältiges Auswuchten der Welle erforderlich[2] ist, um die Ausschläge klein zu halten. Die Kritische, bei welcher Betriebsstörungen zu erwarten sind, kommt der Eigenfrequenz der freien Biegeschwingungen gleich. Ist k kleiner als ω, so sind die Ausschläge positiv und diese Drehzahlen nennt man unterkritische. Ist k größer als ω, — bei überkritischen Drehzahlen — so wird die Durchbiegung negativ (s. Abb. 129 b), das heißt Exzentrizität und Durchbiegung haben entgegengesetztes Vorzeichen, wird die Winkelgeschwindigkeit der Welle immer größer, so wird die Durchbiegung der Welle immer kleiner und bei unendlich großer Wellengeschwindigkeit strebt die Verschiebung des Wellenmittelpunktes dem Werte Null zu, das heißt die Scheibe dreht sich um ihren Schwerpunkt und diese Tatsache bezeichnet man als Selbstzentrierung der Welle. Es ist möglich, daß zusätzlich Schwingungsbewegungen auftreten, berücksichtigt man diese, so erhält man sowohl bei Voraussetzung einer konstanten Winkelgeschwindigkeit[3] der Welle, als auch bei Voraussetzung konstanter Energie[4] den gleichen Wert für die kritische Geschwindigkeit der Welle. Sind mehrere Scheiben gegeben, so erhält man als kritische Winkelgeschwindigkeiten die Biegeeigen-

[1] Blaeß, V.: Über den Massenausgleich rasch umlaufender Körper, Z. a. M. M., Bd. 6, 1926, S. 429.
[2] Hort, W., a. a. O., S. 229.
[3] Föppl, A., a. a. O.
[4] Föppl, O.: Schnell umlaufende Rotoren und kritische Geschwindigkeit, Z. f. d. gesamte Turbinenwesen, Bd. 13, 1916, S. 61.

schwingungszahlen der Welle. Es kann jedoch die n-te unschädlich gemacht werden[1], wenn die Größe der Exzentrizitäten bestimmte, von der Massenanordnung abhängige Werte haben.

b) Die Welle ist horizontal gelagert[2]. Die z-Achse des Koordinatensystems falle mit der Lagerachse zusammen und die x-Achse ist horizontal. Bedeutet $J_0 = m\,i_0^2$ das polare Massenträgheitsmoment der Scheibe und sind x, y die Koordinaten des Scheibenschwerpunktes und ist die Welle unter dem Winkel β gegen die Vertikale gelagert, so gilt die Bewegungsgleichung

$$m\,\ddot{x} = -c\,(x - e\cos\varphi), \tag{283 a}$$
$$m\,\ddot{y} = -c\,(y - e\sin\varphi) - m\,g\sin\beta, \tag{283 b}$$
$$m\,i_0^2\,\ddot{\varphi} = c\,e\,(x\sin\varphi - y\cos\varphi). \tag{283 c}$$

Setzt man voraus, daß sich die Welle mit konstanter Winkelgeschwindigkeit dreht, so hat $\ddot{\varphi}$ den Wert Null und zufolge Gl. (283 c) erhält man

$$x\sin\varphi - y\cos\varphi = 0,$$

das heißt es ist der Winkel ψ (s. Abb. 130) gleich dem Winkel φ, damit erhält man (s. Abb. 130)

$$x = (r + e)\cos\varphi, \qquad y = (r + e)\sin\varphi.$$

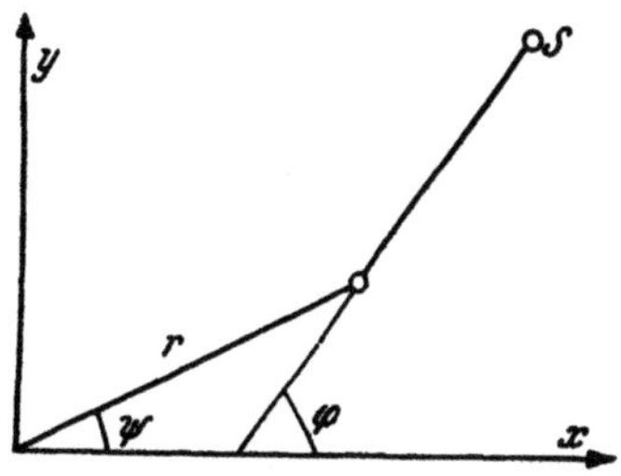

Abb. 130

Setzt man diese Werte in Gl. (283 a) und Gl. (283 b) ein, so gilt zufolge $\dot{\varphi} = k$

$$m\,\ddot{x} = m\,[\ddot{r} - (r + e)\,k^2]\cos\varphi - 2\,k\,\dot{r}\,m\sin\varphi = -c\,(x - e\cos\varphi),$$
$$m\,\ddot{y} = m\,[\ddot{r} - (r + e)\,k^2]\sin\varphi + 2\,k\,\dot{r}\,m\cos\varphi =$$
$$= -c\,(y - e\sin\varphi) - m\,g\sin\beta.$$

Da die Winkelgeschwindigkeit konstant ist, so ist

$$\varphi = k\,t$$

und durch die Elimination von $\sin\varphi$, bzw. $\cos\varphi$ erhält man

$$\ddot{r} + \left(\frac{c}{m} - k^2\right) r - k^2\,e = -g\sin\beta\sin\omega\,t, \tag{284 a}$$

$$2\,k\,\dot{r} = -g\sin\beta\cos\omega\,t. \tag{284 b}$$

---

[1] Kneser, A.: Ein Beitrag zur Theorie der schnell umlaufenden elastischen Wellen, Z. f. Math. u. Physik, Bd. 51, 1904, S. 264.

[2] Föppl, O.: Kritische Schwingungen von schnell umlaufenden Rotoren, Z. f. d. ges. Turb.-Wes., Bd. 15, 1918, S. 157. — Stodola, A.: Eine neue kritische Wellengeschwindigkeit, Dingl. Polyt. Journ., Bd. 99, 1918, S. 1. — Gümbel, L.: Eine neue kritische Wellengeschwindigkeit bei mit Biegung verbundenen Schwingungen, Dingl. Polyt. Journ., Bd. 333, 1918, S. 71. — Lorenz, H.: Kritische Drehzahlen rasch umlaufender Wellen, Z. d. VDI., Bd. 63, 1919, S. 240, 888. — (Vgl. Diskussion von O. Föppl, A. Stodola und L. Gümbel, S. 866.)

Als Lösung der Gl. (284 a) erhält man

$$r - \frac{e\,m\,k^2}{c - m\,k^2} = C \sin\left(\sqrt{\frac{c}{m} - k^2}\,t + \vartheta\right) + C_1 \sin \omega\,t.$$

Setzt man diesen Wert für r in die Gl. (284 b) ein, so kann man jenen Wert des Neigungswinkels der Wellenachse bestimmen, für welchen die Voraussetzung einer konstanten Winkelgeschwindigkeit der Welle erfüllt ist. Für diesen Neigungswinkel erhält man den Wert π, das heißt nur bei lotrechter Wellenachse ist eine konstante Winkelgeschwindigkeit der Welle möglich. Daher muß man bei der schräggestellten Wellenachse die nicht konstante Wellenwinkelgeschwindigkeit berücksichtigen.

Ist die Wellenachse unter dem Winkel β gegen die Vertikale geneigt, so beschreibt Gl. (283) die Bewegungsverhältnisse, setzt man

$$y' = y + \frac{m\,g}{c} \sin \beta,$$

so erhält man aus Gl. (283)

$$\begin{aligned} m\,\ddot{x} &= -c\,(x - e \cos \varphi), \\ m\,\ddot{y} &= -c\,(y' - e \sin \varphi), \\ m\,i_0^2\,\ddot{\varphi} &= -c\,e\,(y' \cos \varphi - x \sin \varphi) + m\,g\,e \sin \beta \cos \varphi. \end{aligned} \tag{285}$$

Ist der Wert der Winkeldifferenz $\varphi - \psi$ klein, so kann man $c\,e\,(y' \cos \varphi - x \sin \varphi)$ gegenüber $m\,g\,e \sin \beta \cos \varphi$ vernachlässigen und setzt man

$$\varepsilon = \frac{g\,e \sin \beta}{i_0^2},$$

so erhält man

$$\ddot{\varphi} = \varepsilon \cos \varphi.$$

Durch Benützung des Arbeitssatzes erhält man für die Winkelgeschwindigkeit

$$\dot{\varphi}^2 - \dot{\varphi}_0^2 = 2\,\varepsilon \sin \varphi.$$

Bezeichnet man die Winkelgeschwindigkeit der Grundbewegung mit $k = \dot{\varphi}_0$ und verwendet man bekannte Rechenvorteile, so erhält man für

$$\dot{\varphi} = \dot{\varphi}_0 + \varepsilon \sin \varphi = k + \varepsilon \sin k\,t$$

und für den Winkel φ

$$\varphi = k\,t - \frac{\varepsilon}{k}(\cos k\,t - 1).$$

Da ε eine kleine Größe ist, gilt angenähert

$$\sin \varphi \doteq \sin k\,t - \frac{\varepsilon}{k}(\cos k\,t - 1) \cos k\,t,$$

$$\cos \varphi \doteq \cos k\,t + \frac{\varepsilon}{k}(\cos k\,t - 1) \sin k\,t.$$

Setzt man diese Gleichungen in Gl. (285) ein und bezeichnet man mit $\omega = \sqrt{c/m}$, so wird

$$\ddot{x} + \omega^2 x = \omega^2 e \left(\cos k t - \frac{\varepsilon}{k} \sin k t + \frac{\varepsilon}{2k} \sin 2 k t\right),$$

$$\ddot{y}' + \omega^2 y' = \omega^2 e \left(\sin k t + \frac{\varepsilon}{k} \cos k t - \frac{\varepsilon}{2k} \cos 2 k t - \frac{\varepsilon}{2k}\right).$$

die Differentialgleichung einer erzwungenen Schwingungsbewegung erhalten. Für diese gilt die Lösung

$$x = C_1 \sin(\omega t + \vartheta_1) + \frac{\omega^2 e}{\omega^2 - k^2}\left(\cos k t - \frac{\varepsilon}{k} \sin k t\right) + \\ + \frac{\omega^2 e \varepsilon}{2 k (\omega^2 - 4 k^2)} \sin 2 k t,$$

$$y' + \frac{\varepsilon e}{2 k} = C_2 \sin(\omega t + \vartheta_2) + \frac{\omega^2 e}{\omega^2 - k^2}\left(\sin k t + \frac{\varepsilon}{k} \cos k t\right) - \\ - \frac{\omega^2 e \varepsilon}{2 k (\omega^2 - 4 k^2)} \cos 2 k t. \qquad (286)$$

Aus Gl. (286) geht hervor, daß die Koordinaten des Schwerpunktes der Scheibe sowohl bei einer Winkelgeschwindigkeit, welche der Biegungseigenschwingungszahl gleichkommt, als auch bei einer halb so großen, unendlich groß wird. Kritische Winkelgeschwindigkeiten sind daher

$$\omega_{k1} = \sqrt{\frac{c}{m}} = \omega, \qquad \omega_{k2} = \frac{1}{2}\,\omega.$$

Diese neue kritische Winkelgeschwindigkeit wurde erstmalig von Siemens-Stodola beobachtet und man nennt den Bewegungszustand bei derselben als kritischen Zustand zweiter Art. Durch andere Vernachlässigungen kommt Schröder[1] zu dem Ergebnis, daß die Ausschläge bei der halben kritischen Geschwindigkeit auch bei Fehlen von dämpfenden Kräften immer endlich bleiben. Hervorzuheben ist noch, daß durch ausmittig angebrachte Massen nicht nur Biegeschwingungen, sondern auch Torsionsschwingungen erregt werden können[2]. Bei den bisher angestellten Untersuchungen wurde immer vorausgesetzt, daß die auf die Welle wirkenden äußeren Kräftepaare kein resultierendes Moment ergeben; wirkt eines von der Größe $M \cos \nu \varphi$ auf die Welle, so lautet jetzt Gl. (285 a)

$$m i_0^2 \ddot{\varphi} + c e (y' \cos \varphi - x \sin \varphi) = M \cos \nu \varphi + m g e \sin \beta \cos \varphi. \qquad (287)$$

Setzt man voraus, daß e und auch $\varphi - \psi$ kleine Größen sind, so wird Gl. (287)

$$m i_0^2 \ddot{\varphi} = M \cos \nu \varphi.$$

---

[1] Schröder, P.: Die kritischen Zustände zweiter Art rasch umlaufender Wellen, Dissertation. Stuttgart: 1924.

[2] Lorenz, H.: Kritische Drehzahlen von Torsionswellen, Z. f. d. Ges. Turbwes., Bd. 16, 1919, S. 149.

Sind die Anfangsbedingungen derart gegeben, daß bei $t_0 = 0$, $\dot{\varphi} = \dot{\varphi}_0$, $\varphi = 0$ gegeben sind, so gilt zufolge des Arbeitssatzes

$$\dot{\varphi}^2 - \dot{\varphi}_0^{\,2} = M \frac{2}{m\, i_0^{\,2}\, \nu} \sin \nu \varphi.$$

Sind die Schwankungen der Winkelgeschwindigkeiten klein, so gilt für $\dot{\varphi}$ näherungsweise ($\dot{\varphi}_0 = k$)

$$\dot{\varphi} = \dot{\varphi}_0 + \frac{M}{m\, i_0^{\,2}\, \nu} \sin \nu \varphi = k + \frac{M}{m\, i_0^{\,2}\, \nu} \sin \nu k t$$

und für φ

$$\varphi = k t - \frac{M}{m\, i_0^{\,2}\, \nu^2 k} (\cos \nu k t - 1).$$

Beachtet man, daß die Abweichungen von der gleichförmigen Grundbewegung nur klein sind, so gilt

$$\cos \varphi \doteq \cos k t + \frac{M}{m\, i_0^{\,2}\, \nu^2 k} (\cos \nu k t - 1) \sin k t = \cos k t -$$

$$- \frac{M}{m\, i_0^{\,2}\, \nu^2 k} \left[\sin k t - \frac{1}{2} \cos (\nu + 1) k t - \cos (\nu - 1) k t \right],$$

$$\sin \varphi \doteq \sin k t - \frac{M}{m\, i_0^{\,2}\, \nu^2 k} (\cos \nu k t - 1) \cos k t = \sin k t -$$

$$- \frac{M}{m\, i_0^{\,2}\, \nu^2 k} \left[\cos k t - \frac{1}{2} \sin (\nu + 1) k t - \sin (\nu - 1) k t \right].$$

Setzt man diese Gleichungen in Gl. (285) ein, so erhält man die Differentialgleichung einer erzwungenen Schwingung und man erhält als Lösung z. B. für x mit $\omega = \sqrt{c/m}$

$$x = C \sin (\omega t + \vartheta) + \frac{c e}{m (\omega^2 - k^2)} \cos k t -$$

$$- \frac{c e M}{2\, m^2\, i_0^{\,2}\, \nu^2 k\, (\omega^2 - k^2)} \sin k t + \frac{c e M \cos (\nu + 1) k t}{2\, m^2\, i_0^{\,2}\, \nu^2 k\, [\omega^2 - (\nu + 1)^2 k^2]} +$$

$$+ \frac{c e M \cos (\nu - 1) k t}{2\, m^2\, i_0^{\,2}\, \nu^2 k\, [\omega^2 - (\nu - 1)^2 k^2]}$$

Resonanz und damit treten große Ausschläge auf, wenn die Winkelgeschwindigkeit der Welle die Werte $k = \omega_k$

$$\omega_k = \omega, \qquad \omega_k = \frac{\omega}{\nu + 1}, \qquad \omega_k = \frac{\omega}{\nu - 1}, \qquad \nu = 1, 2, \ldots$$

annimmt[1].

[1] Föppl, O., a. a. O. — Grammel, R., a. a. O. — Soderberg, R.: On the Subcritical Speeds of the Rotating Shafts, Trans. of the A. S. M. E., Bd. 54, 1932, APM 54—4. — Timoshenko, S., a. a. O., S. 188.

2. *Die Scheibe ist an irgend einer beliebigen Stelle der Welle befestigt, Berücksichtigung der Kreiselwirkung*[1].

Wird die Welle durch eine Einzelkraft P und durch ein Kräftepaar M verbogen und bezeichnet man den Neigungswinkel, welchen die elastische Linie — das ist ebenfalls die Richtung der Scheibenachse (Figurenachse) — mit der xy-Ebene einschließt mit φ_1 und mit φ_2 denjenigen mit der xz-Ebene (s. Abb. 131 a), so beeinflußt die Komponente der Kraft P_y die Verschiebung des Scheibenmittelpunktes

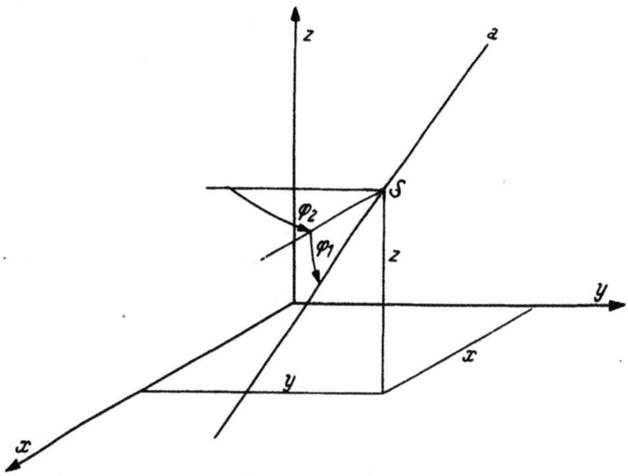

Abb. 131 *a*

in der y-Richtung und die Änderung des Neigungswinkels der Tangente φ_2. P_z beeinflußt z und φ_1, die Komponente des Momentes M_y das z und φ_1 und M_z das y und φ_2, daher gelten für die Komponenten der Kraft die Gleichungen

$$P_y = -c_1 y - c_2 \varphi_2,$$
$$P_z = -c_1 z - c_2 \varphi_1$$

und für die des Momentes

$$M_y = -c' z - c'' \varphi_1,$$
$$M_z = -c' y - c'' \varphi_2.$$

[1] Stodola, A.: Neue kritische Drehzahlen als Folge der Kreiselwirkung der Laufräder, Z. f. d. ges. Turbwes., Bd. 15, 1918, S. 253. — Stodola, A., a. a. O., S. 921. — Stodola, A.: Eine neue kritische Wellengeschwindigkeit, Dinglers polytechn. Journ., Bd. 33, 1918, S. 1. — Grammel, R.: kritische Drehzahl und Kreiselwirkung, Z. d. VDI., Bd. 64, 1920, S. 911. — Gümbel, L.: Eine neue kritische Wellengeschwindigkeit bei mit Biegung verbundenen Schwingungen, Dinglers polyt. Journ., Bd. 333, 1918, S. 71. — Prandtl, L.: Beiträge zur Frage der kritischen Drehzahlen, Dingl. polyt. Journ., Bd. 333, 1918, S. 179.

Die Federkonstanten c_1, c_2, c' und c'' bestimmen sich aus den vorgegebenen Wellenabmessungen. Daher hängen die Komponenten der Kraft, bzw. des Momentes sowohl von den Verschiebungen als auch von den Neigungswinkeln der elastischen Linie ab. Vernachlässigt man den Einfluß des Eigengewichtes und setzt man voraus, daß das resultierende Kraftmoment um die Scheibenachse den Wert Null hat, das heißt, daß sich die Scheibe mit der unveränderlichen Winkelgeschwindigkeit k um ihre Achse dreht, so gelten zufolge des Schwerpunktsatzes die Gleichungen

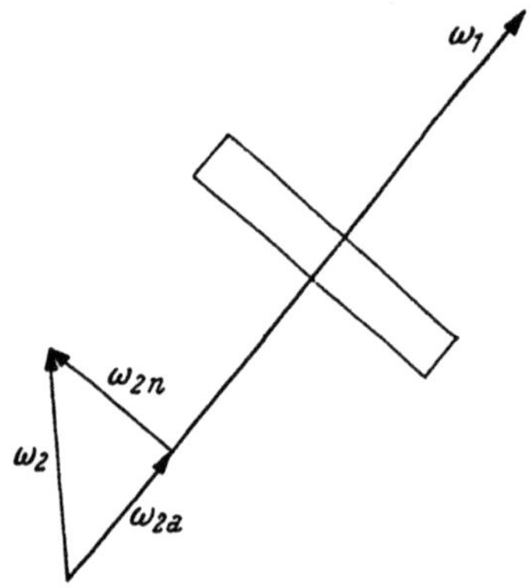

Abb. 131 *b*. Die Scheibe vollführt eine Kreiselbewegung

$$m\ddot{y} + c_1 y + c_2 \varphi_2 = 0,$$
$$m\ddot{z} + c_1 z + c_2 \varphi_1 = 0.$$

Zufolge des Momentensatzes gilt die Beziehung zwischen dem resultierenden Kraftmoment $\overline{N}_0^{(P)}$ und dem Schwungmoment $\overline{N}_0^{(v)}$

$$\overline{N}_0^{(P)} = \frac{\partial \overline{N}_0^{(v)}}{\partial t} + \overline{\omega}_2 \times \overline{N}_0^{(v)}.$$

In dieser Gleichung bedeutet das $\times$ Zeichen, daß die äußere Multiplikation der beiden Vektoren durchzuführen ist, ω_1 die Winkelgeschwindigkeit der Scheibe um ihre Achse und (s. Abb. 131 b) ω_2 die der Scheibenachse mit den Komponenten ω_{2n} und ω_{2a} senkrecht, bzw. parallel zur Scheibenachse. Bezeichnet man mit J_0 das Massenträgheitsmoment um die Figurenachse und J_1 das um einen Durchmesser, so ist

$$\overline{N}_0^{(v)} = (\overline{\omega}_1 + \overline{\omega}_{2a}) J_0 + \overline{\omega}_{2n} J_1.$$

Bedeute $\overline{e}$ den Einheitsvektor senkrecht zur Ebene 12, so gilt

$$\overline{N}_0^{(P)} = \frac{\partial \overline{N}_0^{(v)}}{\partial t} + \overline{e}\,[J_1 \omega_1 \omega_{2n} + (J_0 - J_1)\,\omega_{2n}\,\omega_{2a}].$$

Nimmt man an, daß die Scheibe und die Welle sich nicht um die elastische Linie verdrehen, diese aber mit der Winkelgeschwindigkeit k rotiert, dann ist $\omega_2 \doteq \omega_{2a} = k$. Die Größe von ω_{2n} hängt von der Art der Bewegung der Scheibe um eine Achse senkrecht zur elastischen Linie ab. Bei Vernachlässigung von kleinen Größen sind $\dot{\varphi}_1$ und $\dot{\varphi}_2$ die Komponenten von ω_{2n} in Richtung der y- und z-Achse und es gelten die Bewegungsgleichungen

$$N_y = J_1 \ddot{\varphi}_1 - (J_0 - J_1)\,\dot{\varphi}_2\, k = -c'z - c''\varphi_1 \qquad (288)$$
$$N_z = J_1 \ddot{\varphi}_2 + (J_0 - J_1)\,\dot{\varphi}_1\, k = -c'y - c''\varphi_2.$$

Diese Gleichungen könnten auch mit Hilfe der Eulerschen Gleichungen aufgestellt werden. Mit Hilfe von geeignet gewählten Anfangsbedingungen gelten die Gleichungen

$$y = r\cos\omega t, \qquad \varphi_2 = \varphi\cos\omega t,$$
$$z = r\sin\omega t, \qquad \varphi_1 = \varphi\sin\omega t.$$

Als Bestimmungsgleichung von r und φ erhält man

$$-m r\omega^2 + c_1 r + c_2\varphi = 0, \tag{289}$$
$$-J_1\varphi\omega^2 + (J_0 - J_1)\varphi\omega k + c' r + c''\varphi = 0,$$

zwei lineare homogene Gleichungen mit konstanten Koeffizienten. Diese können nur gelten, wenn

$$\begin{vmatrix} c_1 - m\omega^2, & c_2 \\ c', & -J_1\omega^2 + (J_0 - J_1)k\omega + c'' \end{vmatrix} = 0 =$$
$$= J_1 m\omega^4 - (J_0 - J_1) m k\omega^3 - (c_1 J_1 + c'' m)\omega^2 + (J_0 - J_1) c_1 k\omega +$$
$$+ c_1 c'' - c_2 c' = 0.$$

Aus dieser Gleichung ist zu ersehen, daß die Komponente der Winkelgeschwindigkeit senkrecht zur Drehachse von derjenigen um die Drehachse abhängt. Der Winkelgeschwindigkeitsvektor schließt also mit der Drehachse einen Winkel ein.

Sind auf der Welle mehrere Scheiben angebracht und wendet man die verschiedenen Verfahren zur Berechnung der kritischen Winkelgeschwindigkeit an, so wären die Kreiselmomente der einzelnen Scheiben zu berücksichtigen[1].

Bei dieser Darstellung der Bewegungsverhältnisse wurde vorausgesetzt, daß die Scheibe und die Welle sich nicht um die elastische Linie verdrehen. Ist eine solche Verdrehung vorhanden und k die Winkelgeschwindigkeit der elastischen Linie um die Lagerachse und p die der Welle um ihre Achse, so kann man zwei Fälle unterscheiden, und zwar je nach dem Sinne von p. Sind $p = \omega$ und $k = \omega$ gleichgerichtet, so bezeichnet man diesen Bewegungsvorgang nach Stodola als synchrone Präzession im Gleichlauf. Haben die beiden Vektoren die entgegengesetzte Richtung $p = k = -\omega$, so wird dies als synchrone Präzession im Gegenlauf bezeichnet.

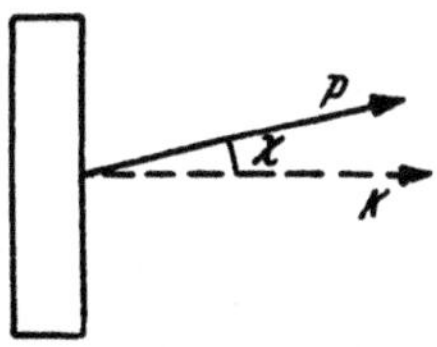

Abb. 132

Ist der Winkel zwischen der Scheibenachse und der Wellenachse χ (vgl. Abb. 132) klein und ist die Dicke der Scheibe nur wenig veränderlich, so ist $J_0 = 2J_1$ und man erhält für das Kreiselmoment

$$M = (2k - p)\, p\, J_1 \chi.$$

Bei synchroner Präzession im Gleichlauf ist $k = \omega = p$ und damit wird

$$M = \omega^2 J_1 \chi$$

[1] Karas, K.: Kritische Drehzahlen stetig mit Masse belegter Wellen mit Längsbelastung und Kreiselwirkung, Ing.-Archiv, Bd. 1, 1930/31, S. 158.

und für synchrone Präzession im Gegenlaufe ist $k = \omega = -p$ und daher

$$M = -3\,\omega^2 J_1 \chi.$$

Diese Momente sind bei der Bestimmung der elastischen Linie der Wellenachse zu bestimmen.

Wie das Kreiselmoment bei den einzelnen Näherungsverfahren zu berücksichtigen ist, kann der Untersuchung von R. Grammel entnommen werden. Von Interesse ist der Einfluß des Kreiselmomentes auf die kritische Winkelgeschwindigkeit. Holba hat diesen Einfluß zahlenmäßig für die frei fliegende Welle ermittelt[1]. Bedeutet l die Länge und ω_k die kritische Winkelge-

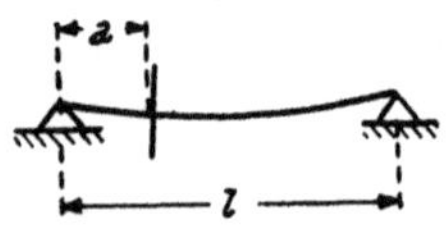

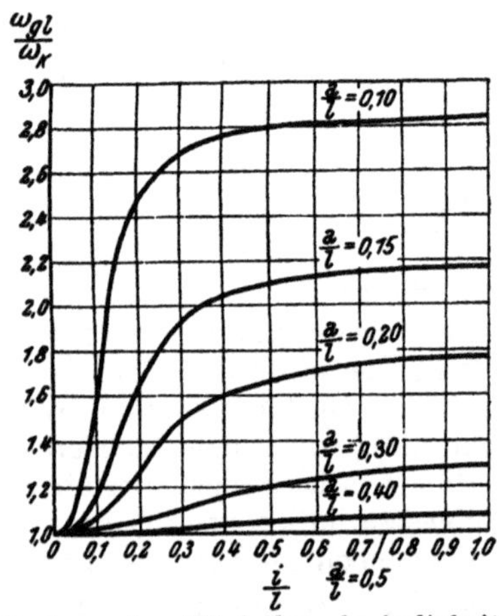

Abb. 133. Abhängigkeit des Verhältnisses der Winkelgeschwindigkeit des Gleichlaufes ω_{gl} zur kritischen Winkelgeschwindigkeit ω_k in Abhängigkeit von i_1/l und a/l

schwindigkeit der Welle bei Vernachlässigung der Kreiselwirkung, so zeigt Abb. 133 das Verhältnis der Winkelgeschwindigkeit des Gleichlaufes ω_{gl} zu ω_k in Abhängigkeit von i_1/l.

3. *Die Welle zeigt nach verschiedenen Richtungen ungleichmäßiges Verhalten*[2]

Prandtl untersuchte eine Welle, deren Federkonstanten nicht unabhängig von der Richtung der Verformung sind. Bedeuten c_1 und c_2 die Federkonstanten in der Richtung des größten und des kleinsten Trägheitsmomentes des Wellenquerschnittes und verwendet man mit Prandtl ein Koordinatensystem ξ, η, welches sich mit der konstanten Winkelgeschwindigkeit k der Welle mitbewegt, so sind die Beschleunigungskomponenten in der Richtung ξ, bzw. η

$$b_\xi = \ddot{\xi} - k^2 \xi - 2\,k\,\dot{\eta}, \qquad b_\eta = \ddot{\eta} - k^2 \eta + 2\,k\,\dot{\xi}.$$

[1] Holba, J. J., a. a. O. S. 38.
[2] Prandtl, L., a. a. O.

Da die Komponenten der Schwerkraft in der ξ-, bzw. η-Richtung $-m\,g\sin\varphi$, bzw. $-m\,g\cos\varphi$ sind, so gelten die Differentialgleichungen

$$m\,\ddot{\xi} = (m\,k^2 - c_1)\,\xi + 2\,m\,k\,\dot{\eta} - m\,g\sin k\,t,$$
$$m\,\ddot{\eta} = (m\,k^2 - c_2)\,\eta - 2\,m\,k\,\dot{\xi} - m\,g\cos k\,t.$$

Diese Differentialgleichungen werden durch

$$\xi = A\sin k\,t, \qquad \eta = B\cos k\,t$$

befriedigt. Bezeichnet man mit

$$\omega_1 = \sqrt{\frac{c_1}{m}}, \qquad \omega_2 = \sqrt{\frac{c_2}{m}}$$

die Eigenfrequenzen in Richtung des größten und des kleinsten Trägheitsmomentes, so erhält man für die Werte der Koeffizienten A und B

$$A = \frac{2\,g\,(\omega_2{}^2 - 4\,k^2)}{\omega_1{}^2\,(4\,k^2 - \omega_2{}^2) + \omega_2{}^2\,(4\,k^2 - \omega_1{}^2)},$$
$$B = \frac{2\,g\,(\omega_1{}^2 - 4\,k^2)}{\omega_1{}^2\,(4\,k^2 - \omega_2{}^2) + \omega_2{}^2\,(4\,k^2 - \omega_1{}^2)}.$$

Daher erhält man als Bestimmungsgleichung für die kritischen Winkelgeschwindigkeiten $k = \omega$

$$\omega_1{}^2\,(4\,\omega^2 - \omega_2{}^2) + \omega_2{}^2\,(4\,\omega^2 - \omega_1{}^2) = 0$$

und man erhält damit

$$\omega = \frac{\omega_1\,\omega_2}{\sqrt{2\,(\omega_1{}^2 + \omega_2{}^2)}}$$

jene Winkelgeschwindigkeit der Welle, bei welcher die Ausschläge unendlich groß werden.

4. *Zusammenhang der Drehschwingungen und der Biegeschwingungen*[1]

Gegeben sei die Welle, welche zwischen zwei Lagern die Scheibe m_1 vom polaren Massenträgheitsmoment J_1 trägt, diese sei mit einer zweiten Scheibe (m_2, J_2) derart gekuppelt, daß durch die Kupplung kein Einfluß auf die Querschwingungen der Masse m_1 ausgeübt wird. Für die Querschwingungen der Masse m_1 gelten die Gl. (285)

$$m_1\,\ddot{x} + c\,(x - e\cos\varphi_1) = 0, \qquad (285)$$
$$m_1\,\ddot{y}' + c\,(y' - e\sin\varphi_1) = 0.$$

Bedeutet c_{12} die Federkonstante des Wellenstückes zwischen den zwei Scheiben, so gelten für die Drehschwingungen die Gleichungen

$$J_1\,\ddot{\varphi}_1 + c_{12}\,(\varphi_1 - \varphi_2) = m\,g\,e\sin\beta\cos\varphi_1 - c\,e\,(y'\cos\varphi_1 - x\sin\varphi_1),$$
$$J_2\,\ddot{\varphi}_2 + c_{12}\,(\varphi_2 - \varphi_1) = 0. \qquad (290)$$

Die Lösungen dieser Differentialgleichungen vereinfachen sich sehr, wenn man mit Hort die Annahme macht, daß die Winkelgeschwindigkeit der Welle k konstant ist. Bezeichnet man mit

$$\omega_1 = \sqrt{\frac{c}{m_1}}.$$

[1] Hort, W.: Techn. Schwingungslehre, 2. Aufl., S. 216. Berlin: 1922.

die Frequenz der Biegeschwingung, so erhält man aus Gl. (285) für

$$x = C_1 \sin(\omega_1 t + \vartheta_1) + \frac{c\,e}{m_1(\omega^2 - k^2)} \cos k\,t,$$

$$y' = C_2 \sin(\omega_1 t + \vartheta_2) + \frac{c\,e}{m_1(\omega^2 - k^2)} \sin k\,t.$$

Setzt man diese Gleichungen in Gl. (290) ein und achtet man, daß

$$\cos k\,t \cos \omega\,t = \frac{1}{2} \cos(k - \omega)\,t + \frac{1}{2} \cos(k + \omega)\,t$$

gleichkommt, so erhält man als genäherte Differentialgleichung

$$J_1 \ddot{\varphi}_1 + c_{12}(\varphi_1 - \varphi_2) = m\,g\,e \sin\beta \cos k\,t + P_1 \sin[(k + \omega)\,t + \vartheta'] + \\ + P \sin[(k - \omega)\,t + \vartheta'']. \qquad (290\,\mathrm{a})$$

Die konstanten Größen P_1, P_2, ϑ', ϑ'' sind von den Abmessungen der Scheiben und der Welle abhängig und durch einfache Rechnung zu ermitteln. Gl. (290) bzw. Gl. (290 a) ist die Differentialgleichung einer erzwungenen Drehschwingung eines Zweimassensystems und Resonanz ist nach S. 61 dann vorhanden, wenn

$$\omega_k = \omega_1, \qquad \omega_{k1} = \omega_2 = \sqrt{\frac{c\,(J_1 + J_2)}{J_1 J_2}}, \qquad \omega_{k2} = \omega_1 \pm \omega_2$$

das heißt die Welle ist dann gefährdet, wenn die Winkelgeschwindigkeit der Welle der Eigenfrequenz der Biegeschwingung, bzw. jener der Drehschwingung, bzw. der Summe oder der Differenz dieser beiden Eigenfrequenzen gleichkommt.

Aus diesem Ergebnis ist zu ersehen, daß auch bei Fehlen von erregenden äußeren Kraftmomenten bei ausmittig angebrachten Massen Drehschwingungen angeregt werden können[1]. Achsiale Belastungen[2], die Wellentorsion[3] sowie Dämpfungskräfte[4] beeinflussen auch die kritischen Drehzahlen. Dieser Einfluß ist jedoch gering, so daß er meistens zu vernachlässigen ist[2 3]. Ist die Welle elastisch gelagert[5] oder ist der Schmierfilm im Lager nachgiebig[6], so machen sich neue kritische Drehzahlen bemerkbar.

[1] Lorenz, H.: Kritische Drehzahlen von Torsionswellen, Z. f. d. ges. Turbinenwesen, Bd. 16, 1919, S. 149.

[2] Melan, H.: Kritische Drehzahlen von Wellen mit Längsbelastung, Z. d. österr. Ing.- u. Arch.-Verein, Bd. 69, 1917, S. 610. — Holba, J. J., a. a. O., S. 24.

[3] Grammel, R.: Der Einfluß der Wellentorsion auf die kritische Drehzahl, Festschrift A. Stodola, S. 180. Zürich u. Leipzig: 1929.

[4] Lechner, A.: Zur Theorie der Lavalachse, Sitzungsber. d. k. Akad. in Wien, math. nat. Kl., Abt. IIa, Bd. 126, 1917, S. 1355.

[5] Blaeß, V.: Die Einwirkung des Fundamentes auf das kritische Verhalten rasch umlaufender Wellen, Betrieb, Bd. 5, 1922/23, S. 281.—Grammel, R., a. a. O., S. 788.

[6] Hummel, C.: Kritische Drehzahlen als Folge der Nachgiebigkeit des Schmiermittels im Lager, Forschungsarbeiten auf dem Gebiete des Ing.-Wes., H. 287. Berlin: 1926. — Stodola, A.: Kritische Wellenstörungen infolge der Nachgiebigkeit des Ölpolsters im Lager, Schweizer Bauzeitung, Bd. 85, 1926, S. 265.

IV. Längsschwingungen von Wellen

Außer den Dreh- und den Biegeschwingungen sind noch Längsschwingungen möglich. Die Differentialgleichungen wurden auf S. 56 abgeleitet und die Lösungsart gegeben. Da die Gleichungen zur Bestimmung der Eigenfrequenz linear und von der gleichen Kopplungsart wie diejenigen der Drehschwingungen sind, so gelten alle Rechenmethoden, welche für die Drehschwingungen entwickelt wurden, sinngemäß für die Längsschwingungen.

Bei den bisher verwendeten Wellenabmessungen machen sich Längsschwingungen nur in seltenen Fällen unangenehm bemerkbar.

F. Schwingungen von Schwungrädern

Da die Schwungräder auf der Welle befestigt sind, so werden durch die Schwingungsbewegungen der Welle Schwingungen des Kranzes erregt[1], welche sich mitunter störend bemerkbar machen können. Hat man das elastische Verhalten der Arme untersucht[2] — Nabe und Kranz darf man wohl als starr ansehen —, so hat man die einzelnen Schwingungsarten näher zu untersuchen. Werden Drehschwingungen der Welle erregt, so beschreibt jeder Punkt des Schwungrades — bei Gültigkeit der gemachten Voraussetzungen — konzentrische Kreisbahnen. Ist c_1 die Federkonstante, die bei Verdrehung des Kranzes in tangentialer Richtung gilt, J_0 das Massenträgheitsmoment des Kranzes bezogen auf die Wellenachse, vernachlässigt man die Masse der Arme und ist die Masse der Nabe samt den damit starr verbundenen Teilen sehr groß, so gilt für die Eigenfrequenz dieser Schwingungsbewegung

$$\omega = \sqrt{\frac{c_1}{J_0}}.$$

Vollführt die Welle Längsschwingungen, so beschreibt jeder Punkt des Kranzes Schwingungsbewegungen parallel zur Wellenachse. Ist c_2 die Federkonstante bei einer Verschiebung des Kranzes von der Masse m in achsialer Richtung, so erhält man für die Eigenfrequenz dieser Bewegung

$$\omega = \sqrt{\frac{c_2}{m}}.$$

Wichtig ist das Verhalten des Schwungrades, wenn die Welle kleine Biegeschwingungen ausführt. Zuerst sei angenommen, daß

---

[1] Rieder, W.: Messung von Biegeschwingungen in einer zweimal gelagerten Kurbelwelle in einem Vierzylindermotor während des Laufens, Automobilt.-Zeitschr., Bd. 37, 1934, S. 366. — Benz, W.: Biegeschwingungen von Kurbelwellen, insbesonders bei schweren Schwungrädern, Automobilt. Zeitschr., Bd. 38, 1935, S. 405.

[2] Tolle, M.: Regelung der Kraftmaschinen, 3. Aufl., S. 309. Berlin: 1921. — Stone, M.: Stress Analysis in Electrical Rotating Machinery, Trans. of the A. S. M. E., Bd. 49/50, 1927/28, APM 50—16. — Heinrich, G.: Transversale Schwingungen von Schwungrädern, Forschung, Bd. 9, 1938, S. 177.

die Welle, welche sich mit der Winkelgeschwindigkeit k dreht, schwingungsfrei sei. Dann ergibt Gl. (288) und Gl. (288 a) mit $z = 0$ und $y = 0$ die Bewegungsgleichungen für den Kranz des Schwungrades. Ist J_0 das achsiale Trägheitsmoment des Schwungradkranzes bezüglich der Wellenachse und J_1 das bezüglich eines Durchmessers und ist c die Federkonstante der Schwungradarme entsprechend einer Verdrehung um eine zur Welle senkrechten Achse, so gilt mit den Bezeichnungen nach Abb. 131

$$J_1 \ddot{\varphi}_1 - (J_0 - J_1) k \dot{\varphi}_2 = -c \varphi_1,$$
$$J_1 \ddot{\varphi}_2 + (J_0 - J_1) k \dot{\varphi}_1 = -c \varphi_2.$$

Setzt man für

$$\varphi_1 = C_1 \sin \omega t, \qquad \varphi_2 = C_2 \cos \omega t, \qquad J_n = J_0 - J_1,$$

so erhält man als Bestimmungsgleichung für die Eigenfrequenz dieser Schwingungsbewegung

$$(c - J_1 \omega^2)^2 - J_n^2 \omega^2 k^2 = 0.$$

Diese hat als Wurzeln

$$\omega^2 = \frac{c}{J_1}\left[1 + \frac{J_n^2 k^2}{2 c J_1} \pm \sqrt{\left(1 + \frac{J_n^2 k^2}{2 c J_1}\right)^2 - 1}\right],$$

für die stillstehende Welle mit $k = 0$ erhält man das bekannte Ergebnis

$$\omega = \sqrt{\frac{c}{J_1}}.$$

Durch die Schwingungsbewegung der Welle werden Schwingungen des Schwungrades erregt, wodurch erzwungene Schwingungen des Schwungradkranzes angefacht werden. Die Schwingungen der Welle entstehen durch Radialkräfte mit der Periode $i k$ ($i = 1, 2, \ldots n$)[1], dadurch werden harmonische Kraftmomente $P \sin i k t$ auf das Schwungrad ausgeübt. Für die erzwungenen Schwingungen des Schwungrades gelten die Gleichungen

$$J_1 \ddot{\varphi}_1 + c \varphi_1 - J_n k \dot{\varphi}_2 = P \sin i k t,$$
$$J_1 \ddot{\varphi}_2 + c \varphi_2 + J_n k \dot{\varphi}_1 = 0.$$

Bezeichnet man symbolisch mit D die Differentiation nach der Zeit, so erhält man durch Elimination von φ_2 die Differentialgleichung

$$[(J_1 D^2 + c)^2 + J_n^2 k^2 D^2]\, \varphi_1 = (c - J_1 i^2 k^2)\, P \sin i k t.$$

Diese hat als Lösung

$$\varphi_1 = A \sin i k t,$$

dabei bestimmt man den Größtausschlag zu

$$A = \frac{c - J_1 i^2 k^2}{(c - J_1 i^2 k^2)^2 - J_n^2 i^2 k^2}\, P.$$

[1] Für $i = 1$, vgl. Timoshenko, S., a. a. O., S. 196.

Damit ergeben sich jene Winkelgeschwindigkeiten ω_k der Welle, bei welchen große Ausschläge des Schwungradkranzes zu erwarten sind, aus der Gleichung

$$(c - J_1 i^2 \omega_k^2)^2 - J_n^2 i^2 \omega_k^2 = 0.$$

Damit erhält man

$$\omega_{1i}^2 = \frac{c}{J_1 i^2 - J_n i}, \qquad \omega_{2i}^2 = \frac{c}{J_1 i^2 + J_n i}$$

für jede Ordnungszahl $i \neq 1$ zwei verschiedene Winkelgeschwindigkeiten der Welle, bei welchen große Ausschläge des Schwungradkranzes zu erwarten sind.

G. Schwingungen von Dampfturbinenschaufeln

Wie die Eigenschwingungszahl rotierender Stäbe zu ermitteln ist, wurde auf S. 181 gezeigt. Um jedoch über die Sicherheit mit der man die Eigenschwingungszahlen der Dampfturbinenschaufeln vorausberechnen kann, Aussagen machen zu können, ist es nötig, über die Voraussetzungen, welche man bei der Durchführung der Rechnung machte, Klarheit zu haben. In den meisten Fällen wird vorausgesetzt, daß die Schaufeln starr eingespannt sind, durch die Beschaufelungsart wird diese Annahme wohl nie erfüllt sein, auch wird man die freie Länge der Schaufel durch die Unbestimmtheit der Befestigung der Schaufeln nie genau angeben können. Besonders gefährdet erscheinen die Schaufeln der ersten und der letzten Stufen[1], die letzten deshalb, weil der langen Schaufellängen zufolge die Betriebsdrehzahl mit der Eigendrehzahl der Schaufel in Resonanz kommen kann, bei den Schaufeln der ersten Stufe bedingen die größeren, erregenden Kräfte große Schwingungsausschläge und dadurch eine Gefährdung der Schaufel. Da die Einspannbedingungen die Eigenfrequenzen stark beeinflussen[2], jede Schaufel nicht gleichmäßig eingespannt sein wird, so werden die einzelnen Schaufeln verschiedene Eigenschwingungszahlen haben, so daß es ohne weiteres möglich erscheint, daß einzelne Schaufeln durch Schwingungen zerstört werden, während benachbarte keinerlei Spuren von Überbeanspruchungen zeigen. Um die Eigenfrequenzen zu erhöhen und größere Sicherheiten zu haben, bringt man Bindedrähte an, diese dürfen nur nicht in Schwingungsknoten angebracht werden, sollen sie außer der Grundschwingung auch die Oberschwingungen beeinflussen[3]. Aus all diesem ist zu ersehen, daß es vorteilhaft ist,

[1] Wagner, H.: Untersuchung der Eigen- und Zwangsschwingungen von Turbinenschaufeln und der dabei auftretenden Beanspruchungen, Dissertation, S. 1. Hannover: 1930. — Flügel, G.: Die Dampfturbine, S. 297. Leipzig: 1931.

[2] Schamschula, R., a. a. O. — Hort, W.: Die Schwingungen der Räder und Schaufeln in Dampfturbinen, Z. d. VDI., Bd. 70, 1926, S. 1375 u. S. 1409.

[3] Flügel, G., a. a. O., S. 222.

durch Versuche[1] die durchgeführten Rechnungen zu überprüfen.

Durch konstruktive Maßnahmen müssen zwischen den einzelnen Düsen Zwischenräume vorhanden sein (s. Abb. 134). Kommt die Schaufel an diesen Stellen vorbei, so sinkt die Dampfkraft auf den Wert Null, wenn man Reibungs- und Wirbeleinflüsse vernachlässigt und der Dampf als gleichmäßiger rechteckiger Strahl aus der Düse strömt. Diesen über den Umfang veränderlichen Kraftverlauf kann man durch eine Fourieranalyse in die einzelnen Harmonischen zerlegen[2]. Durch diese werden auch Oberschwingungen erregt. Da bei dieser Art der Zerlegung auch Harmonische höherer Ordnungszahlen größere Amplituden haben können (s. Abb. 135), so ist es möglich, daß auch kurze Schaufeln zu großen Schwingungsausschlägen erregt werden. Bei der Ermittlung der Resonanzfrequenzen kann man bei kurzen Schaufeln den Einfluß der Drehbewegung vernachlässigen. Da außer der Grundschwingung noch Oberschwingungen erregt werden, so soll die rechnungsmäßige Eigenschwingungszahl mindestens der dreieinhalbfachen Umdrehungszahl gleichkommen[3]. Man kann mit Hort[4] die durch die erzwungenen Schwingungen in den Schaufeln hervorgerufenen Beanspruchungen mit den durch die Dampfkräfte bedingten vergleichen. Er nahm ein logarithmisches Dekrement von 0,01—0,02 an und erhielt für verschiedene Turbinen Resonanzbeanspruchungen, welche 3—6mal so groß wie die statischen waren. Damit erhält man die

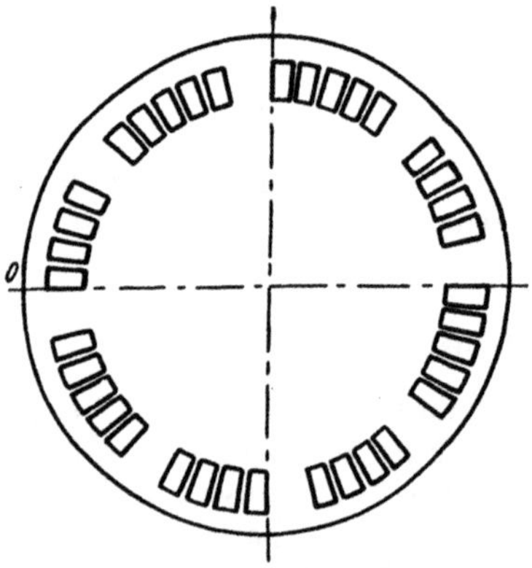

Abb. 134. Düsengruppen einer Dampfturbine

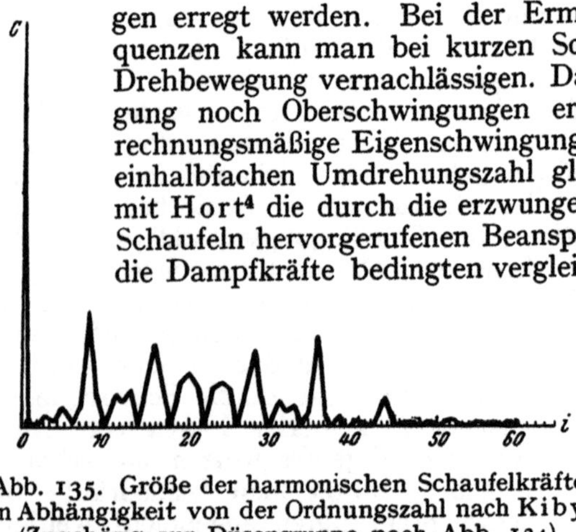

Abb. 135. Größe der harmonischen Schaufelkräfte in Abhängigkeit von der Ordnungszahl nach Kiby (Zugehörig zur Düsengruppe nach Abb. 134)

[1] Bauer, G.: Neuere Erfahrungen und Bestrebungen im Schiffsturbinenbau, Jahrbuch d. Schiffbautechn. Gesell., Bd. 15, 1914, S. 113. — Rotter, H., a. a. O.

[2] Hort, W., a. a. O., VDI., 1925. — Kiby, W.: Ermittlung der Erregerfrequenz von Schaufelschwingungen in teilweise beaufschlagten Dampfturbinenstufen, Schwingungstagung 1938, S. 91. Berlin: 1939.

[3] Weidehoff, G.: Sicherung der Beaufschlagungen von Dampfturbinen gegen Resonanzschwingungen, AEG-Mitteilungen, 1930, S. 389.

[4] Hort, W., a. a. O., VDI., 1926.

statischen Beanspruchungen der Schaufel als Maß für die zulässige Gesamtbeanspruchung, welche die auftretenden Schwingungsbeanspruchungen berücksichtigt.

H. Schwingungen von Dampfturbinenlaufrädern

Wie bei den Schaufelschwingungen gezeigt wurde, sind die Dampfkräfte über den Scheibenumfang nicht gleichmäßig verteilt und ändern sich mit der Zeit, wodurch Scheibenschwingungen erregt werden. Wie die Eigenfrequenzen dieser zu ermitteln sind, wurde auf S. 201 gezeigt. Vielfach wurden bei Turbinen[1] Scheiben durch Schwingungen zerstört, wobei auch Menschenleben zu beklagen waren. Scheibenschwingungen können auch Schaden verursachen, ohne daß die Scheibe zerstört wird, denn sind die Schwingungen derselben so groß, daß die Schaufeln am Gehäuse zum Streifen kommen, so brechen diese, die Turbine fällt aus, ohne daß die auftretenden Schwingungsbeanspruchungen einen Bruch der Scheibe verursachen würden.

Als Knotenlinien schwingender Scheiben sind Kreise und Durchmesser möglich. Nach Oehler[2] schwingen Turbinenscheiben derart, daß nur ein Knotenkreis als Knotenlinie zu beobachten ist, diese Art der Schwingung nennt man auch Schirmschwingung. Ist die Wellenmasse groß, so hat der Durchmesser der Knotenlinie den Wert Null. Für die Größe der Eigenfrequenz hat die Temperaturverteilung Einfluß[3], daher ist es möglich, daß bei gleichen Drehzahlen, jedoch anderen Belastungen die gleiche Scheibe andere Eigenfrequenzen haben kann. Die Größe der Schwingungsausschläge der Scheibe wird durch die Bewegung des Scheibenmittelpunktes und dadurch von den Wellenschwingungen erregt werden, daher ist auch aus diesem Grunde ein sorgfältiges Auswuchten der Welle erforderlich[4].

J. Schwingungen von Propellern

Propeller können sowohl Torsions- als auch Biegeschwingungen ausführen. Um über die erregenden Kräfte Aussagen machen zu können, muß man über deren Entstehungsursachen Klarheit haben. Zufolge der Bewegung der Schaufel und der Strömung der Luft um die Tragflügel ist das Strömungsfeld um den Propeller von der

---

[1] Baumann, K.: Some Recent Developments in Large Steam Turbine Practice Engineering, Bd. 111, 1921, S. 435 u. 760. — Duffing: Erfahrung im Betrieb großer Dampfturbinen, Z. d. VDI., Bd. 65, 1921, S. 1277. — Hort, W., a. a. O., Z. d. VDI., 1926.

[2] Oehler, E., a. a. O., Z. d. VDI., 1925. — Über Biegungsschwingungen von Dampfturbinenlaufrädern, Kruppsche Monatshefte, Bd. 6, 1925, S. 1. — Meyer, A.: Prüfung von Turbinenscheiben auf Schwingungen, BBC-Mitteilungen, Bd. 10, 1923, S. 230.

[3] Stodola, A., a. a. O., S. 903. — Freudenreich, J. v.: Vibration of Steam Turbine Disc, Engineering, Bd. 99, 1925, S. 2.

[4] Duffing, a. a. O.

Flügelstellung abhängig[1], die Schraubenkreise können sich überschneiden, die Motoren ungleichförmige Winkelgeschwindigkeit haben, wodurch Anströmgeschwindigkeit und Anstellwinkel geändert werden. Da die Kräfte auf den Propeller von der Strömung um denselben abhängen, so haben Flügelzahl der Schraube und Umlaufzahl des Motors auf die Frequenz der erregenden Kräfte Einfluß. Da die Luftkräfte auch schwingungsdämpfend wirken können, so treten störende Luftschraubenschwingungen zuweilen erst bei großen Einstellungen der Schraubenblätter auf[2]. Durch die Luftkräfte bei dem sich drehenden Propeller erhöhen sich die Eigenschwingungszahlen der Torsionsschwingung um 1,5%[3]. Aus diesem Grunde ist der Einfluß der Rotation auf die Drehschwingungen vernachlässigbar. Die Größe der Eigenfrequenzen der Drehschwingung ist zehnmal so groß wie die der Biegeschwingungen, daher braucht man nur die Biegeschwingungen bei den Luftschrauben besonders zu untersuchen.

Nach Untersuchungen von Reißner[4] sind kleine Anfangskrümmungen der Luftschraubenachse vernachlässigbar, auch bedingt nach Hohenemser[5] die Verdrillung der Schraubenblätter nur eine unwesentliche Erhöhung der Schwingungszahlen, der Einfluß der Verwindung auf die Grundschwingung ist nach Maier[6] vernachlässigbar, bei der ersten Oberschwingung bedingt diese Vernachlässigung eine Abweichung von der Rechnung von ungefähr 13%. Bei den bisher vorhandenen Propellerarten ist der Einfluß des Nabendurchmessers auf die Eigenschwingungszahl vernachlässigbar.

Versuche von Hansen und Mesmer[7] ergaben, daß die Grund- und erste Oberschwingung immer deutlich erkennbar sind, während die Amplituden der Torsionsschwingungen und der zweiten Biegeoberschwingung klein sind, so daß man nur deren Vorhandensein beobachten kann. Der Knoten der ersten Oberschwingung der Biegeschwingungen liegt ungefähr bei 0,7—0,8 von der Blattlänge, da die größten Beanspruchungen im Schwingungsknoten vorhanden sind, so können die Blattspitzen durch Biegeschwingungen abbrechen[7].

---

[1] Seewald, F.: Über die Schwingungserscheinungen an Luftschrauben, Z. F. M., Bd. 22, 1931, S. 369.

[2] Liebers, F.: Versuche über Luftschraubenschwingungen, Z. F. M., Bd. 23, 1932, S. 251.

[3] Liebers, F.: Zur Theorie der Luftschraubenschwingung, Z. f. techn. Physik, Bd. 10, 1929, S. 361.

[4] Reißner, H.: Formänderung, Spannung und kleine Schwingungen von Stäben mit anfänglicher Krümmung und Verwindung, die um eine Querachse rotieren, Ing.-Archiv, Bd. 4, 1933, S. 557.

[5] Hohenemser, K.: Beitrag zur Dynamik des elastischen Stabes mit Anwendung auf den Propeller, Z. F. M., Bd. 23, 1932, S. 37.

[6] Maier, E.: Biegeschwingungen von spannungslosen verwundenen Stäben, insbesondere von Luftschraubenblättern, Ing.-Archiv, Bd. 11, 1940, S. 73.

[7] Hansen, M. und G. Mesmer: Luftschraubenschwingungen, Z. F. M., Bd. 24, 1933, S. 298.

Da die Unregelmäßigkeit des Antriebes die Schwingungen der Schraubenblätter verursachen kann, so ist es notwendig, die Teilschwingungszahlen der einzelnen Systeme zu kennen. Nach Lürenbaum[1] sind die Teilschwingungszahlen ($n_k = 30\,\omega/\pi$) ausgeführter Anlagen des Systems Kurbelwelle-Luftschraube

Kurbelwelle	Drehschwingung	(Grundschwingung)	$n_k =$ 4 500—15 000 min,
	Längsschwingung	(Grundschwingung)	$n_k =$ 6 000—15 000 min,
	Biegeschwingung	(Grundschwingung)	$n_k =$ 23 000—30 000 min.
Luftschraube	Biegeschwingung	(Grundschwingung)	$n_k =$ 2 500— 4 500 min,
	Biegeschwingung	(1. Oberschwingung)	$n_k =$ 6 000—14 500 min,
	Biegeschwingung	(2. Oberschwingung)	$n_k =$ 9 000—19 000 min.

Aus diesen Zahlen ist zu ersehen, daß die Biegeschwingungen der Luftschraube von den Biegeschwingungen, bzw. den Drehschwingungen[2] der Kurbelwelle erregt werden können. Die Eigenfrequenzen werden herabgesetzt, wenn man ein federndes Zwischenglied einbaut, wodurch man große Schwingungsausschläge vermeiden kann.

K. Schwingungen von Fachwerken

Bei einem Fachwerke sind die Stäbe mehr oder minder elastisch miteinander verbunden und durch die aufgebrachte Last belastet. Jeder einzelne dieser Stäbe ist schwingungsfähig und jeder einzelne beeinflußt die Bewegung der anderen. Dadurch ist es möglich, daß man bei einzelnen Stäben des Fachwerkverbandes große Schwingungsausschläge beobachten kann, während die übrigen Stäbe nahezu schwingungsfrei sind. Die Randbedingungen hat man für jeden Knoten aufzustellen, wodurch man eine Reihe (durch die Randbedingungen) gekoppelter linearer partieller Differentialgleichungen erhält, diese kann man durch Aufstellung von Frequenzfunktionen lösen[3]. Durch Lösung der Differentialgleichung und Berücksichtigung der einzelnen Randbedingungen erhält man den genauen Wert der Eigenfrequenz des Fachwerkes. Auch bemühte man sich Verfahren aufzufinden, welche den Wert der Eigenfrequenz der Grundschwingung durch Näherungslösungen[4]

[1] Lürenbaum, K.: Schwingungen des Systems Kurbelwelle-Luftschraube, Luftfahrtforschung, Bd. 13, 1936, S. 346, Jahrb. d. d. Luftfahrtforsch. 1937, S. II, 117.

[2] Meyer, J.: Die Kopplung der Luftschrauben-Biegeschwingungen mit den Kurbelwellen-Drehschwingungen, Jahrbuch d. Deutschen Luftfahrtforsch., 1938, S. II, 141.

[3] Waltking, F. W.: Zur Ermittlung der Eigenschwingungszahlen ebener Stabwerke, Ing.-Archiv, Bd. 2, 1931, S. 247. — Hohenemser, K., W. Prager: Dynamik der Stabwerke, S. 129. Berlin: 1933.

[4] Reißner, H.: Zur Dynamik des Fachwerkes, Z. f. Bauwesen, Bd. 49, 1899, S. 478. — Reißner, H.: Schwingungsaufgaben aus der Theorie des Fachwerkes, Z. f. Bauwesen, Bd. 53, 1903, S. 135. — Pohlhausen, E.: Berechnung der Eigenschwingungen statisch bestimmter Fachwerke, Z. a. M. M., Bd. 1, 1921, S. 28. — Hohenemser, K., W. Prager, a. a. O., S. 153.

oder versuchsmäßig[1] auffinden lassen. Man kann die Verfahren, wie sie bei den Biegeschwingungen der Wellen angegeben wurden, hier sinngemäß verwenden, nur hat man auf die besondere Aufgabenstellung Rücksicht zu nehmen.

Verwendet man mit Reißner[2] als benachbarte Verformung des Fachwerkes, die durch das Eigengewicht verursachte, so kann man mit dem Williotschen Verschiebungsplan die Verschiebung der einzelnen Stäbe bestimmen, wobei es zulässig ist, wie eine besondere Untersuchung von Arendt[3] zeigte, die Knoten der einzelnen Stäbe durch biegungsfreie Gelenke zu ersetzen. Für den Größtwert der kinetischen Energie gilt

$$L = \frac{1}{2}\sum_{i=1}^{n} m_i\, v_{si}^2 + \frac{1}{2}\sum_{i=1}^{n} J_{si}\,\dot{\varphi}_i^2.$$

In dieser Gleichung bedeutet J_s das Massenträgheitsmoment des einzelnen Stabes um eine zur Bewegungsebene senkrechten Achse, v_s dessen Schwerpunktgeschwindigkeit, $\dot{\varphi}$ die Winkelgeschwindigkeit und φ die Größtverdrehung des Stabes. Ist a_i die statische Verschiebung des Schwerpunktes des i-ten Stabes, so gilt angenähert

$$v_{si} = a_i\,\omega, \qquad \dot{\varphi}_i = \varphi_i\,\omega$$

und es ist

$$L = \frac{1}{2}\omega^2\left(\sum_{i=1}^{n} m_i\, a_i^2 + \sum_{i=1}^{n} J_{si}\,\varphi_i^2\right).$$

Bezeichnet man mit y die Vertikalverschiebungen der einzelnen Lasten, das sind die vertikalen Komponenten der a_i, so gilt nach dem Arbeitssatz

$$\frac{1}{2}\omega^2\left(\sum_{i=1}^{n} m_i\, a_i^2 + \sum_{i=1}^{n} J_{si}\,\varphi_i^2\right) = \frac{1}{2}\sum_{i=1}^{n} G_i\, y_i,$$

daher erhält man für die Frequenz der Grundschwingung

$$\omega = \sqrt{\frac{\Sigma G_i\, y_i}{\Sigma m_i\, a_i^2 + \Sigma J_{si}\,\varphi_i^2}}.$$

Ist die Stabmasse im Verhältnis zur aufgebrachten Masse klein und kann man die Winkelausschläge vernachlässigen, so ist $J_s\,\varphi_i^2$ vernachlässigbar und man erhält

$$\omega = \sqrt{\frac{\Sigma G_i\, y_i}{\Sigma m_i\, a_i^2}} = \sqrt{\frac{g\,\Sigma G_i\, y_i}{\Sigma G_i\, a_i^2}}.$$

---

[1] Geiger, J.: Dynamische Untersuchungen an Brücken, Der Bauing., Bd. 5, 1924, S. 606. — Bernhard, R.: Beitrag zur Brückenmaßtechnik, Der Stahlbau, Bd. 1, 1928, S. 145. — Mechanische Schwingungen der Brücken, S. 153. Berlin: 1933.

[2] Reißner, H., a. a. O., Z. f. Bauwesen, 1899.

[3] Arendt, R.: Die angenäherte Berechnung von Fachwerkschwingungen bei gelenkig und biegungssteifen Stabverbindungen, Dissertation, Dresden: 1938.

In vielen Fällen kann man die horizontalen Komponenten der Verschiebung gegenüber den vertikalen vernachlässigen, so daß die a_i durch y_i ersetzbar sind.

L. Schiffsschwingungen

Will man die Schiffsschwingungen untersuchen, so kann man die Aufgabe dadurch vereinfachen, daß man das Schiff als Stab von gegebener Massen-, Querschnitts- und Trägheitsmomentenverteilung ansieht. Schwimmt das Schiff, so sind außer der Bewegung in der Fahrtrichtung noch Verschiebungen in dazu senkrechten Richtungen und Drehungen um Achsen möglich, daher führt das Schiff, wenn es aus seiner Gleichgewichtslage herausgedreht wird, Hauptschwingungen[1] um seine Hauptträgheitsachsen aus. Die Schwingung um die Längsachsen bezeichnet man mit Rollen oder Schlingern, die um die Querachse mit Stampfen und die um die Vertikalachse mit Gieren. Sämtliche Hauptschwingungen können gleichzeitig beobachtet werden. Von diesen Schwingungen machen sich besonders die Roll- und Stampfschwingungen für den Fahrgast unangenehm bemerkbar. Fährt das Schiff, so üben die ankommenden Wellen auf das Schiff Kräfte aus, welche diese Schwingungen erregen. Die erzwungenen Rollschwingungen können durch Einbau des Schlickschen Schiffskreisels oder mit Hilfe des Frahmschen Schlingertanks weitgehendst gedämpft werden. Der Schlicksche Schiffskreisel[2] ist im Schiff drehbar gelagert (s. Abb. 136), und zwar steht die Lagerachse quer zur Fahrtrichtung und die Kreiselachse fällt mit der Richtung der Vertikalen zusammen. Durch die Rollschwingungen des Schiffes werden Schwingungen des Kreisels erregt, durch diese werden Kräfte vom Kreisel auf das Schiff bedingt, wodurch die Schiffsschwingungen gedämpft werden. Beim Frahmschen Schlingertank[3] sind zwei Behälter mit Flüssigkeit (Öl, Seewasser) gefüllt, welche durch zwei Rohre mit-

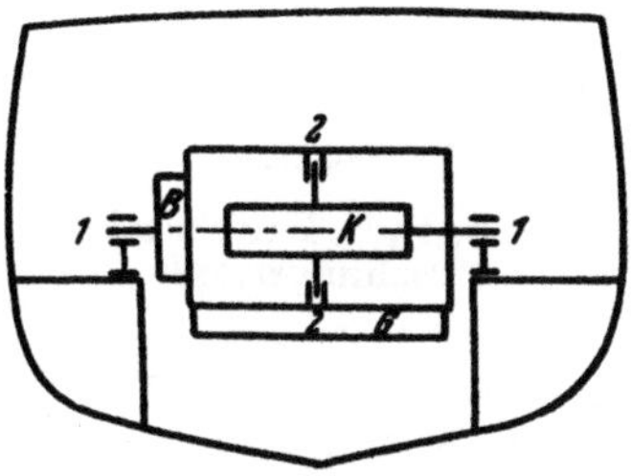

Abb. 136. Schlickscher Schiffskreisel

[1] Kriloff, A.: Die Theorie des Schiffes, Encykl. d. math. Wissenschaften, Bd. 4, Teilbd. 3, 1908, S. 536.

[2] Schlick, O.: Der Schiffskreisel, Jahrbuch d. Schiffbautechn. Gesellschaft, Bd. 10, 1909, S. 111. — Klein, F., A. Sommerfeld: Über die Theorie des Kreisels, S. 833. Leipzig: 1897, 1898, 1903, 1910.

[3] Frahm, H.: Neuartige Schlingertanks zur Abdämpfung von Schiffsrollbewegungen und ihre erfolgreiche Anwendung in der Praxis, Jb. d. Schiffbautechnischen Gesellschaft, Bd. 12, 1911, S. 283. — Hahnkamm, E.: Untersuchung über das reibungs- und trägheitsgekoppelte System Schiff und Schlingertank, Ing.-Archiv, Bd. 3, 1932, S. 251. — Föppl, O.: Beitrag zur Theorie des Frahmschen Schlingertanks, Ing.-Archiv, Bd. 5, 1934, S. 35.

einander verbunden sind (s. Abb. 137). Dadurch ist die Bewegung der Flüssigkeit in den Behältern mit der Rollschwingung gekoppelt. In dem oberen Rohr kann Luft von einem Behälter zum anderen strömen, welche durch ein Ventil gedrosselt werden kann, Durch geeignete Einstellung des Drosselventils ist es daher möglich, die Ausschläge der Rollschwingung des Schiffes klein zu halten.

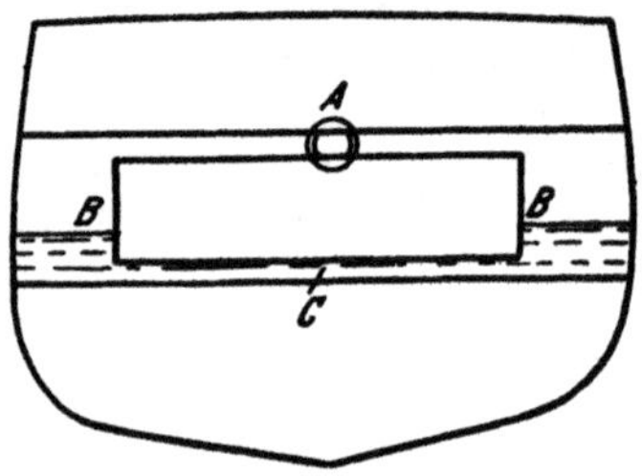

Abb. 137. Frahmscher Schlingertank

Nicht nur die Roll- und die Stampfschwingungen machen sich dem Fahrgast unangenehm bemerkbar, auch die elastischen Schwingungen des Schiffes, die sogenannten Schiffsvibrationen stören sehr, denn auch kleine Schwingungsausschläge von entsprechender Frequenz können unangenehme physiologische Wirkungen ausüben[1]. Erregt werden die elastischen Schwingungen durch die nicht ausgeglichenen bewegten Massen[2] und durch den ungleichmäßigen Propellerschub[3]. Dieser kann auch bei Schiffen mit Turbinenantrieb beobachtet werden, denn kleine Steigungsunterschiede der einzelnen Propellerflügel, die ungleichmäßige Geschwindigkeitsverteilung der Strömung um das Schiff bedingen ungleichmäßige Propellerkräfte.

Da die erregenden Frequenzen von der Maschinendrehzahl abhängen, so ist schon beim Entwurf des Schiffes und bei der Festlegung der Maschinendrehzahl die Kenntnis der Eigenfrequenzen ω, bzw. der minutlichen Schwingungszahl $n = 30/\pi \cdot \omega$ des Schiffskörpers nötig, um ein schwingungsfreies Verhalten des Schiffes zu gewährleisten; denn bei Resonanz können große Schwingungsausschläge beobachtet werden, z. B. wurden auf H. M. S. Terrible ein Schwingungsausschlag von 1,7″ am Heck gemessen[4]. Faßt man das Schiff als Stab auf und will man die Ergebnisse der Stabschwingungen verwenden, so hat man zunächst das elastische Verhalten des Schiffes und die Massenverteilung zu ermitteln. Den Einfluß des umgebenden Wassers berücksichtigt man derart, daß man das

[1] Koch, H. W.: Einwirkung der Straßenunebenheiten auf die Fahrzeuginsassen, Schwingungstagung 1938, S. 129. Berlin: 1939. — Reiler, H., F. J. Meister: Die Empfindlichkeit der Menschen gegen Erschütterungen, Forschung auf dem Gebiete des Ing.-Wes., Bd. 2, 1931, S. 381.

[2] Schlick, O.: Über den Einfluß des Aufstellungsortes der Dampfmaschinen auf Vibrationserscheinungen bei Dampfern, Z. d. VDI., Bd. 38, 1894, S. 1091.

[3] Schlick, O.: Die Untersuchung der Vibrationserscheinungen von Dampfern, S. 15. Berlin: 1903. — Schlick, O.: Unsere gegenwärtige Kenntnis der Vibrationserscheinungen bei Dampfschiffen, Jahrb. d. Schiffbautechn. Ges., Bd. 13, 1912, S. 545. — Thele, W.: Vibrationserscheinungen neuerer Schnelldampfer, Schiffbau, Bd. 8, 1906/7, S. 519.

[4] The Steam Trials of H. M. S. Terrible, Engineering, Bd. 66, 1898, S. 428.

Schiffsgewicht vergrößert[1], und zwar überschlagsmäßig nach Gümbel durch Hinzufügung des dreivierten Teiles des bei einer Schwingung verdrängten Wassergewichtes. Auch bedingen Änderungen der Schiffsbelastung eine andere Eigenschwingungszahl, doch läßt sich dieser Einfluß berücksichtigen[2]. Schwieriger ist es, das elastische Verhalten des Schiffkörpers vorher zu bestimmen. Der Spannungsabfall in den Gurtungen sowie die Schubspannungen der Träger beeinflussen die Durchbiegungen[3]. Den Einfluß der Lucken kann man nach Taylor[4] dadurch berücksichtigen, daß man die zwischen den Lucken befindliche Decksbeplattung bei entsprechender Verminderung der Plattenstärke gleichmäßig über die Länge verteilt. Hat man das Schiff durch einen Stab von gegebener Massen-, Flächen- und Trägheitsmomentenverteilung ersetzt, so sieht man, daß sowohl Biege-, Dreh- und Dehnungsschwingungen möglich sind. Von diesen sind die vertikalen Biegeschwingungen am wichtigsten, da das Schiff in dieser Richtung am elastischsten ist, auch sind die Massenabstände von der Torsionsachse klein, was große Torsionseigenfrequenzen bedingt[5].

1. Biegeschwingungen

Da man das Schiff als vollkommen freien Stab auffaßt, so bleibt der Schwerpunkt in Ruhe, bezeichnet man mit y_i die einzelnen Größtausschläge der Masse m_i, so gilt daher[6] nach dem Schwerpunktssatz

$$\sum m_i \ddot{y}_i = \sum_{i=1}^{n} m_i y_i \omega^2 = 0, \quad \sum_{i=1}^{n} m_i y_i = 0. \tag{291}$$

Da auf das Schiff kein äußeres Kräftepaar wirkt, so gilt nach dem Momentensatz[6]

---

[1] Gümbel, L.: Ebene Transversalschwingungen freier stabförmiger Körper mit variablem Querschnitt und beliebiger symmetrischer Massenverteilung unter der Einwirkung periodischer Kräfte mit spezieller Berücksichtigung des Schwingungsproblemes des Schiffbaues, J. d. Schiffbautechn. Ges., Bd. 2, 1901, S. 211. — Koch, J. J.: Eine experimentelle Methode zur Bestimmung der reduzierten Masse des mitschwingenden Wassers bei Schiffsschwingungen, Ing.-Archiv, Bd. 4, 1933, S. 103. — Taylor, J. L.: Some Hydrodynamical Inertia Coefficients, Phil. Mag. Serie 7, Bd. 9, 1930, S. 161.

[2] Horn, F.: Einfluß lokaler Gewichtsänderung auf die Eigenschwingungszahl von Schiffen, Schiffbau, Bd. 30, 1929, S. 525.

[3] Schnadel, G.: Die Spannungsverteilung in den Flanschen dünnwandiger Kastenträger, J. d. Schiffbautechn. Gesell., Bd. 27, 1926, S. 207. — Schadlovsky, E.: Über Rechnung und Messung der elastischen Eigenschwingungen von Schiffskörpern, Jahrb. der Schiffbautechn. Ges., Bd. 33, 1932, S. 280.

[4] Taylor, J. L.: Auszug aus seinem Vortrag von F. Horn, Frequenzen der Schiffsvibrationen, Schiffbau u. Schiffahrt, Bd. 29, 1928, S. 338.

[5] Berling: Schiffsschwingungen, ihre Ursachen und Kritik der Mittel zu ihrer Verminderung, Z. d. VDI., Bd. 33, 1899, S. 981.

[6] Gümbel, L., a. a. O.

$$\sum_{i=1}^{n} m_i y_i x_i \omega^2 = 0, \quad \sum_{i=1}^{n} m_i y_i x_i = 0. \tag{292}$$

In dieser Gleichung bedeutet x_i den Abstand der Masse m_i von einem festen Punkt, z. B. vom Heck. Diese beiden Gleichungen müssen erfüllt sein. Wird die Schwingungsform des Schiffes angenommen, so hat man mit Gl. (291) und Gl. (292) eine Kontrollmöglichkeit. Eine Lösung der für den Stab gültigen Differentialgleichung (137) in geschlossener Form ist bei den vorgegebenen Massen und Elastizitätsverhältnissen — wie sie beim Schiff vorliegen — unmöglich, daher kann man nur Näherungslösungen[1] für die Eigenfrequenz ω auffinden. Schlick berechnet die minutliche Schwingungszahl des Schiffes durch[2]

$$n = C\sqrt{\frac{J_0}{P L^3}}.$$

In dieser Formel bedeutet J_0 das Trägheitsmoment des Hauptspantquerschnittes in m^4, P das Gesamtgewicht in t und L die Länge des Schiffes in m zwischen den Loten. Mißt man die einzelnen Größen in den angegebenen Einheiten, so fand Schlick für die Konstante C den Wert

bei Schiffen mit sehr feinen Linien (Torpedoboote)	$C = 3\,436\,800$
große Passagierdampfer mit feinen Linien	$C = 3\,144\,300$
Frachtdampfer mit vollen Linien	$C = 2\,802\,500$

Gümbel ermittelt mit der Seilstrahlmethode[3] (s. S. 194) die Schwingungsform, indem er ω und die Neigung der ersten Tangente an die Schwingungsform annimmt. Dann ändert er ω so lange bis Gl. (291) erfüllt ist, worauf die Neigung der ersten Tangente geändert wird, bis Gl. (292) befriedigt ist. Genügen die Ausschläge sowohl Gl. (291) als auch Gl. (191), so hat man die Schwingungsform der freien Schwingung und die Eigenfrequenz des Schiffes ermittelt.

Da man das Schiff als freien Stab auffassen kann, so ist mit jedem Verfahren, welches für den gelagerten Stab entwickelt wurde, bei Kenntnis der Lage der Schwingungsknoten die Eigenschwingungszahl des Schiffes ermittelbar. Schwierigkeit bereitet die Annahme der Schwingungsform, da die Lagen der Knoten unbekannt sind. Vereinfachen kann man sich die Wahl der Schwingungsform, wenn man die des freien Stabes gleicher Dicke annimmt[4] oder die Tatsache benützt, daß die Schwingungsknoten ungefähr in einem Ab-

---

[1] Prohaska, C. W.: Lodrette Skibssvingninger med to Knuder, København 1941.

[2] Johow, H., E. Foerster: Hilfsbuch für den Schiffbau, 5. Aufl., S. 551. Berlin: 1928.

[3] Gümbel, L., a. a. O.

[4] Taylor, J. L., a. a. O. — Timoshenko, S., a. a. O., S. 304. — Pavlenko, E.: A Method of Calculating Ship Vibrations, Engineering, Bd. 121, 1926, S. 748.

stand gleich dem vierten Teil der Schiffslänge vom Bug, bzw. Heck liegen[1]. Hat man die Schwingungsform angenommen, so ist nach dem Stodolaschen[2], dem Morleyschen[3] oder nach dem Blaeßschen[4] Verfahren die Eigenfrequenz auffindbar.

Mit Hilfe des Rayleighschen Verfahrens läßt sich rasch die Eigenfrequenz des Schiffskörpers berechnen. Zu diesem Zweck

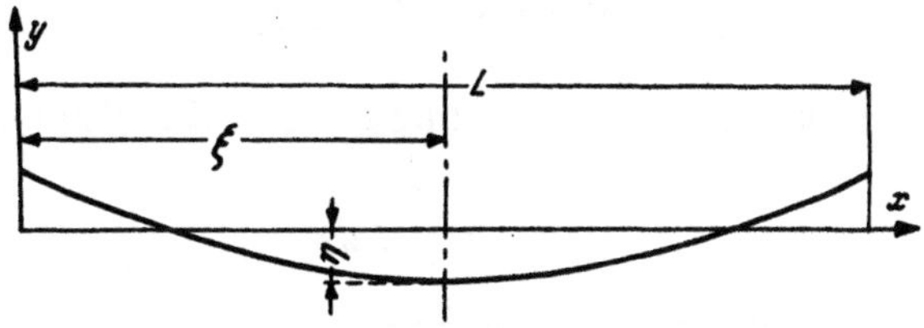

Abb. 138. Die genäherte Schwingungsform des Schiffes ist eine Parabel

nimmt man die Schwingungsform des Schiffes als eine Parabel mit den vorerst noch unbekannten Scheitelkoordinaten (ξ, η) (s. Abb. 138) an. Die Gleichung der Parabel lautet

$$(x-\xi)^2 = 2p\,(y+\eta).$$

Setzt man diese Gleichung in Gl. (291) ein, so erhält man

$$\sum_{i=1}^{n} m_i\, y_i = \frac{1}{2p}\sum_{i=1}^{n} m_i\,(x_i-\xi)^2 - \sum_{i=1}^{n} m_i\,\eta = 0$$

oder mit $\Sigma m_i = M$

$$2p\,\eta\, M = \sum_{i=1}^{n} m_i\,(x_i-\xi)^2 \tag{293}$$

und durch Einsetzung in Gl. (292)

$$2p\,\eta \sum_{i=1}^{n} m_i\, x_i = \sum_{i=1}^{n} m_i\, x_i\,(x_i-\xi)^2. \tag{294}$$

Aus den beiden Gl. (293) und Gl. (294) kann man ξ und $2p\,\eta$ berechnen. Ermittelt man den Größtwert der kinetischen Energie L

$$L = \frac{1}{2}\sum_{i=1}^{n} m_i\, y_i^2\, \omega^2 = \frac{\omega^2}{8p^2}\sum_{i=1}^{n} m_i\,[(x_i-\xi)^2 - 2p\,\eta]^2$$

und den der Formänderungsarbeit A

---

[1] Johow, H., E. Foerster: Hilfsbuch f. d. Schiffbau, 4. Aufl., S. 668. Berlin: 1920.

[2] Taylor, J. L., a. a. O.

[3] Dahlmann, W.: Festigkeit der Schiffe, S. 88. Berlin: 1925.

[4] Schmidt, F.: Die Berechnung von Schiffsschwingungen, Werft, Reederei, Hafen, Bd. 11, 1930, S. 124.

$$A = \frac{1}{2}\int_0^l E\,J\,y''^2\,dx$$

sowie mit Hilfe der angenommenen Schwingungsform y''

$$y'' = \frac{1}{p}, \quad \text{so wird} \quad A = \frac{E}{2\,p^2}\int_0^l J\,dx,$$

so erhält man damit für die Eigenfrequenz ω des Schiffskörpers

$$\omega^2 = \frac{4\,E\int_0^l J\,dx}{\sum\limits_{i=1} m_i\,[(x_i - \xi)^2 - 2\,p\,\eta]^2}.$$

Benützt man Gl. (293) und Gl. (294), so ist ω berechenbar.

Bei Ermittlung der Eigenschwingungszahl eines Schiffes hat man zuerst den Trägheitsmomentenverlauf und die Massenverteilung zu berechnen (s. Abb. 139), wobei die mitschwingende Wassermasse durch einen entsprechenden Zuschlag von z. B. 15% berücksichtigt wird. Dann nimmt man die Winkelgeschwindigkeit

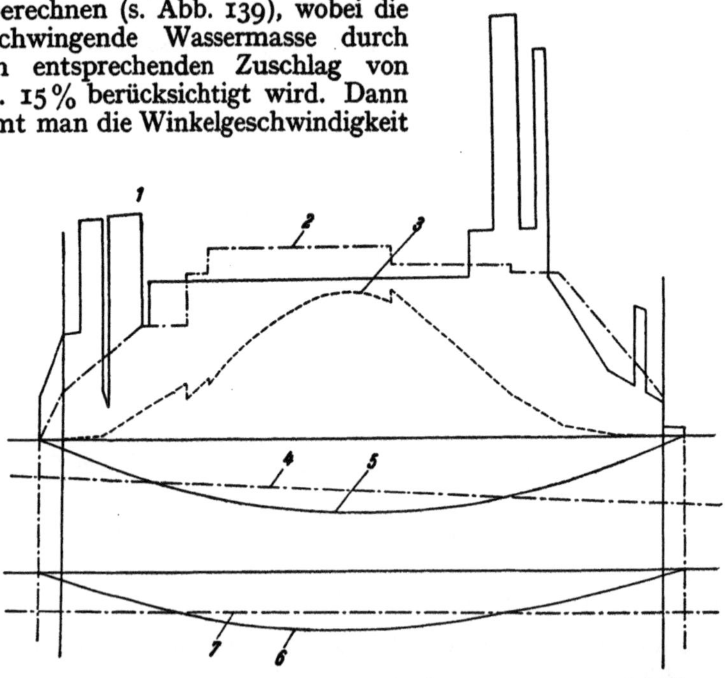

Abb. 139. Ermittlung der Eigenschwingungszahl eines Schiffes
1. statische Gewichtskurve, 2. Trägheitsmomentenverlauf, 3. $M_b^2/2\,E\,J$, 4. angenommene Nullinie, 5. angenommene Schwingungsform, 6. berechnete Schwingungsform, 7. berechnete Nullinie

ω und die Schwingungslinie willkürlich an und ermittelt mit diesen Annahmen die neue Schwingungsform, vergl. S. 264. Die Nullinie, von der aus man die Ausschläge mißt, hat man so zu bestimmen, daß sowohl Gl. (291) als auch Gl. (292) befriedigt werden, das heißt, daß am Schiffsende weder eine Einzelkraft noch ein Biegemoment vorhanden sind. Die Lage der Nullinie ist entweder durch Probieren oder durch Benützung des Verfahrens von Eckert v. Labin[1] möglich. Bei Anwendung dieses Verfahrens nimmt man eine beliebige Gerade als Nullinie an, bestimmt die Abstände von dieser Achse und setzt diese in Gl. (291) und Gl. (292) ein, welche im allgemeinen nicht erfüllt sein werden. Bezeichnet man mit y' die Abstände von dieser Achse, so gelten die Gleichungen

$$\sum m_i y_i' = R \tag{291 a}$$

$$\sum m_i y_i' x_i = M. \tag{292 a}$$

Bei der Schwingungsachse hat, wie schon hervorgehoben, sowohl R als auch M den Wert Null. Zuerst ermittelt man jene Achse, für welche R den Wert Null annimmt. Dies geschieht, (s. Abb. 140)

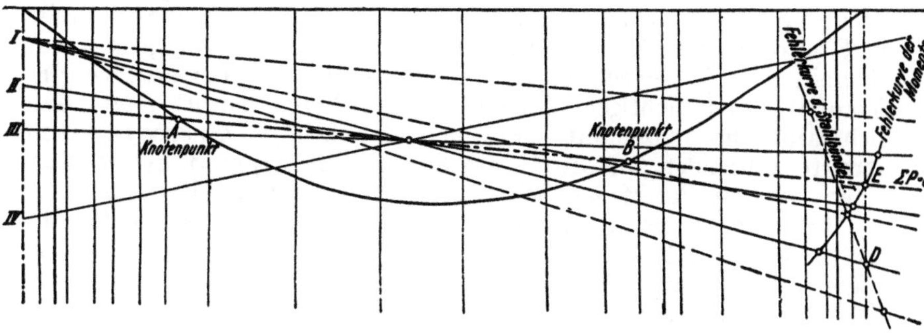

Abb. 140. Ermittlung der Nullinie
— — — Achsen mit $R \neq 0$ und $M \neq 0$
——— Achsen mit $R = 0$ und $M \neq 0$
— · — · — Nullinie $R = 0$ und $M = 0$

indem man von einem beliebigen Punkt, z. B. von dem des Schiffsendes, den Schwingungsausschlag beliebig annimmt und durch diesen ein Strahlenbündel zeichnet. Damit hat man auch einen Punkt der Nullinie angenommen, durch den man sich Achsen unter beliebigem Neigungswinkel legt, dann kann man die entsprechenden y' ablesen und in Gl. (291 a) einsetzen und die zugehörigen R bestimmen. Trägt man auf jede Achse den entsprechenden Wert von R auf, so kann man durch Zeichnen einer Fehlerkurve jene Achse bestimmen, für welche R den Wert Null hat, das heißt

[1] Eckert, J.: Die Einhüllende als Mittel zur Lösung technischer Probleme. Ö. Ing.-Archiv, Bd. 1, 1947, S. 234.

für welche Gl. (291) gilt, für diese wird zwar im allgemeinen Gl. (292) nicht gelten, man kann aber aus Gl. (292 a) das zugehörige Restmoment M bestimmen. Nimmt man mehrere Schwingungsausschläge des Schiffsendes an, so kann man durch Anwendung der obigen Methode verschiedene Achsen bestimmen, für welche Gl. (291) gilt, bei welcher also R nach Gl. (291 a) den Wert Null hat, dann sind mittels Gl. (292 a) die zugehörigen M berechenbar. Zeichnet man an einer bestimmten Stelle z. B. an einem Schiffsende die Fehlerkurve in Abhängigkeit von den angenommenen Schwingungsausschlägen (dies kann geschehen, indem man senkrecht zu den Schwingungsausschlägen oder in Richtung der Achse die Werte von M aufträgt), so erhält man mit dem Nullwert dieser Fehlerkurve einen Punkt der Schwingungsachse. Auf diese Weise kann man durch Zeichnen der Fehlerkurve an jeder beliebigen Stelle den Schwingungsausschlag ermitteln. Zufolge Gl. (291) haben die Achsen mit R gleich und M ungleich Null eine andere Neigung als die Schwingungsachse, daher gibt es für jede Achse eine Stelle, an welcher der Abstand von derselben gleich demjenigen von der Nullinie ist, das heißt da die Schwingungsausschläge an dem einen Ende zu groß und an dem anderen zu klein angenommen wurden, so gibt es eine Stelle mit dem genauen Schwingungsausschlag. An dieser Stelle muß also die willkürlich angenommene Achse, die Schwingungsachse schneiden. Anderseits ergibt die Nullstelle der Fehlerkurve der Momente den richtigen Schwingungsausschlag, daraus folgt, daß sich sämtliche Achsen mit $R = 0$ mit der Schwingungsachse in einem Punkte schneiden müssen. Mit diesem Schnittpunkt erhält man einen zweiten Punkt der Schwingungsachse und damit diese.

Hat man die richtige Schwingungsachse bestimmt, so erhält man mit Hilfe des Arbeitssatzes und des Rayleighschen Verfahrens die Eigenfrequenz ω. Die Formänderungsarbeit bestimmt man mit Hilfe der Gleichung

$$A = \int \frac{M_b^2}{2EJ} dx.$$

Bestimmt man an jeder Stelle den Wert von $\frac{M_b^2}{2EJ}$ und trägt diesen in Abhängigkeit von x auf, so bestimmt die durch diesen Linienzug bestimmte Fläche die Formänderungsarbeit.

Nach dem Arbeitssatz ist nun

$$\frac{1}{2} \omega^2 \sum m y^2 = A.$$

Die Eigenfrequenz des Schiffes ω berechnet man aus

$$\omega^2 = \frac{\int \frac{M_b^2}{EJ} dx}{\sum m y^2}.$$

Ist die erhaltene Schwingungsform ähnlich der zuerst angenommenen, so ist die auf diese Weise berechnete Eigenfrequenz gleich der des Schiffes. Sind die Schwingungsformen sehr voneinander verschieden, so hat man das Verfahren zu wiederholen. Für ein Schiff von der Massen- und Trägheitsmomentenverteilung nach Abb. 139 erhält man bei Anwendung des graphischen Verfahrens für die Eigenschwingungszahl ω den Wert 13,15 sek^{-1} und durch Anwendung der rechnerischen Näherungslösung $\omega = 13{,}74\ \text{sek}^{-1}$. Timoshenko[1] ermittelte die Eigenfrequenz mit Hilfe des Ritzschen Verfahrens.

Man kann nicht nur die Frequenz der Grundschwingung beobachten, auch die der einzelnen Oberschwingungen können gemessen werden. Nach Messungen verhalten sich die Eigenschwingungszahlen der Oberschwingungen (höheren Grades) zu jenen der Grundschwingung[2]

bei Schnelldampfern	1 : 2,130,	3,365,	4,755,
Fracht- und Passagierdampfern	1 : 1,870,	2,670.	

Hat man die Eigenfrequenzen des Schiffes ermittelt, so ist auf die Größe der Maschinendrehzahl zu achten. Diese soll um 10—12% kleiner oder bis zu 50% größer als die minutliche Schwingungszahl des Schiffes sein[3].

Da das Schiff ein Mehrmassensystem darstellt, so können nicht nur Grund- und Oberschwingungen beobachtet werden, sondern auch Teilschwingungen, das sind solche, bei welchen einzelne Teile des Schiffskörpers vibrieren.

2. *Drehschwingungen*

Außer den Biegeschwingungen kann man auch die Drehschwingungen beobachten[4]. Will man die Drehschwingungen des Schiffes ermitteln, so kann man irgend eines der Verfahren anwenden, mit welchem man die Drehschwingungsfrequenzen von geraden Stäben ermitteln kann (s. S. 228 und folgende). Ein Näherungsverfahren gab Taylor[5] an, welches die Methode von Stodola zur Ermittlung der Biegefrequenzen gerader Stäbe auf die Drehschwingungen des Schiffes anwendet. Bedeutet ω die Kreisfrequenz der Drehschwingung, J das veränderliche Massenträgheitsmoment des Schiffes je Längeneinheit um die Torsionsachse, φ_x den Ausschlag an der Stelle x, so berechnet man das resultierende elastische Moment dM, welches auf ein aus dem Schiff herausgeschnittenes Teilchen von der Länge dx wirkt, aus der Gleichung

$$dM = J\,\varphi_x\,\omega^2\,dx.$$

[1] Timoshenko, S., a. a. O., S. 304.
[2] Schadlovsky, E., a. a. O.
[3] Johow, H., E. Foerster: a. a. O., 4. Aufl., S. 672.
[4] Schlick, O.: Die Untersuchung der Vibrationserscheinungen von Dampfern, S. 33. Berlin: 1903.
[5] Taylor, J. L., a. a. O.

Die Abhängigkeit des Ausschlages von der Länge wird nach Taylor sinusförmig angenommen

$$\varphi_x = \varphi_0 \cos n \pi \frac{x}{L}.$$

Dabei bedeutet φ_x den Ausschlag an der Stelle x, φ_0 den Größtausschlag, n die Knotenzahl der Schwingungsform und L die Schiffslänge. Nimmt man den Wert von der Eigenfrequenz, z. B. $\omega_0 = 1$ an, so kann man das durch die Schwingungsbewegung bedingte elastische Moment M an der Stelle x

$$M = \int_0^x dM = \omega_0^2 \varphi_0 \int_0^x J \cos n \pi \frac{x}{L} dx$$

durch Planimetrierung bestimmen. Bedeutet J_t die Torsionssteifigkeit des Schiffsquerschnittes an der Stelle x, so folgt für den Verdrehungswinkel φ_{1x}

$$\varphi_{1x} = \int_0^x \frac{M}{G J_t} dx.$$

φ_0 ist der Größtausschlag der Ausgangskurve und φ_1 der Kurve, welche man soeben erhalten hat. Mit Hilfe der Überlegungen von Stodola erhält man [s. Gl. (280)] für die Torsionseigenfrequenz des Schiffes bei Ähnlichkeit der beiden Kurvenzüge

$$\omega = \omega_0 \sqrt{\frac{\varphi_0}{\varphi_1}}.$$

Sind die beiden Kurvenzüge nicht ähnlich, so hat man das Verfahren unter Annahme der soeben erhaltenen Kurve als Ausgangskurve so oft zu wiederholen, bis beide Kurvenzüge durch eine Ähnlichkeitstransformation ineinander übergehen.

Tabellen

Tabelle 1. *Eigenschwingungszahlen verschiedener Einmassensysteme*

		statische Durchfederung f	Feder-konstante c	$\omega=\sqrt{\frac{c}{m}}=\sqrt{\frac{g}{f}}$
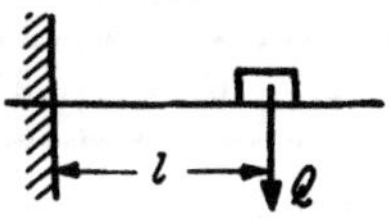	Balken	$\frac{l^3 Q}{3 E J}$	$\frac{3 E J}{l^3}$	$\sqrt{\frac{3 g E J}{l^3 Q}}$
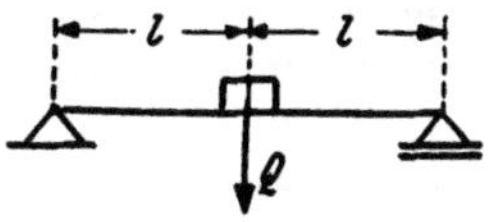	Balken	$\frac{l^3 Q}{6 E J}$	$\frac{6 E J}{l^3}$	$\sqrt{\frac{6 g E J}{l^3 Q}}$
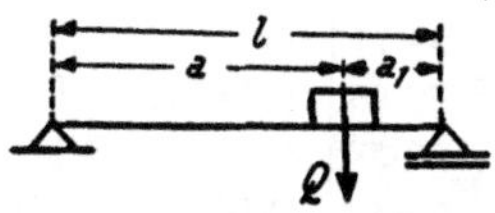	Balken	$\frac{a^2 a_1^2 Q}{3 l E J}$	$\frac{3 l E J}{a^2 a_1^2}$	$\sqrt{\frac{3 g l E J}{a^2 a_1^2 Q}}$
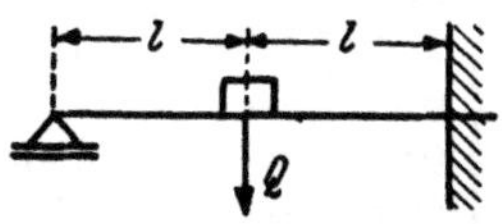	Balken	$\frac{7 l^3 Q}{96 E J}$	$\frac{96 E J}{7 l^3}$	$\sqrt{\frac{96 g E J}{7 l^3 Q}}$
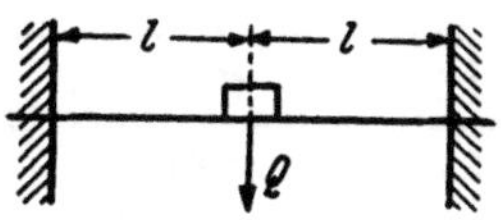	Balken	$\frac{l^3 Q}{24 E J}$	$\frac{24 E J}{l^3}$	$\sqrt{\frac{24 g E J}{l^3 Q}}$
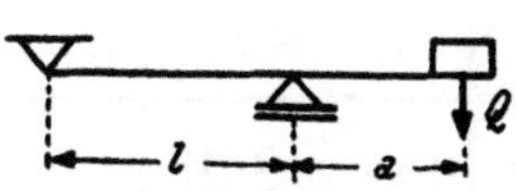	Balken	$\frac{(l+a)\, a^2 Q}{3 E J}$	$\frac{3 E J}{(l+a)\, a^2}$	$\sqrt{\frac{3 g E J}{(l+a)\, a^2 Q}}$
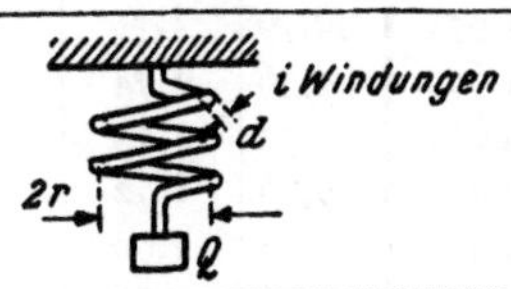		$\frac{64\, i\, r^3 Q}{d^4 G}$	$\frac{d^4 G}{64\, i\, r^3}$	$\sqrt{\frac{g\, d^4 G}{64\, i\, r^3 Q}}$
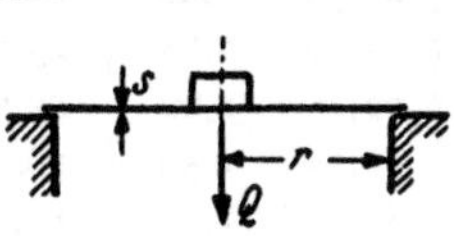	Kreisplatte	$\frac{0{,}55\, r^2 Q}{s^3 E}$	$\frac{s^3 E}{0{,}55\, r^2}$	$\sqrt{\frac{g\, s^3 E}{0{,}55\, r^2 Q}}$
	Kreisplatte	$\frac{0{,}22\, r^2 Q}{s^3 E}$	$\frac{s^3 E}{0{,}22\, r^2}$	$\sqrt{\frac{g\, s^3 E}{0{,}22\, r^2 Q}}$

Tabelle 2. *Einheitsschwingungsform und Momente nach Biber.*

n_e	25			50			100		
ω	2,62			5,24			10,47		
ω^2	6,85			27,42			109,66		
Zylinder	a	$M\,10^{-5}$	$\Sigma M\,10^{-5}$	a	$M\,10^{-5}$	$\Sigma M\,10^{-5}$	a	$M\,10^{-5}$	$\Sigma M\,10^{-5}$
1	100,0	0,007	0,007	100,0	0,027	0,027	100,0	0,11	0,11
2	99,99	0,007	0,013	99,99	0,027	0,055	99,99	0,11	0,22
3	99,99	0,007	0,021	99,99	0,027	0,082	99,96	0,11	0,33
4	99,99	0,007	0,027	99,98	0,027	0,110	99,92	0,11	0,44
5	99,99	0,007	0,034	99,97	0,027	0,137	99,87	0,11	0,55
6	99,99	0,007	0,041	99,95	0,027	0,164	99,80	0,11	0,66
7	99,98	0,007	0,048	99,93	0,027	0,192	99,72	0,11	0,77
8	99,98	0,007	0,055	99,91	0,027	0,219	99,63	0,11	0,88
9	99,97	0,007	0,062	99,88	0,027	0,247	99,52	0,11	0,99
10	99,96	0,007	0,069	99,85	0,027	0,274	99,40	0,109	1,098
11	99,95	0,007	0,075	99,82	0,027	0,301	99,27	0,109	1,207
12	99,94	0,007	0,082	99,78	0,027	0,329	99,12	0,109	1,316
13	99,93	0,007	0,089	99,74	0,027	0,356	98,97	0,109	1,425
14	99,92	0,007	0,096	99,70	0,027	0,383	98,79	0,109	1,534
15	99,91	0,007	0,103	99,65	0,027	0,410	98,61	0,109	1,643

n_e	200			300			400		
ω	20,94			31,42			41,89		
ω^2	438,65			986,96			1754,61		
Zylinder	a	$M\,10^{-5}$	$\Sigma M\,10^{-5}$	a	$M\,10^{-5}$	$\Sigma M\,10^{-5}$	a	$M\,10^{-5}$	$\Sigma M\,10^{-5}$
1	100,0	0,439	0,439	100,0	0,987	0,987	100,0	1,76	1,76
2	99,95	0,439	0,878	99,88	0,985	1,972	99,79	1,75	3,51
3	99,84	0,438	1,316	99,64	0,983	2,955	99,36	1,74	5,25
4	99,68	0,438	1,753	99,29	0,980	3,935	98,73	1,73	6,98
5	99,47	0,436	2,189	98,81	0,976	4,911	97,88	1,72	8,70
6	99,21	0,435	2,624	98,22	0,970	5,881	96,83	1,70	10,40
7	98,89	0,434	3,058	97,51	0,964	6,845	95,58	1,68	12,08
8	98,52	0,433	3,491	96,68	0,955	7,800	94,12	1,65	13,73
9	98,10	0,430	3,921	95,74	0,945	8,745	92,46	1,62	15,35
10	97,63	0,428	4,349	94,69	0,935	9,680	90,60	1,59	16,94
11	97,10	0,426	4,775	93,52	0,924	10,604	88,55	1,56	18,50
12	96,52	0,424	5,199	92,33	0,911	11,515	86,32	1,52	20,01
13	95,90	0,420	5,619	90,94	0,897	12,412	83,90	1,48	21,49
14	95,22	0,418	6,037	89,44	0,883	13,295	81,30	1,43	22,92
15	94,49	0,414	6,451	87,84	0,866	14,161	78,53	1,38	24,30

(*Fortsetzung der Tab. 2*)

n_e	500			600			700		
ω	52,36			62,83			73,30		
ω^2	2741,6			3947,9			5373,5		
Zylinder	a	$M\,10^{-5}$	$\Sigma M\,10^{-5}$	a	$M\,10^{-5}$	$\Sigma M\,10^{-5}$	a	$M\,10^{-5}$	$\Sigma M\,10^{-5}$
1	100,0	2,74	2,74	100,0	3,95	3,95	100,0	5,37	5,37
2	99,67	2,73	5,47	99,52	3,93	7,88	99,35	5,34	10,71
3	99,01	2,71	8,18	98,57	3,91	11,79	99,06	5,32	16,03
4	98,02	2,68	10,86	97,15	3,84	15,63	97,12	5,21	21,24
5	96,71	2,64	13,50	95,26	3,76	19,39	94,55	5,08	26,32
6	95,08	2,60	16,10	92,92	3,67	23,06	91,37	4,91	31,23
7	93,13	2,55	18,65	90,13	3,56	26,62	87,59	4,71	35,94
8	90,88	2,49	21,14	86,91	3,44	30,06	83,25	4,47	40,41
9	88,33	2,42	23,56	83,28	3,29	33,35	78,37	4,21	44,62
10	85,49	2,34	25,90	79,26	3,13	36,48	72,97	3,92	48,54
11	82,36	2,26	28,16	74,85	2,96	39,44	67,12	3,60	52,14
12	78,96	2,16	30,32	70,09	2,77	42,21	60,82	3,27	55,41
13	75,30	2,06	32,38	64,99	2,56	44,77	54,12	2,91	58,32
14	71,40	1,96	34,34	59,59	2,35	47,12	47,07	2,53	60,85
15	67,25	1,84	36,18	53,89	2,13	49,25	39,73	2,13	62,98

n_e	800			900			1000		
ω	83,78			94,25			104,72		
ω^2	7018,4			8882,7			10966,3		
Zylinder	a	$M\,10^{-5}$	$\Sigma M\,10^{-5}$	a	$M\,10^{-5}$	$\Sigma M\,10^{-5}$	a	$M\,10^{-5}$	$\Sigma M\,10^{-5}$
1	100,0	7,02	7,02	100,0	8,88	8,88	100,0	10,97	10,97
2	99,14	6,96	13,98	98,93	8,79	17,67	98,68	10,80	21,77
3	97,45	6,85	20,83	96,79	8,59	26,26	96,05	10,53	32,30
4	94,93	6,66	27,49	93,62	8,31	34,57	92,15	10,10	42,40
5	91,61	6,43	33,92	89,45	7,95	42,52	87,03	9,55	51,95
6	87,51	6,15	40,07	84,31	7,49	50,01	80,76	8,85	60,80
7	82,67	5,80	45,87	78,27	6,95	56,96	73,41	8,05	68,85
8	77,14	5,41	51,28	71,39	6,34	63,30	65,10	7,14	75,99
9	70,94	4,98	56,26	63,74	5,65	68,95	55,94	6,13	82,12
10	64,14	4,50	60,76	55,43	4,92	73,87	46,01	5,05	87,17
11	56,80	3,98	64,75	46,52	4,14	78,01	35,48	3,89	91,06
12	48,98	3,44	68,19	37,10	3,30	81,31	24,48	2,68	93,74
13	40,74	2,86	71,05	27,27	2,42	83,73	13,15	1,44	95,18
14	32,26	2,26	73,31	17,16	1,53	85,26	1,65	0,18	95,36
15	23,40	1,64	74,95	6,86	0,61	85,87	−9,86	−1,08	94,28

(*Fortsetzung der Tab. 2*)

n_e	1500			2000			2500		
ω	157,08			209,44			261,80		
ω^2	24 674,1			43 865,1			68 539,2		
Zylinder	a	$M\,10^{-5}$	$\Sigma M\,10^{-5}$	a	$M\,10^{-5}$	$\Sigma M\,10^{-5}$	a	$M\,10^{-5}$	$\Sigma M\,10^{-5}$
1	100,0	24,70	24,70	100,0	43,9	43,9	100,0	68,5	68,5
2	97,02	24,00	48,70	94,7	41,5	85,4	91,74	62,8	131,3
3	91,13	22,50	71,20	84,4	37,0	122,4	75,84	52,0	183,3
4	82,53	20,40	91,60	69,6	30,5	152,9	53,64	36,75	220,05
5	71,45	17,65	109,25	51,15	22,4	175,3	27,04	18,50	238,55
6	58,24	14,40	123,65	29,95	13,15	188,45	− 1,76	− 1,21	237,34
7	43,33	10,70	134,35	7,15	3,14	191,59	− 30,46	−20,9	216,44
8	27,08	6,70	141,05	− 15,95	− 7,00	184,59	− 56,66	−38,8	177,54
9	10,03	2,48	143,53	− 38,25	−16,80	167,79	− 78,1	−53,5	124,14
10	− 7,32	− 1,81	141,72	− 58,50	−25,65	142,14	− 93,15	−63,7	60,44
11	−24,42	− 6,04	135,68	− 75,65	−33,20	108,94	−100,43	−68,85	− 8,41
12	−40,82	−10,10	125,58	− 88,80	−39,00	69,94	− 99,41	−68,0	− 76,41
13	−55,97	−13,80	111,78	− 97,25	−42,7	27,24	− 90,29	−61,89	−138,3
14	−69,47	−17,15	94,63	−100,54	−44,04	−16,80	− 73,54	−50,4	−188,7
15	−80,92	−20,0	74,63	− 98,51	−43,2	−60,0	− 50,74	−34,8	−223,5

n_e	3000			3500			4000		
ω	314,16			366,52			418,88		
ω^2	98 696,0			134 336,9			175 460,5		
Zylinder	a	$M\,10^{-5}$	$\Sigma M\,10^{-5}$	a	$M\,10^{-5}$	$\Sigma M\,10^{-5}$	a	$M\,10^{-5}$	$\Sigma M\,10^{-5}$
1	100,0	98,7	98,7	100,0	134,0	134,0	100,0	175,0	175,0
2	88,1	86,9	185,6	83,8	112,5	246,5	78,9	138,0	313,0
3	65,7	64,8	250,4	54,0	72,3	318,8	41,1	71,9	384,9
4	35,5	35,0	285,4	15,45	20,7	339,5	− 6,6	− 11,55	373,35
5	1,0	0,99	286,39	− 25,55	− 34,2	305,3	− 51,7	− 90,45	282,9
6	− 33,6	−33,19	253,2	− 62,5	− 83,6	221,7	− 85,9	−150,3	132,6
7	− 64,2	−63,2	190,0	− 89,3	−119,8	101,9	−101,9	−178,0	− 45,4
8	− 87,2	−86,1	103,9	−101,6	−136,0	− 34,1	− 96,41	−168,8	−214,2
9	− 99,73	−98,5	+5,4	− 97,49	−130,4	−164,5	− 70,5	−124,2	−338,4
10	−100,38	−99,0	− 93,6	− 77,60	−104,0	−268,5	− 29,6	− 51,7	−390,1
11	− 89,06	−88,0	−181,6	− 45,1	− 60,4	−328,9	+ 17,5	+30,6	−359,5
12	− 67,10	−66,2	−247,8	− 5,3	− 7,1	−336,0	+ 60,9	+106,5	−253,0
13	− 37,2	−36,7	−284,5	+35,3	+ 47,2	−288,8	+ 91,5	+160,0	− 93,0
14	− 2,8	− 2,76	−287,26	+70,1	+ 93,8	−195,0	+102,7	+179,5	+ 86,5
15	+31,9	+31,46	−255,8	+93,7	+125,5	− 69,5	+ 92,25	+161,5	+248,0

(Fortsetzung der Tab. 2)

n_e	4500			5000			5500		
ω	471,24			523,60			575,96		
ω^2	222 067,1			274 156,96			331 729,9		
Zylinder	a	$M\,10^{-5}$	$\Sigma M\,10^{-5}$	a	$M\,10^{-5}$	$\Sigma M\,10^{-5}$	a	$M\,10^{-5}$	$\Sigma M\,10^{-5}$
1	100,0	222,0	222,0	100,0	274,0	274,0	100,0	332,0	332,0
2	73,2	162,5	384,5	66,9	183,5	457,5	59,9	199,0	531,0
3	26,7	59,2	743,7	11,6	31,8	489,3	−4,3	− 14,3	516,7
4	− 26,8	− 59,5	384,2	− 47,4	−130,0	359,3	− 66,8	− 222,0	294,7
5	− 73,3	−163,0	221,2	− 90,9	−249,0	110,3	−102,4	− 340,0	− 45,3
6	−100,0	−222,0	− 0,8	−104,2	−285,0	−174,7	− 96,92	− 322,0	−367,3
7	− 99,9	−222,0	−222,8	− 83,1	−228,0	−402,7	− 52,5	− 174,0	−541,3
8	− 73,0	−162,0	−384,8	− 34,4	− 94,2	−496,9	+ 13,0	+ 43,1	−498,2
9	− 26,5	− 58,8	−443,6	+ 25,6	+ 70,0	−426,9	+ 73,2	+243,2	−255,0
10	+ 27,0	+ 60,0	−383,6	+ 77,1	+211,0	−215,9	+104,0	+345,0	+ 90,0
11	+ 73,3	+163,0	−220,6	+103,1	+282,0	+ 66,1	+ 93,12	+309,0	+399,0
12	+ 99,95	+220,0	− 0,6	+ 95,1	+260,0	+326,1	+ 44,9	+149,0	+548,0
13	+100,02	+220,0	+219,4	+ 55,7	+152,5	+478,6	− 21,3	− 70,6	+477,4
14	+ 73,47	+163,0	+382,4	− 2,1	− 5,75	+472,85	− 79,0	−262,0	+215,4
15	+ 27,2	+ 60,4	+442,8	− 59,1	−162,0	+310,25	−105,0	−348,0	−132,6

n_e	6000			6500			7000		
ω	628,32			680,68			733,04		
ω^2	394 786,0			463 325,3			537 347,6		
Zylinder	a	$M\,10^{-5}$	$\Sigma M\,10^{-5}$	a	$M\,10^{-5}$	$\Sigma M\,10^{-5}$	a	$M\,10^{-5}$	$\Sigma M\,10^{-5}$
1	100,0	395,0	395,0	100,0	463,0	463,0	100,0	537,0	537,0
2	52,3	206,0	601,0	44,0	204,5	667,5	35,0	188,0	725,0
3	− 20,3	− 80,0	521,0	− 36,6	−169,5	498,0	− 52,6	−282,0	+443,0
4	− 83,3	−329,0	+192,0	− 96,8	−448,0	+ 50,0	−106,1	−570,0	−127,0
5	−106,5	−420,0	−228,0	−102,85	−476,0	−426,0	− 90,75	−488,0	−615,0
6	− 78,9	−312,0	−540,0	− 51,35	−238,0	−664,0	− 16,5	− 88,5	−703,5
7	− 13,7	− 54,1	−594,1	+ 28,8	+133,5	−530,5	+ 68,5	+368,0	−335,5
8	+ 58,0	+229,1	−365,0	+ 92,9	+430,0	−100,5	+109,0	+585,0	+249,5
9	+102,0	+402,0	+ 37,0	+105,05	+486,5	+386,0	+ 78,8	+424,0	+673,5
10	+ 97,53	+385,0	+422,0	+ 58,4	+270,0	+656,0	− 2,6	− 13,9	+659,6
11	+ 46,53	+184,0	+606,0	− 20,8	− 96,3	+559,7	− 82,1	−441,0	+218,6
12	− 26,6	−105,0	+501,0	− 88,3	−409,7	+150,0	−108,5	−582,6	−364,0
13	− 87,1	−344,0	+157,0	−106,4	−493,0	−343,0	− 64,5	−346,0	−710,0
14	−106,05	−419,0	−262,0	− 64,9	−300,0	−643,0	+ 21,4	+115,0	−595,0
15	− 74,45	−294,0	−556,0	+ 12,7	+ 58,7	−584,3	+ 93,3	+502,0	− 93,0

(Fortsetzung der Tab. 2)

n_e	7500			8000			8500		
ω	785,40			837,76			890,12		
ω^2	616 853,2			701 841,8			792 313,6		
Zylinder	a	$M\,10^{-5}$	$\Sigma M\,10^{-5}$	a	$M\,10^{-5}$	$\Sigma M\,10^{-5}$	a	$M\,10^{-5}$	$\Sigma M\,10^{-5}$
1	100,0	617	617	100,0	702	702	100,0	792	792
2	25,5	157	774	15,0	105,2	807,2	4,5	35,6	827,6
3	− 68,1	−420	+354	− 82,5	−579,2	+228,0	− 95,5	−756,0	+ 71,6
4	−110,8	−679	−325	−110,0	−772,0	−544,0	−104,15	−824,6	−753,0
5	− 71,5	−440	−765	− 44,4	−311,0	−855,0	− 13,15	−104,0	−857,0
6	+ 20,9	+129	−636	+ 58,8	+413,0	−442,0	+ 90,4	+716,0	−141,0
7	+ 97,8	+605	− 31	+112,3	+790,0	+348,0	+107,45	+851,0	+710,0
8	+101,54	+626	+595	+ 70,3	+494,0	+842,0	+ 21,5	+172,0	+882,0
9	+ 29,64	+183	+778	− 31,5	−221,0	+621,0	− 84,7	−671,0	+211,0
10	− 64,36	−398	+380	−106,5	−748,0	−127,0	−110,2	−870,0	−659 0
11	−110,36	−680	−300	− 91,1	−639,0	−766,0	− 30,7	−243,0	−902,0
12	− 74,1	−457	−757	+ 1,4	+ 9,8	−756,2	+ 78,3	+620,0	−282,0
13	+ 17,4	+107,5	−649,5	+ 92,8	+652,0	−104,2	+112,3	+890,0	+608,0
14	+ 95,9	+592	− 57,5	+105,4	+740,2	+636,0	+ 38,8	+308,0	+916,0
15	+102,85	+635	+577,5	+ 28,4	+199,5	+835,5	− 71,2	−564,0	+352,0

n_e	9000			9500			10 000		
ω	942,48			994,84			1047,2		
ω^2	888 268,6			989 706,6			1096 627,8		
Zylinder	a	$M\,10^{-5}$	$\Sigma M\,10^{-5}$	a	$M\,10^{-5}$	$\Sigma M\,10^{-5}$	a	$M\,10^{-5}$	$\Sigma M\,10^{-5}$
1	100,0	888	888	100,0	990	990	100,0	1097	1097
2	− 7,1	− 63	+ 825	− 19,5	− 193	797	− 32,5	− 356	+ 741
3	−106,7	− 946	− 121	−115,9	−1145	− 348	−122,0	−1335	− 594
4	− 92,1	− 817	− 938	− 73,0	− 723	−1061	− 50,4	− 552	−1146
5	+ 21,1	+ 187,5	− 750,5	+ 55,0	+ 545	− 516	+ 88,0	+ 965	− 181
6	+111,9	+ 990,5	+ 240,0	+117,4	+1162	+ 646	+109,8	+1203	+1022
7	+ 82,9	+ 736,0	+ 976,0	+ 39,4	+ 390	+1036	− 13,7	− 150	+ 872
8	− 35,1	− 312,0	+ 664,0	− 85,6	− 848	+ 188	−119,2	−1305	− 433
9	−115,3	−1022,0	− 358,0	−108,3	−1073	− 885	− 66,8	− 734	−1167
10	− 72,0	− 640,0	− 998,0	− 1,3	− 12,9	− 897,9	+ 74,2	+ 814	− 353
11	+ 48,7	+ 432,0	− 566,0	+107,2	+1061,0	+ 163,1	+117,8	+1290	+ 937
12	+117,2	+1040,0	+ 474,0	+ 87,5	+ 865,0	+1028,1	+ 4,5	+ 49,4	+ 986,4
13	+60,0	+ 533,0	+1007,0	− 36,5	− 361,1	+ 667,0	−114,7	−1257,4	− 271,0
14	− 61,5	− 547,0	+ 460,0	−117,1	−1160,0	− 493,0	− 81,9	− 899,0	−1170,0
15	−117,0	−1040,0	− 580,0	− 57,5	− 570,0	−1063,0	+ 59,3	+ 650,0	− 520,0

Tabelle 3. *Reduzierte Frequenzfunktionen von Grammel.*

ζ	ψ_1	ψ_2	ψ_3	ψ_4	ψ_5	ψ_6	ψ_7	ψ_8	ψ_9	ψ_{10}	ψ_{11}
0,000	−2,0000	3,0000	−4.0000	5,0000	−6,0000	7,0000	−8,0000	9,0000	−10,0000	11,0000	−12,0000
0,001	−1,9990	2,9960	−3,9900	4,9800	−5,9651	6,9441	−7,9163	8,8805	−9,8358	10,7813	−11,7160
0,002	−1,9980	2,9920	−3,9800	4,9601	−5,9302	6,8885	−7,8330	8,7618	−9,6732	10,5651	−11,4360
0,003	−1,9970	2,9880	−3,9701	4,9402	−5,8955	6,8331	−7,7503	8,6441	−9,5121	10,3515	−11,1598
0,004	−1,9960	2,9840	−3,9601	4,9203	−5,8609	6,7780	−7,6680	8,5273	−9,3526	10,1404	−10,8876
0,005	−1,9950	2,9800	−3,9501	4,9005	−5,8264	6,7231	−7.5863	8,4115	−9,1946	9,9317	−10,6193
0,006	−1,9940	2,9760	−3,9402	4,8808	−5,7920	6,6685	−7,5050	8,2965	−9,0381	9,7256	−10,3547
0,007	−1,9930	2,9720	−3,9303	4,8610	−5,7577	6,6141	−7,4242	8,1824	−8,8832	9,5219	−10,0939
0,008	−1,9920	2,9681	−3,9204	4,8413	−5,7236	6,5600	−7,3440	8,0692	−8,7298	9,3206	−9,8369
0,009	−1,9910	2,9641	−3,9105	4,8217	−5,6895	6,5061	−7,2642	7,9568	−8,5779	9,1218	−9,5835
0,010	−1,9900	2,9601	−3,9006	4,8021	−5,6556	6,4525	−7,1849	7,8454	−8,4275	8,9253	−9,3339
0,011	−1,9890	2,9561	−3,8907	4,7825	−5,6217	6,3991	−7,1061	7,7349	−8,2786	8,7312	−9,0878
0,012	−1,9880	2,9521	−3,8809	4,7630	−5,5880	6,3459	−7,0277	7,6252	−8,1311	8,5395	−8,8454
0,013	−1,9870	2,9482	−3,8710	4,7435	−5,5544	6,2930	−6,9499	7,5164	−7,9851	8,3501	−8,6065
0,014	−1,9860	2,9442	−3,8612	4,7241	−5,5209	6,2404	−6,8725	7,4084	−7,8406	8,1630	−8,3712
0,015	−1,9850	2,9402	−3,8513	4,7047	−5,4875	6,1879	−6,7956	7,3013	−7,6975	7,9782	−8,1393
0,016	−1,9840	2,9363	−3,8415	4,6853	−5,4542	6,1358	−6,7192	7,1951	−7,5559	7,7957	−7,9109
0,017	−1,9830	2,9323	−3,8317	4,6660	−5,4210	6,0838	−6,6432	7,0897	−7,4156	7,6155	−7,6859
0,018	−1,9820	2,9283	−3,8219	4,6468	−5,3879	6,0321	−6,5677	6,9851	−7,2768	7,4375	−7,4643
0,019	−1,9810	2,9244	−3,8122	4,6275	−5.3550	5,9807	−6,4927	6,8814	−7,1394	7,2617	−7,2460
0,020	−1,9800	2,9204	−3,8024	4,6083	−5,3221	5,9294	−6,4182	6,7786	−7,0034	7,0881	−7,0311
0,021	−1,9790	2,9164	−3,7926	4,5892	−5,2894	5,8785	−6,3441	6,6765	−6,8688	6,9167	6,8195
0,022	−1,9780	2,9125	−3,7829	4,5701	−5,2567	5,8277	−6,2705	6,5753	−6,7355	6,7475	−6,6111
0,023	−1,9770	2,9085	−3,7732	4,5510	−5,2242	5,7772	−6,1974	6,4750	−6,6036	6,5804	−6,4059
0,024	−1,9760	2,9046	−3,7634	4,5320	−5,1918	5,7269	−6,1247	6,3754	−6,4731	6,4155	−6,2039

(*Fortsetzung der Tab. 3*)

ζ	ψ_1	ψ_2	ψ_3	ψ_4	ψ_5	ψ_6	ψ_7	ψ_8	ψ_9	ψ_{10}	ψ_{11}
0,025	−1,9750	2,9006	−3,7537	4,5130	−5,1594	5,6769	−6,0524	6,2767	−6,3440	6,2527	−6,0051
0,026	−1,9740	2,8967	−3,7440	4,4941	−5,1272	5,6271	−5,9807	6,1787	−6,2161	6,0919	−5,8093
0,027	−1,9730	2,8927	−3,7344	4,4752	−5,0951	5,5775	−5,9093	6,0816	−6,0896	5,9333	−5,6167
0,028	−1,9720	2,8888	−3,7247	4,4563	−5,0631	5,5282	−5,8385	5,9853	−5,9645	5,7767	−5,4271
0,029	−1,9710	2,8848	−3,7150	4,4375	−5,0312	5,4791	−5,7680	5,8897	−5,8406	5,6221	−5,2406
0,030	−1,9700	2,8809	−3,7054	4,4187	−4,9994	5,4302	−5,6981	5,7950	−5,7181	5,4696	−5,0570
0,031	−1,9690	2,8770	−3,6957	4,3999	−4,9678	5,3816	−5,6285	5,7010	−5,5968	5,3191	−4,8764
0,032	−1,9680	2,8730	−3,6861	4,3812	−4,9362	5,3331	−5,5595	5,6079	−5,4768	5,1705	−4,6988
0,033	−1,9670	2,8691	−3,6765	4,3626	−4,9047	5,2850	−5,4908	5,5155	−5,3581	5,0240	−4,5240
0,034	−1,9660	2,8652	−3,6669	4,3440	−4,8733	5,2370	−5,4226	5,4239	−5,2407	4,8794	−4,3521
0,035	−1,9650	2,8612	−3,6573	4,3254	−4,8421	5,1893	−5,3549	5,3330	−5,1246	4,7367	−4,1831
0,036	−1,9640	2,8573	−3,6477	4,3068	−4,8109	5,1418	−5,2876	5,2430	−5,0097	4,5960	−4,0168
0,037	−1,9630	2,8534	−3,6382	4,2883	−4,7799	5,0945	−5,2207	5,1537	−4,8960	4,4571	−3,8534
0,038	−1,9620	2,8494	−3,6286	4,2699	−4,7489	5,0475	−5,1542	5,0651	−4,7836	4,3202	−3,6927
0,039	−1,9610	2,8455	−3,6191	4,2515	−4,7181	5,0007	−5,0882	4,9773	−4,6724	4,1851	−3,5347
0,040	−1,9600	2,8416	−3,6095	4,2331	−4,6873	4,9541	−5,0226	4,8903	−4,5624	4,0519	−3,3794
0,041	−1,9590	2,8377	−3,6000	4,2148	−4,6567	4,9077	−4,9575	4,8040	−4,4536	3,9206	−3,2268
0,042	−1,9580	2,8338	−3,5905	4,1965	−4,6261	4,8615	−4,8928	4,7185	−4,3460	3,7910	−3,0768
0,043	−1,9570	2,8298	−3,5810	4,1782	−4,5957	4,8156	−4,8285	4,6337	−4,2396	3,6633	−2,9294
0,044	−1,9560	2,8259	−3,5715	4,1600	−4,5654	4,7699	−4,7646	4,5496	−4,1344	3,5373	−2,7846
0,045	−1,9550	2,8220	−3,5621	4,1418	−4,5352	4,7244	−4,7011	4,4662	−4,0304	3,4132	−2,6424
0,046	−1,9540	2,8181	−3,5526	4,1237	−4,5050	4,6792	−4,6381	4,3836	−3,9275	3,2908	−2,5026
0,047	−1,9530	2,8142	−3,5432	4,1056	−4,4750	4,6341	−4,5755	4,3017	−3,8258	3,1701	−2,3654
0,048	−1,9520	2,8103	−3,5337	4,0875	−4,4451	4,5893	−4,5133	4,2206	−3,7253	3,0512	−2,2306
0,049	−1,9510	2,8064	−3,5243	4,0695	−4,4153	4,5447	−4,4515	4,1401	−3,6259	2,9340	−2,0983

(*Fortsetzung der Tab. 3*)

ζ	ψ_1	ψ_2	ψ_3	ψ_4	ψ_5	ψ_6	ψ_7	ψ_8	ψ_9	ψ_{10}	ψ_{11}
0,050	−1,9500	2,8025	−3,5149	4,0515	−4,3856	4,5003	−4,3901	4,0604	−3,5276	2,8185	−1,9684
0,051	−1,9490	2,7986	−3,5055	4,0336	−4,3559	4,4562	−4,3291	3,9813	−3,4304	2,7046	−1,8409
0,052	−1,9480	2,7947	−3,4961	4,0157	4,3264	4,4122	−4,2686	3,9030	−3,3344	2,5925	−1,7157
0,053	−1,9470	2,7908	−3,4867	3,9978	−4,2970	4,3685	−4,2084	3,8253	−3,2395	2,4820	−1,5929
0,054	−1,9460	2,7869	−3,4773	3,9800	−4,2677	4,3250	−4,1487	3,7484	−3,1457	2,3731	−1,4724
0,055	−1,9450	2,7830	−3,4680	3,9622	−4,2385	4,2817	−4,0894	3,6721	−3,0529	2,2658	−1,3541
0,056	−1,9440	2,7791	−3,4586	3,9445	−4,2094	4,2386	−4,0304	3,5966	−2,9613	2,1602	−1,2381
0,057	−1,9430	2,7752	−3,4493	3,9268	−4,1804	4,1957	−3,9719	3,5217	−2,8707	2,0562	−1,1244
0,058	−1,9420	2,7714	−3,4400	3,9091	−4,1515	4,1531	−3,9138	3,4475	−2,7813	1,9537	−1,0128
0,059	−1,9410	2,7675	−3,4307	3,8915	−4,1227	4,1106	−3,8560	3,3740	−2,6928	1,8528	−0,9035
0,060	−1,9400	2,7636	−3,4214	3,8739	−4,0940	4,0684	−3,7987	3,3011	−2,6055	1,7535	−0,7963
0,061	−1,9390	2,7597	−3,4121	3,8563	−4,0653	4,0264	−3,7418	3,2289	−2,5191	1,6557	−0,6912
0,062	−1,9380	2,7558	−3,4028	3,8388	−4,0368	3,9845	−3,6852	3,1574	−2,4338	1,5594	−0,5882
0,063	−1,9370	2,7520	−3,3936	3,8214	−4,0084	3,9429	−3,6291	3,0865	−2,3496	1,4646	−0,4873
0,064	−1,9360	2,7481	−3,3843	3,8039	−3,9801	3,9015	−3,5733	3,0163	−2,2664	1,3713	−0,3885
0,065	−1,9350	2,7442	−3,3751	3,7865	−3,9519	3,8604	−3,5179	2,9468	−2,1841	1,2795	−0,2917
0,066	−1,9340	2,7404	−3,3658	3,7692	−3,9238	3,8194	−3,4629	2,8779	−2,1029	1,1892	−0,1969
0,067	−1,9330	2,7365	−3,3566	3,7519	−3,8958	3,7786	−3,4083	2,8096	−2,0227	1,1003	−0,1041
0,068	−1,9320	2,7326	−3,3474	3,7346	−3,8678	3,7381	−3,3541	2,7420	−1,9435	1,0129	−0,0133
0,069	−1,9310	2,7288	−3,3382	3,7174	−3,8400	3,6977	−3,3002	2,6751	−1,8653	0,9268	0,0756
0,070	−1,9300	2,7249	−3,3291	3,7002	−3,8123	3,6575	−3,2468	2,6087	−1,7881	0,8422	0,1626
0,071	−1,9290	2,7210	−3,3199	3,6830	−3,7847	3,6176	−3,1937	2,5430	−1,7118	0,7590	0,2476
0,072	−1,9280	2,7172	−3,3107	3,6659	−3,7571	3,5778	−3,1410	2,4779	−1,6365	0,6772	0,3308
0,073	−1,9270	2,7133	−3,3016	3,6488	−3,7297	3,5383	−3,0886	2,4135	−1,5621	0,5967	0,4122
0,074	−1,9260	2,7095	−3,2925	3,6318	−3,7024	3,4990	−3,0367	2,3496	−1,4887	0,5177	0,4917

(*Fortsetzung der Tab. 3*)

ζ	ψ_1	ψ_2	ψ_3	ψ_4	ψ_5	ψ_6	ψ_7	ψ_8	ψ_9	ψ_{10}	ψ_{11}
0,075	−1,9250	2,7056	−3,2833	3,6148	−3,6751	3,4598	−2,9851	2,2864	−1,4163	0,4399	0,5694
0,076	−1,9240	2,7018	−3,2742	3,5978	−3,6480	3,4209	−2,9338	2,2238	−1,3447	0,3635	0,6454
0,077	−1,9230	2,6979	−3,2651	3,5809	−3,6209	3,3822	−2,8830	2,1618	−1,2742	0,2884	0,7196
0,078	−1,9220	2,6941	−3,2560	3,5640	−3,5940	3,3436	−2,8325	2,1004	−1,2045	0,2146	0,7920
0,079	−1,9210	2,6902	−3,2470	3,5472	−3,5671	3,3053	−2,7824	2,0396	−1,1357	0,1421	0,8627
0,080	−1,9200	2,6864	−3,2379	3,5303	−3,5404	3,2672	−2,7326	1,9794	−1,0679	0,0709	0,9317
0,081	−1,9190	2,6826	−3,2288	3,5136	−3,5137	3,2292	−2,6832	1,9198	−1,0009	0,0010	0,9991
0,082	−1,9180	2,6787	−3,2198	3,4968	−3,4871	3,1915	−2,6342	1,8608	−0,9349	−0,0677	1,0648
0,083	−1,9170	2,6749	−3,2108	3,4801	−3,4607	3,1540	−2,5855	1,8024	−0,8697	−0,1352	1,1288
0,084	−1,9160	2,6711	−3,2017	3,4635	−3,4343	3,1166	−2,5372	1,7446	−0,8054	−0,2014	1,1912
0,085	−1,9150	2,6672	−3,1927	3,4469	−3,4080	3,0795	−2,4892	1,6873	−0,7420	−0,2663	1,2521
0,086	−1,9140	2,6634	−3,1837	3,4303	−3,3818	3,0425	−2,4416	1,6306	−0,6795	−0,3301	1,3113
0,087	−1,9130	2,6596	−3,1748	3,4137	−3,3557	3,0058	−2,3943	1,5745	−0,6178	−0,3927	1,3690
0,088	−1,9120	2,6557	−3,1658	3,3972	−3,3297	2,9692	−2,3474	1,5190	−0,5570	−0,4541	1,4252
0,089	−1,9110	2,6519	−3,1568	3,3808	−3,3038	2,9328	−2,3008	1,4640	−0,4970	−0,5143	1,4799
0,090	−1,9100	2,6481	−3,1479	3,3643	−3,2780	2,8967	−2,2546	1,4096	−0,4378	−0,5734	1,5330
0,091	−1,9090	2,6443	−3,1389	3,3479	−3,2523	2,8607	−2,2087	1,3558	−0,3795	−0,6313	1,5847
0,092	−1,9080	2,6405	−3,1300	3,3316	−3,2267	2,8249	−2,1632	1,3025	−0,3220	−0,6881	1,6350
0,093	−1,9070	2,6366	−3,1211	3,3153	−3,2011	2,7893	−2,1180	1,2498	−0,2653	−0,7438	1,6837
0,094	−1,9060	2,6328	−3,1122	3,2990	−3,1757	2,7539	−2,0732	1,1976	−0,2095	−0,7983	1,7311
0,095	−1,9050	2,6290	−3,1033	3,2827	−3,1503	2,7187	−2,0287	1,1460	−0,1544	−0,8518	1,7771
0,096	−1,9040	2,6252	−3,0944	3,2665	−3,1251	2,6836	−1,9845	1,0949	−0,1002	−0,9041	1,8217
0,097	−1,9030	2,6214	−3,0855	3,2504	−3,0999	2,6488	−1,9407	1,0444	−0,0468	−0,9554	1,8649
0,098	−1,9020	2,6176	−3,0767	3,2342	−3,0749	2,6141	−1,8972	0,9944	0,0059	−1,0056	1,9068
0,099	−1,9010	2,6138	−3,0678	3,2182	−3,0499	2,5797	−1,8541	0,9449	0,0578	−1,0548	1,9473

(*Fortsetzung der Tab. 3*)

ζ	ψ_1	ψ_2	ψ_3	ψ_4	ψ_5	ψ_6	ψ_7	ψ_8	ψ_9	ψ_{10}	ψ_{11}
0,10	−1,9000	2,6100	−3,0590	3,2021	−3,0250	2,5454	−1,8112	0,8960	0,1089	−1,1029	1,9866
0,11	−1,8900	2,5721	−2,9713	3,0436	−2,7811	2,2127	−1,4009	0,4351	0,5787	−1,5288	2,3107
0,12	−1,8800	2,5344	−2,8847	2,8888	−2,5462	1,8981	−1,0223	0,0237	0,9777	−1,8617	2,5224
0,13	−1,8700	2,4969	−2,7992	2,7376	−2,3201	1,6010	−0,6738	−0,3410	1,3115	−2,1115	2,6370
0,14	−1,8600	2,4596	−2,7149	2,5900	−2,1026	1,3208	−0,3541	−0,6622	1,5858	−2,2873	2,6687
0,15	−1,8500	2,4225	−2,6316	2,4460	−1,8935	1,0569	−0,0619	−0,9425	1,8055	−2,3977	2,6302
0,16	−1,8400	2,3856	−2,5495	2,3055	−1,6926	0,8089	0,2042	−1,1847	1,9756	−2,4504	2,5331
0,17	−1,8300	2,3489	−2,4685	2,1684	−1,4997	0,5761	0,4455	−1,3913	2,1007	−2,4529	2,3881
0,18	−1,8200	2,3124	−2,3886	2,0348	−1,3148	0,3581	0,6631	−1,5649	2,1850	−2,4118	2,2045
0,19	−1,8100	2,2761	−2,3097	1,9045	−1,1375	0,1543	0,8582	−1,7077	2,2326	−2,3334	1,9909
0,20	−1,8000	2,2400	−2,2320	1,7776	−0,9677	−0,0358	1,0321	−1,8220	2,2475	−2,2235	1,7548
0,21	−1,7900	2,2041	−2,1553	1,6540	−0,8052	−0,2126	1,1857	−1,9099	2,2330	−2,0872	1,5030
0,22	−1,7800	2,1684	−2,0798	1,5336	−0,6500	−0,3766	1,3203	−1,9736	2,1926	−1,9293	1,2416
0,23	−1,7700	2,1329	−2,0052	1,4164	−0,5017	−0,5283	1,4368	−2,0149	2,1295	−1,7544	0,9757
0,24	−1,7600	2,0976	−1,9318	1,3023	−0,3603	−0,6682	1,5363	−2,0357	2,0466	−1,5662	0,7100
0,25	−1,7500	2,0625	−1,8594	1,1914	−0,2256	−0,7966	1,6197	−2,0378	1,9465	−1,3686	0,4485
0,26	−1,7400	2,0276	−1,7880	1,0836	−0,0974	−0,9141	1,6880	−2,0229	1,8319	−1,1646	0,1945
0,27	−1,7300	1,9929	−1,7177	0,9788	0,0245	−1,0211	1,7420	−1,9926	1,7052	−0,9574	−0,0490
0,28	−1,7200	1,9584	−1,6484	0,8769	0,1401	−1,1179	1,7827	−1,9484	1,5685	−0,7494	−0,2795
0,29	−1,7100	1,9241	−1,5802	0,7781	0,2497	−1,2051	1,8110	−1,8917	1,4238	−0,5430	−0,4952
0,30	−1,7000	1,8900	−1,5130	0,6821	0,3534	−1,2829	1,8276	−1,8239	1,2731	−0,3403	−0,6945
0,31	−1,6900	1,8561	−1,4468	0,5890	0,4514	−1,3519	1,8332	−1,7463	1,1181	−0,1432	−0,8761
0,32	−1,6800	1,8224	−1,3816	0,4987	0,5437	−1,4122	1,8288	−1,6602	0,9603	0,0469	−1,0391
0,33	−1,6700	1,7889	−1,3175	0,4113	0,6307	−1,4645	1,8150	−1,5666	0,8012	0,2286	−1,1829
0,34	−1,6600	1,7556	−1,2543	0,3265	0,7123	−1,5089	1,7925	−1,4666	0,6421	0,4007	−1,3073

(*Fortsetzung der Tab. 3*)

ζ	ψ_1	ψ_2	ψ_3	ψ_4	ψ_5	ψ_6	ψ_7	ψ_8	ψ_9	ψ_{10}	ψ_{11}
0,35	−1,6500	1,7225	−1,1921	0,2445	0,7887	−1,5458	1,7620	−1,3614	0,4843	0,5622	−1,4120
0,36	−1,6400	1,6896	−1,1309	0,1651	0,8601	−1,5757	1,7241	−1,2518	0,3288	0,7125	−1,4973
0,37	−1,6300	1,6569	−1,0707	0,0884	0,9266	−1,5988	1,6794	−1,1387	0,1766	0,8508	−1,5634
0,38	−1,6200	1,6244	−1,0115	0,0143	0,9884	−1,6155	1,6287	−1,0230	0,0285	0,9767	−1,6109
0,39	−1,6100	1,5921	−0,9533	−0,0573	1,0456	−1,6260	1,5724	−0,9055	−0,1146	1,0899	−1,6402
0,40	−1,6000	1,5600	−0,8960	−0,1264	1,0982	−1,6308	1,5110	−0,7868	−0,2521	1,1902	−1,6522
0,41	−1,5900	1,5281	−0,8397	−0,1930	1,1466	−1,6300	1,4452	−0,6678	−0,3834	1,2774	−1,6476
0,42	−1,5800	1,4964	−0,7843	−0,2572	1,1907	−1,6241	1,3754	−0,5490	−0,5079	1,3515	−1,6275
0,43	−1,5700	1,4649	−0,7299	−0,3190	1,2307	−1,6132	1,3020	−0,4310	−0,6254	1,4128	−1,5928
0,44	−1,5600	1,4336	−0,6764	−0,3784	1,2667	−1,5977	1,2257	−0,3144	−0,7353	1,4614	−1,5445
0,45	−1,5500	1,4025	−0,6239	−0,4355	1,2989	−1,5778	1,1467	−0,1996	−0,8374	1,4975	−1,4837
0,46	−1,5400	1,3716	−0,5723	−0,4903	1,3273	−1,5538	1,0655	−0,0871	−0,9314	1,5214	−1,4116
0,47	−1,5300	1,3409	−0,5216	−0,5429	1,3522	−1,5260	0,9825	0,0227	−1,0172	1,5337	−1,3293
0,48	−1,5200	1,3104	−0,4718	−0,5933	1,3736	−1,4945	0,8982	0,1293	−1,0948	1,5347	−1,2380
0,49	−1,5100	1,2801	−0,4230	−0,6414	1,3915	−1,4598	0,8127	0,2326	−1,1639	1,5249	−1,1387
0,5	−1,5000	1,2500	−0,3750	−0,6875	1,4062	−1,4219	0,7266	0,3320	−1,2246	1,5049	−1,0327
0,6	−1,4000	0,9600	0,0560	−1,0384	1,3978	−0,9185	−0,1119	1,0751	−1,3933	0,8755	0,1676
0,7	−1,3000	0,6900	0,4030	−1,2139	1,1751	−0,3137	−0,7673	1,3111	−0,9372	−0,0928	1,0578
0,8	−1,2000	0,4400	0,6720	−1,2464	0,8237	0,2580	−1,1333	1,1019	−0,1891	−0,8751	1,2391
0,9	−1,1000	0,2100	0,8690	−1,1659	0,4135	0,7111	−1,1957	0,6042	0,5311	−1,1883	0,7761
1,0	−1,0000	0,0000	1,0000	−1,0000	0,0000	1,0000	−1,0000	0,0000	1,0000	−1,0000	0,0000
1,1	−0,9000	−0,1900	1,0710	−0,7739	−0,3745	1,1109	−0,6254	−0,5481	1,1187	−0,4587	−0,7059
1,2	−0,8000	−0,3600	1,0880	−0,5104	−0,6797	1,0541	−0,1636	−0,9232	0,9022	0,2015	−1,0634
1,3	−0,7000	−0,5100	1,0570	−0,2299	−0,8961	0,8571	0,2961	−1,0644	0,4490	0,7501	−0,9741
1,4	−0,6000	−0,6400	0,9840	0,0496	−1,0138	0,5587	0,6786	−0,9658	−0,0991	1,0252	−0,5161

(Fortsetzung der Tab. 3)

ζ	ψ_1	ψ_2	ψ_3	ψ_4	ψ_5	ψ_6	ψ_7	ψ_8	ψ_9	ψ_{10}	ψ_{11}
1,5	−0,5000	−0,7500	0,8750	0,3125	−1,0312	0,2031	0,9297	−0,6680	−0,5957	0,9658	0,1128
1,6	−0,4000	−0,8400	0,7360	0,5456	−0,9542	−0,1639	1,0198	−0,2440	−0,9222	0,6129	0,6770
1,7	−0,3000	−0,9100	0,5730	0,7381	−0,7944	−0,4998	0,9444	0,2165	−0,0093	0,0863	0,9834
1,8	−0,2000	−0,9600	0,3920	0,8816	−0,5683	−0,7679	0,7219	0,6236	−0,8466	−0,4542	0,9375
1,9	−0,1000	−0,9900	0,1990	0,9701	−0,2960	−0,9405	0,3901	0,9015	−0,4802	−0,8535	0,5656
2,0	0,0000	−1,0000	0,0000	1,0000	0,0000	−1,0000	0,0000	1,0000	0,0000	−1,0000	0,0000
2,1	0,1000	−0,9900	−0,1990	0,9701	0,2960	−0,9405	−0,3901	0,9015	0,4802	−0,8535	−0,5656
2,2	0,2000	−0,9600	−0,3920	0,8816	0,5683	−0,7679	−0,7219	0,6236	0,8466	−0,4542	−0,9375
2,3	0,3000	−0,9100	−0,5730	0,7381	0,7944	−0,4998	−0,9444	0,2165	1,0093	0,0863	−0,9834
2,4	0,4000	−0,8400	−0,7360	0,5456	0,9542	−0,1639	−1,0198	−0,2440	0,9222	0,6129	−0,6770
2,5	0,5000	−0,7500	−0,8750	0,3125	1,0312	0,2031	−0,9297	−0,6680	0,5957	0,9658	−0,1128
2,6	0,6000	−0,6400	−0,9840	0,0496	1,0138	0,5587	−0,6786	−0,9658	0,0991	1,0252	0,5161
2,7	0,7000	−0,5100	−1,0570	−0,2299	0,8961	0,8571	−0,2961	−1,0644	−0,4490	0,7501	0,9741
2,8	0,8000	−0,3600	−1,0880	−0,5104	0,6797	1,0541	0,1636	−0,9232	−0,9022	0,2015	1,0634
2,9	0,9000	−0,1900	−1,0710	−0,7739	0,3745	1,1109	0,6254	−0,5481	−1,1187	−0,4587	−0,7059
3,0	1,0000	0,0000	−1,0000	−1,0000	0,0000	1,0000	1,0000	0,0000	−1,0000	−1,0000	0,0000
3,1	1,1000	0,2100	−0,8690	−1,1659	−0,4135	0,7111	1,1957	0,6042	−0,5311	−1,1883	−0,7761
3,2	1,2000	0,4400	−0,6720	−1,2464	−0,8237	0,2580	1,1333	1,1019	0,1891	−0,8751	−1,2391
3,3	1,3000	0,6900	−0,4030	−1,2139	−1,1751	−0,3137	0,7673	1,3111	0,9372	−0,0928	−1,0578
3,4	1,4000	0,9600	−0,0560	−1,0384	−1,3978	−0,9185	0,1119	1,0751	1,3933	0,8755	−0,1676
3,5	1,5000	1,2500	0,3750	−0,6875	−1,4062	−1,4219	−0,7266	0,3320	1,2246	1,5049	1,0327
3,6	1,6000	1,5600	0,8960	−0,1264	−1,0982	−1,6308	−1,5110	−0,7868	0,2521	1,1902	1,6522
3,7	1,7000	1,8900	1,5130	0,6821	−0,3534	−1,2829	−1,8276	−1,8239	−1,2731	−0,3403	0,6945
3,8	1,8000	2,2400	2,2320	1,7776	0,9677	−0,0358	−1,0321	−1,8220	−2,2475	−2,2235	−1,7548
3,9	1,9000	2,6100	3,0590	3,2021	3,0250	2,5454	1,8112	0,8960	−0,1089	−1,1029	−1,9866

(Fortsetzung der Tab. 3)

ζ	ψ_1	ψ_2	ψ_3	ψ_4	ψ_5	ψ_6	ψ_7	ψ_8	ψ_9	ψ_{10}	ψ_{11}
3,91	1,9100	2,6481	3,1479	3,3643	3,2780	2,8967	2,2546	1,4096	0,4378	−0,5734	−1,5330
3,92	1,9200	2,6864	3,2379	3,5303	3,5404	3,2672	2,7326	1,9794	1,0679	0,0709	−0,9317
3,93	1,9300	2,7249	3,3291	3,7002	3,8123	3,6575	3,2468	2,6087	1,7881	0,8422	−0,1626
3,94	1,9400	2,7636	3,4214	3,8739	4,0940	4,0684	3,7987	3,3011	2,6055	1,7535	0,7963
3,95	1,9500	2,8025	3,5149	4,0515	4,3856	4,5003	4,3901	4,0604	3,5276	2,8185	1,9684
3,96	1,9600	2,8416	3,6095	4,2331	4,6873	4,9541	5,0226	4,8903	4,5624	4,0519	3,3794
3,97	1,9700	2,8809	3,7054	4,4187	4,9994	5,4302	5,6981	5,7950	5,7181	5,4696	5,0570
3,98	1,9800	2,9204	3,8024	4,6083	5,3221	5,9294	6,4182	6,7786	7,0034	7,0881	7,0311
3,99	1,9900	2,9601	3,9006	4,8021	5,6556	6,4525	7,1849	7,8454	8,4275	8,9253	9,3339
4,00	2,0000	3,0000	4,0000	5,0000	6,0000	7,0000	8,0000	9,0000	10,0000	11,0000	12,0000

Namenverzeichnis

Sachverzeichnis

GPSR Compliance

The European Union's (EU) General Product Safety Regulation (GPSR) is a set of rules that requires consumer products to be safe and our obligations to ensure this.

If you have any concerns about our products, you can contact us on ProductSafety@springernature.com

In case Publisher is established outside the EU, the EU authorized representative is:

Springer Nature Customer Service Center GmbH
Europaplatz 3
69115 Heidelberg, Germany

Batch number: 10682323

Printed by Printforce, the Netherlands